纺织服装高等教育“十三五”部委级规划教材

服装部件缝制工艺

（第二版）

周　捷　编著

東華大學出版社
·上海·

内 容 提 要

本书从介绍缝制基础知识、方法与技巧入手，阐述了不同种类的领子、袖子、口袋、开衩、门襟、拉链及装腰等缝制工艺内容。内容覆盖面广，针对性强，以图配文的形式，突出介绍不同品种的缝制要点和诀窍。全书图文并茂，让读者一目了然。本书既可作为高等院校服装及相关专业学生的教材、参考书或工具书，也可供广大服装从业人员使用。

图书在版编目（CIP）数据

服装部件缝制工艺/周捷编著. —2版. —上海：东华大学出版社，2019.6

ISBN 978-7-5669-1556-6

Ⅰ.①服… Ⅱ.①周… Ⅲ.①服装缝制—教材 Ⅳ.①TS 941.63

中国版本图书馆CIP数据核字（2019）第056807号

责任编辑 杜亚玲
封面设计 Callen

服装部件缝制工艺（第二版）
fuzhuang bujian fengzhi gongyi

周 捷 编著
出　　版：东华大学出版社（上海市延安西路1882号，200051）
网　　址：http://www.dhupress.dhu.edu.cn
天猫旗舰店：http://dhdx.tmall.com
营销中心：021-62193056　62373056　62379558
印　　刷：上海盛通时代印刷有限公司
开　　本：787mm×1092mm　1/16　印张：16
字　　数：400千字
版　　次：2019年6月第2版
印　　次：2021年5月第2次印刷
书　　号：ISBN 978-7-5669-1556-6
定　　价：48.00元

前　言

服装缝制工艺是将服装款式设计、服装结构设计最终变成成衣的关键一步。服装部件缝制工艺课程是高等院校服装专业实践教学环节中不可缺少的部分。

本书融入服装企业实际生产知识系统，从介绍缝制基础知识、方法与技巧入手，阐述了不同种类的领子、袖子、口袋、开衩、门襟、拉链及装腰等缝制工艺等。内容覆盖面广，针对性强，以图配文的形式，突出介绍不同品种的缝制要点和诀窍。

每一部件均包括款式特点、 缝制方法和要求等内容；每一部件都是精心挑选，具有典型性和代表性。在工艺的选用上，既体现现代服装企业生产的工艺特色，又兼顾个体缝制工艺的特点，工艺规范合理，注重实战知识。全书内容由浅入深，图文并茂，通俗易懂，实用性强，既可作为高等院校服装专业教材，也可作为服装行业的技术人员参考用书及服装爱好者自学指导读物。

《服装部件缝制工艺》自出版以来，对培养服装专业高级人才起到了积极的作用，受到了广大师生及社会读者的好评。2015年被中国纺织服装教育学会评为“十二五”部委级优秀教材。

为适应近年来双面大衣呢面料的兴起，在第一版的基础之上，第二版增加了双面大衣呢面料的基础缝制方法和技巧，同时增加了领口领缝制工艺，将原书中的不足之处进行了修改。

本书从诞生至今，在不断成长和改进，受到广大读者的支持和厚爱，教材中难免有错误和疏漏，恳请读者批评指正。

周　捷

CONTENTS

目 录

CONTENTS
目 录

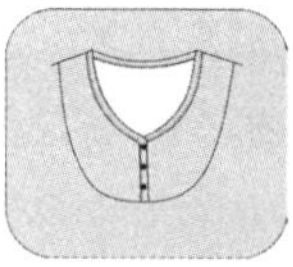

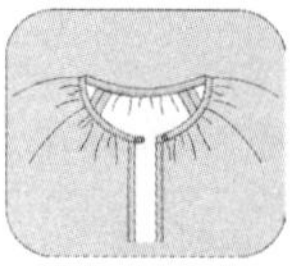

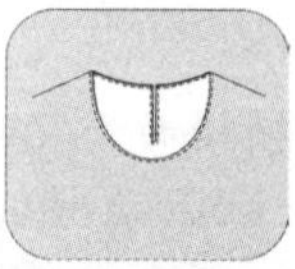

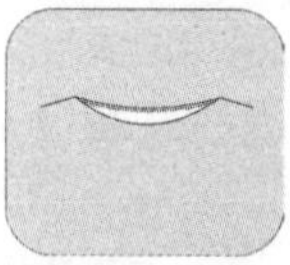

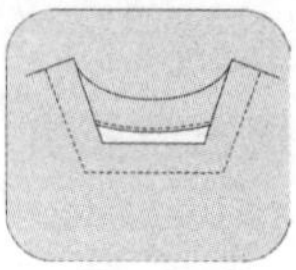

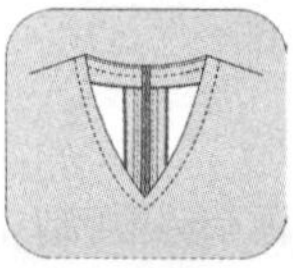

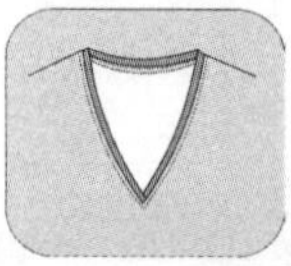

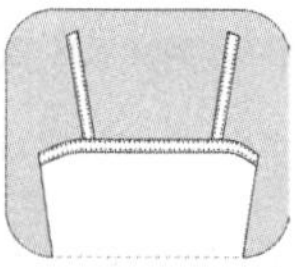

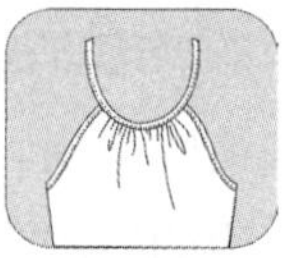

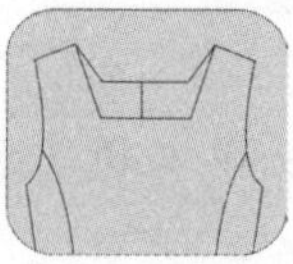

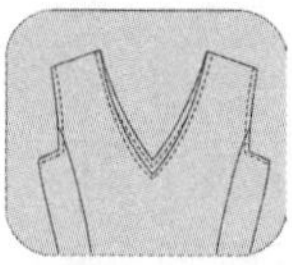

CONTENTS
目 录

CONTENTS

目 录

CONTENTS
目 录

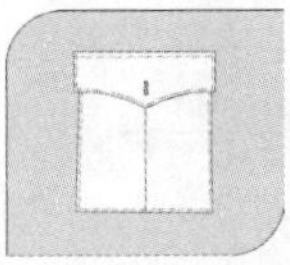

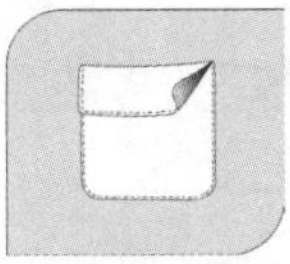

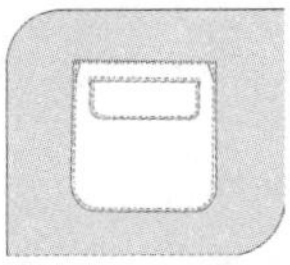

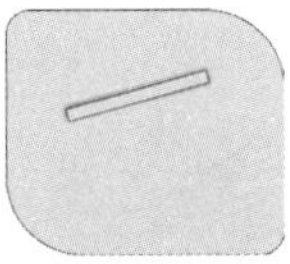

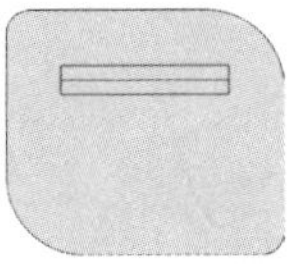

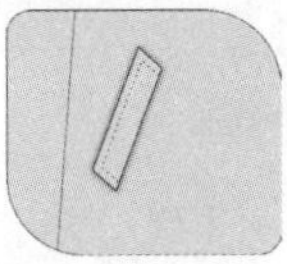

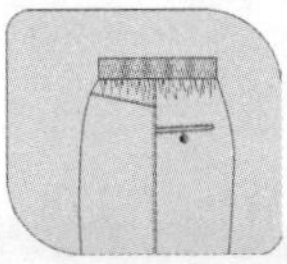

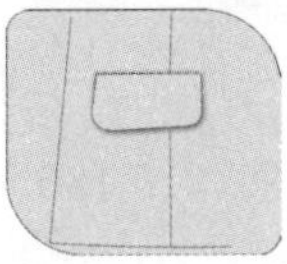

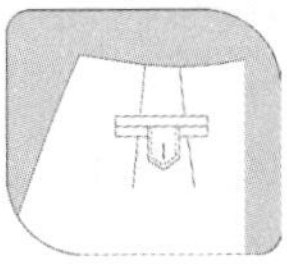

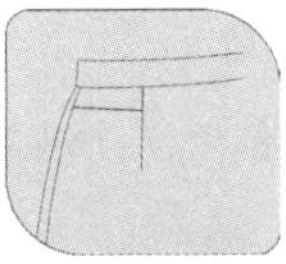

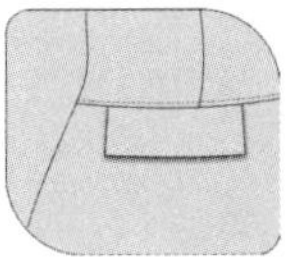

CONTENTS
目录

CONTENTS

目 录

CONTENTS
目 录

第一章

缝制基础

第一节　服装部位及部件名称

一、上装部位名称

（一）上装前身的部位名称

（1）肩缝（Shoulder seam）：前后衣片肩连接的部位。

（2）领嘴（Notch）：领底口末端到门里襟止口的部位。

（3）门襟（Closing）：锁扣眼的部位。

（4）里襟（Under lap）：钉扣的部位。

（5）止口（Front edge）：也叫门襟止口，是指成衣门襟的外边沿。

（6）搭门（Front overlap）：指门襟与里襟叠在一起的部位。

（7）扣眼（Button-hole）：钮扣的孔眼。

（8）眼距（Button-hole spacing）：指扣眼之间的距离。

（9）袖窿（Armhole）：也叫袖孔，是大身装袖的部位。

（10）驳头（Lapel）：里襟上部向外翻折的部位。

（11）平驳头（Notch lapel）：与上领片的夹角成三角形缺口的方角驳头。

（12）戗驳头（Peak lapel）：驳角向上形成尖角的驳头。

（13）胸部（Bust）：指前衣片前胸最丰满处。

（14）腰节（Waist）：指衣服腰部最细处。

（15）摆缝（Side seam）：指袖窿下面由前后身衣片连接的缝。

（16）底边（Hem）：也叫下摆，指衣服下部的边沿部位。

（17）串口（Gorge line）：指领面与驳头面的缝合线，也叫串口线。

（18）驳口（Roll line）：驳头翻折的部位，驳口线也叫翻折线。

（19）单排扣（Single breasted）：里襟上钉一排钮扣。

（20）双排扣（Double breasted）：门襟与里襟各钉一排钮扣。

（21）止口圆角（Front cut）：指门里襟下部的圆头。

（22）扣位（Button position）：钮扣的位置。

（23）滚眼（Bound button hole）：用面料包做的嵌线扣眼。

（24）前过肩（Front yoke）：连接前身与肩合缝的部件，也叫前育克。

（25）门襟翻边：也叫明门襟贴边，指外翻的门襟贴边。

（26）领省（Neckline dart）：领窝部位的省道。

（27）前腰省（Front waist dart）：指开在衣服前身腰部的省道。

（28）腋下省（Underarm dart）：指衣服两侧腋下处开的省道。

（29）前肩省（Front shoulder dart）：指开在前身肩部的省道。

（30）肚省（Fish dart）：指在西装大口袋部位所开的横省。

（31）通省（Open dart）：也叫通天落地省，指从肩缝或袖窿处通过腰部至下摆底部的开刀缝。如公主线即是一种特殊的通省，它最早由欧洲的公主所采用，在视觉造型上表现为展宽肩部、丰满胸部、收缩腰部和放宽臀摆的三围轮廓效果。

（32）刀背缝（Princess seam）：是一种形状如刀背的通省或开刀缝。

（二）上装后身的部位名称

（1）总肩（Across back shoulder）：指在后背处从左肩端经后颈中点（第七颈椎点）到右肩端的部位。

（2）后过肩（Back yoke）：也叫后育克，指连接后衣片与肩合缝的部件。

（3）背缝（Center back seam）：又叫背中缝，是指后身人体中线位置的衣片合缝。

（4）背衩（Back vent）：也叫背开衩，指在背缝下部的开衩。

（5）摆衩（Side slit）：又叫侧摆衩，指侧摆缝下部的开衩。

（6）后搭门（Back overlap）：指门里襟开在后背处的搭门。

（7）领窝（Neck line）：指前后身与领子缝合的部位。

（8）后领省（Back neck dart）：指开在后领窝处的领省，多呈八字形。

（9）后肩省（Back shoulder dart）：指后身肩部的省道。

（10）后腰省（Back waist dart）：指后身腰部的省道。

二、上装部件名称

（一）领子的造型名称

（1）倒挂领（Turned-down collar）：指领角向下垂落的领型。

（2）中山服领（Zhongshan collar）：由底领和翻领组成，领角呈外八字形的领型。

（3）尖领（Pointed collar, Peaked collar）：领角呈尖角形的领型，也叫尖角领。

（4）衬衫领（Shirt collar）：或衬衣领，由上领和下领组成，是衬衫专有的领型。

（5）圆领（Peter pen collar）：指领角呈圆形的领型，也叫圆角领。

（6）青果领（Shawl collar）：是翻驳领的一种变形，领面形似青果形状的领型。

（7）荷叶边领（Ruffled collar）：领片呈荷叶边状，波浪展开的领型。

（8）燕子领（Swallow collar, Wing collar）：领面下止口的两条线形，似燕子飞翔时翅膀张开的形状的领型。

（9）两用领（Convertible collar）：也叫开关领。指可敞开、可关闭的领型。

（10）方领（Square collar）：指领角呈方形的领型。如领面较窄，则称之为小方领。

（11）中式领（Mandarin collar）：指中式服装的领型，其结构为圆领角关门的立领。

（12）立领（Stand collar）：指领子向上竖起紧贴颈部的领型。

（13）海军领（Sailor collar）：指海军将士们军服的领型，其领子为一片翻领，前领为尖形，领片在后身呈方形，前身呈披巾形的领型。

（14）扎结领（Tie collar）：领片是一长条形，在前身处可以打结成花结的领型。

（15）圆领口（Round neckline）：领圈呈圆形，根据情况领圈可开大开小，圆弧可呈圆形或呈椭圆等形状。

（16）方领口（Square neckline）：领圈呈方形。根据爱好可开成长方形或横向方形。

（17）V字领口（V–neckline）：领圈呈英文字母V字形状。根据款式的需要，V字的开口可大可小。

（18）一字领口（Boat neckline, Slit neckline, Off neckline）：前后衣片在肩部缝合只剩颈圈部位，前后领圈成一字形状，即呈水平线形状。

（19）鸡心领口（Sweetheart neckline, Heart shaped neckline）：也叫桃形领，领圈呈鸡心形状，即下部尖、上部成圆弧状。

（20）底领（Collar stand, Collar band）：也称领座，是连接领口与翻领的部位。

（21）翻领（Top collar）：指翻在底领外面的领面造型。

（22）领上口（Roll line）：领外翻的连折处。

（23）领下口（Collar neckline）：领子与领窝缝合处。

（24）领里口（Collar stand）：领上口至领下口之间的部分。

（25）领外口（Style line）：领子外侧边沿。

（26）领豁口（Notch）：领嘴与驳角间距离。

（二）服装袖子术语

（1）衬衫袖（Shirt sleeve）：一片袖结构，长袖装有袖克夫。

（2）圆袖（Set–in sleeve）：也称装袖，指在臂根围处与大身衣片缝合连接的袖型。圆袖是基本的西式合袖形式与肩袖造型。

（3）中缝连袖（Set–in sleeve with center seam）：指袖中线有合缝分割线的圆袖。

（4）前圆后连袖（Split raglan sleeve）：指前袖椭圆形，后袖与肩相连的袖。

（5）连肩袖（Raglan sleeve）：又称插肩袖，是肩与袖连为一体的袖型。

（6）连袖（Kimono sleeve）：指衣袖相连、有中缝的袖子。中式上衣多采用这种袖子。

（7）喇叭袖（Flare sleeve; Trumpet sleeve）：指袖管形状与喇叭形状相似的袖子。

（8）灯笼袖（Lantern sleeve; Puff sleeve）：指肩部泡起，袖口收缩，整体袖管呈灯笼形鼓起的袖子。

（9）蝙蝠袖（Batwing sleeve）：在肩袖连接处，袖窿深及腰节附近，整体造型如蝙蝠翅膀张开状的袖子。

（10）泡泡袖（Puff sleeve）：指在袖山处抽碎褶而蓬起呈泡泡状的袖型。

（11）花瓣袖（Petal sleeve）：或称蚌壳袖，也叫郁金香花瓣袖，指袖片交叠如倒挂的花瓣的袖型。

（12）袖口（Sleeve opening）：袖管下口的边沿部位。

（13）衬衫袖口（Shirt Sleeve Cuff）：即袖克夫，指装袖头的小袖口。

（14）橡皮筋袖口（Elastic cuff）：指装橡皮筋的袖口。

（15）罗纹袖口（Rib-Knit cuff）：指装罗纹口的袖口。

（16）袖头（Cuff）：缝在袖口的部件。

（17）双袖头（Double cuff; French cuff; Tumup-cuff; Fold-Back cuff）：指外翻的袖头。

（18）袖开衩（Sleeve slit）：指袖口部位的开衩。

（19）袖衩条（Sleeve placket）：缝在袖开衩部位的斜丝缕的布条。

（20）大袖（Top sleeve）：指两片袖结构中较大的袖片，也称外袖。

（21）小袖（Under sleeve）：指两片袖结构中较小的袖片，也称内袖或里袖。

（22）袖中缝（Sleeve center line）：指一片袖中间的开刀缝。

（23）前袖缝（Inseam）：大袖与小袖在前面的合缝。

（24）后袖缝（Elbow seam）：大袖与小袖在后面的合缝。

（三）口袋的造型名称

（1）插袋（Insert pocket）：指在衣身前后片缝合处，留出袋口的隐蔽性口袋。

（2）贴袋（Patch pocket）：指在衣服表面直接用车缉或手缝袋布做成的口袋。

（3）开袋（Slit pocket）：指袋口由切开衣身所得，袋布放在衣服里面的口袋。

（4）双嵌线袋（Double welt pocket）：指袋口装有两根嵌线的口袋。

（5）单嵌线袋（Single welt pocket）：指袋口装有一根嵌线的口袋。

（6）卡袋（Card pocket）：指专为放置名片、小卡片而设计的小口袋。

（7）手巾袋（Breast pocket）：指西装胸部的开袋。

（8）袋爿袋（Welt pocket）：装有袋爿的开袋。

（9）眼镜袋（Glasses pocket）：指专放置眼镜的口袋。

（10）锯齿形里袋（Zigzag inside pocket）：指在袋口装有锯齿形花边的里袋，也叫三角形里袋。

（11）有盖贴袋（Patch pocket with flap）：指在贴袋口的上部装有袋盖的口袋。

（12）吊袋（Bellows pocket）：指袋边沿活口的袋，又称老虎袋，风箱袋。

（13）风琴袋（Accordion pocket）：通常指袋边沿装有似手风琴风箱伸缩形状的袋。

（14）暗裥袋（Inverted pleated pocket）：指袋中间活口的袋。

（15）明裥袋（Box pleated pocket）：指袋中间两边活口的袋。

（16）里袋（Inside pocket）：衣服前身里子上的口袋。

（四）小部件造型名称

（1）领襻（Collar tab）：领子或领嘴处装的小襻。

（2）吊襻（Hanger loop）：装在衣领处挂衣服用的小襻。

（3）肩襻（Shoulder tab；Epaulet）：装饰在服装肩部的小襻。肩襻通常没有实用功能，只作装饰或标志用，如职业服及军服上面的肩襻。

（4）腰襻（Waist tab）：装在腰部的、为了穿入皮带或腰带用的小襻。

（5）下摆襻（Bottom tab）：装在下摆处的小襻。

（6）袖襻（Sleeve tab）：装在袖口处，或兼有收缩袖口作用的小襻。

（7）脚口襻（Leg opening tab）：装在裤脚口处的小襻。

（8）线襻（French tack）：用粗线打成的小襻，多在夏装连衣裙上使用。

（9）腰带（Waist belt）：用以束腰的带子。

（10）挂面（Facing）：又称过面或贴边，指装在上衣门里襟处的衣片部件。

（11）耳朵皮（Flange）：在西装的前身挂面里处，为做里袋所拼加的一块面料。

（12）滚条（Bias strip）：指包在衣服边沿（如止口、领外沿与下摆等）或部件边沿处的条状装饰部件。

（13）压条（Band）：指压明线的宽滚条。

（14）塔克（Tuck）：服装上有规则的装饰褶子。

（15）袋盖（Flap）：固定在袋口上部的防脱露部件。

（五） 衬布

（1）前身衬（Front interlining）：衣服前身用的衬。

（2）驳头衬（Lapel interlining：驳头处用的衬。

（3）胸衬（Chest interlining）：衣服胸部用的衬。

（4）下节衬（Interlining under the waist line）：衣服前身腰节以下加放的衬。

（5）领衬（Collar interlining）：领子用的衬。

（6）肩头衬（Domette）：肩头上用的衬，

（7）帮胸衬（Bias strip）：胸部边沿加放的条状衬。

（8）袋角衬（Pocket reinforcement patch）：放在袋角处的衬。

（9）底边衬 Hem interlining）：衣服下部边沿部位加放的衬。

（10）袖口衬（Cuff interlining）：袖口部位加放的衬。

（11）挂面衬（Front facing interlining）：挂面部位加放的衬。

（12）腰头衬（Waist band interlining）：裤、裙腰头内层的衬。

（13）袋牵布（Patch stay）：增加袋口牢度，用在袋口处的衬。

（14）牵条（Tape）：在止口等部位起固定作用的衬条。

三、下装部位名称

（1）上裆（Crotch depth）：又叫直裆或立裆，指腰头上口到横裆间的距离或部位。

（2）烫迹线（Crease line）：又叫挺缝线或裤中线，指裤腿前后片的中心直线。

（3）翻脚口（Turn-Up bottom）：指裤脚口往上外翻的部位。

（4）裤脚口（Bottom, Leg opening）：指裤腿下口边沿。

（5）横裆（Crotch）：指上裆下部的最宽处，对应于人体的大腿围度。

（6）侧缝（Side seam）：在人体侧面，裤子前后身缝合的外侧缝。

（7）中裆（Kuee）：指人体膝盖附近的部位。

（8）脚口折边（Hem）：裤脚口处折在里面的连贴边。

（9）下裆缝（Inseam）：指裤子前后身缝合从裆部至裤脚口的内侧缝。

（10）腰头（Waistband）：指与裤子或裙身缝合的带状部件。

（11）腰上口Upper（side of waist line）：腰头的上部边沿部位。

（12）腰缝（Waist seam）：指腰头与裤或裙身缝合后的缝子。

（13）腰里（Waistband lining）：指腰头的里子。

（14）裤（裙）腰省（Waist dart）：裤（裙）前后身为了符合人体曲线而设计的省道，省尖指向人体的突起部位，前片为小腹，后片为臀大肌。

（15）裤（裙）裥（Pleat）：裤（裙）前身在裁片上预留出的宽松量，通常经熨烫定出裥形，在装饰的同时增加可运动松量。

（16）小裆缝（Front crotch seam）：裤子前身小裆缝合的缝子。

（17）后裆缝（Back crotch seam）：裤子后身裆部缝合的缝子。

四、下装部件名称

（1）侧缝直袋（Side pocket）：侧缝上部装的直袋口裤袋、裙袋。

（2）侧缝斜袋（Slant pocket）：侧缝上部装的斜袋口裤袋、裙袋。

（3）侧缝横袋（Cross pocket）：侧缝外装的横向袋口裤袋、裙袋。

（4）表袋（Watch pocket）：裤、裙腰头处的小袋。

（5）后袋（Hip pocket）：裤、裙后片的袋。

（6）过腰（Waistband）：门襟一侧腰头延伸弹出的部分。

（7）膝盖绸（Knee kicker）：装在裤子前片的里子。

（8）贴脚条（Heel stay）：缝在裤子后片裤脚贴边下沿的条料。

（9）门襟（Fly facing）：位于裤、裙开合处，用以锁眼或装一侧拉链的部件。

（10）里襟（Fly shield）：位于裤、裙开合处，用以钉钮扣或装一侧拉链的部件。

（11）里襟尖嘴（Button tab at fly shield）：装在里襟上部的尖嘴形部件。

（12）小裤底（Front crotch stay）：小裆部位的里布。

（13）大裆底（Back crotch stay）：后裆部位的里布。

（14）过桥（Trouser curtain）：里襟里布延长的条状部件，用以覆盖十字裆缝。

（15）串带（Belt-loop）：装在腰头上，用来串腰带的小襻。

（16）雨水布（Trouser curtain）：遮盖腰头衬布的里布。

（17）袋布（Pocket bag）：装在裤、裙内的口袋袋布。

（18）垫袋布（Pocket mouth stay）：袋口处垫在袋布上的条料。

第二节　缝制与熨烫基本技巧

一、缝制基本技巧

（一）机缝操作方法

（1）将要缝合的两片布位置对准，用大头针固定，或者做对位记号。

（2）将布置于缝纫机上，调整布边磁定规的位置，使机针距离布边的宽度为缝头的大小，也可以不使用布边磁定规。

（3）如图1–1所示，将上下线拉出，距离布的上边沿0.5cm起针开始缉缝并打回车。

（4）如图1–2所示，为便于缝纫和线路顺直，左手将布往上轻拉，拉力不要太大，右手往下轻拉，缝至近大头针处将大头针移走；如果做的是对位记号，缝制过程中，比对上下对位记号；左手将布往上轻拉，右手也可以置于两层布之间，略拉住下层布。

（5）缝制距离下边沿0.5cm处时，再打回车。

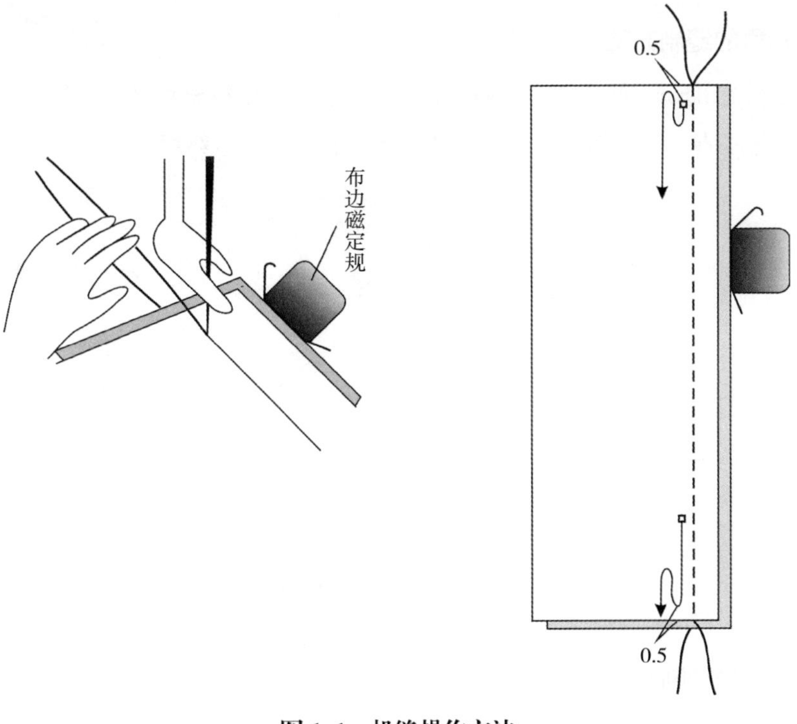

图1–1　机缝操作方法

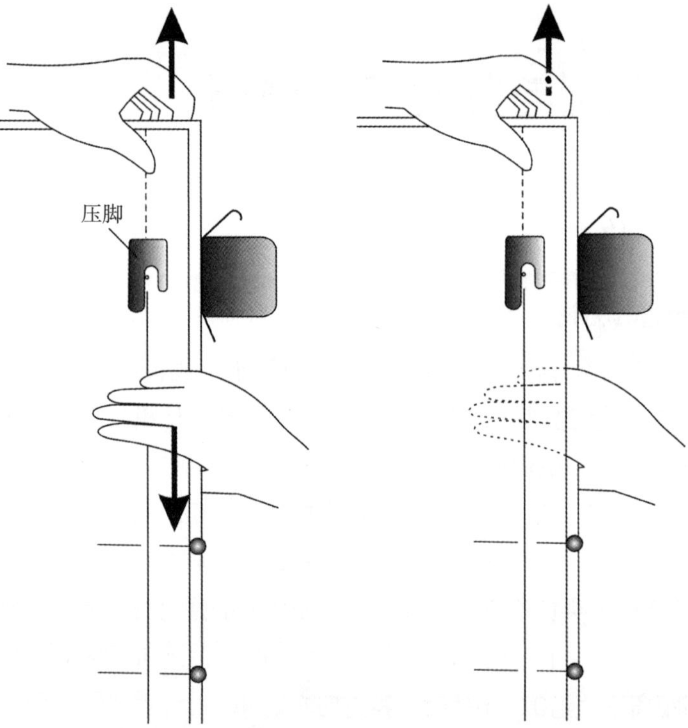

图1-2 机缝手势

（二）拐角的缝制方法

（1）如图1-3所示，两片布正面相对叠合先缉缝一边，缝至拐角处，将机针插入布内；

（2）抬起压脚，转动布料，使另一边与人体正对，完成缉缝。

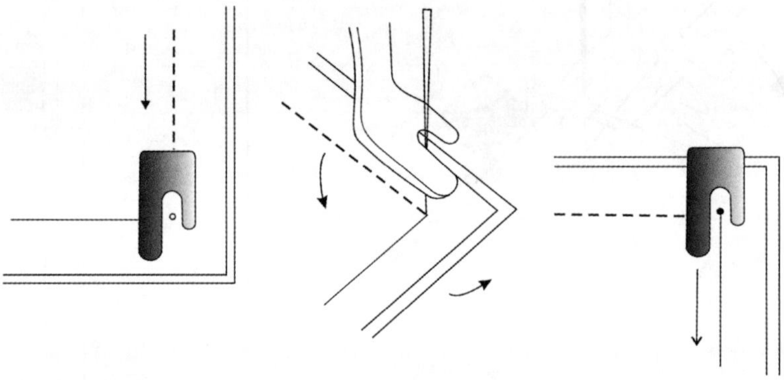

图1-3 拐角的缝制方法

（三）弧线的缝制方法

如图1-4所示，两片布正面相对叠合缉缝，边缉缝边转动布料，使缝制的部位始终与人体方向垂直。

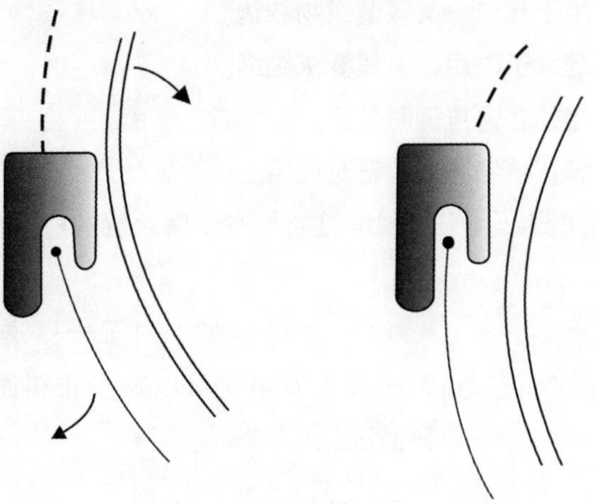

图1-4　弧线的缝制方法

（四）辅助工具的运用

1. 纸

如果缝制一些太薄的面料线迹不展时，可以垫上一层纸辅助缝纫。或者是一边缝头太厚，导致压脚左右高低不同时，也可以将纸折叠垫在下面平衡两边的高度，如图1-5所示。

2. 特种压脚

选择恰当的压脚，在缝制过程中会起到事半功倍的效果。下面举几个常用的特种压脚：

（1）高低压脚：为了使缝制的线迹距缝边距离一致，如图1-6所示，可以采用高低压脚。如在缉0.1cm的明线时，可选用0.1cm的高低压脚辅助缝纫。缉0.2cm的明线时，可选用0.2cm的高低压脚。

（2）皱褶压脚：用于很薄的布料打褶，即收荷叶边。

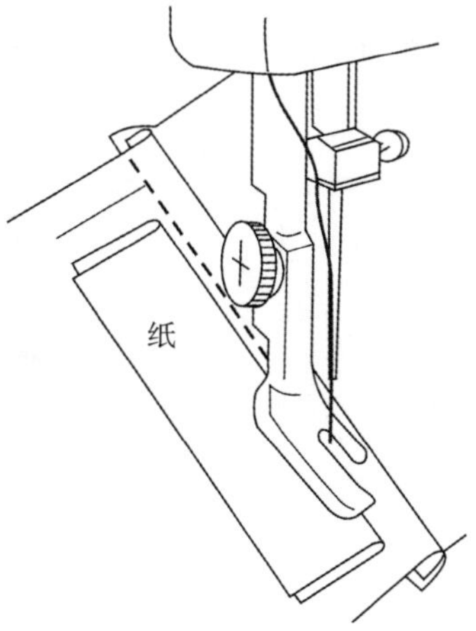

图1-5　纸的应用

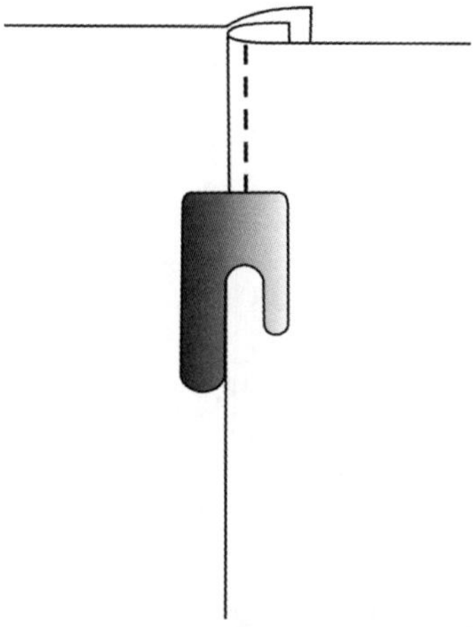

图1-6　特种压脚的应用

（3）卷边压脚：用于丝巾一类较薄织物卷边。

（4）嵌绳压脚：缝绳子时用，一般要求细绳。

（5）拉链压脚：缝纫普通拉链时使用。

（6）隐形拉链压脚：缝纫隐形拉链时使用。

（7）特氟龙不黏压脚：用于缝制难缝的带有金属涂层的打滑面料以及皮革、聚乙烯布料等。

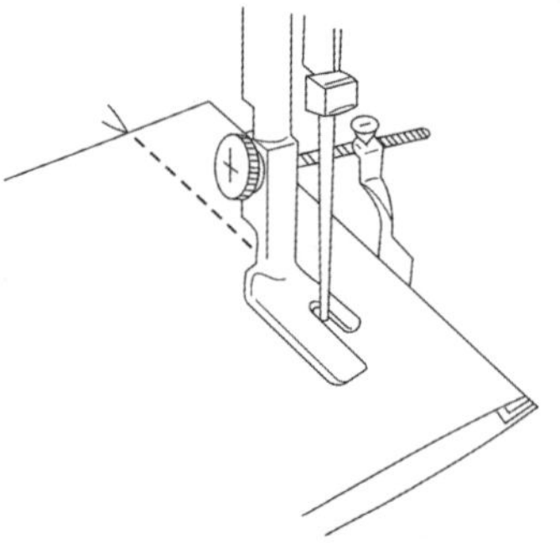

图1-7 定规的应用

（8）滚轮压脚：对于一些送布比较困难的特殊布料，压脚上有滚轮可以减少布料通过时的阻力，让布料顺畅通过。

3. 定规

（1）可调节定规：如图1-7所示，可根据缝边的宽度来调节宽度。

（2）布边磁定规：根据缝边的宽度移动布边磁定规的位置，如图1-1所示。

（五）特殊缝纫的处理方法

1. 缩缝下片缝制方法

如图1-8所示，将要被缩缝的部位置于下层，左手适当提起上层布料，右手推下层布料。

2. 缩缝上片缝制方法

如图1-9所示，缩缝上片时，用镊子将上层布料推进。

3. 上下不同布纹方向缝制方法

如图1-10所示，如果下层布料是直丝方向，上层是斜纱方向，上层布料较容易拉长，这种情况下可以在上层布料上垫上一层纸。

4. 易拉伸变形部位的处理方法

如图1-11所示，在肩部、袖窿等容易被拉伸变形部位，可以先贴上黏合衬或者拉牵条后再缝纫。

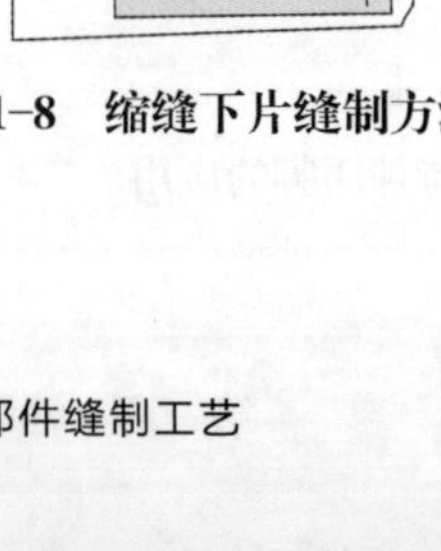

图1-8 缩缝下片缝制方法

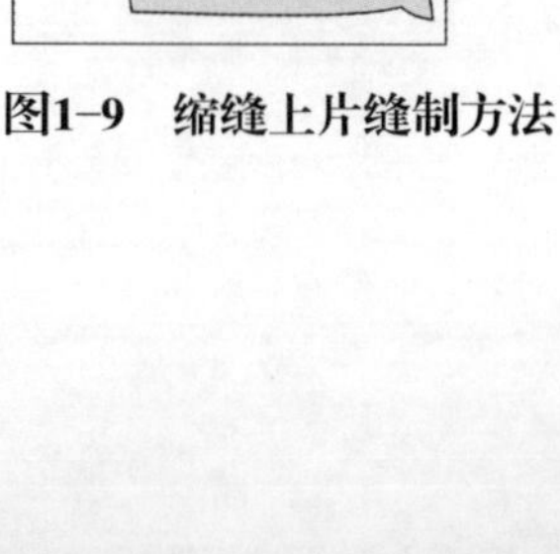

图1-9 缩缝上片缝制方法

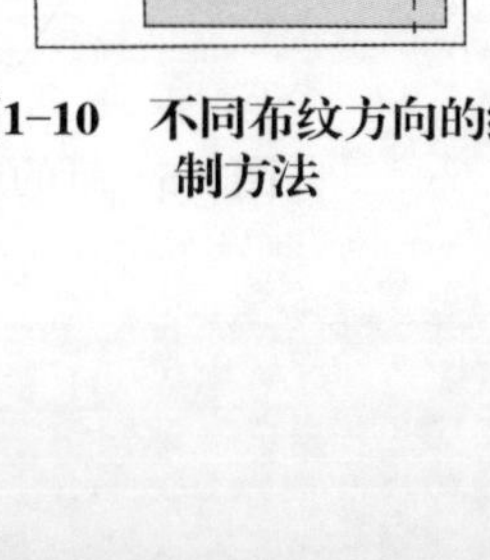

图1-10 不同布纹方向的缝制方法

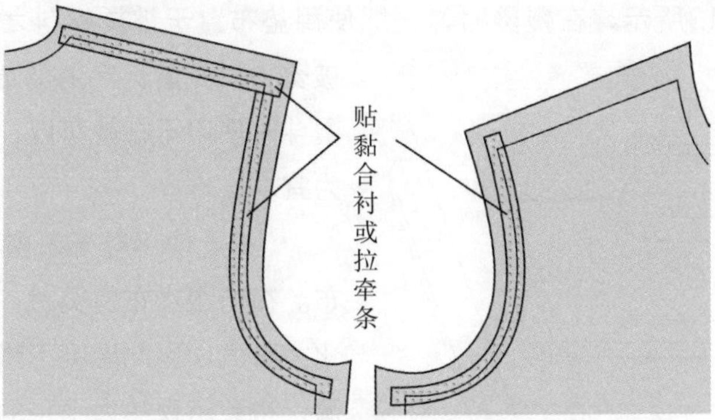

图1-11　易拉伸变形部位的处理方法

二、熨烫基本技巧与方法

（一）熨斗使用

（1）使用非调温电熨斗，在开通电源熨烫时，要时刻注意观察熨烫效果及面料变化，特别是化学纤维面料承受温度相对较低，要关注面料的颜色变化及气味，若稍有变化，应立即切断电源。

（2）使用调温电熨斗，应掌握熨斗核定的各种纤维档次的熨烫温度，如果用这个温度达不到熨烫效果可能是温度低了，可以试着在该纤维熨烫温度的基础上再提高一个档次，如有必要还可调到更高的档次，但要密切关注面料颜色及气味的变化。

（二）熨烫准备和基本方法

1. 清洁烫台和熨斗底板

如图1-12所示，在熨烫前，先检查烫台和熨斗底板是否干净，如果不干净先进行清理，以免弄污被烫物料。

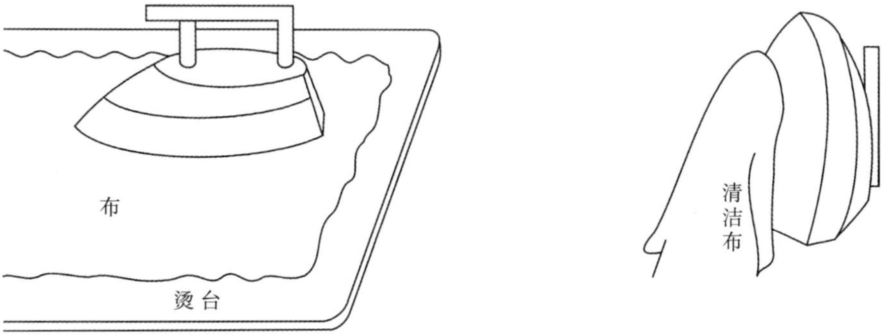

图1-12　清理熨斗、烫台

2. 一般布料熨烫方法

（1）如图1-13所示，在熨烫时，一般使用垫布置于被烫物料之上，这样可以减少被烫物料变黄、产生极光等问题。使用蒸汽熨斗时使用干布就可以，通常选用白色棉布为宜。

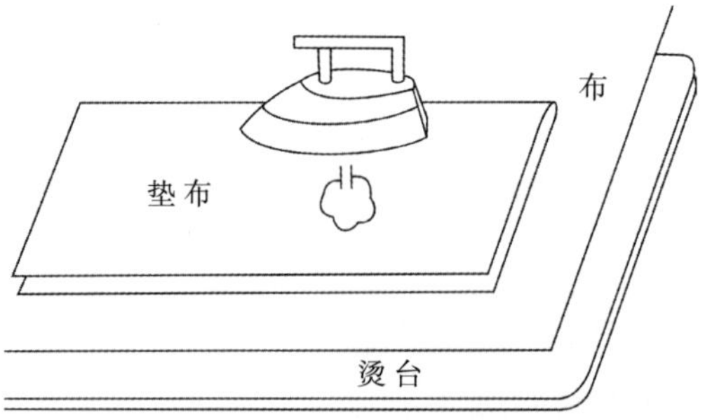

图1-13　垫布熨烫

（2）使用非蒸汽熨斗，可以垫上湿水布。在垫湿水布熨烫时，熨斗由于要使水分化为蒸汽，因此温度下降很快，即使不关电源，也会出现热力不足的现象。可以放慢熨烫速度，对熨斗的运行掌握可先轻后重，使水分蒸发扩散均匀、温度分布均匀。

3. 黏合衬熨烫方法

如图1-14所示，先将黏合衬放置于要黏合的部位，上面铺上一层纸，在纸上喷上少量的水，给黏合衬一定的湿度，在纸上熨烫可以防止黏合衬上的黏合剂黏附在熨斗上。

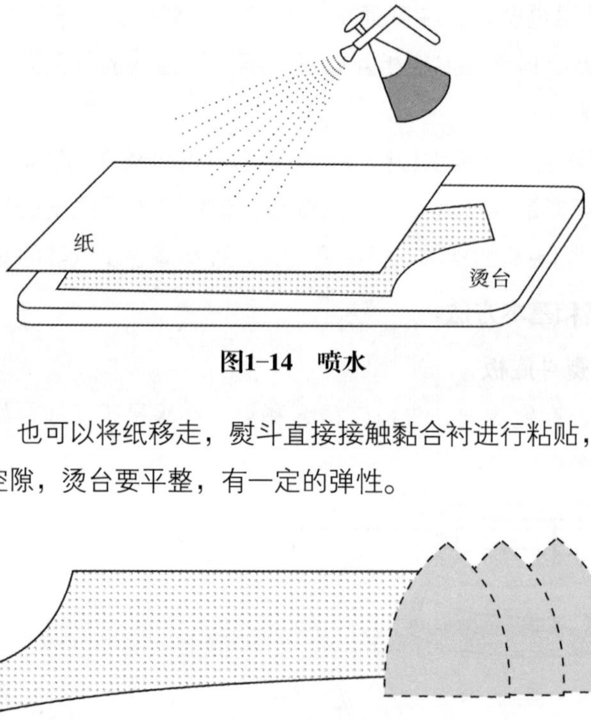

图1-14　喷水

如图1-15所示，也可以将纸移走，熨斗直接接触黏合衬进行粘贴，注意粘贴时稍作停留后移开，不要留空隙，烫台要平整，有一定的弹性。

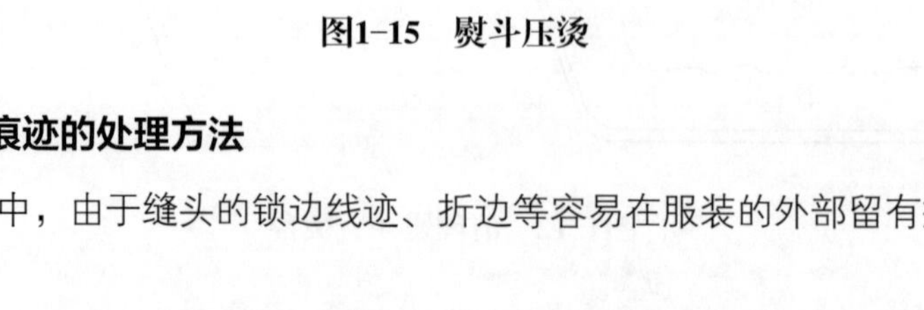
图1-15　熨斗压烫

（三）熨烫痕迹的处理方法

在熨烫过程中，由于缝头的锁边线迹、折边等容易在服装的外部留有痕迹，下面介绍利用纸板避免熨烫痕迹的方法。

方法一 如图1-16所示，裁一长方形的纸板，按图示剪开，用纸板将缝头与衣片隔开，熨烫时熨斗只与缝头和纸板接触。

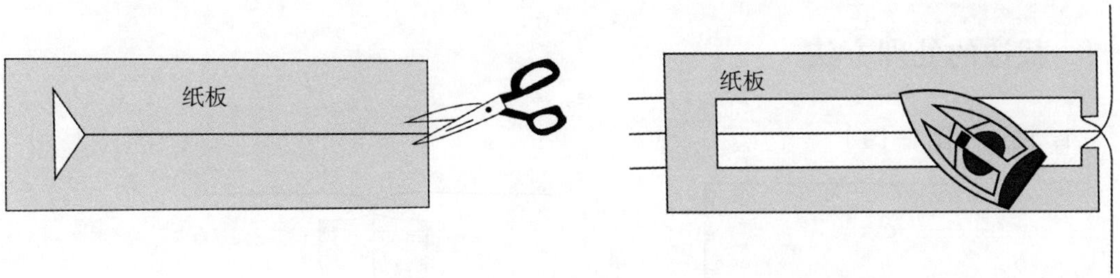

图1-16 加纸板方法一

方法二 如图1-17所示，裁长方形的纸板，从中间对折，如图放到缝头或省道下方，进行熨烫。

方法三 一般在熨烫袋盖时，袋盖很容易在衣片上产生烫痕，也可以如图1-18所示方法垫上纸板，避免烫痕。

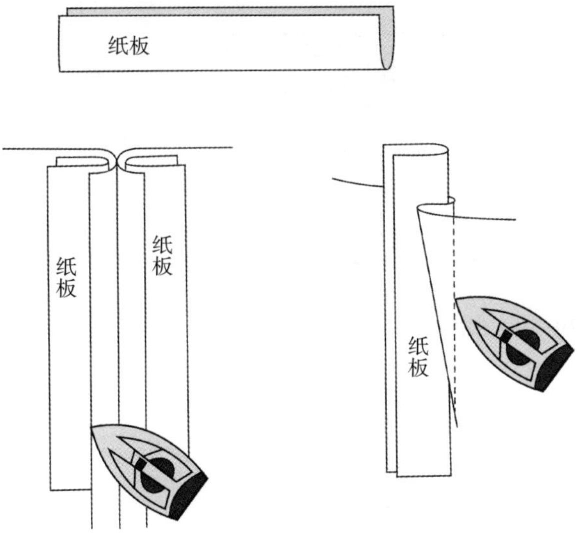

图1-17 加纸板方法二

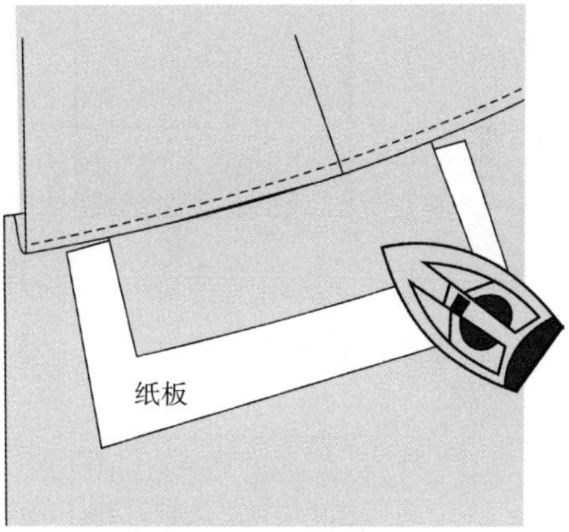

图1-18 加纸板方法三

第三节　缝边的处理方法

一、　裁边的处理方法

1. 锁边（图1-19）

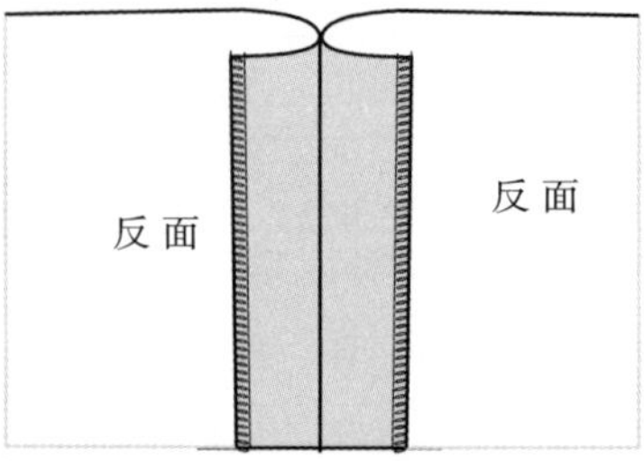

图1-19　锁边

2. 折边缉缝（图1-20）

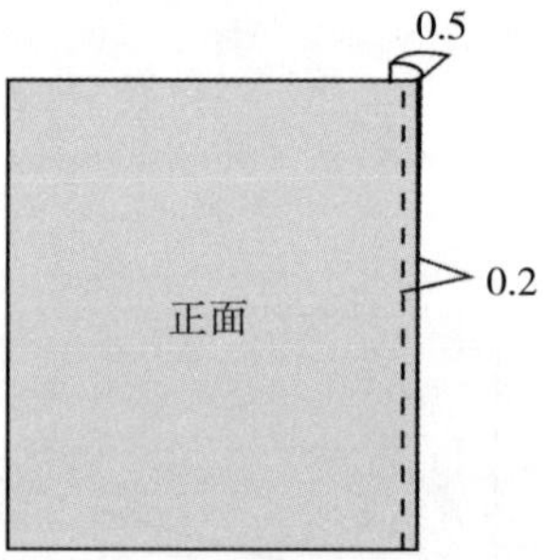

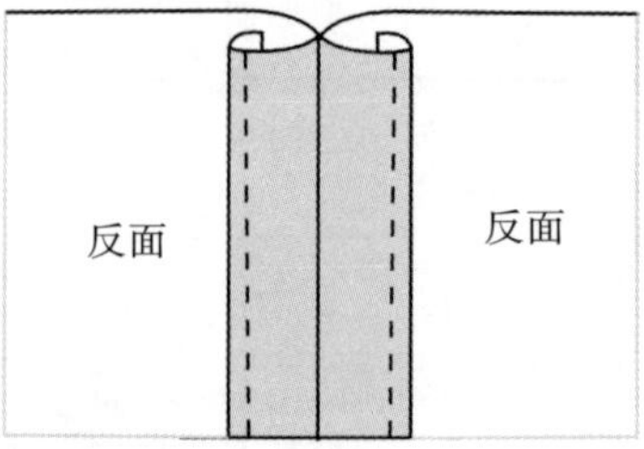

图1-20　折边缉缝

3. 滚条滚边（图1-21）

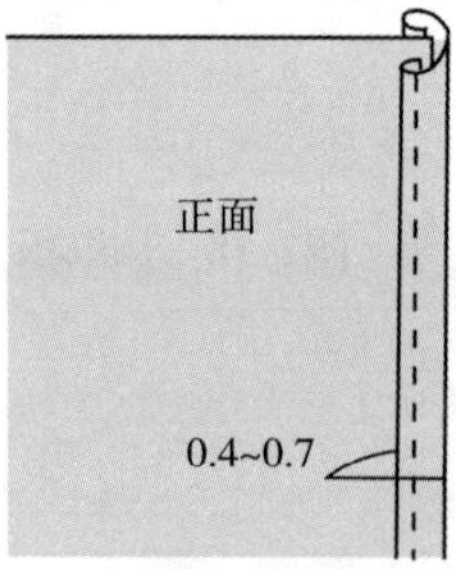

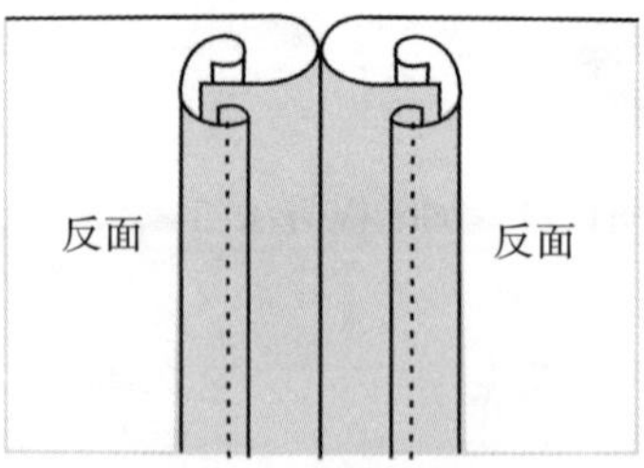

图1-21　滚条滚边

二、缝边缝合方法

将缝边缝合到一起的方法有多种，这里介绍几种常用的方法。

1. 平缝

（1）劈缝：如图1–22所示，将两片分别包缝，然后正面相对缉缝，最后进行分烫。

（2）缝头倒向一边：如图1–23所示，两片正面相对缉缝，然后进行包缝，最后将缝头烫倒到一边。

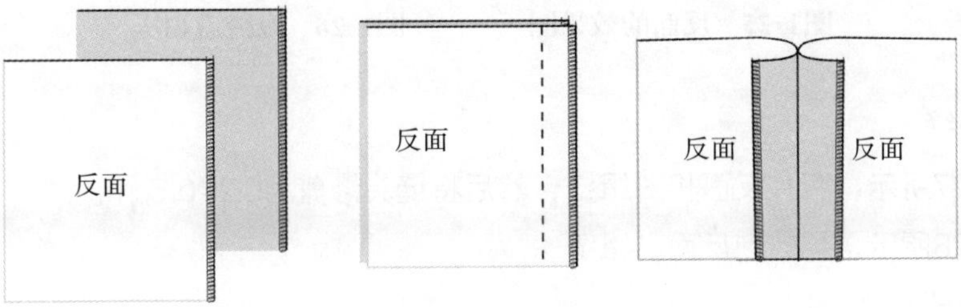

图1–22　劈缝

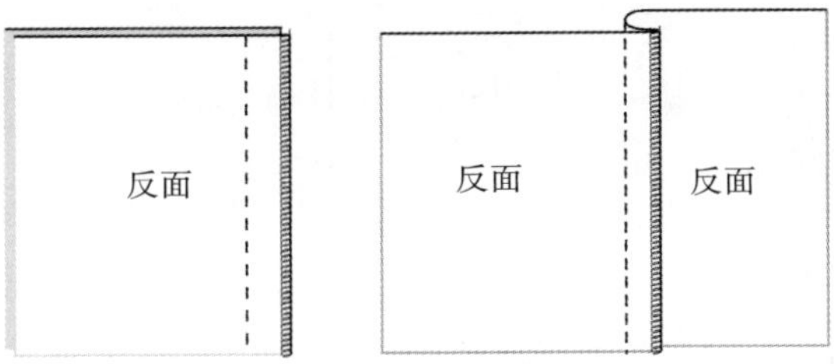

图1–23　不劈缝

2. 扣压缝

如图1–24所示，两片正面相对缉缝，然后进行包缝，翻转到正面缉明线。

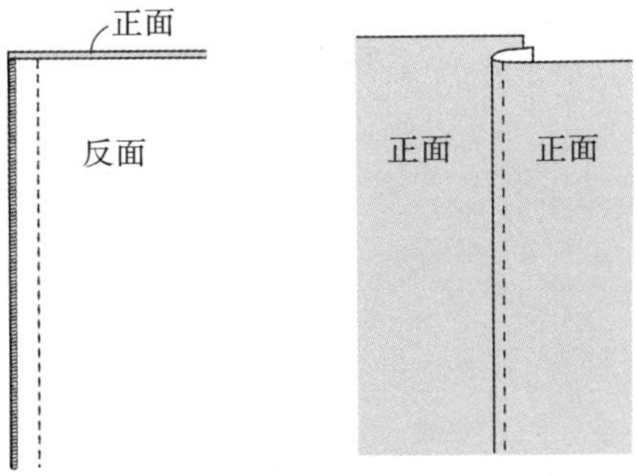

图1–24　扣压缝

如图1–25所示，反面的效果图。

如图1–26所示，也可以在正面再缉一道缝线，压住缝头。

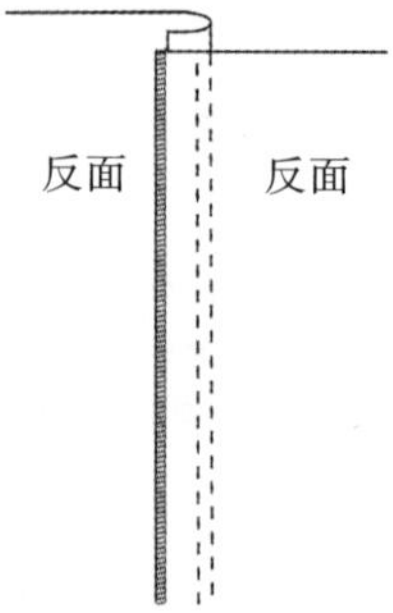

图1–25　反面的效果图

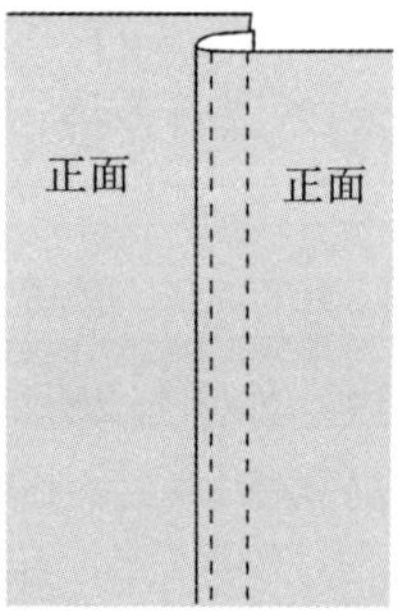

图1–26　双缝道扣压

3. 来去缝

如图1–27所示，两片反面相对缉缝，然后将缝头修剪为0.2~0.5cm。

如图1–28所示，翻转到反面，缉缝。

反面展开图，如图1–29所示。

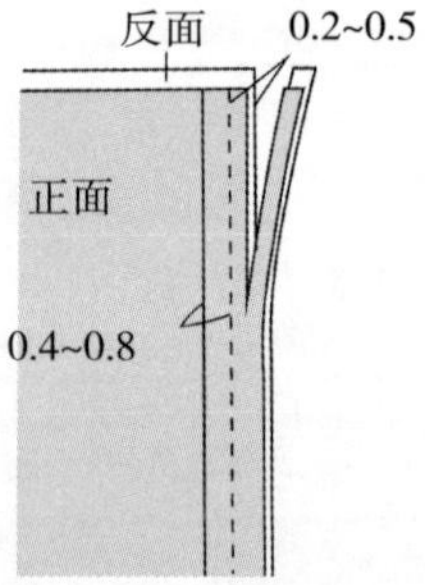

图1–27　反面相对缉缝

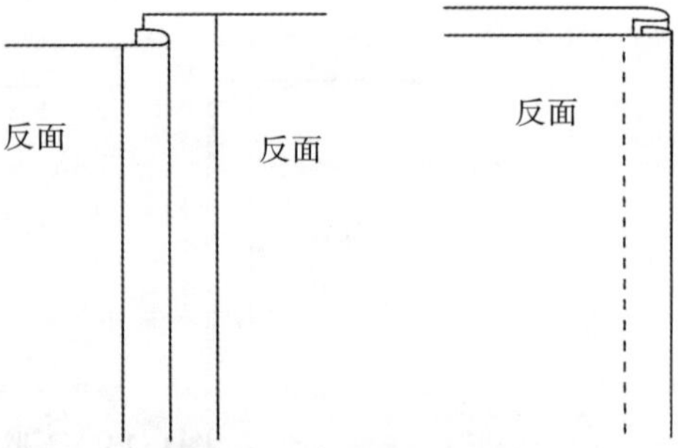

图1–28　翻转、缉缝

4. 包缝

如图1–30所示，两片正面相对缉缝，然后修剪缝头。

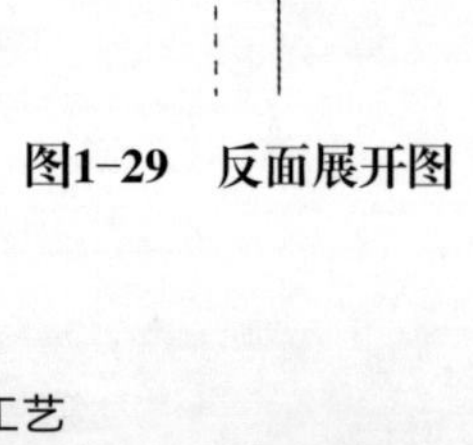

图1–29　反面展开图

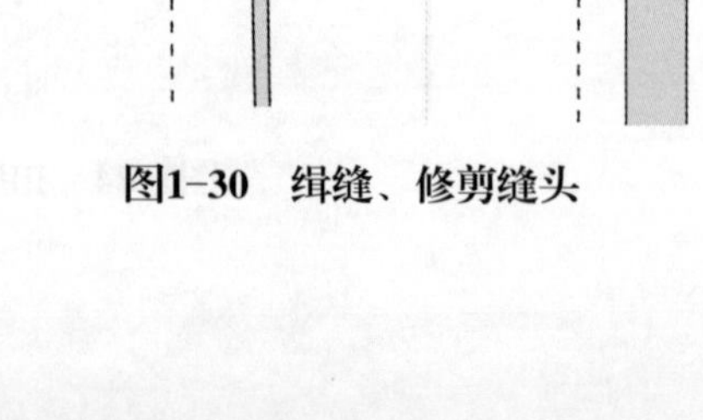

图1–30　缉缝、修剪缝头

如图1–31所示，扣烫缝头。

翻转到正面，如图1–32所示，缉明线，明线压住反面的缝头。

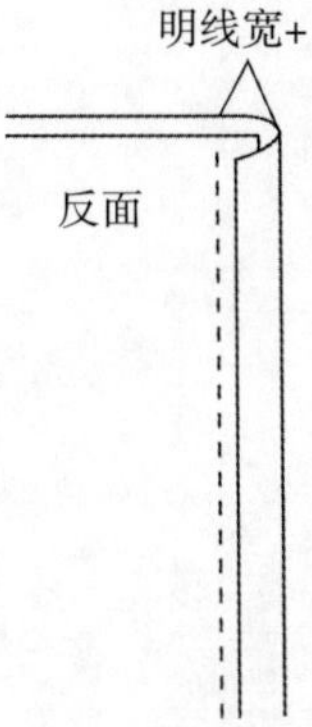

图1–31　扣烫缝头

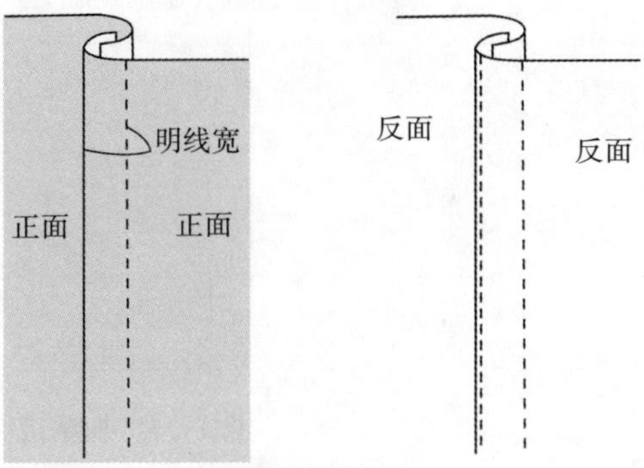

图1–32　缉明线

三、折边的处理方法

（一）机缝

1. 单层折边

如图1–33所示，包缝底边后，扣烫折边，然后沿包缝线缉缝，也可以在下方再缉缝一道线。

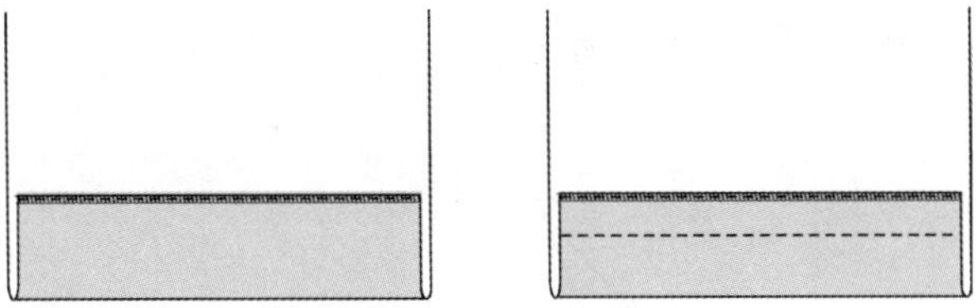

图1–33　单层折边

2. 卷边（图1–34）

第一种方法适合一般的折边处理；

第二种方法适合于透明的面料；

第三种方法适合于薄型面料。

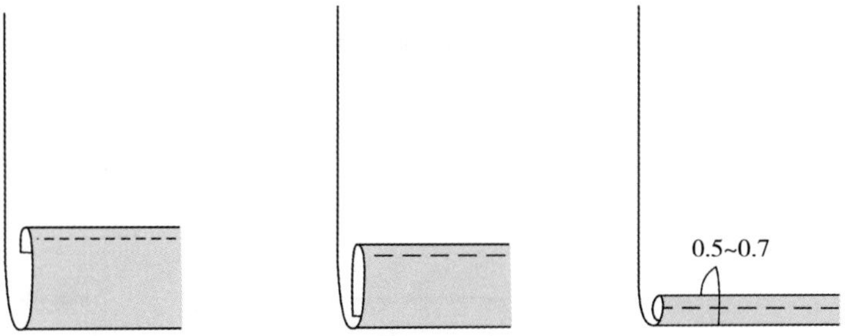

第一种方法　　第二种方法　　第三种方法

图1–34　卷边

3. 加贴边（图1–35）

衣片的缝头太多且面料较厚，或者弧度较大时可采用这种加贴边的折边方法。

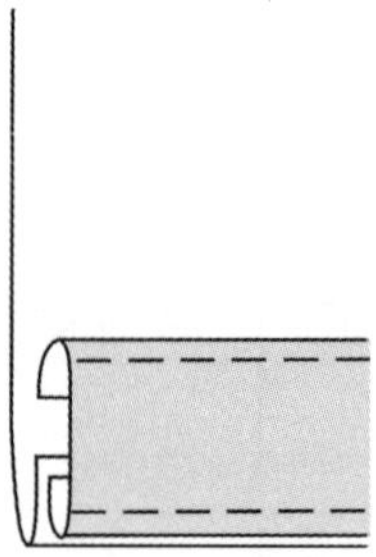

图1–35 加贴边

（二）手缝

1. 明缲缝

如图1-36所示，折缝后手工进行明缲缝。

2. 暗缲缝

如图1-37所示，包缝后手工进行暗缲缝。

3. 倒钩针

如图1-38所示，包缝后手工进行倒钩针处理。

4. 三角针

如图1-39所示，包缝后手工进行三角针处理。

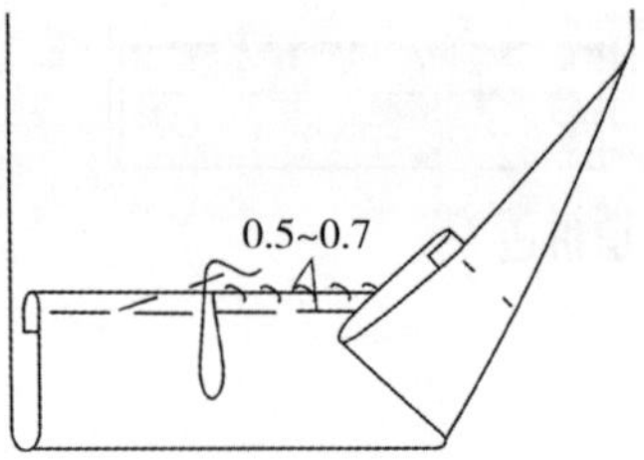

图1–36 明缲缝

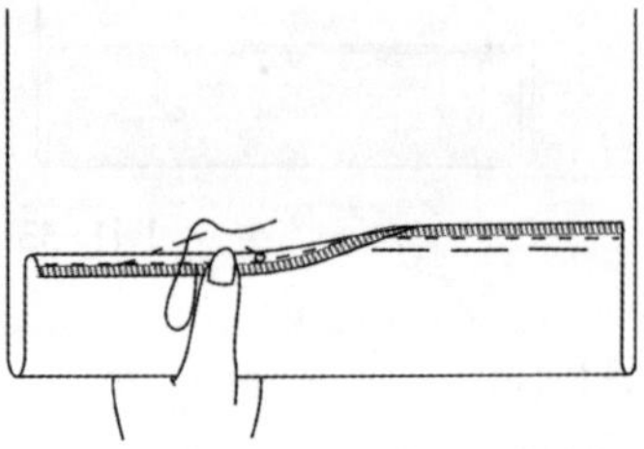

图1–37 暗缲缝

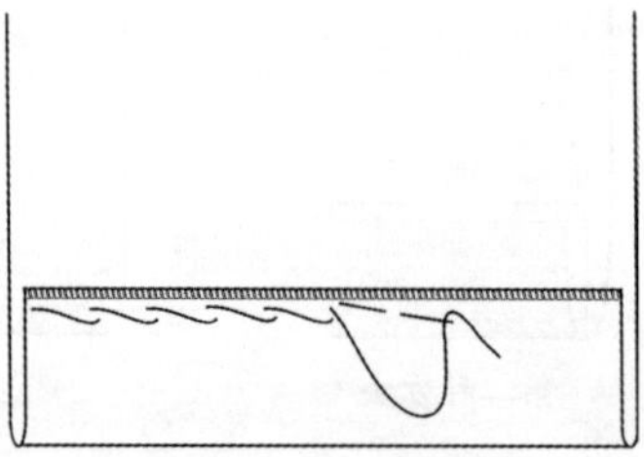

图1–38 倒钩针

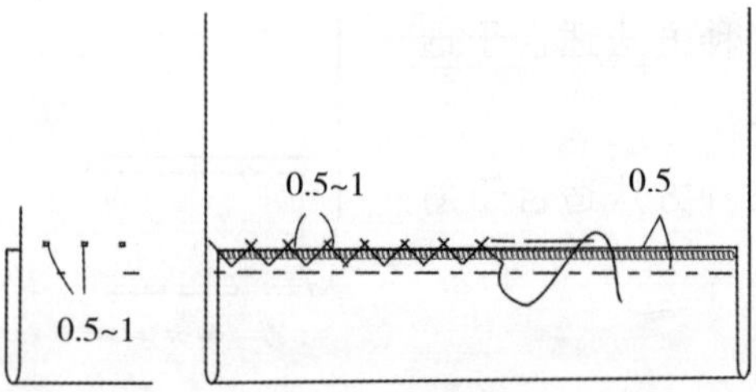

图1–39 三角针

（三）折边应用

1. 衬衫圆摆（图1-40）

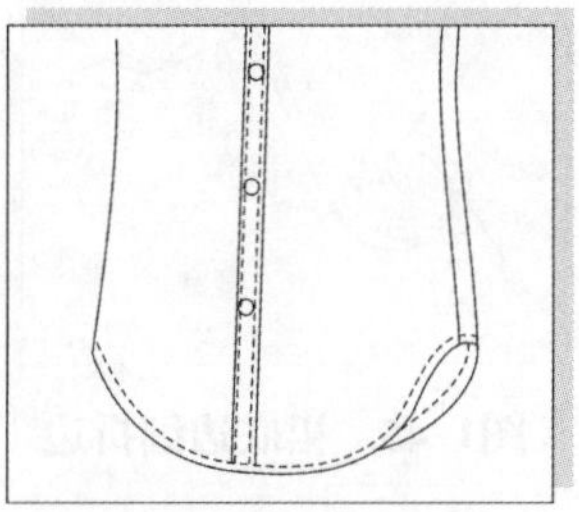

图1-40　衬衫圆摆

（1）如图1-41所示，在弧线部分拱针，注意两头留线头。

（2）如图1-42所示，抽拉缝线，按纸板扣烫折边，包住纸板。

（3）如图1-43所示，然后再扣烫折边。

（4）如图1-44所示，缉缝底边。

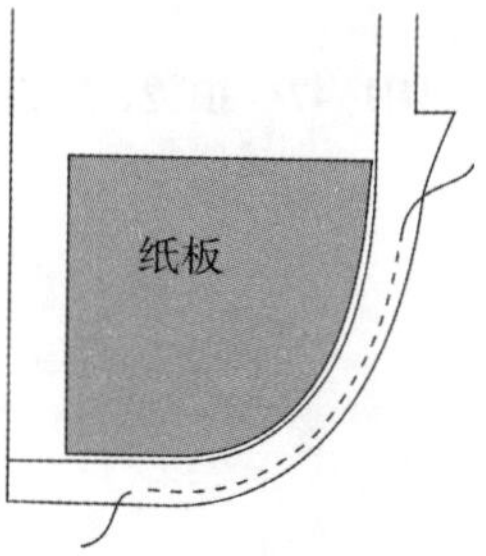

图1-41　拱针

图1-42　抽拉缝线、扣烫折边

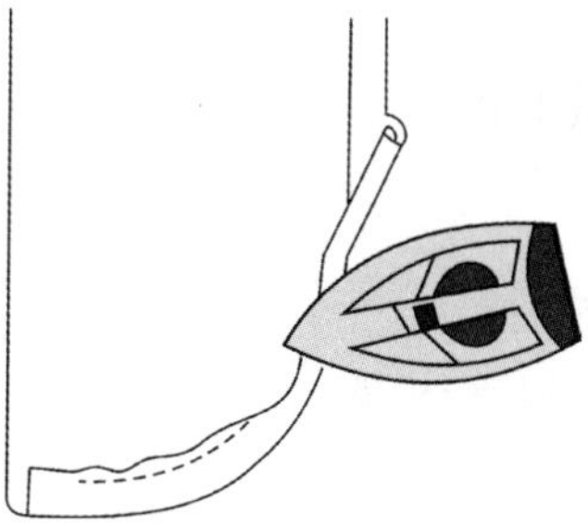

图1-43　扣烫折边

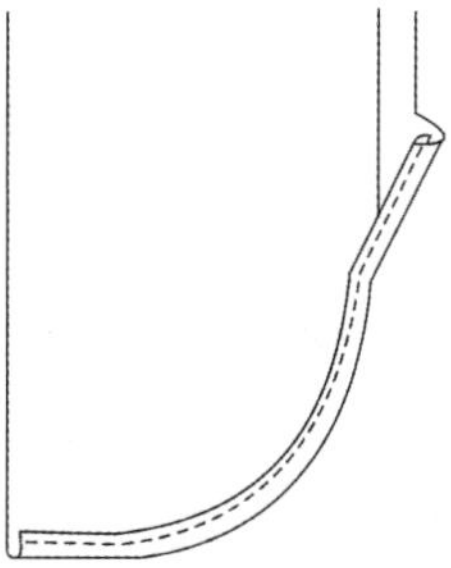

图1-44　缉缝底边

2. 裙底边细折边（图1-45）

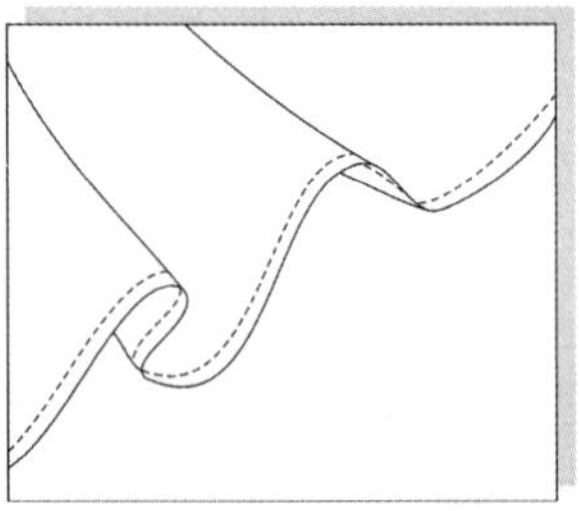

图1-45　裙底边细折边

（1）如图1-46所示，首先将需要包缝的边向反面折烫，然后在距离折合处约0.2cm的地方车一道线，针距调大一点。

（2）如图1-47所示，抽拉缝线，自然往里卷，将边再次向反面扣烫，然后缉线。

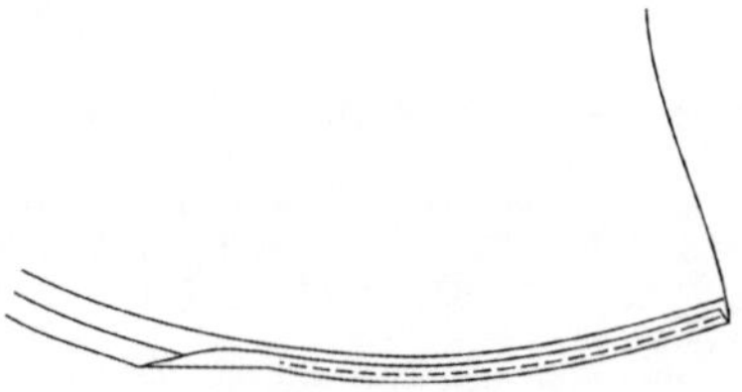

图1-46　缉缝

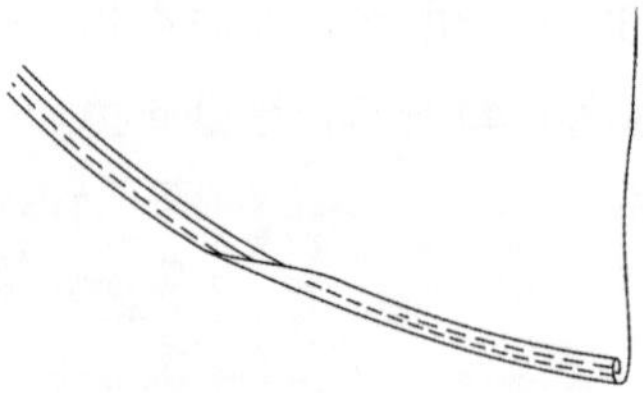

图1-47　扣烫、缉缝

3. 裙底边宽折边（图1-48）

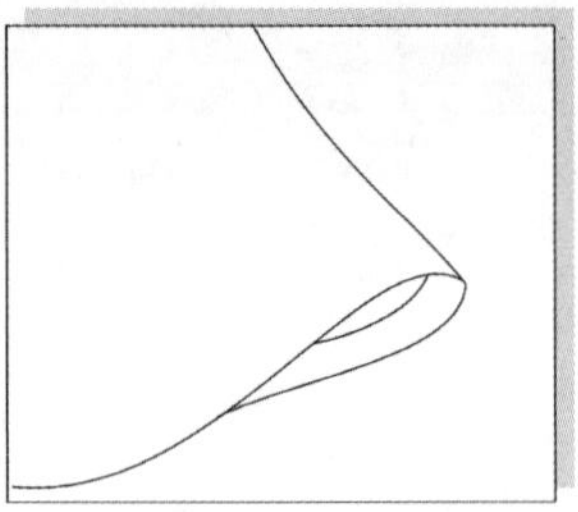

图1-48　裙底边宽折边

（1）如图1-49所示，在斜纱部位距边0.5cm拱针。

（2）如图1-50所示，扣烫折边，抽拉缝线，使折边平整。

（3）如图1-51所示，缝合侧缝。

（4）如图1-52所示，缲缝底边。

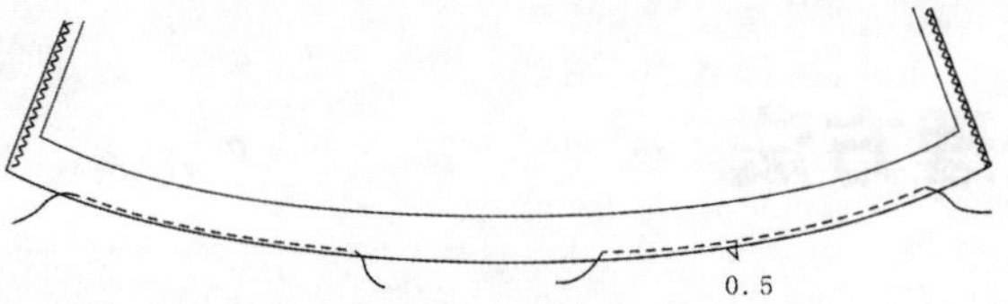

图1-49　拱针

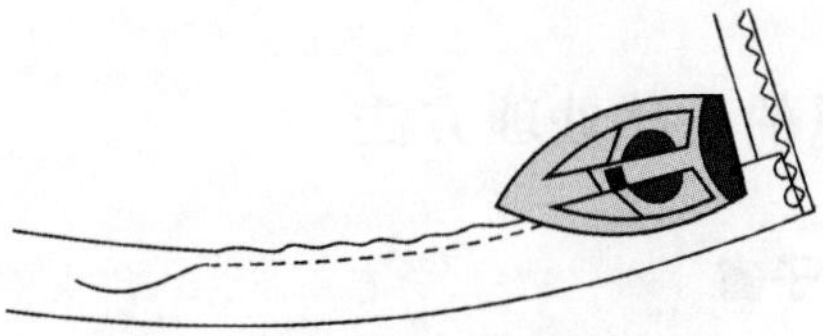

图1-50　扣烫折边、抽拉缝线

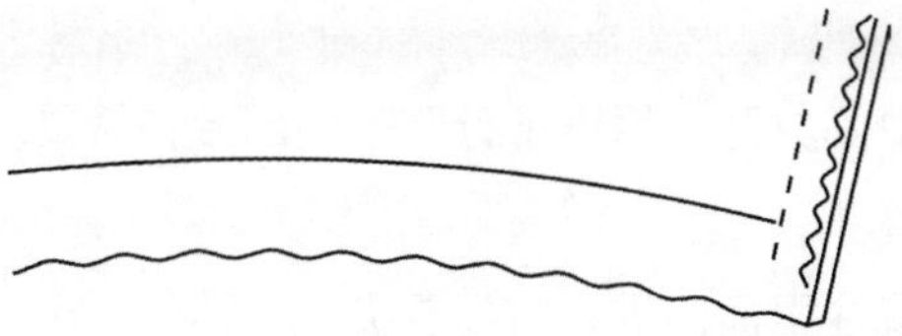

图1-51　缝合侧缝

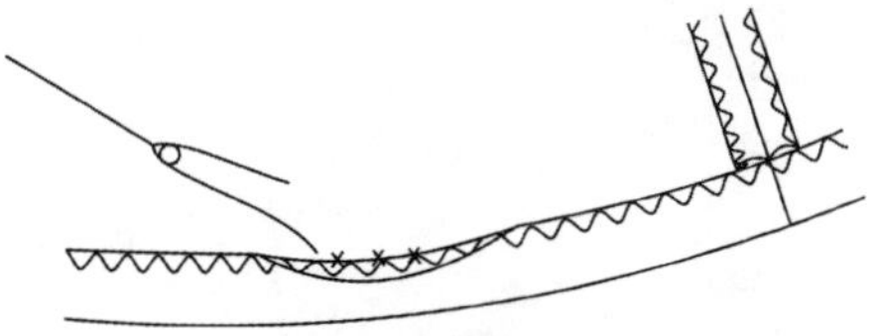

图1-52　缲缝底边

第四节　省缝的处理方法

省道是把布捏进一个量，形成凸起或者凹进的立体效果。

一、省道的正确处理方法

1. 钉子省

（1）如图1-53所示，缉线顺直，省尖尖顺，留线头。

（2）如图1-54所示，将线头在省尖部分打结。

（3）如图1-55所示，将线头穿到缝线内，然后将多余的缝线剪掉。

（4）如图1-56所示，熨烫省道。

（5）如图1-57所示，省道也可以从中间剪开，用锥子分开省尖部分，劈烫。

（6）如图1-58所示，省道的正面平整。

（7）如图1-59所示，省道也可以缝成往里面凹进，省尖要尖。

省道缉缝至省尖也可以继续空踩缝纫机，使上下缝线缠绕在一起，然后距离省尖1cm处将缝线剪断。

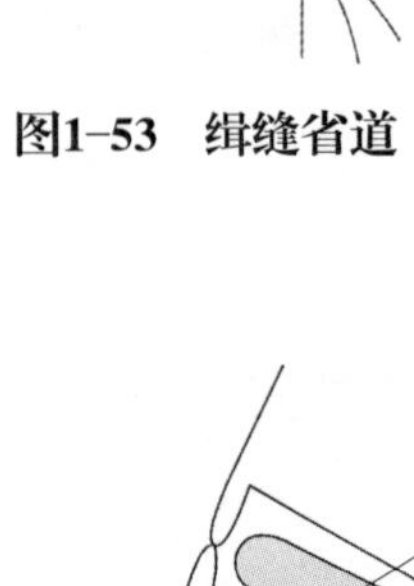

图1-53　缉缝省道

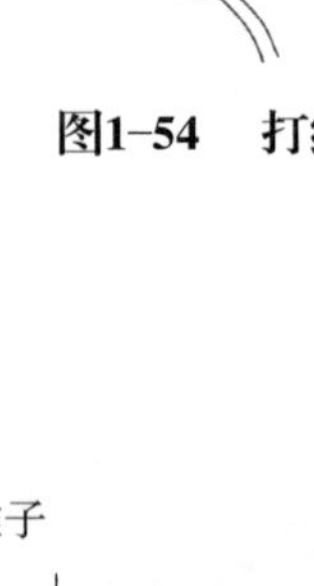

图1-54　打结

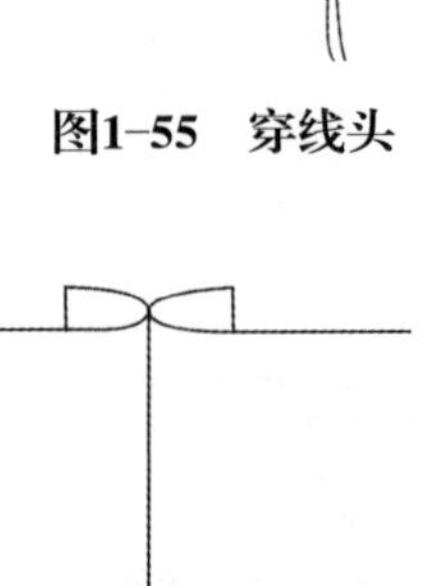

图1-55　穿线头

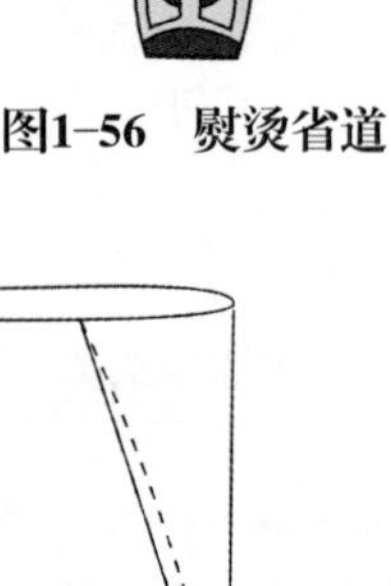

图1-56　熨烫省道

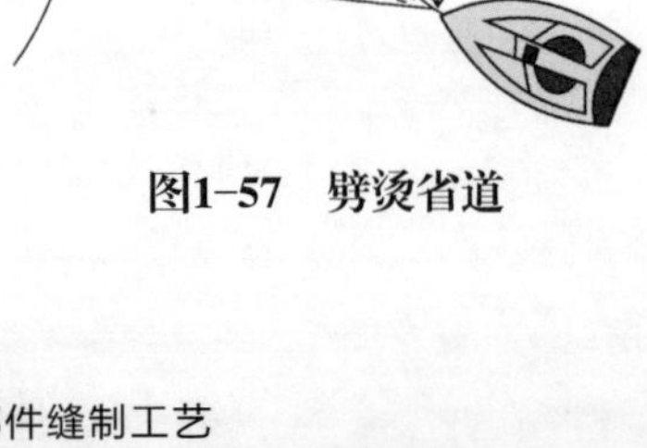

图1-57　劈烫省道

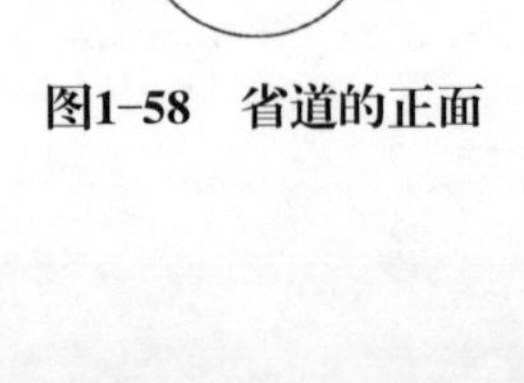

图1-58　省道的正面

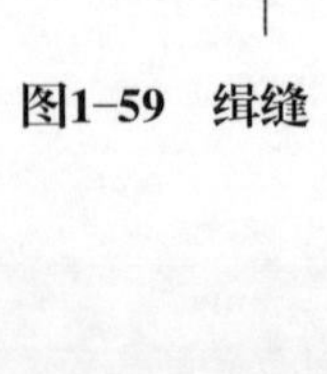

图1-59　缉缝

2. 橄榄省

（1）如图1-60所示，缉缝省道，省道顺直，圆顺。

（2）如图1-61所示，熨烫省道，将省道略拔开。

（3）如图1-62所示，将省道推至一侧，熨烫平服。

（4）如图1-63所示，展平衣片，将省道烫平。

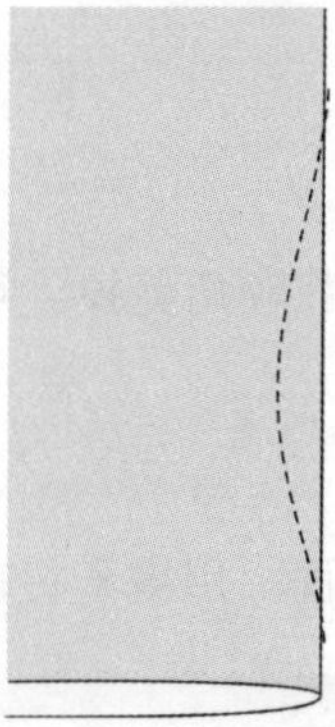

图1-60　缉缝省道

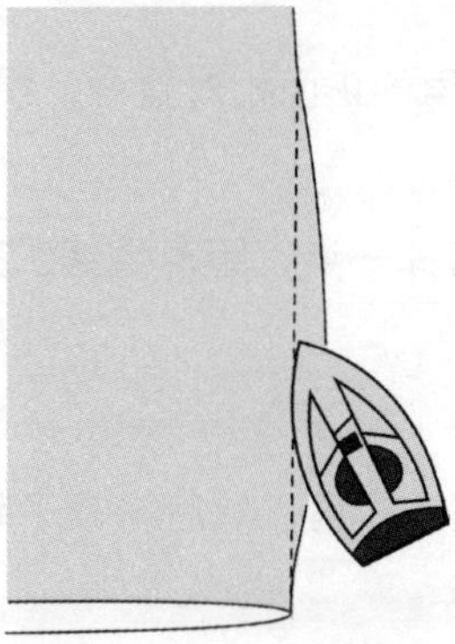

图1-61　熨烫省道

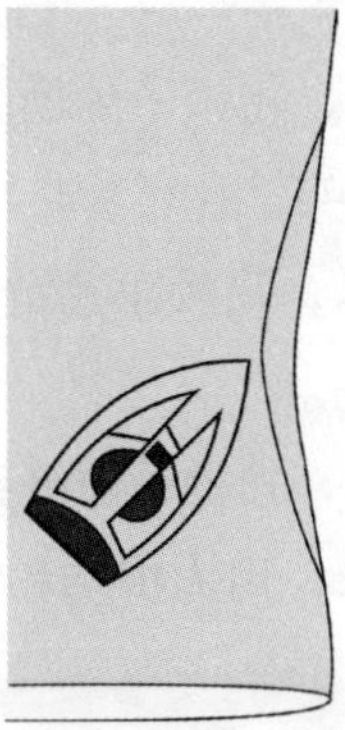

图1-62　推至一侧熨烫省道

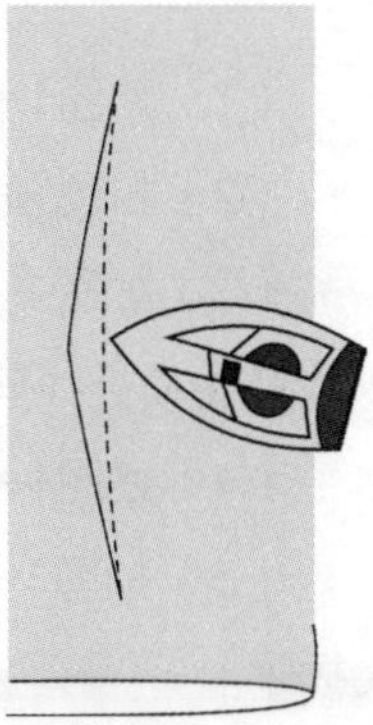

图1-63　展平衣片熨烫省道

二、省道的错误处理方法

（1）如图1-64所示，省道在省尖部位呈外弧形，正面不平整。

（2）如图1-65所示，省道在省尖部位未缝到省尖部位，导致正面不平整。

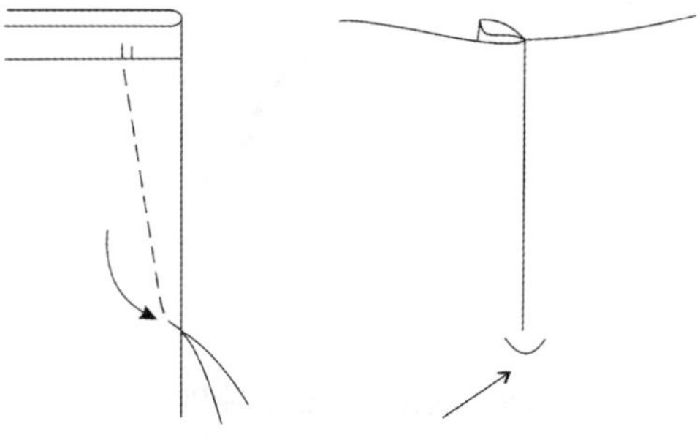

图1-64　省尖部位呈外弧形及其正面效果

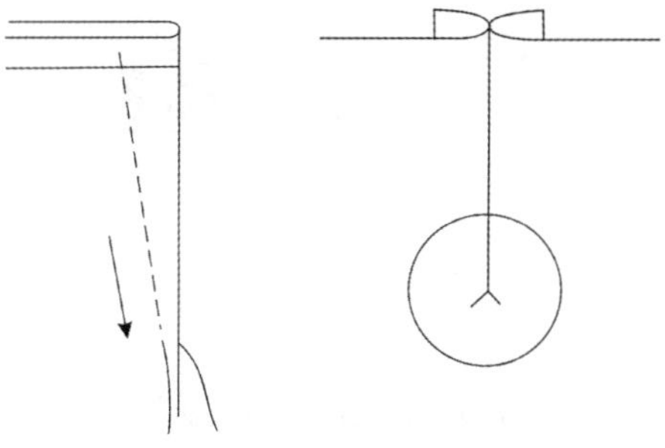

图1-65　省尖部位未缝到省尖部位及其正面效果

第五节　角的处理方法

一、尖角的处理方法

（1）如图1-66所示，将领子的领面和领里的正面相对叠合，缉缝。

（2）扣烫领里的缝头。

（3）如图1-67所示，将领里的缝头修剪掉一半，距离缝线0.3cm，将领角剪掉，可以按直线或折线剪掉领角。

（4）如图1-68所示，扣烫领面缝头。

（5）如图1-69所示，用大拇指和食指捏住领角，然后将领子翻到正面。用镊子将领尖拨平。

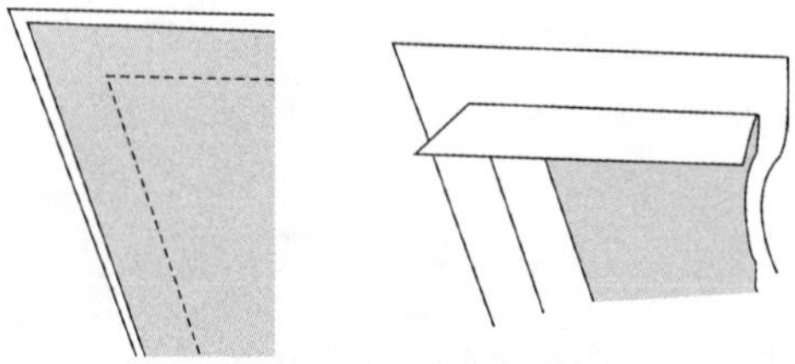

图1-66　缉缝与扣烫缝头

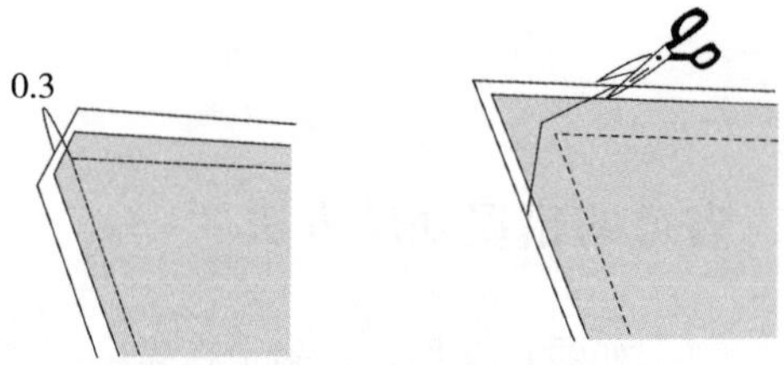

图1-67　修剪缝头

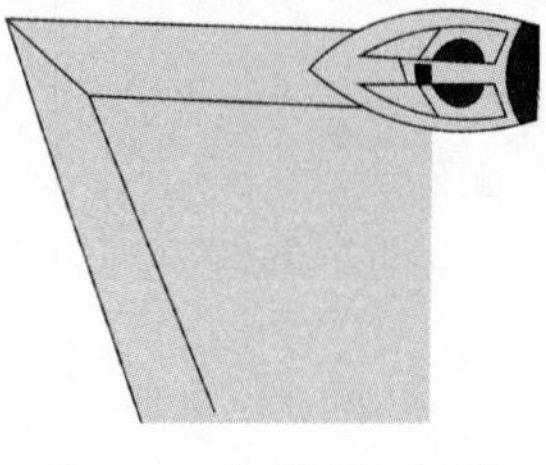

图1-68　扣烫领面缝头

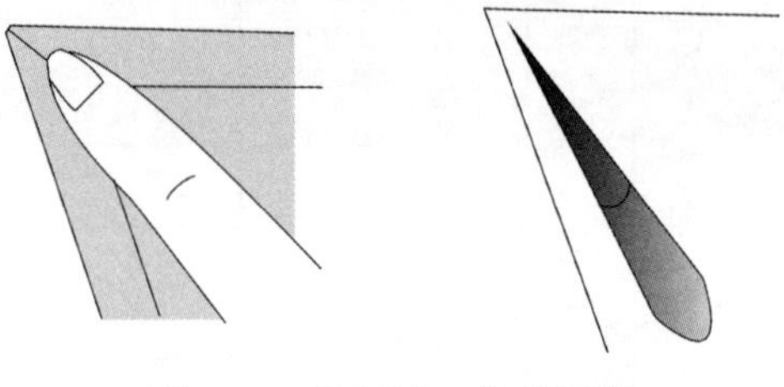

图1-69　翻领子、整理领角

二、圆角的处理方法

（1）如图1-70所示，将袋盖的面和里的正面相对叠合，按纸板的大小缉缝。

（2）如图1-71所示，修剪缝头，将圆角部分的缝头修剪为0.2~0.3cm。

（3）如图1-72所示，将袋盖翻到正面，熨烫平整。

图1-70 缉缝

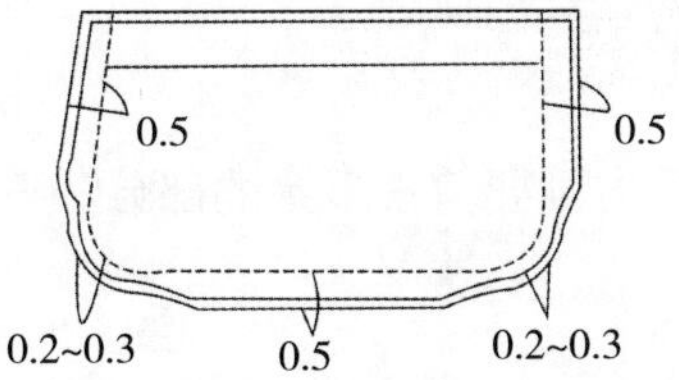

图1-71 修剪缝头

图1-72 熨烫袋盖

三、方角的处理方法

（1）如图1-73所示，将衣片的正面相对叠合，缉缝，弧线部分打剪口。

（2）如图1-74所示，扣烫里子的缝头。

（3）如图1-75所示，将里子的缝头修剪掉一半。

（4）如图1-76所示，将衣片翻到正面，熨烫平整。

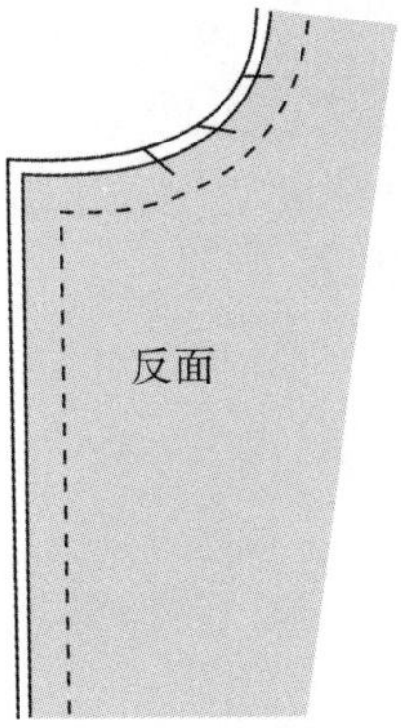

图1-73 缉缝与打剪口

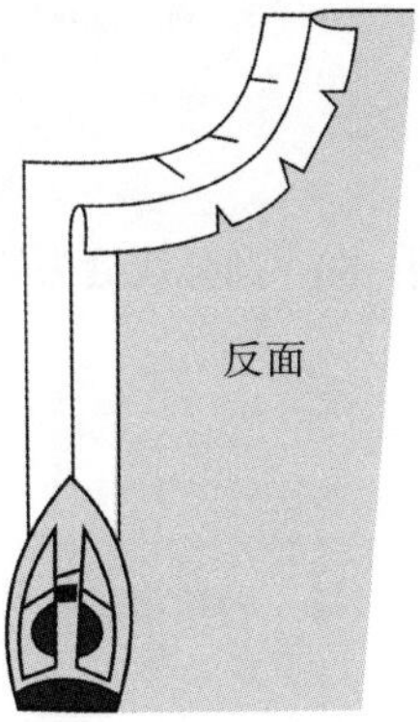

图1-74 扣烫里子的缝头

图1-75 修剪缝头

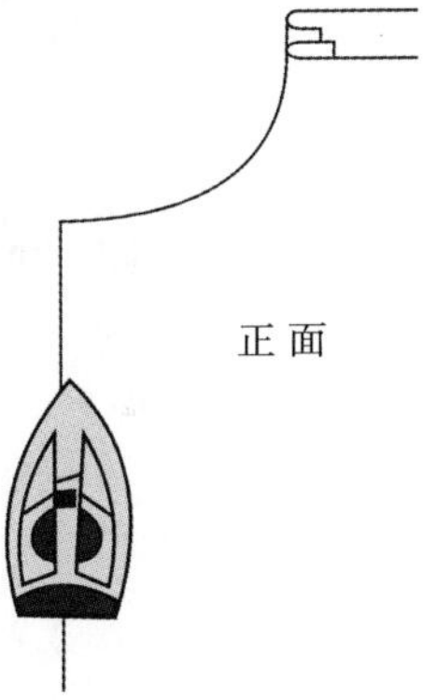

图1-76 熨烫

四、不同角的修剪方法

对拐角的位置和有弧度的边，在缝合之后要将缝头进行修剪，以确保缝头翻折后布面平整。

1. 方角

如图1-77所示，距离缝线大约0.2~0.3cm，按直线或折线剪掉方角。

2. 凹角

如图1-78所示，在凹进的地方垂直剪开一些豁口。

3. 内弧线

如图1-79所示，垂直剪开一些豁口。

4. 凸弧线

如图1-80所示，凸出的地方则要剪去多余的部分。

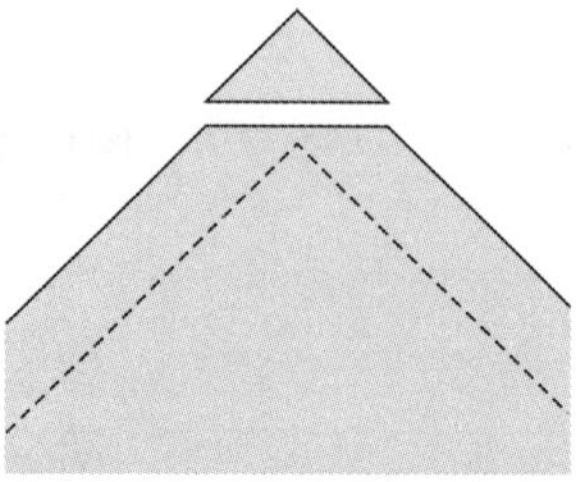

图1-77　方角缝头处理方法

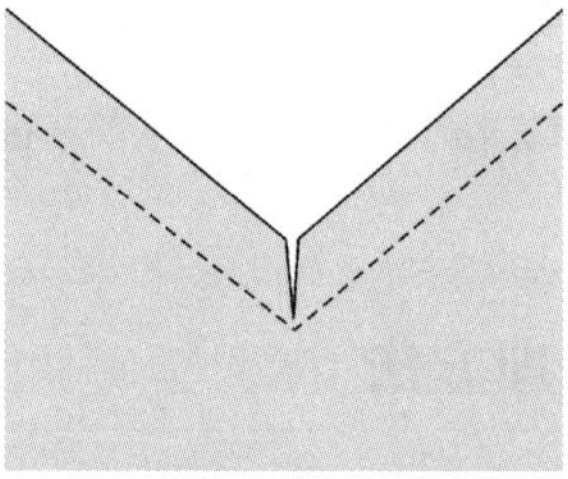

图1-78　凹角缝头处理方法

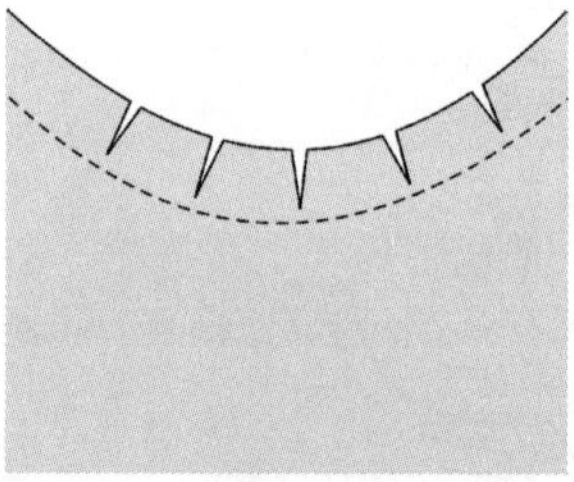

图1-79　内弧线缝头处理方法

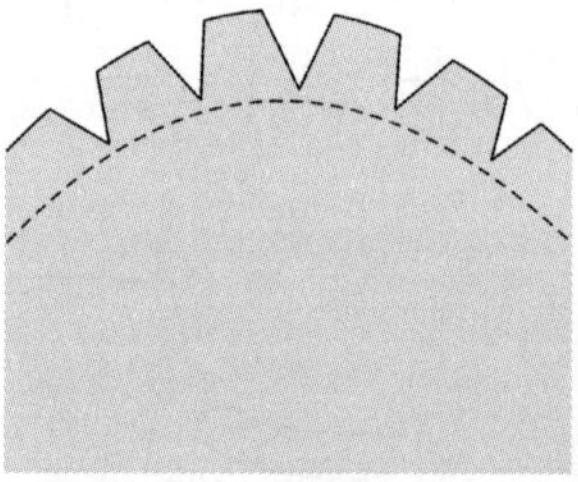

图1-80　凸弧线缝头处理方法

第六节　抽褶的缝制方法

抽褶能够制作出一些自然、细碎的褶子。

一、缝线抽褶方法

此种方法多应用于缩缝袖山或其他需要缩缝的部位。

（一）方法一

（1）如图1-81所示，在距离缝迹线分别为0.2cm和0.5cm，拱针，两端的线头线尾都留长。

（2）如图1-82所示，抽拉缝线，直到与事先设定的长度相等，如果需要抽缩部位平整，可以边拉缝线边用熨斗熨烫，如果一次不能平整，可以进行多次边拉缝线边用熨斗熨烫。

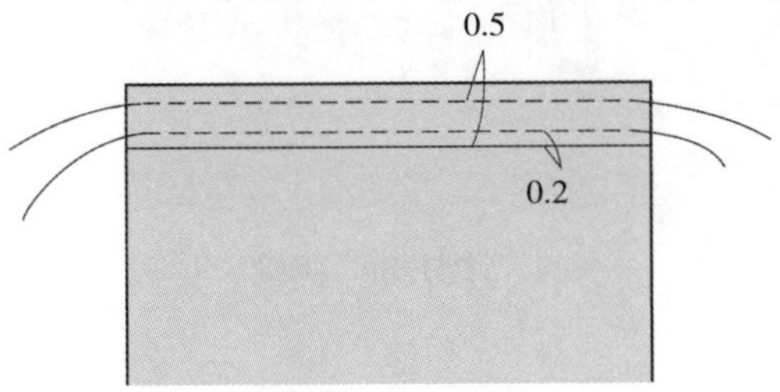

图1-81　拱针

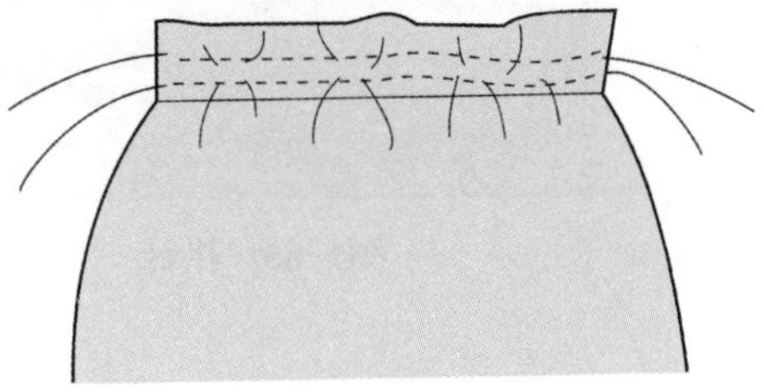

图1-82　抽拉缝线

可以不用手针拱针的方法，而用缝纫机缝线来完成缩缝或抽褶，如图1-83所示。

（1）首先将针距调到4mm，面线和底线调成一松一紧。

（2）完成车线之后，为防止抽线时将线抽过头，可以将缝线的一边的上下线打成死结。

（3）然后拉紧一边的缝线，使其边缘自然缩皱。

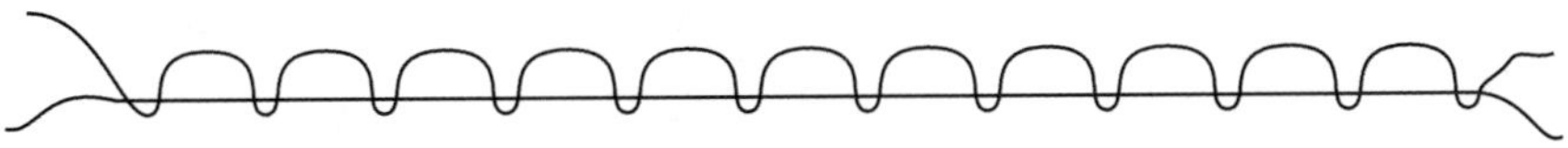

图1-83　线迹

（二）方法二

此种方法多用于抽褶部分完全外露的部位，如图1-84所示。

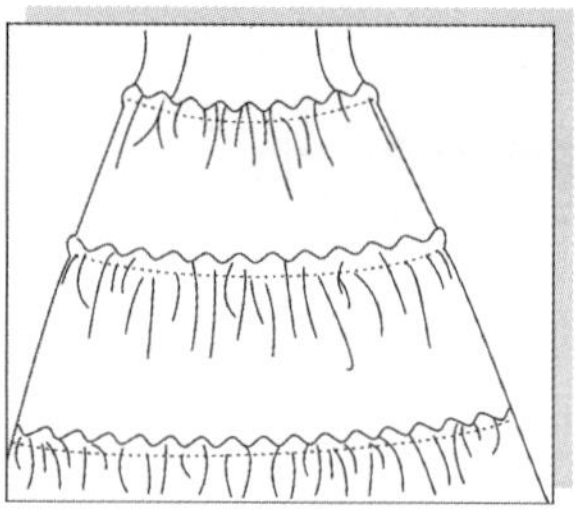

图1-84　抽褶裙

如图1-85所示，在缝道内0.2cm处拱第一道线，然后距离第一道线0.5cm拱第二道线，然后抽拉缝线，同时用手指将细褶分布均匀，直至所需的长度。

如图1-86所示，将抽好的裙片或衣片，用大头针与另一片固定，沿缝道线缉缝，最后抽出2道拱针线。

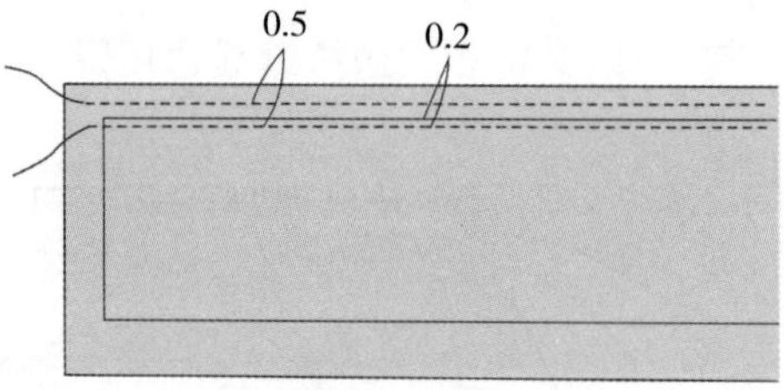

图1-85　拱针

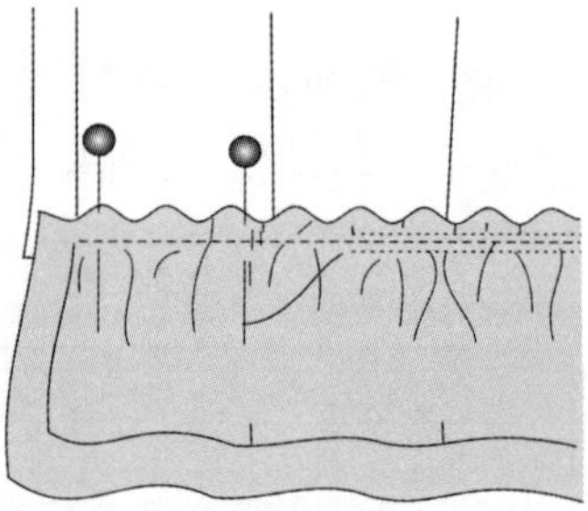

图1-86　缉缝

（三）方法三

此种方法多用于抽褶部分缝头不外露的部位。

（1）如图1-87所示，沿着缝道方向拱两道缝线，然后抽拉缝线。

（2）如图1-88所示，细褶的方向垂直于拱针的方向。

（3）最后形成的细褶如图1-89所示，垂直于缝道。

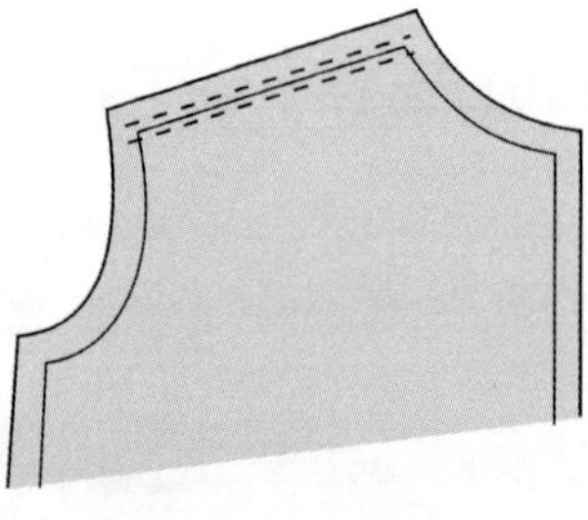

图1-87　拱针

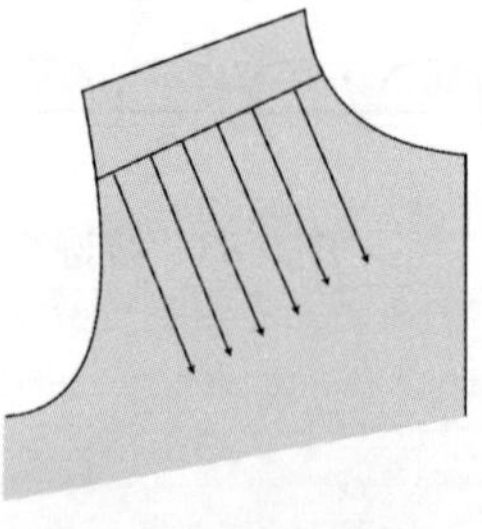

图1-88　细褶的方向一

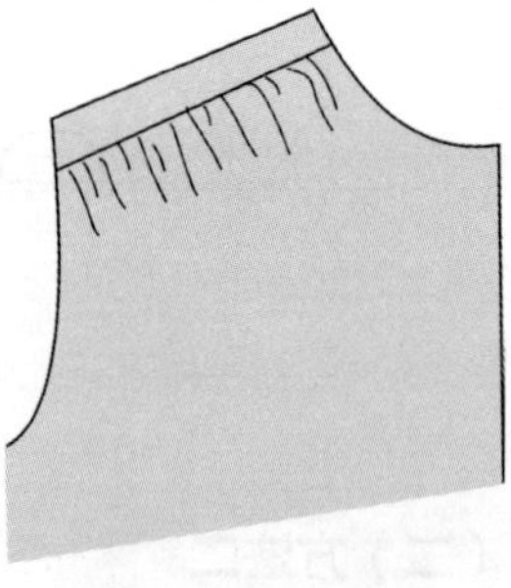

图1-89　细褶

（四）方法四

此种方法多用于抽褶部分缝头不外露的部位。

（1）如图1-90所示，沿着水平方向拱四道或多道缝线，然后抽拉所有的缝线。

（2）如图1-91所示，细褶的方向垂直向下。

（3）最后形成的细褶如图1-92所示，垂直向下。

如果需要细褶的方向朝向某一方向，就在该方向的垂直方向上进行拱针，然后抽线即可。

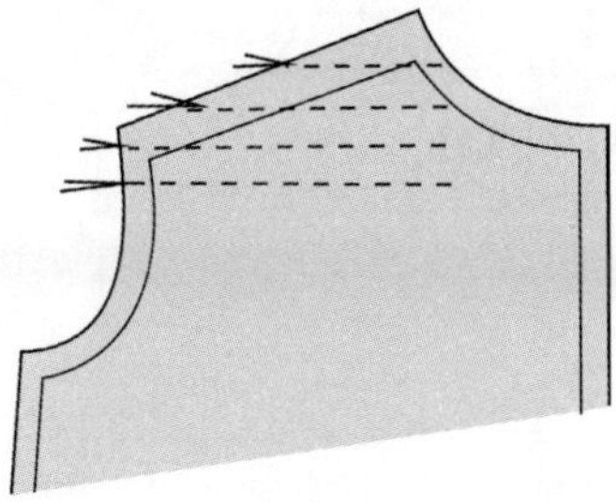

图1-90　拱针

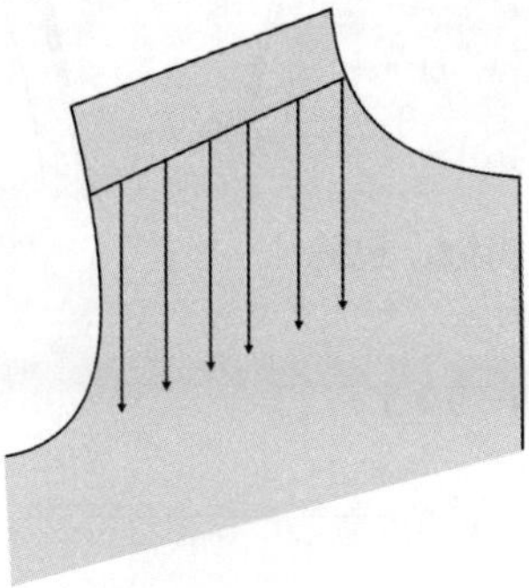

图1-91　细褶的方向二

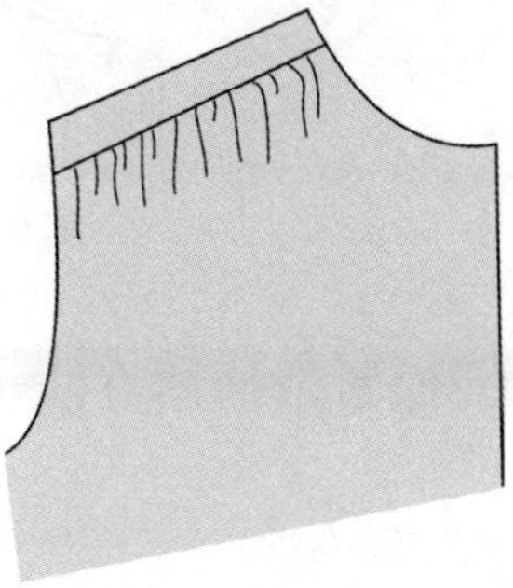

图1-92　细褶

（五）方法五

此种方法常用于衣片的内部抽褶，如图1-93所示。

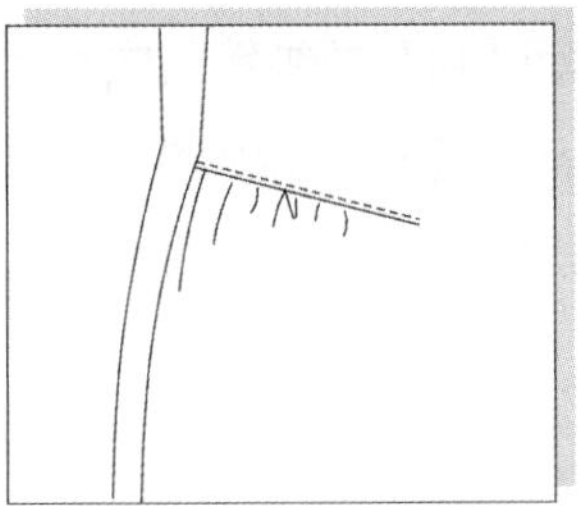

图1-93　内部抽褶

（1）如图1-94所示，在尖角处粘贴黏合衬。

（2）如图1-95所示，剪开衣片，然后距离缝道0.1cm处拱针。

（3）如图1-96所示，抽缝线，使其长度与上面的长度相等。

（4）如图1-97所示，对折后缉缝包缝。

（5）如图1-98所示，翻到正面缉明线。

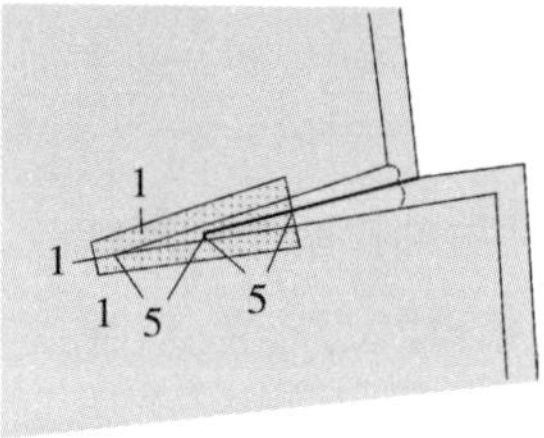

图1-94　粘贴黏合衬

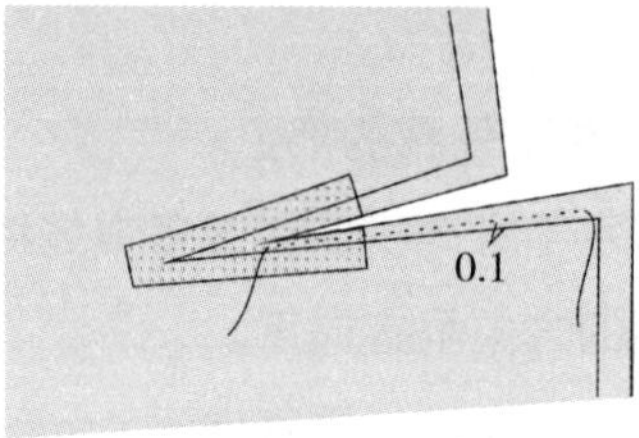

图1-95　拱针

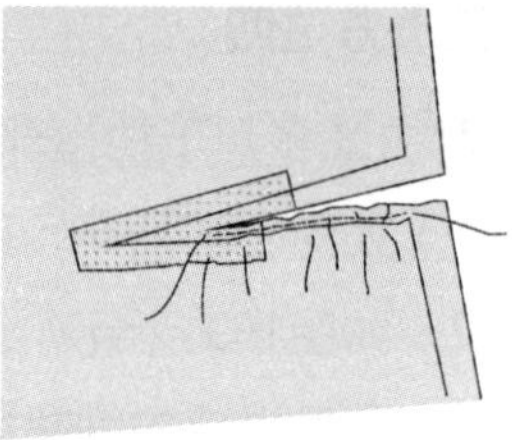
图1-96　抽缝线

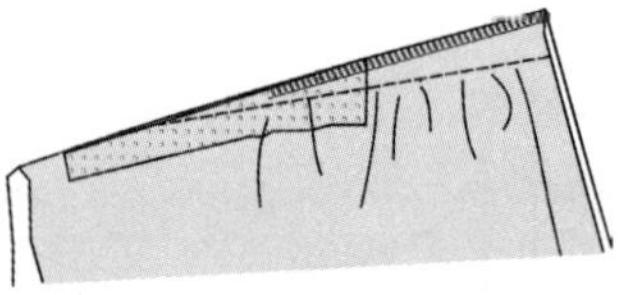
图1-97　缉缝、包缝

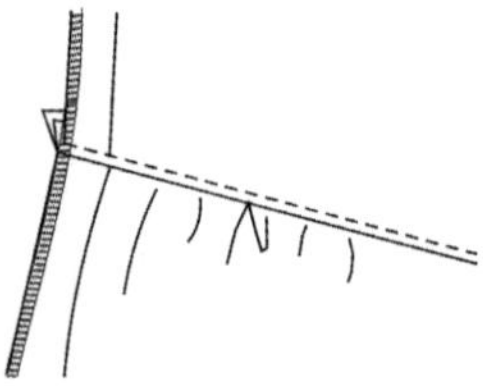
图1-98　缉明线

二、松紧带抽褶方法（图1-99）

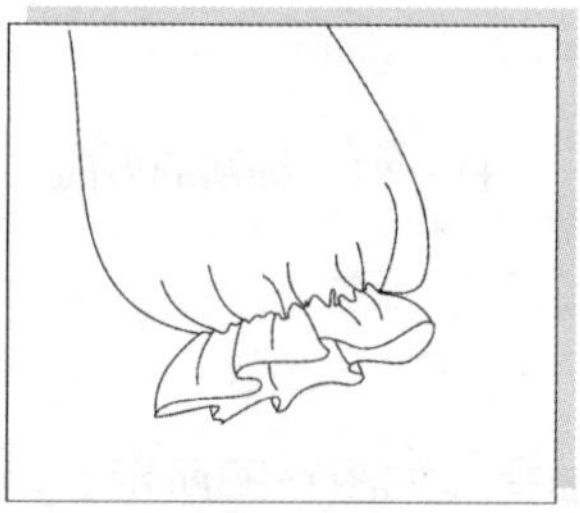
图1-99　抽褶袖口

（1）如图1-100所示，在松紧带和需要被缝的衣片上做对位记号。

（2）如图 1-101所示，按照对位记号，用大头针将松紧带和衣片固定到一起。

（3）如图1-102所示，右手拉住松紧带，左手也拉住，同时缉缝。

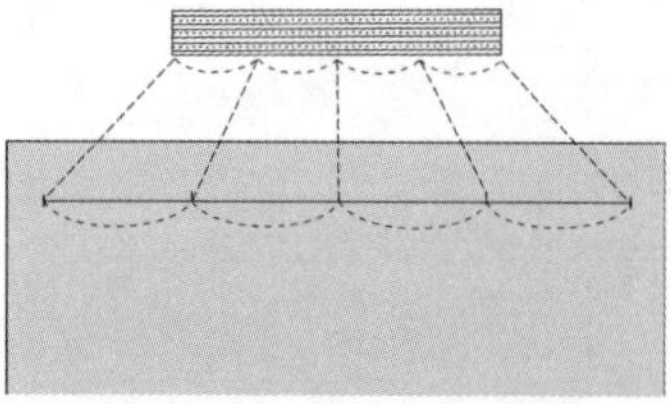
图1-100　做对位记号

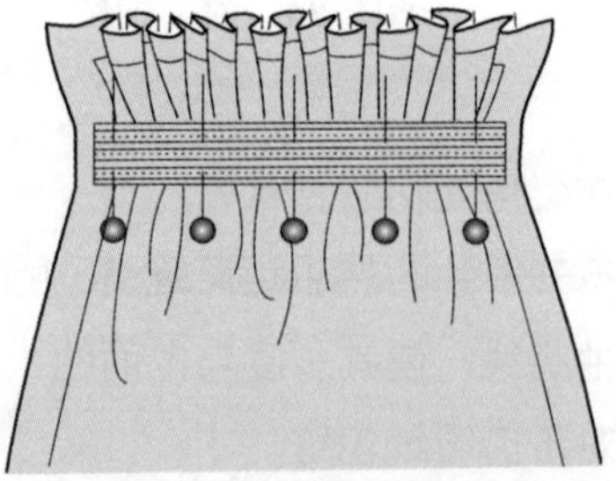
图1-101　松紧带与衣片固定

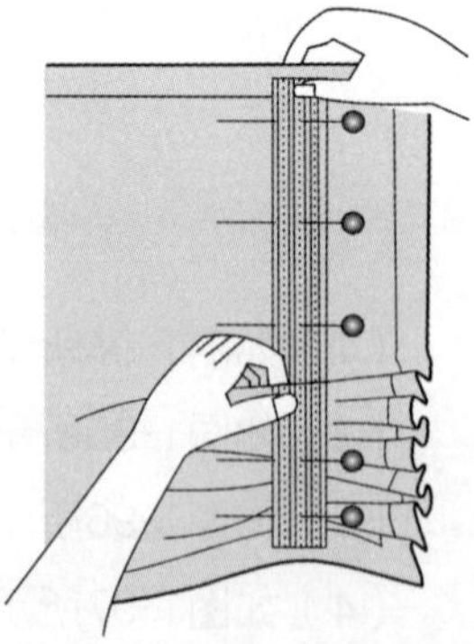
图1-102　缉缝

三、弹力缝纫线抽褶方法

（1）如图1-103所示，将弹力缝纫线缠绕到梭芯上，再装进梭壳，作为缝纫的底线，面线用普通缝纫线即可。

（2）手势如图1-104所示，缉缝需要抽褶的部位，缉缝完成后，为防止弹力缝纫线脱散，需将弹力缝纫线打结。

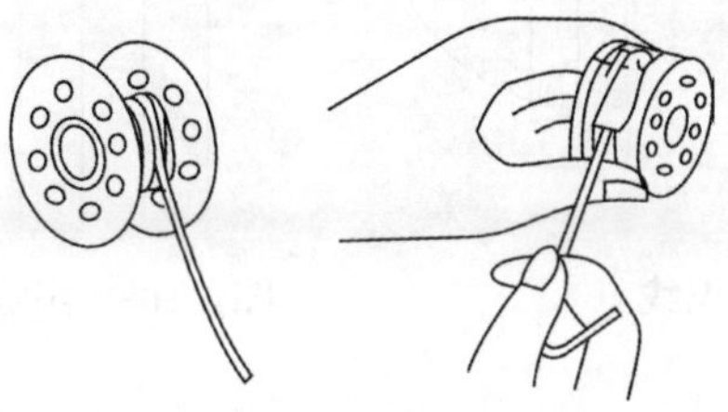

图1-103　缠缝线

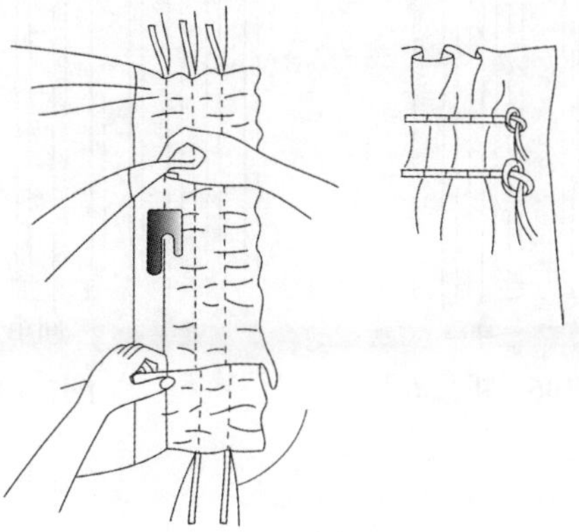

图1-104　缉缝与打结

四、塔克的缝制方法（图1-105）

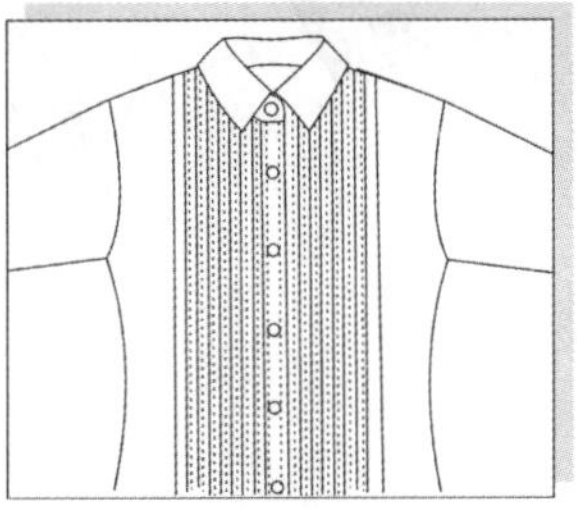

图1-105　塔克

（1）如图1-106所示，根据塔克的个数和大小，粗裁衣片。

（2）如图1-107所示，按间距的大小画标识线。

（3）如图1-108所示，缉缝塔克。

（4）如图1-109所示，缉缝后将塔克熨烫平整。

（5）如图1-110所示，按纸样的大小重新裁剪衣片。

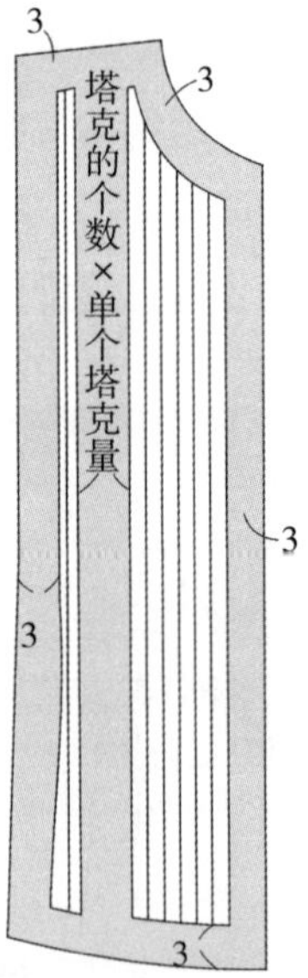

图1-106　粗裁衣片

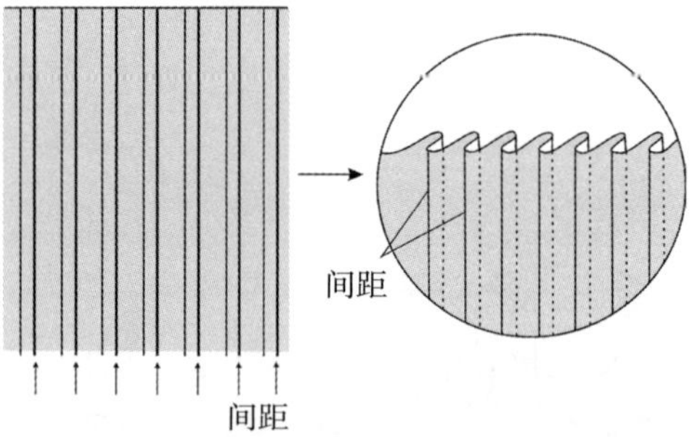

图1-107　画标识线

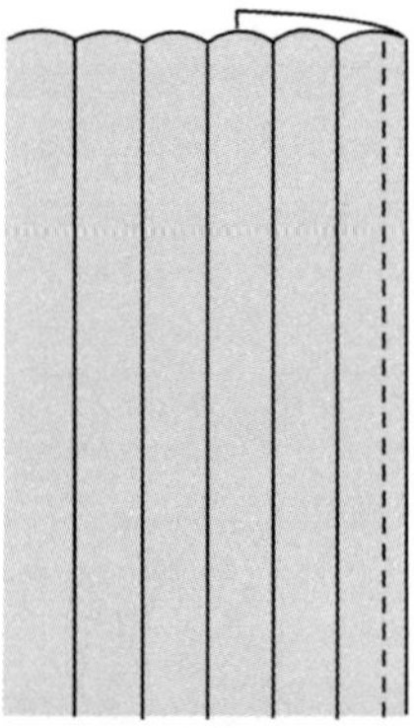
图1-108　缉缝塔克

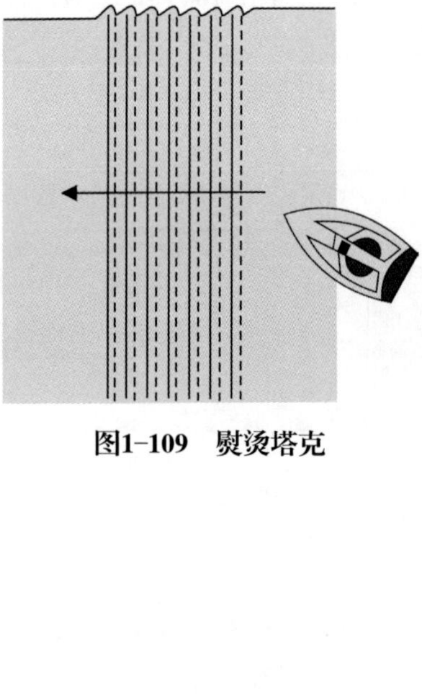
图1-109　熨烫塔克

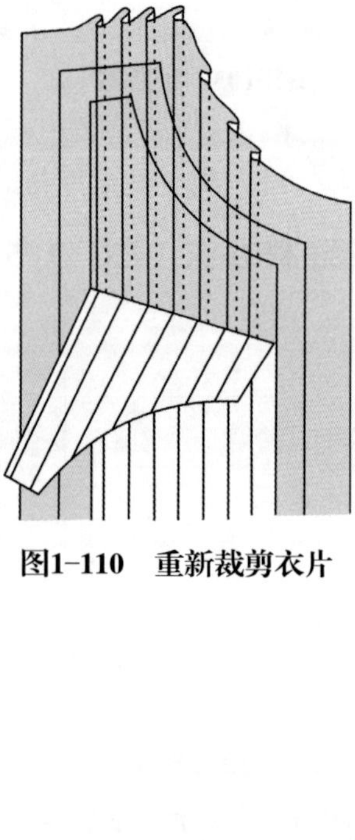
图1-110　重新裁剪衣片

第七节　滚边的缝制方法

一、滚边条的裁剪方法

如图1-111所示，滚边条一般采用45° 的斜纱方向。

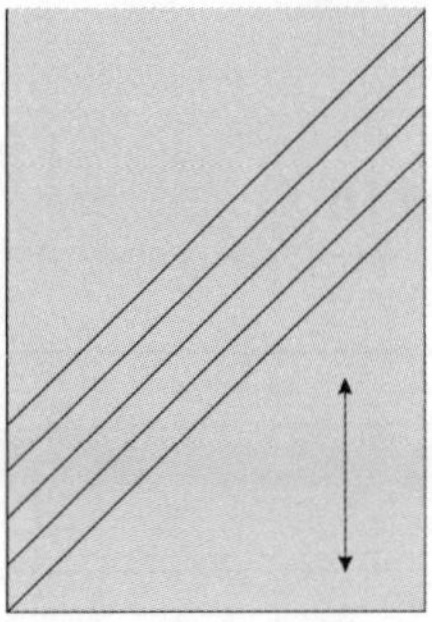

图1-111　裁滚边条

二、滚边条的拼接方法

当滚边条的长度不够时，我们要将它们进行拼接，拼接时要注意将两条滚边条错开成90°，而不能将它们重叠对齐拼接，否则，接缝会在同一位置增加滚边的厚度影响效果。

（1）如图1-112所示，将要对接的滚边条叠放在一起，按45° 斜线剪开。

（2）如图1-113所示，将两根滚边条互成90° 放置，缉缝。

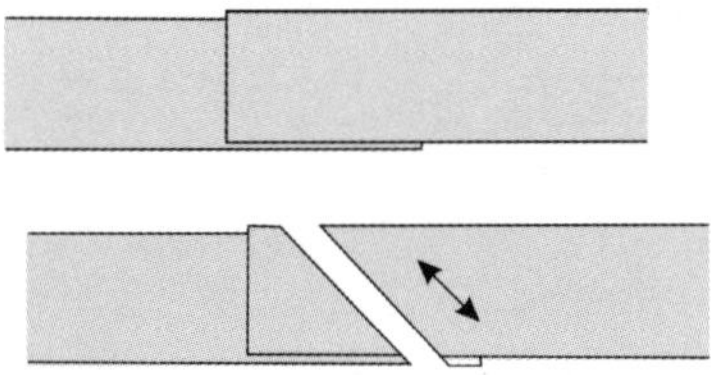

图1-112　裁剪对接的滚边条

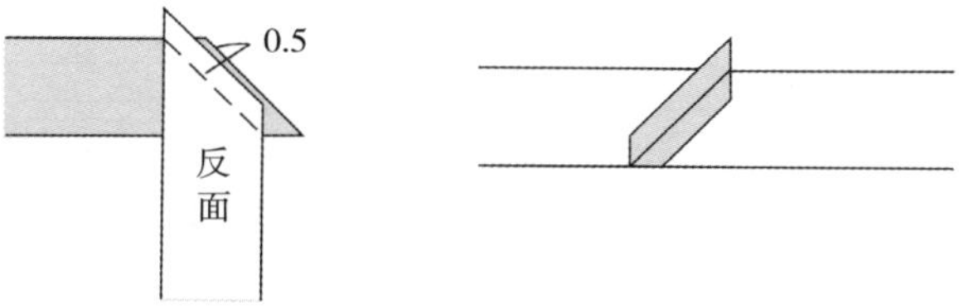

图1-113　缝合对接的滚边条

三、长条滚边条的制作方法

（1）如图1-114所示，画出滚边条布宽度，裁剪滚边条布。

（2）如图1-115所示，错一根条进行缝纫，然后将其剪开。

图1-114 裁剪滚边条布

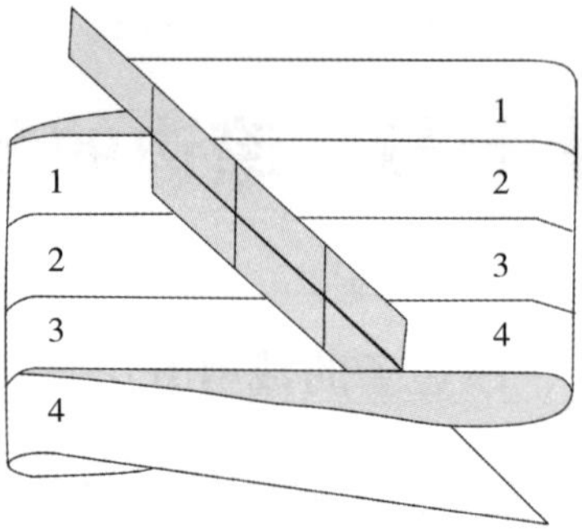

图1-115 缉缝

四、滚边条的缝制方法（图1-116）

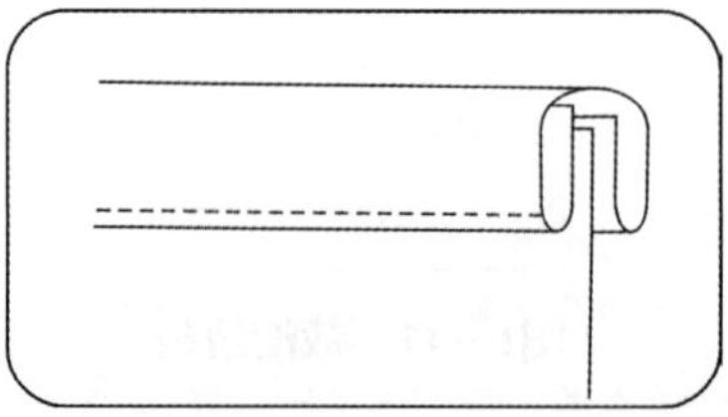

图1-116 滚边

如图1-117所示，裁剪需要的滚边条的宽度，将其对折熨烫，然后再折边扣烫。

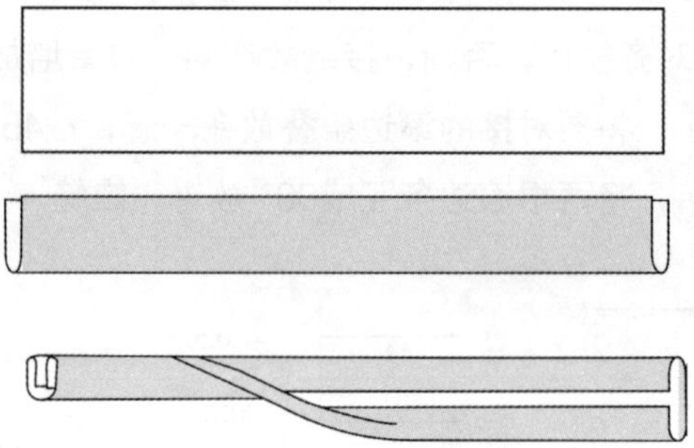

图1-117 折边扣烫

1. 直线滚边

（1）方法一：如图1-118所示，将滚边条正面与要滚边的布料反面相对缉缝，然后将滚边条翻到正面缉明线。

（2）方法二：如图1-119所示，将滚边条正面与要滚边的布料正面相对缉缝，然后将滚边条翻到反面，漏落缝固定内侧的滚边条。注意这种缝法，熨烫时要使滚边条内侧的宽度要宽于外面的宽度0.1~0.2cm。

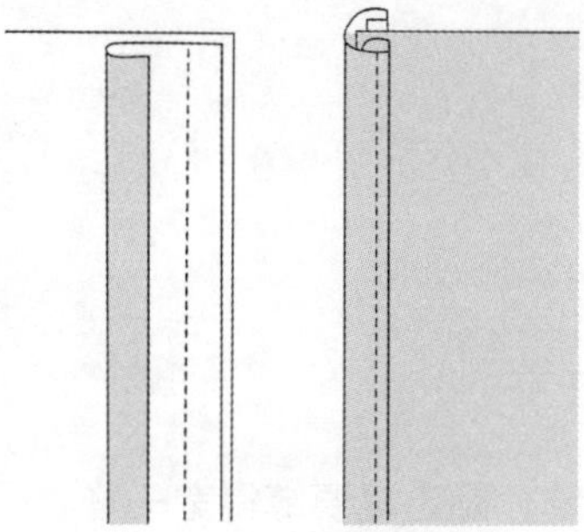

图1-118　直线滚边方法一

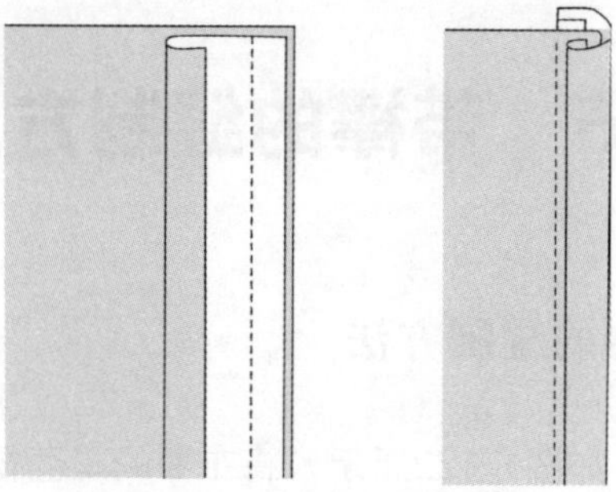

图1-119　直线滚边方法二

2. 内弧线滚边

如图1-120所示，将滚边条正面与要滚边的布料反面相对缉缝，为了使滚边更加平整，可以稍稍拉紧滚边条，然后将滚边条翻到正面缉明线。稍稍拉紧的原因是让外弧线长短于缉线位的弧线长。

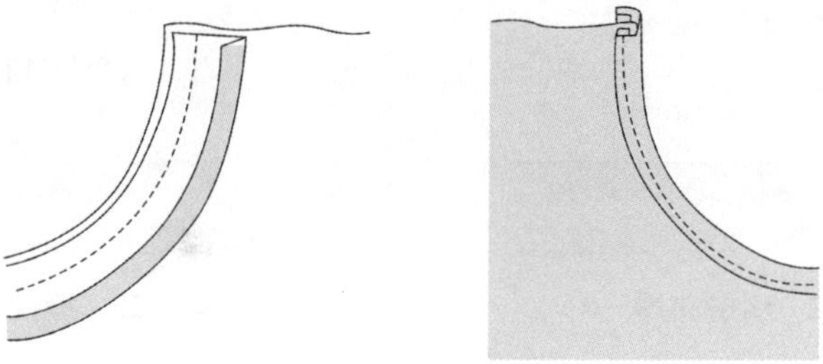

图1-120　内弧线滚边

3. 外弧线滚边

如图1-121所示，将滚边条正面与要滚边的布料反面相对缉缝，为了使滚边更加平整，可以稍稍推进滚边条，然后将滚边条翻到正面缉明线。推进的原因是让外弧线长长于缉线位的弧线长。

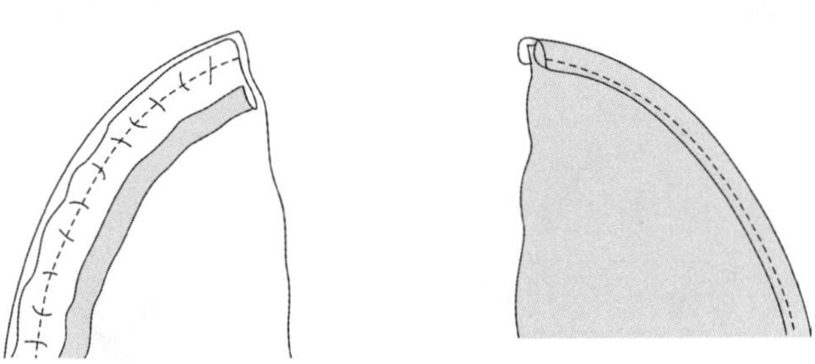

图1-121　外弧线滚边

第八节　带襻的缝制方法

一、布襻的缝制方法

（1）如图1-122所示，将布襻的正面相对，缉缝，翻出口要缝得宽一些。

（2）剪去多余的布料。

（3）如图1-123所示，将缝线尾端打结，缝到布襻的末端。

（4）如图1-124所示，翻出口多绕缝几次。

（5）如图1-125所示，将针鼻子一侧穿过布襻内部，拉线将布襻翻到正面。

（6）如图1-126所示，熨烫整理布襻。

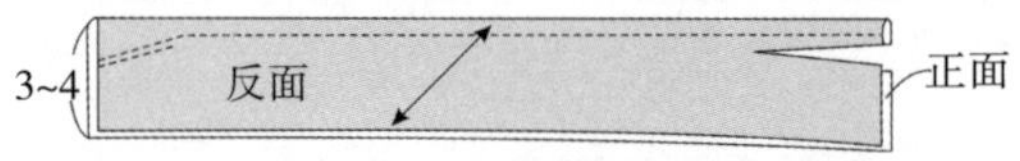

图1-122　缉缝布襻

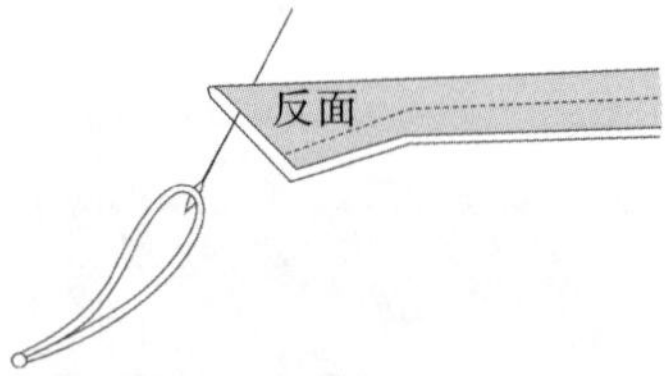

图1-123　缝线缝到布襻末端

图1-124　绕缝

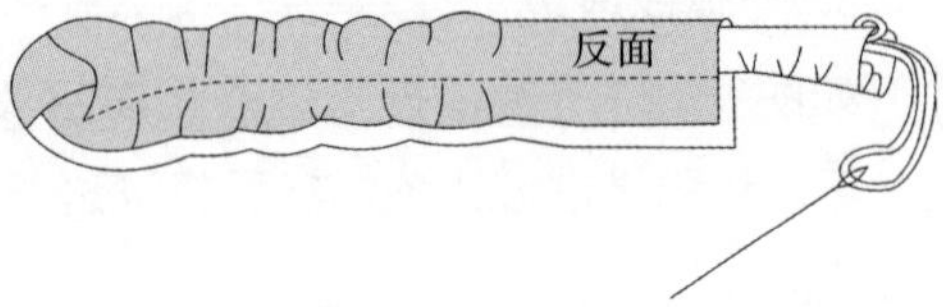

图1-125　翻布襻

图1-126　熨烫布襻

二、腰带的缝制方法

（1）如图1–127所示，做腰带，留7~8cm的翻口，缝头留0.8cm(厚料时使两层缝头分别为0.6和0.8cm)修剪尖角的缝头，使其离缝道0.2cm。

（2）如图1–128所示，翻至正面，用熨斗整烫，并缲缝翻口。外围离边0.8cm处缉线。

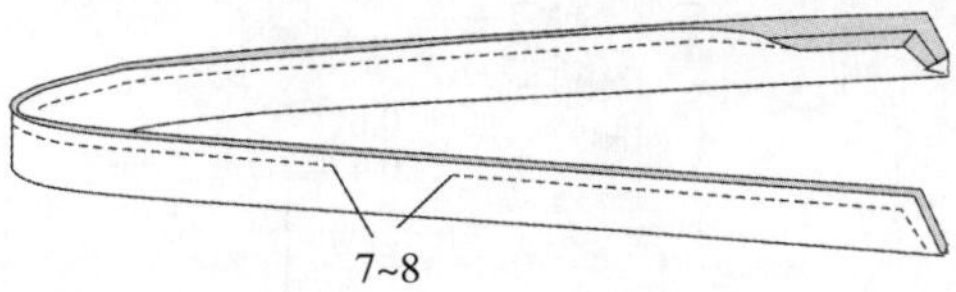

图1–127 缉缝腰带

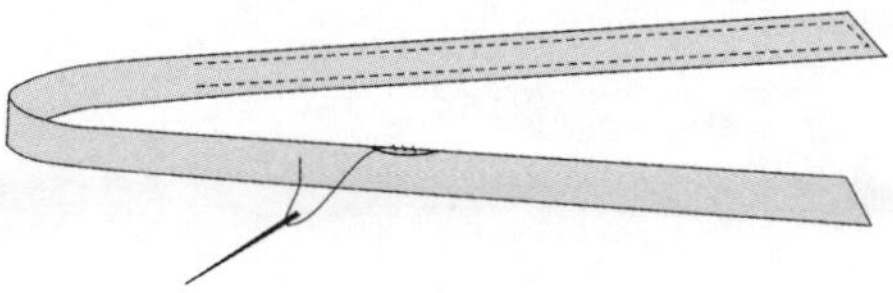

图1–128 缲缝翻口

三、腰带襻的缝制方法

（1）如图1–129所示，把腰带襻的布料正面朝里，按画线车缝，并把缝头熨开，翻到正面，把缝道置于腰带中央，熨烫，并在两边缉明线。也可以利用布边或者两边锁边或者三折来做腰带襻的。

如图1–130所示，利用布边或锁边折三折后缉缝。

（2）装腰带襻，按图1–131所示顺序缝制。

另外一边也以相同的方法制作，如图1–132所示。

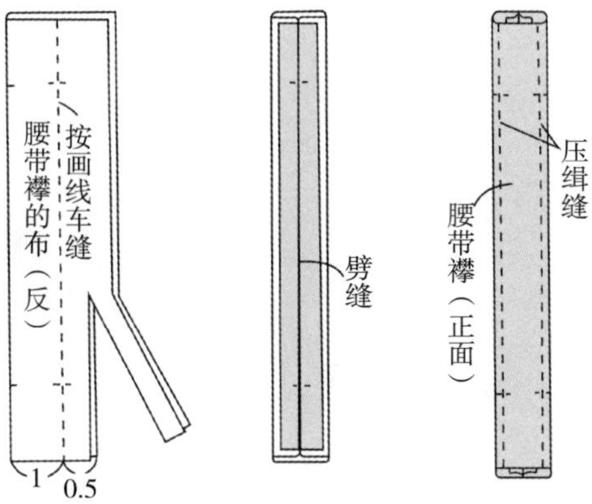

图1–129 缉缝腰带襻方法一

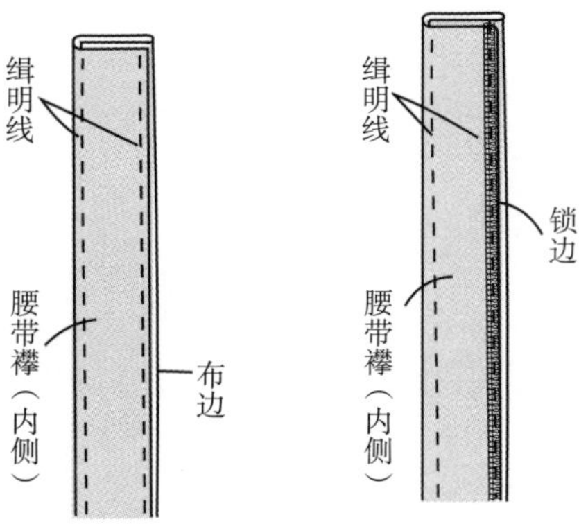

图1–130 缉缝腰带襻方法二

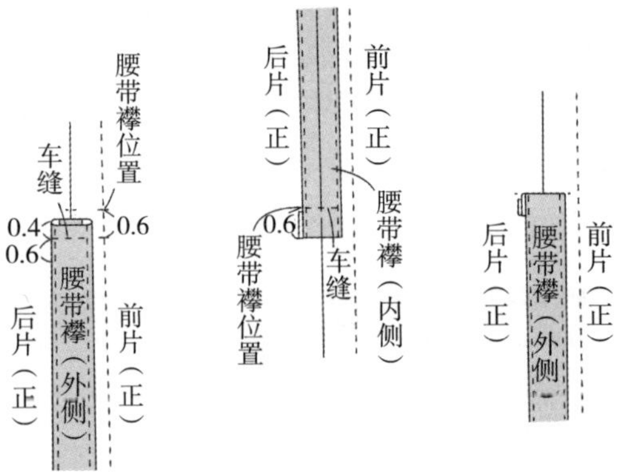

图1-131　装腰带襻

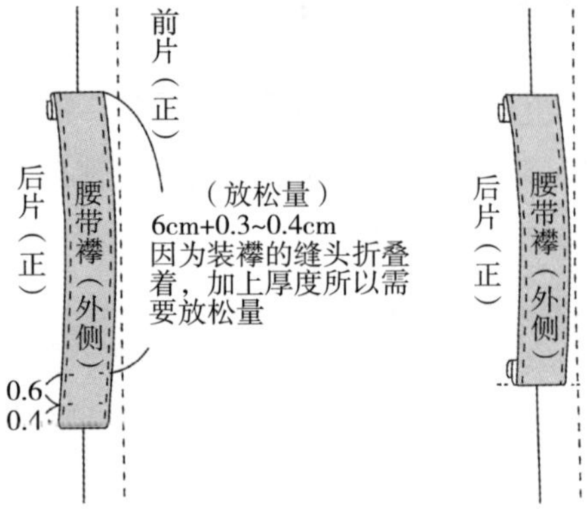

图1-132　装腰带襻

第九节　双面大衣呢的缝制方法

双面大衣呢缝制工艺，是针对双层大衣呢面料的特点而出现的一种缝制工艺。其特点是用这种工艺制作的服装，不用加衬里，里外光洁，两面都能穿用。剪裁时不用加放贴边，不用挂面，只需在四周和拼接部位适当加放缝头。裁剪衣领、口袋盖、口袋等部件时，只需裁制单片面料，而不用底料。在止口、底摆等易拉伸的部位的缝头上烫贴黏合牵条外，其他部位不需烫贴黏合衬等衬料。

一、缝边的缝制方法

（一）缝制准备

准备好要缝制的衣片或者裁一块长方形的双面布料，如图1-133所示。

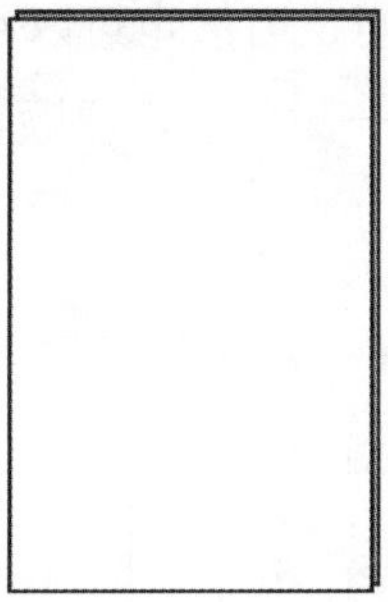

图1-133　布料准备

（二）缝制步骤

1. 如图1-134所示，在距离布边1.2~1.8cm车缝一道定位线，以确保剥开的缝边宽窄一致。由于完成剥开布边后该线要拆掉，为便于拆线，该针距应调到最大，缝线颜色选择与面料不同的颜色。

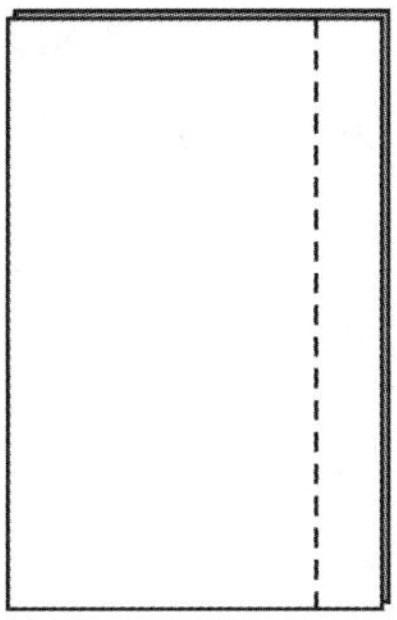

图1-134　缝定位线

2. 如图1-135所示，手工揭剥，先剥开一头，看到两层之间的白色对缝线，用剪刀将白色对缝线剪断或用刀片将其割开，割开时注意不要割破面料，同时还要注意不能将面料拉伸变形。要剥到车缝线处，并将白色对缝线清理干净。也可以用机械揭剥，如剥离宽度不够，需用手工弥补，以分开缝头能看到车缝线为止。

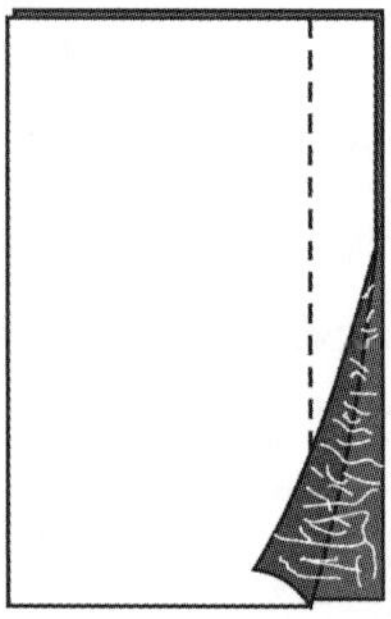

图1-135　揭剥白色对缝线

3. 如图1-136所示，将剥开的缝头用珠针固定，另一边缝头贴上0.5cm宽的黏合衬条。贴黏合衬条一是增加骨干，二是增加布边的支撑力，使缝边更加流畅和精致。在下层缝头上烫贴黏合牵条，注意松紧要适当，当然也可以不贴黏合衬。

4. 如图1-137所示，按净印折叠一侧缝边，要顺直，用珠针固定。然后对扣另一侧的缝头，注意边沿对齐，再用珠针固定。

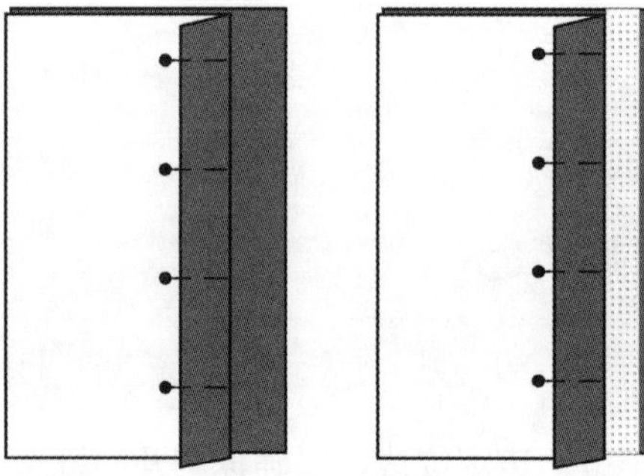

图 1—136　珠针固定缝边和烫贴黏合牵条

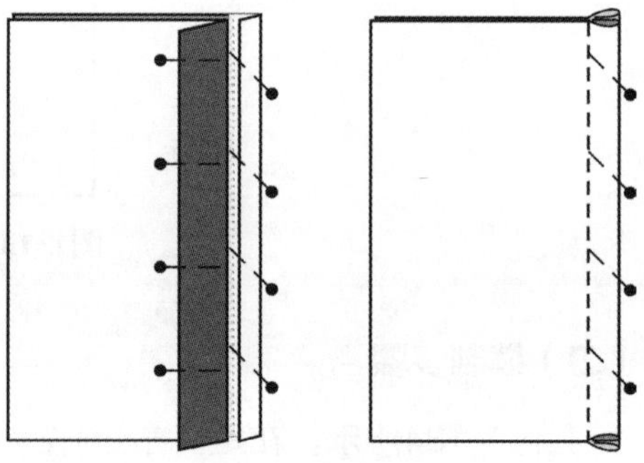

图 1—137　折叠缝边

5. 用藏针缝边。如图1-138所示，第一针从剥开缝头的一边出，第二针与第一针正对，从剥开缝头的另一边进，再从缝头内穿出，不要看到缝线。按数字顺序如此往复，拉线松紧适宜，3cm内缝11针左右即可。

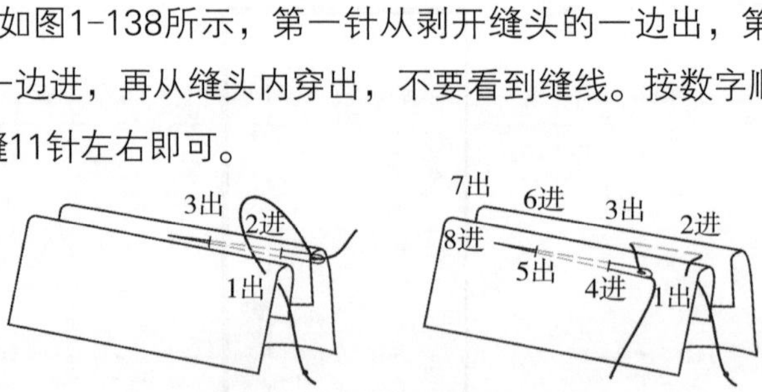

图 1-138　藏针缝边

6. 如图1-139所示，拆掉定位线，完成。

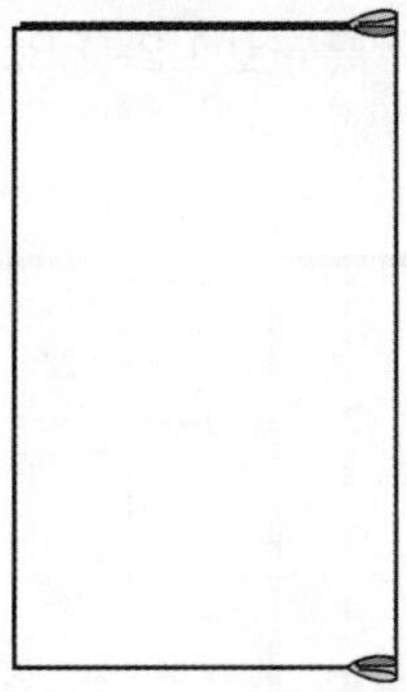

图1-139　拆定位线

7. 如图1-140所示，弧线部位的缝制方法与直线相同。

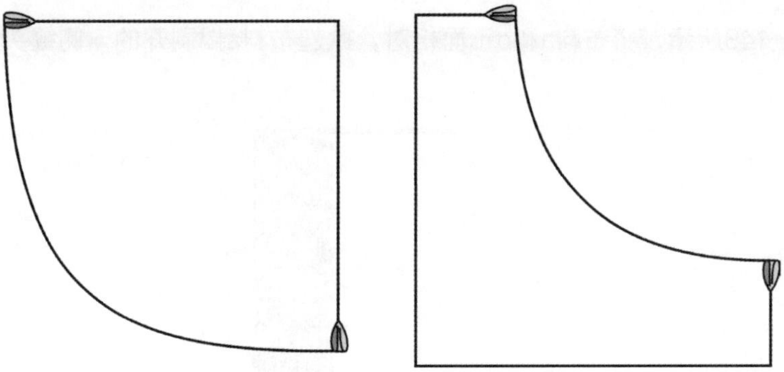

图1-140　弧线部位的缝制

二、拼接缝制方法

拼接缝制通常有倒缝和分缝两种方法。

方法一：倒缝式拼接方法。

（一）缝制准备

如图1-141所示，准备两片布料a和b

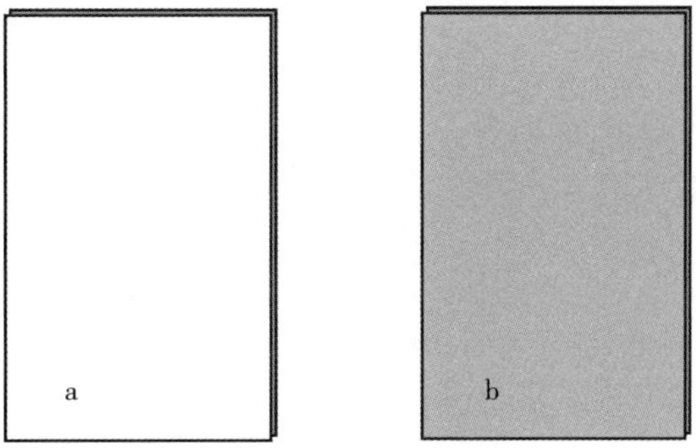

图1-141　准备两片布料

（二）缝制步骤

1. 如图1-142所示，布料a，在距离布边1.2~1.8cm车缝一道定位线，剥开缝头。布料b不需要车缝定位线和剥开缝头。

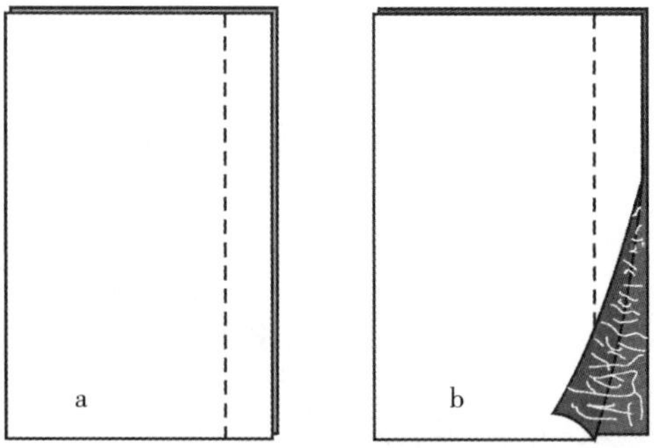

图1-142 缝定位线和剥缝头

2. 如图1-143所示，将布料a和b正面相对，掀起布料a揭剥开的一侧缝头，按规定宽度拼缉。

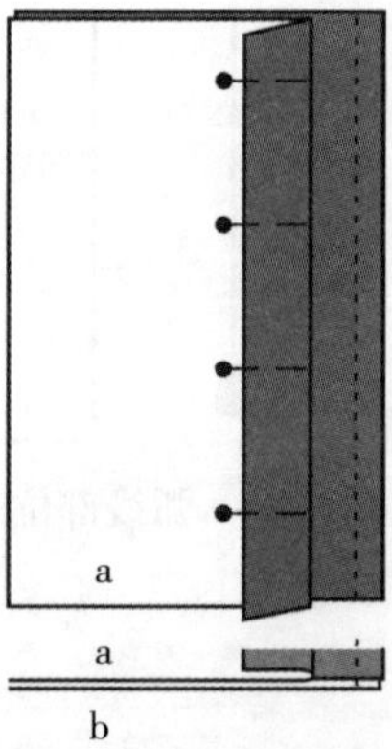

图1-143 拼缉布料

3. 如图1-144所示，把缝边倒向剥开的两层中间。可将一层缝头剪掉0.2cm，目的是使缝头形成梯度。

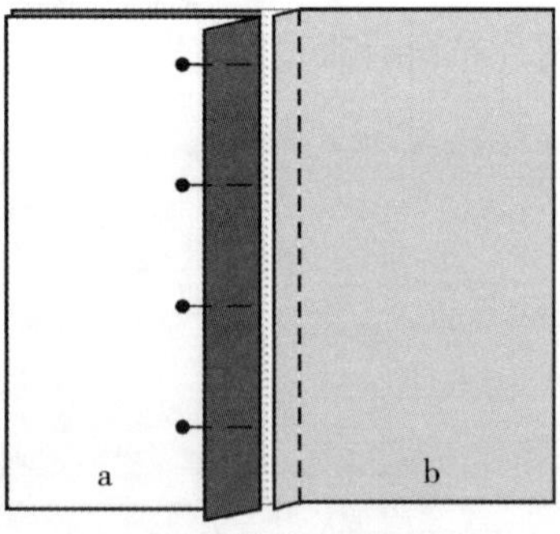

图 1-144 修剪缝头

4.如图1-145所示，把布料a剥开的另一层向内折，用针固定。用藏针法缝合，要缝在车线外侧，不要看到车线。

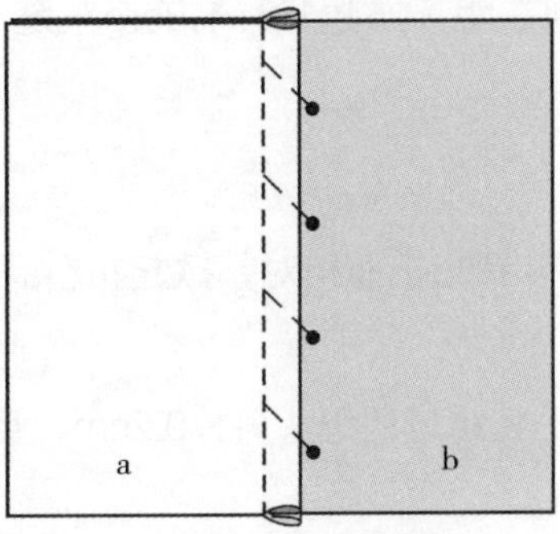

图1-145　藏针法缝合

5. 如图1-146所示，拆掉定位线，完成。

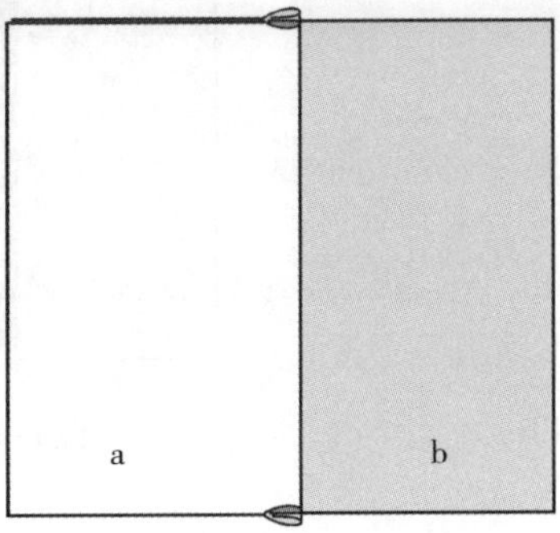

图1-146　拆掉定位线

6. 如图1-147所示，弧线部位的缝制方法与直线相同。

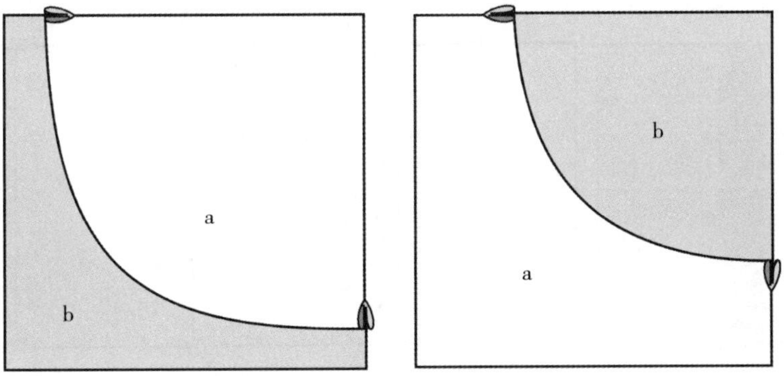

图 1-147　弧线部位的缝制方法

方法二：分缝式拼接方法。

（一）缝制准备

准备两片布料a和b，分别在距离布边1.2~1.8cm车缝一道定位线，剥开布料a和b的缝头。

（二）缝制步骤

1. 如图1-148所示，将布料a和b正面相对，掀起布料a和b揭剥开的一侧缝头，按规定宽度拼缉。

2. 如图1-149所示，分缝，将缉缝的缝头剪掉0.2cm，目的是使缝头形成梯度。

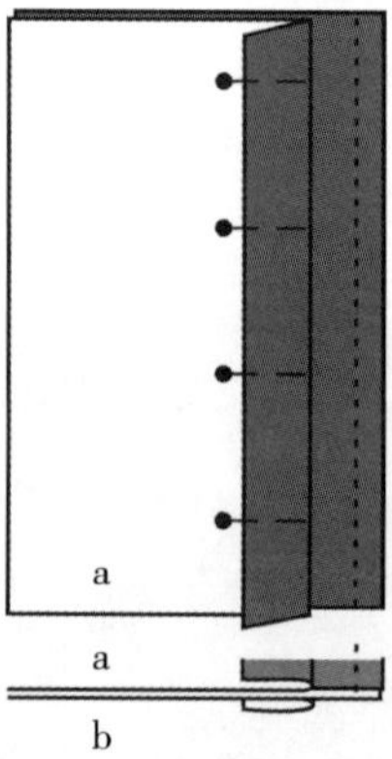

图1-148 拼缉布料a和b

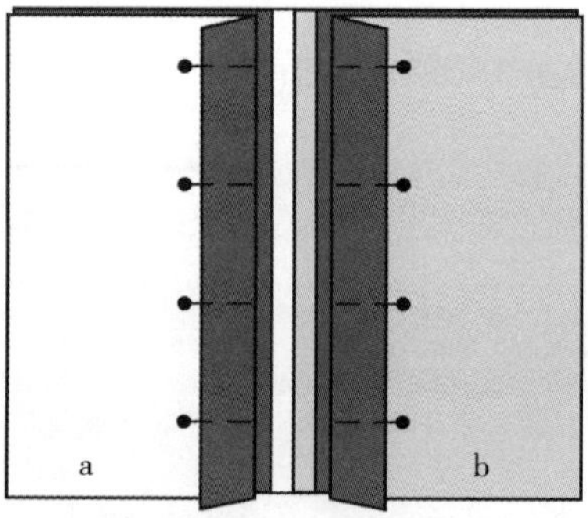

图1-149 修剪缝头

3. 如图1-150所示，把布料a剥开的缝头向内折，用针固定。再把布料b剥开的缝头向内折，用针固定。

4. 如图1-151所示，用藏针法缝合，拆掉定位线，完成。

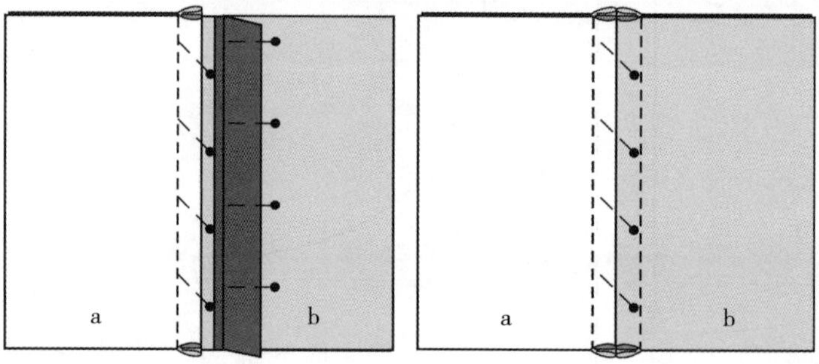

图1-150 固定缝头

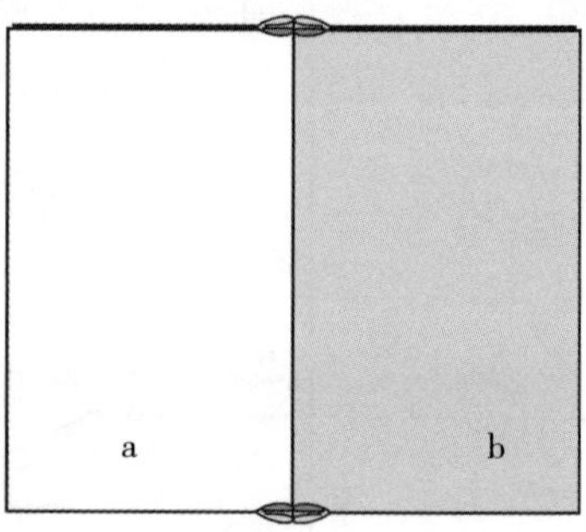

图1-151 缝合缝头并拆掉定位线

第二章

领子缝制工艺

第一节　立领

一、男式衬衫领（图2-1）

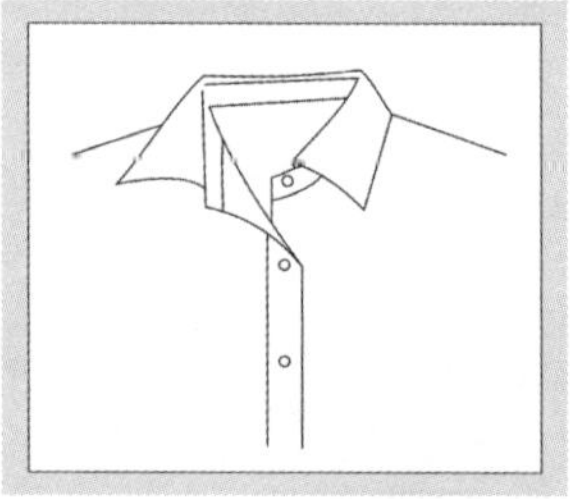

图2-1　男式衬衫领

（一）缝制准备

（1）如图2-2所示，做对位记号。领座面长度增加0.2~0.3cm。

（2）如图2-3所示，领面画切开线，底边线不动，外领口线在切开线处分别展开0.1~0.3cm，其大小与面料的厚薄有关，薄型取值小一些，反之则取大一些。

（3）如图2-4所示，上领底边线向下移动0.2cm，画顺领线。做好领座里的对位记号。

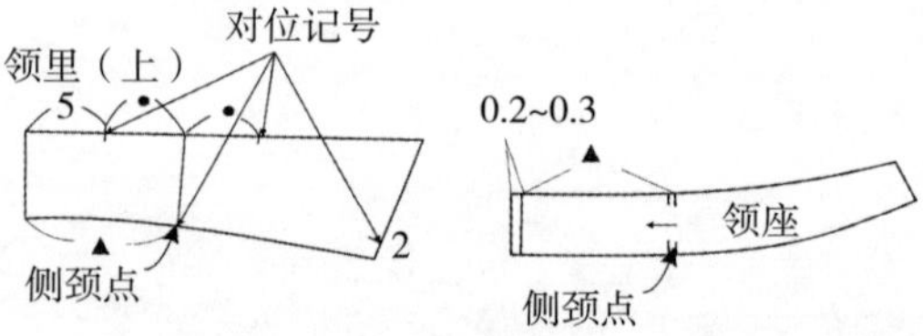

图2-2　对位记号

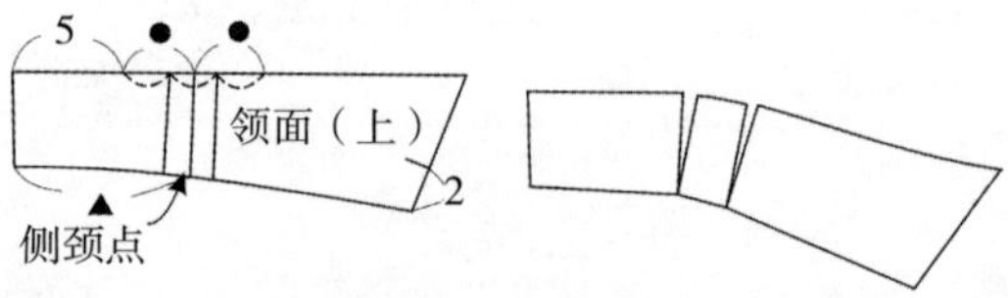

图2-3　展开外领口

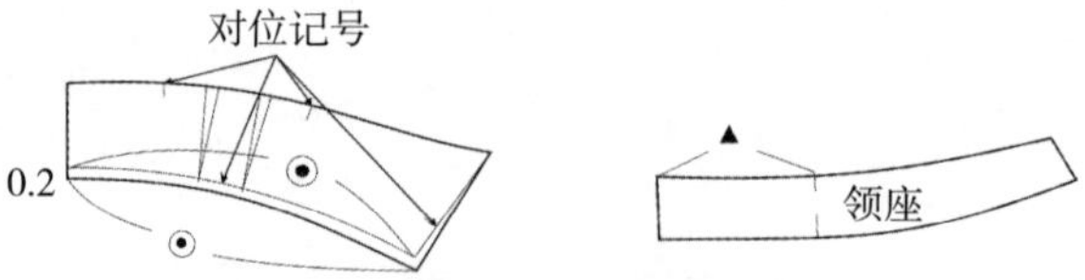

图2-4　画顺领线

（二）缝制步骤

（1）如图2-5所示，领边四周分别加1cm的缝头，分别在领面和领里的反面贴上黏合衬，领面与领里正面叠合，用大头针按领角对位记号固定领角吃量。按对位记号缉缝领面与领里。

（2）如图2-6所示，扣烫领里缝头，距离缝线0.3cm剪去领角，将领里缝头剪去一半，将领子翻到正面，熨烫，领里不反吐，领角略向领里窝进。在领面上缉明线。

（3）如图 2-7所示，领座贴黏合衬。

（4）如图2-8所示，扣烫领座面的缝头，将领座面与里正面叠合，将翻领对位夹在其中，用手针固定，在侧颈点部位吃领座面，从距离折边线0.2cm处开始缉缝缝至另一侧距离折边线0.2cm处止。然后修剪缝头。

（5）如图2-9所示，翻转领座，熨烫，缉0.2~0.3cm的明线。

（6）如图2-10所示，将领座里与衣身正面相对叠合，绱领子。

（7）如图2-11所示，将缝头推向领座，扣平领座面。

（8）如图2-12所示，在领座面上缉0.1~0.2cm的明线。

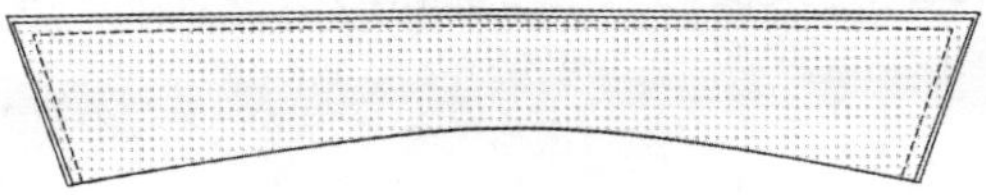

图2-5　缝合领面和领里

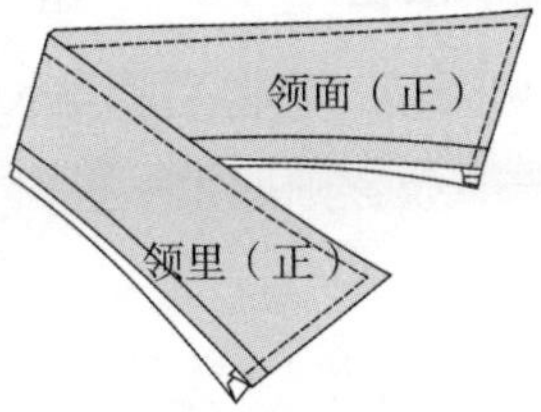

图2-6　领面缉明线

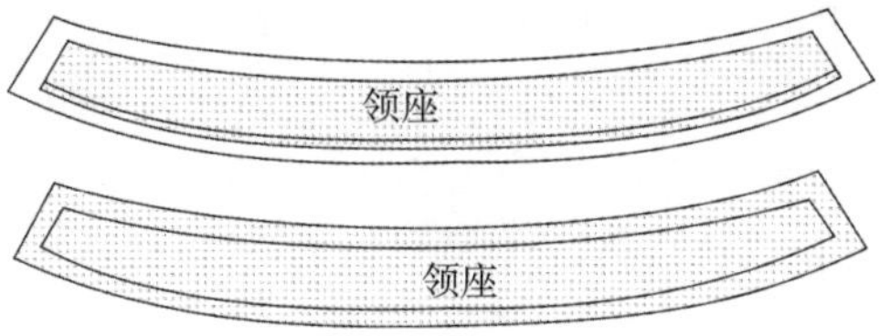

图2-7　领座贴黏合衬

图2-8　缝合领面与领座

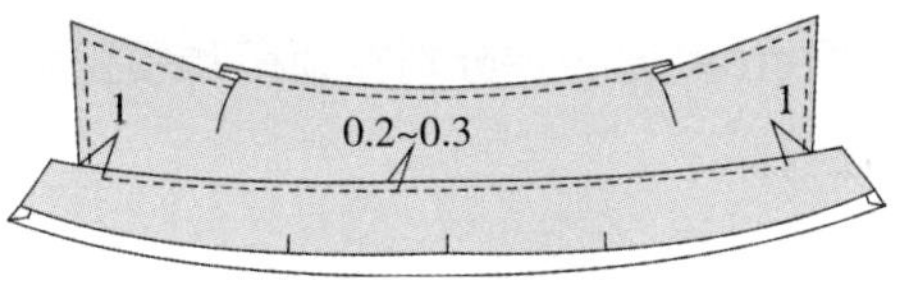

图2-9　缉明线

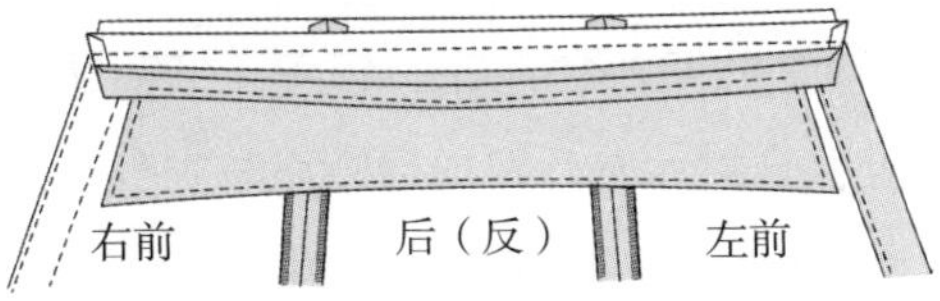

图2-10　绱领子

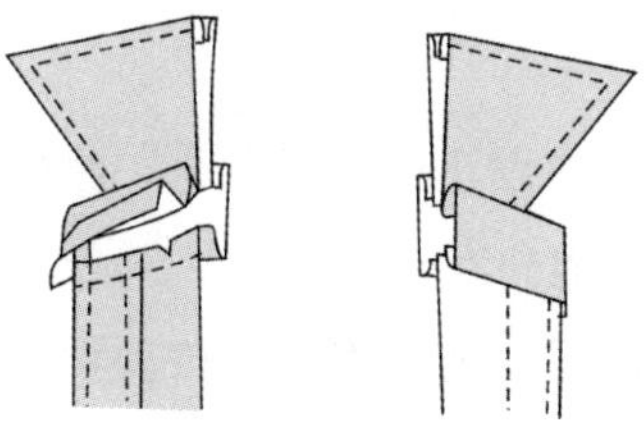

图2-11　处理领座

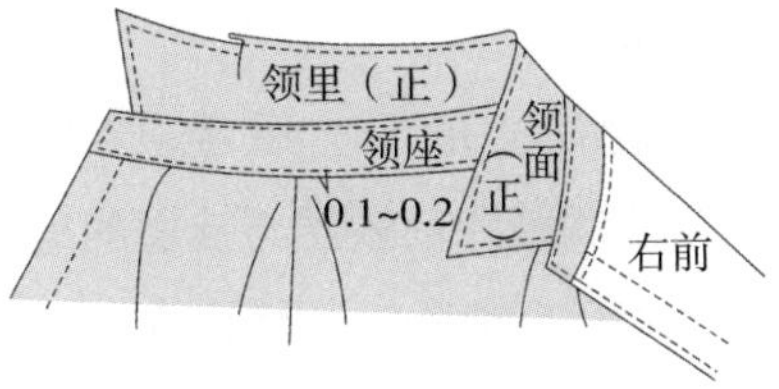

图2-12　缉领座明线

二、方头单立领（图2-13）

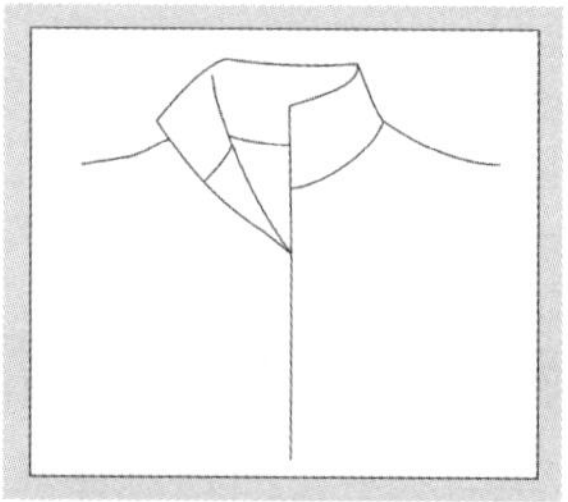

图2-13　方头单立领

（一）缝制准备

如图2-14所示，将前后领里长度减短0.1~0.3cm，其值的大小与面料的厚薄有关，薄型取值小一些，反之则取大一些。

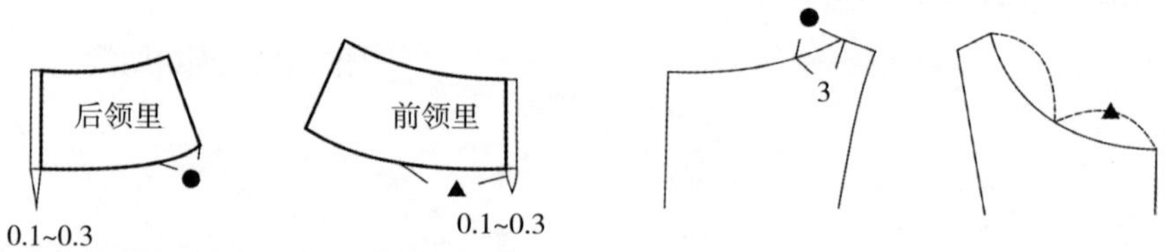

图2-14　配领里

（二）缝制步骤

（1）如图2-15所示，领里、领面边四周分别加1cm的缝头，分别在领面和领里的反面贴上黏合衬，然后将前后领面与衣身正面叠合，缉缝。

（2）如图2-16所示，打剪口、分烫缝头。

（3）如图2-17所示，缝合肩缝和领侧缝。

（4）如图2-18所示，做里子。卷前后里子下边沿，缝合挂面与前里，缝合里子后背缝和里子肩缝。

（5）如图2-19所示，缝合领里侧缝，然后将领里与衣里正面相对叠合，缉缝，打剪口，分烫领里侧缝和前领里与挂面的缝头，将后领里缝头倒向衣里。

（6）如图2-20所示，缝合衣身与挂面以及领子面与里。将领里缝头修剪掉一半，领角缝头修剪为0.3cm。

（7）如图2-21所示，将领子翻到正面，熨烫，领里不反吐，然后缉缝明线。

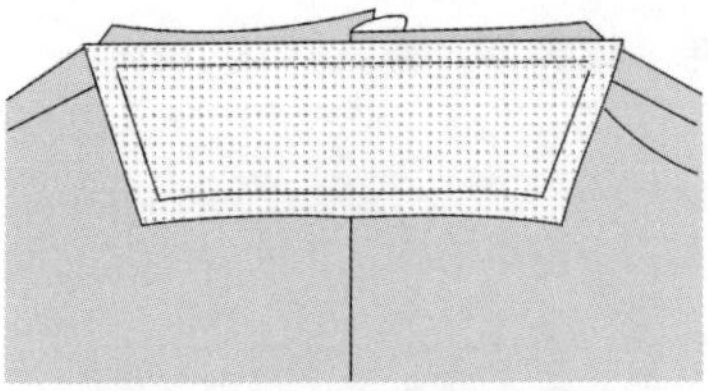

图2-15　领面与衣身缝合

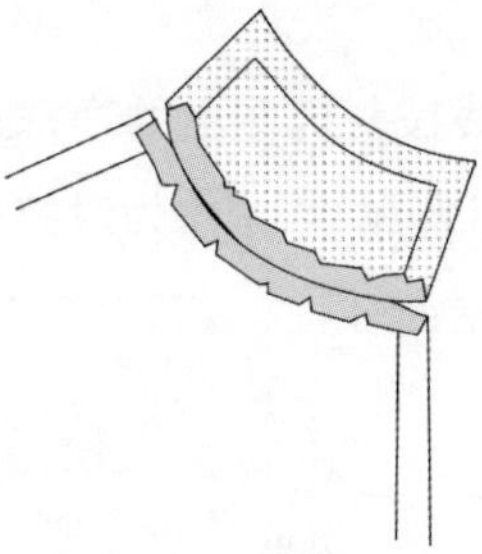

图2-16　打剪口、分烫缝头

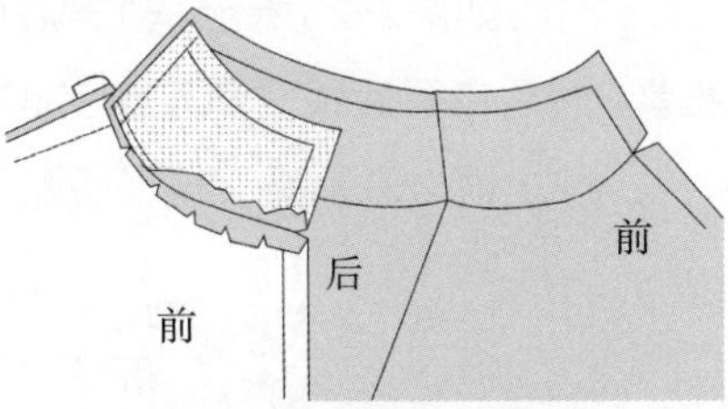

图2-17　缝合肩缝和领侧缝

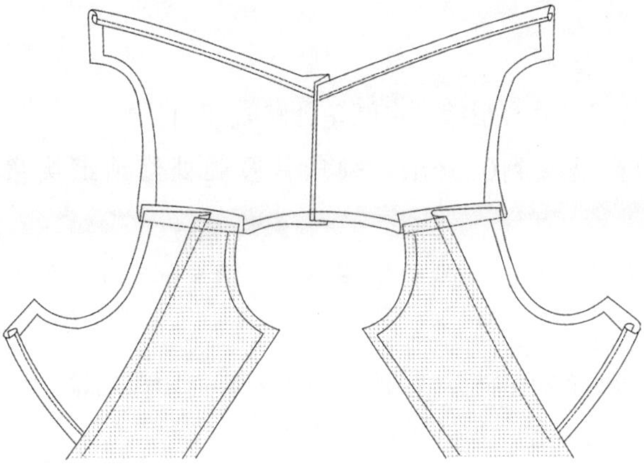

图2-18　做里子

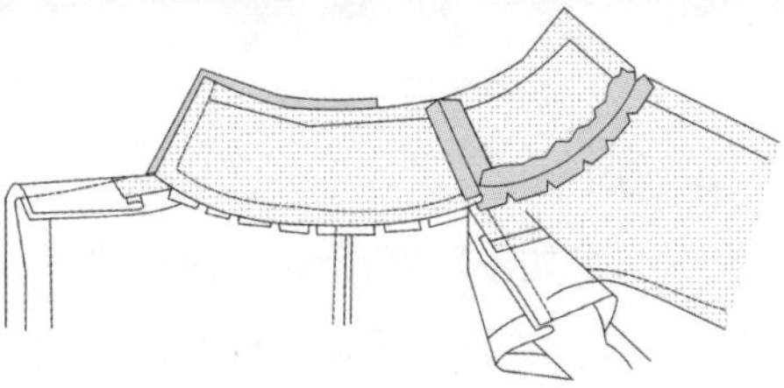

图2-19　领里与衣里缝合

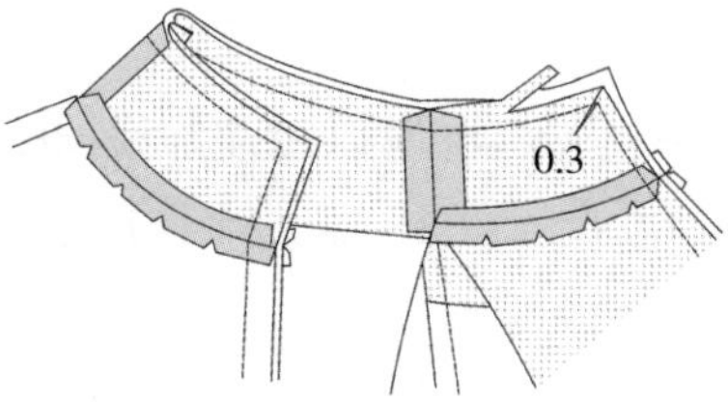

图2-20　缝合领子面与里

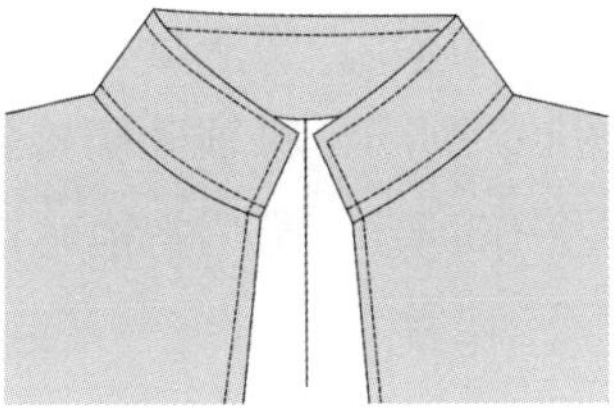

图2-21　缉缝整理

三、旗袍领（图2-22）

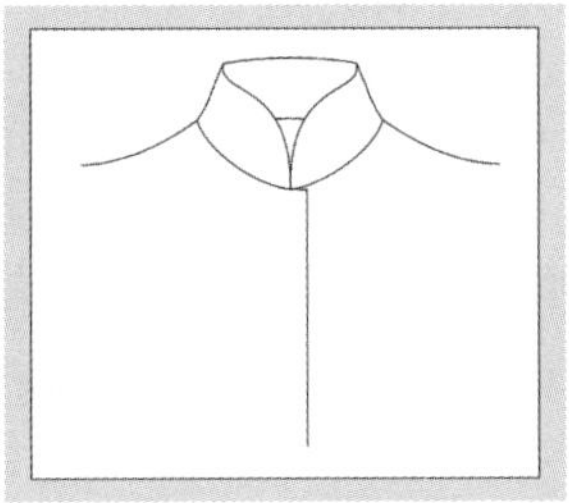

图2-22　旗袍领

（一）缝制准备

（1）如图2-23所示，领里后中线按裁剪图上的净样短0.2cm，这0.2cm就成了领面的松量，然后在领底线重新定出SNP点（侧颈点），作为对位记号。裁剪时，缝头均为1cm。

（2）领里、领面、挂面烫贴薄黏合衬。

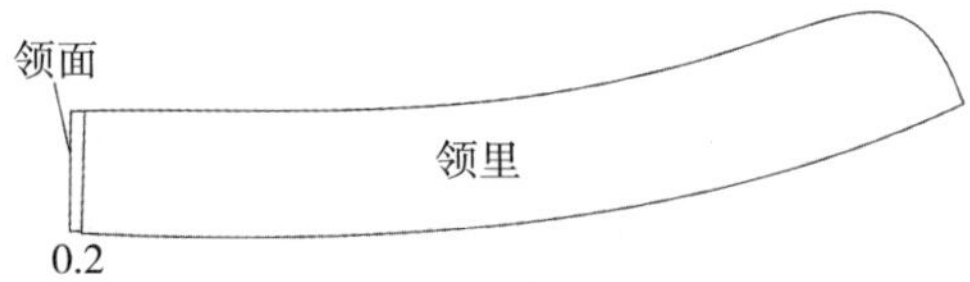

图2-23　配领里

（二）缝制步骤

（1）如图2-24所示，领面与领里正面相对叠合缉缝，在圆角处略吃领面。

（2）将缝头扣烫到领面，然后修剪缝头到0.5cm，领角的圆弧处修剪缝头留0.2~0.3cm。

（3）如图2-25所示，将领子翻转到正面，用熨斗熨烫整理成型，领里不反吐，里外匀量为0.1cm。

（4）如图2-26所示，领面的正面与衣身的正面相对，领里的正面与挂面和后领贴边正面相对，注意对正装领止点、侧颈点和颈后中点。粗缝固定，缉缝。

（5）缝合搭门。

（6）如图2-27所示，在领口弧线处打斜线剪口，然后用熨斗分烫缝头。

（7）如图2-28所示，将衣身和贴边领口弧线用手针固定到一起，注意领子的平整。

（8）如图2-29所示，将领子翻转到正面，熨烫整理，可以缉装饰线，也可以不缉线。

（9）如图2-30所示，最后把领贴边分别与衣片的肩缝、后背中线用手缝固定。

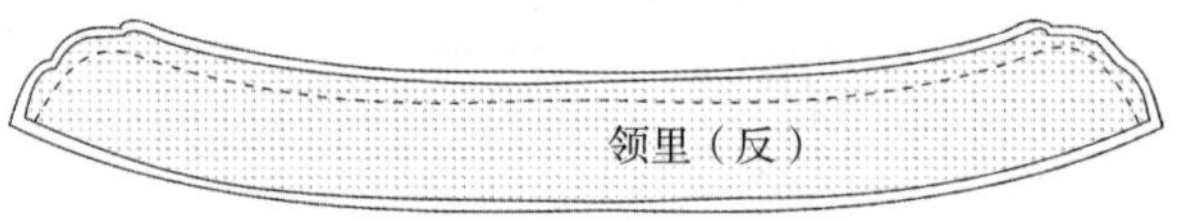

图2-24　缝合领面与领里

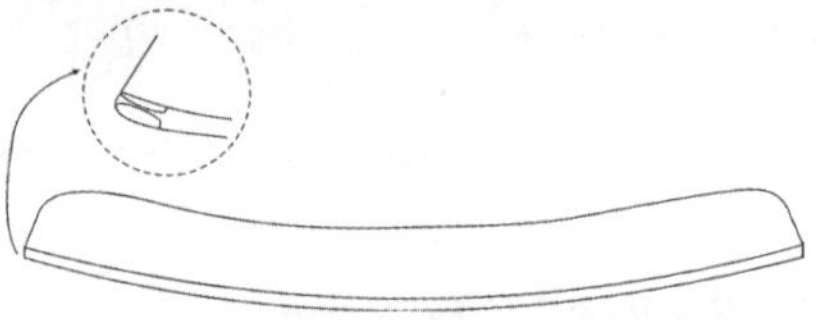

图2-25　领子整理

图2-26　绱领子

图2-27　打剪口、分烫缝头

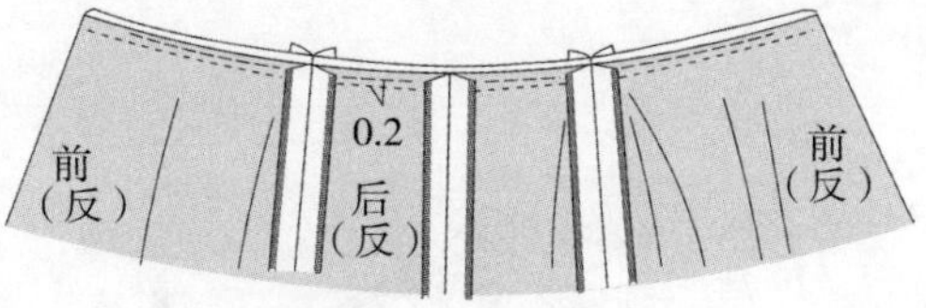

图2-28　固定缝头

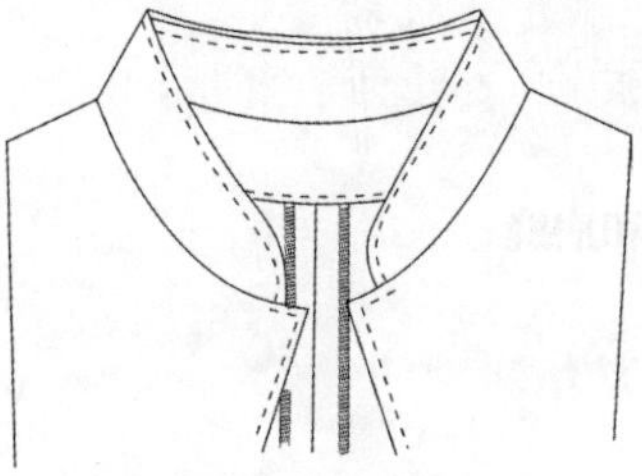

图2-29　整理领子

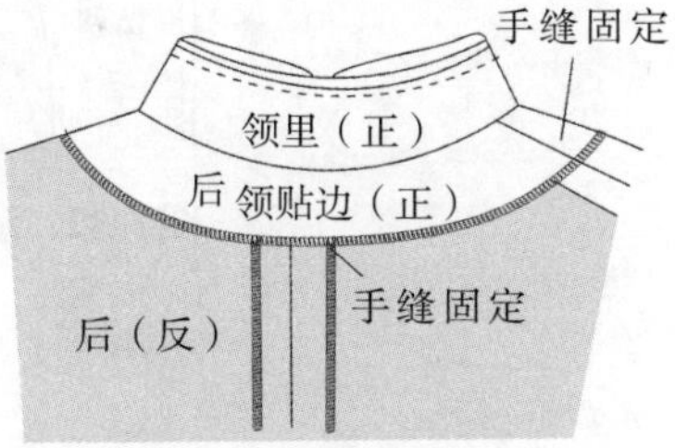

图2-30　手缝固定贴边

四、连立领（图2-31）

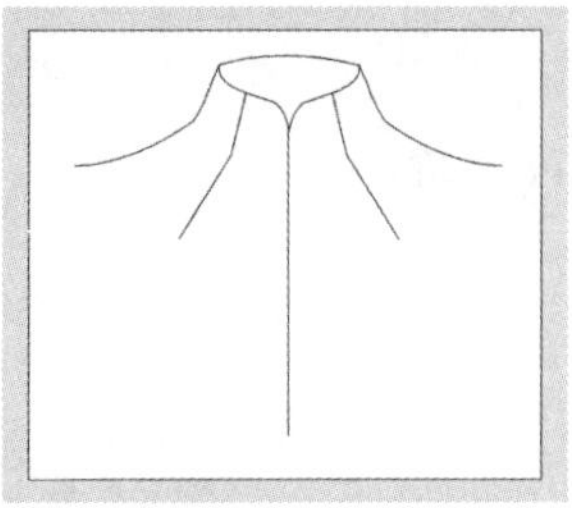

图2-31　连立领

（一）缝制准备

将前后衣片、挂面和后领里贴上黏合衬。

（二）缝制步骤

（1）如图2-32所示，缉缝前后领省，然后合肩缝。

（2）如图2-33所示，将挂面和后领里缝合到一起。

（3）将衣片与挂面和后领里正面相对，衣片的净缝外0.1cm与挂面和后领里净缝内0.1cm叠合，用大头针或者手针粗缝固定，然后缉缝。

（4）将缝头扣烫到衣身，然后将挂面的缝头修剪到0.5cm，领角的圆弧处修剪缝头留0.2~0.3cm。

（5）如图2-34所示，将领子翻转到正面，用熨斗熨烫整理成型，挂面与领里不反吐，里外匀量为0.1cm。

（6）缉缝明线。

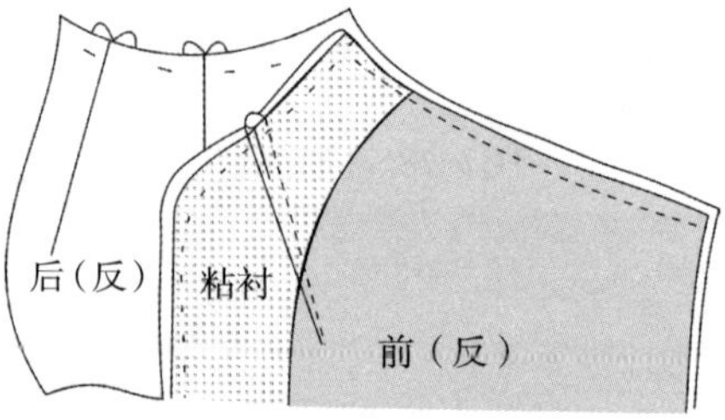

图2-32　缝省道和肩缝

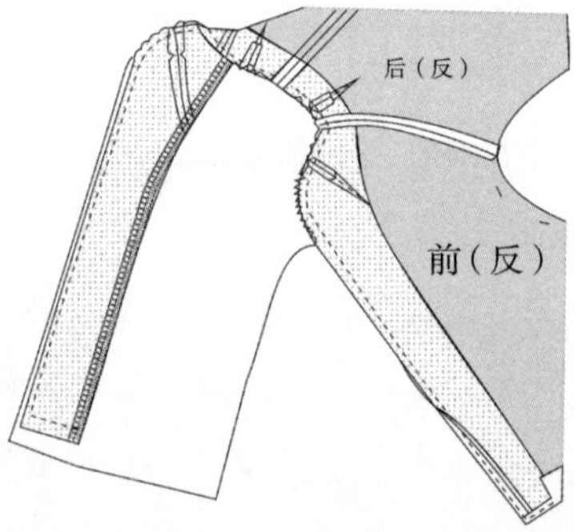

图2-33　挂面、后领贴边与衣身缝合

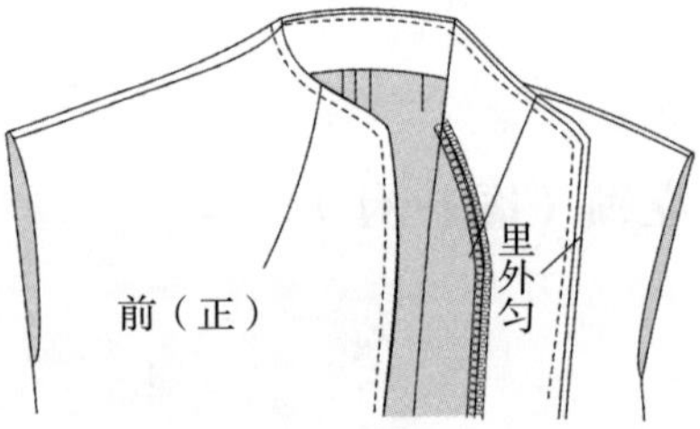

图2-34　整理衣领

第二节　翻领

一、平领小翻领（图2-35）

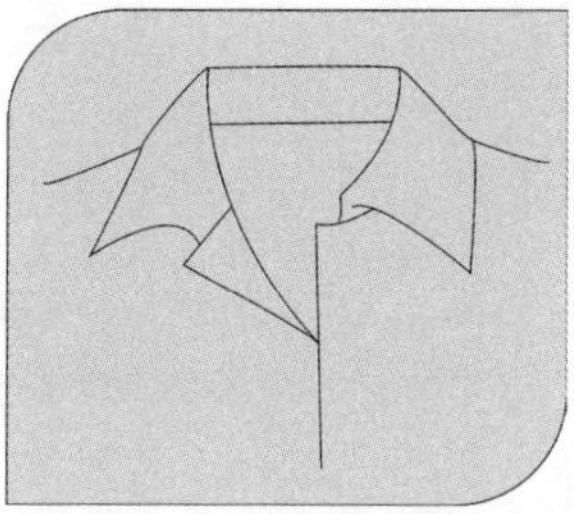

图2-35　平领小翻领

（一）缝制准备

（1）如图2-36所示，做对位记号。

（2）如图2-37所示，领面画切开线，沿切开线剪开，翻折线不动，外领口线处在切开线出分别展开0.1~0.3cm，其值的大小与面料的厚薄有关，薄型取值小一些，反之则取大一些。底领线处交叉。

（3）如图2-38所示，剪开翻折线，平行拉开0.3~0.7cm，其取值大小与面料的厚薄有关，薄型取值小一些，反之则取大一些。

（4）在外领口线处放出0.2cm，A点不动，画顺外领口线。

（5）如图2-39所示，领边四周分别加1cm的缝头。

（6）如图2-40所示，分别在领面和领里的反面贴上黏合衬，领面与领里正面叠合，用大头针按领角对位记号固定领角吃量。

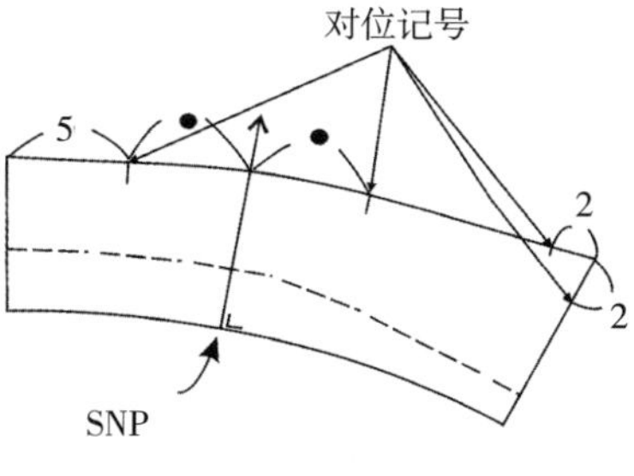

图2-36　做对位记号

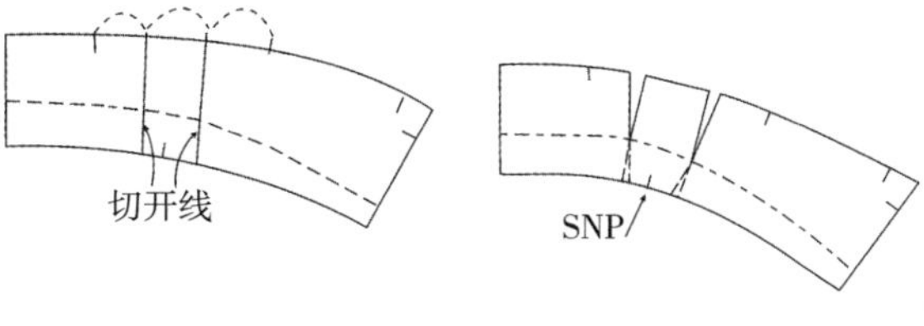

图2-37　展开外领口线

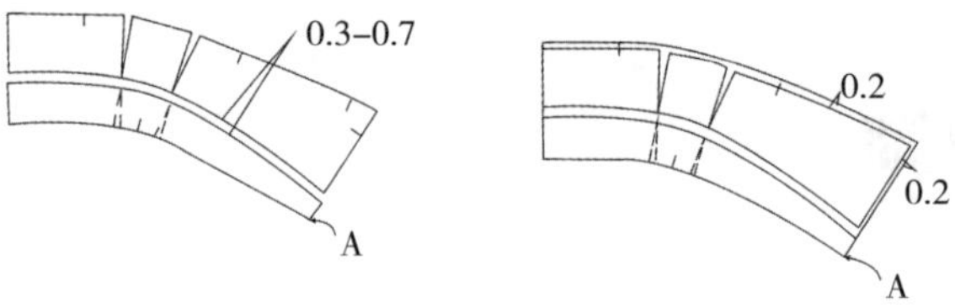

图2-38　画顺领线

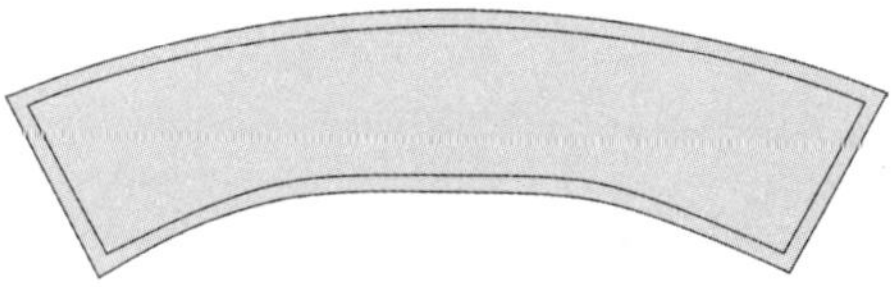

图2-39　加放缝头

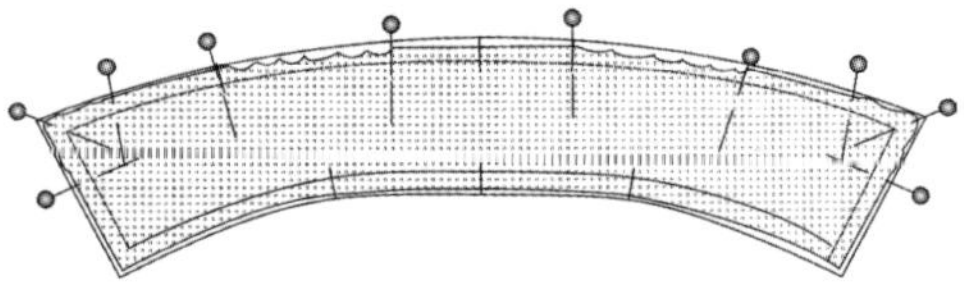

图2-40　固定领面和领里

（二）缝制步骤

（1）如图2-41所示，按对位记号缉缝领面与领里。

（2）如图2-42所示，扣烫领里缝头。

（3）如图2-43所示，距离缝线0.3cm剪去领角，将领里缝头修去一半。

（4）如图2-44所示，将领面的领底线缝头剪开，折烫。

（5）如图2-45所示，将领子翻到正面，熨烫，领里不反吐，领角略向领里窝进。

（6）如图2-46所示，领子与领口相对缝合。

（7）如图2-47所示，将挂面沿止口线对折，缉缝。

（8）如图2-48所示，在领面扣折点处，挂面、领里、衣身缝头一起打剪口，然后将挂面翻到正面，缉缝领面领底线，熨烫整理。

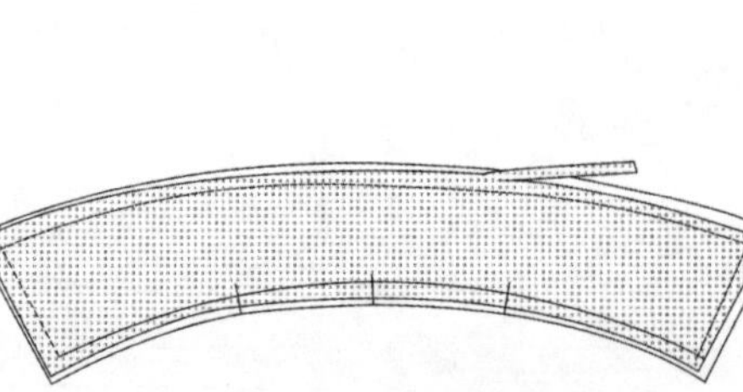

图2-41　缝合领面和领里

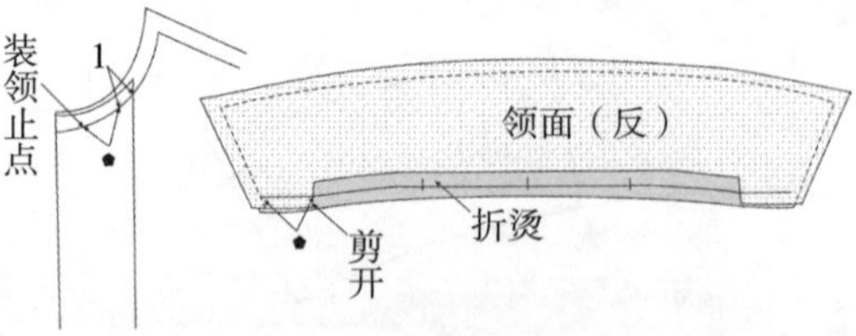

图2-42　扣烫领里缝头

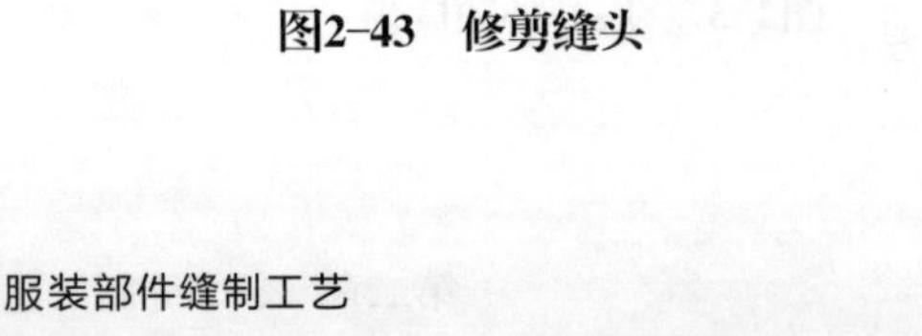

图2-43　修剪缝头

图2-44　折烫领底线缝头

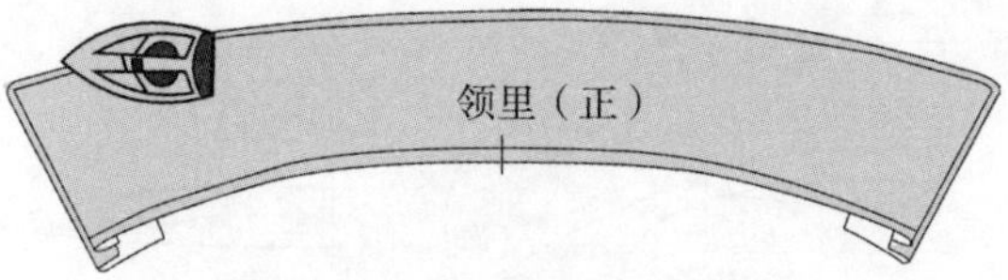

图2-45　熨烫整理领子

图2-46　绱领子

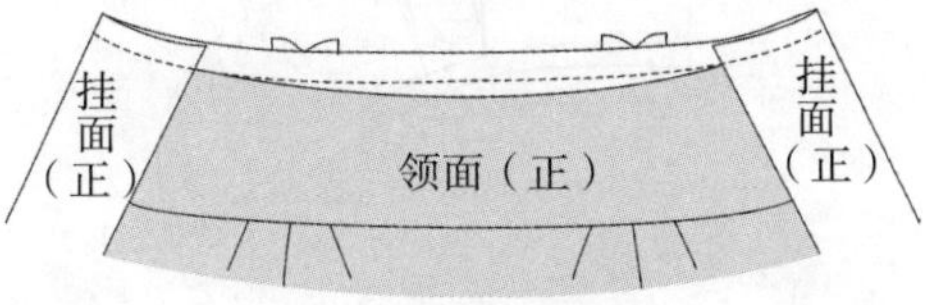

图2-47　缉缝挂面

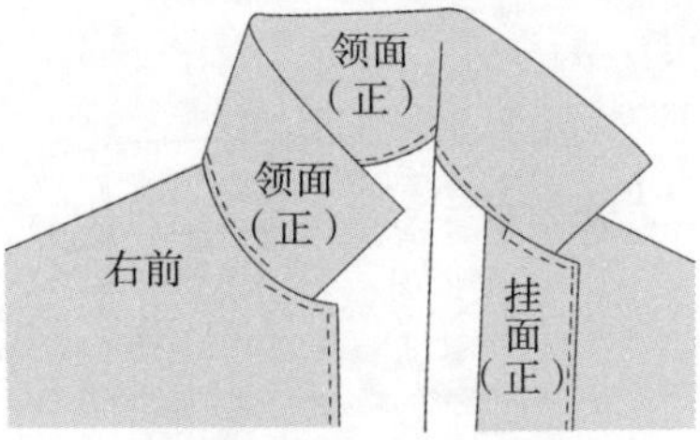

图2-48　熨烫整理

二、有底座圆头小翻领（图2-49）

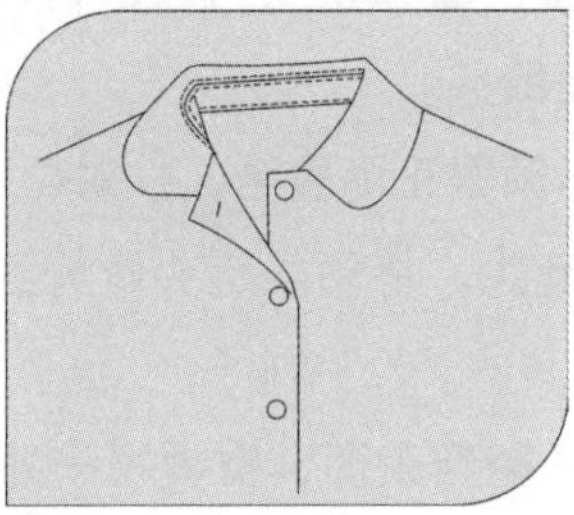

图2-49　有底座圆头小翻领

（一）缝制准备

（1）如图2-50所示，做对位记号。

（2）如图2-51所示，领面画切开线，领座里长度比面减短0.2~0.3cm。

（3）如图2-52所示，沿切开线剪开，翻折线不动，外领口线在切开线处分别展开0.1~0.3cm，其取值大小与面料的厚薄有关，薄型面料取值小一些，反之则取值大一些。底领线处交叉。

（4）如图2-52所示剪开翻折线，平行拉开0.3~0.7cm，其取值大小与面料的厚薄有关，薄型取值小一些，反之则取值大一些。

（5）如图2-53所示，画顺外领口线。

（6）领子四周分别加1cm的缝头，分别在领面和领里的翻领和领座的反面贴上黏合衬。

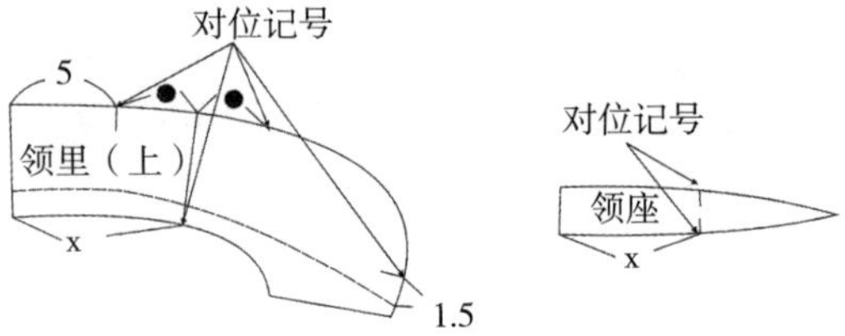

图2-50　做对位记号

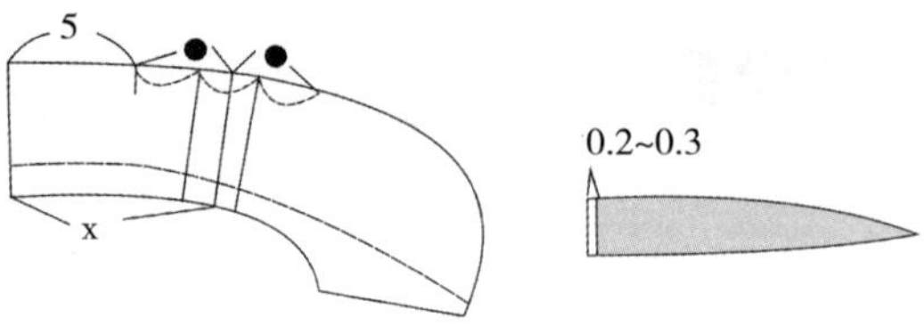

图2-51　画切开线、配领座里

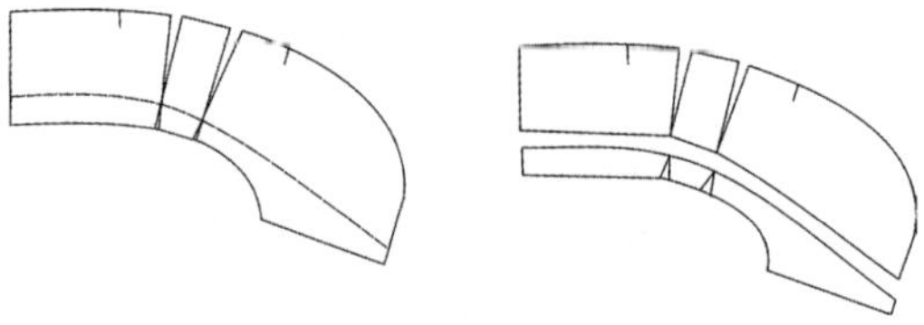

图2-52　领面展开

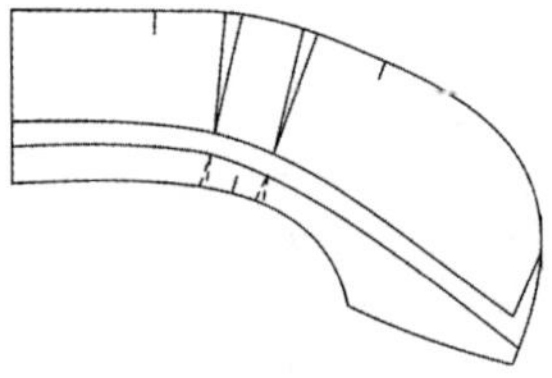

图2-53　画顺外领口线

（二）缝制步骤

（1）如图2-54所示，分别将领面和领里的翻领和领座缝合，将缝头修剪为0.5cm，分烫缝头，然后缉0.2cm明线压住缝头。

（2）如图2-55所示，领面与领里正面叠合，按对位记号缉缝领面与领里。

（3）如图2-56所示，分烫缝头，将领里缝头修剪到0.5cm，在圆角处将领面的缝头也修剪到0.5cm。

（4）如图2-57所示，将领子翻到正面，熨烫领子外边沿线，领里不反吐，领角略向领里窝进。

（5）如图2-58所示，将领子翻成成型状态，检查领子状态。然后粗缝固定领面与领里。

（6）如图2-59所示，用手针或漏落缝沿领座与翻领的分割缝将领面与领里固定到一起。

（7）如图2-60所示，将领里与衣身正面相对叠合，绱领子。

（8）如图2-61所示，将挂面沿止口线对折，领线中部加斜条，缉缝，打剪口。

（9）如图3-62所示，将挂面翻到正面，将斜条固定，然后用手针将挂面与衣身肩缝缝头固定，熨烫整理。

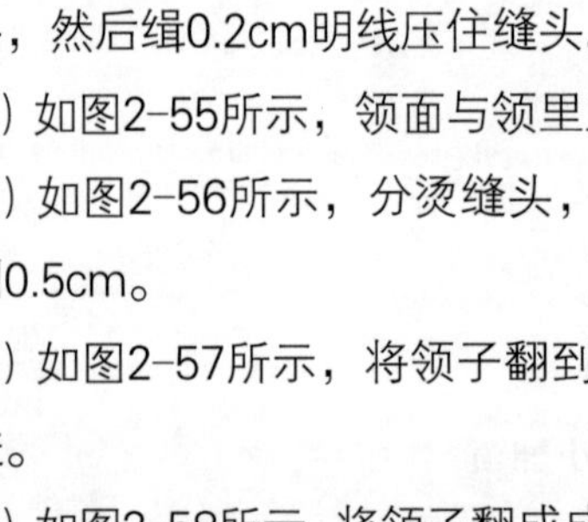

图2-54　缝合翻领与领座

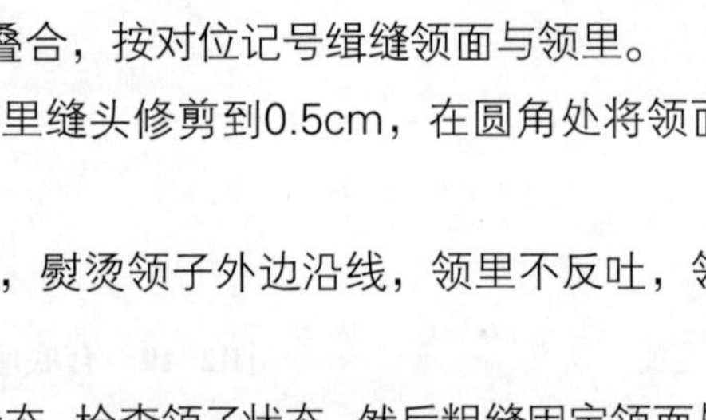

图2-55　缝合领面与领里

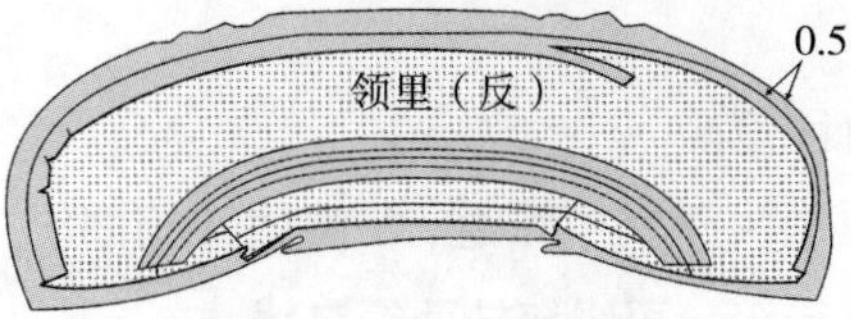

图2-56　分烫并修剪缝头

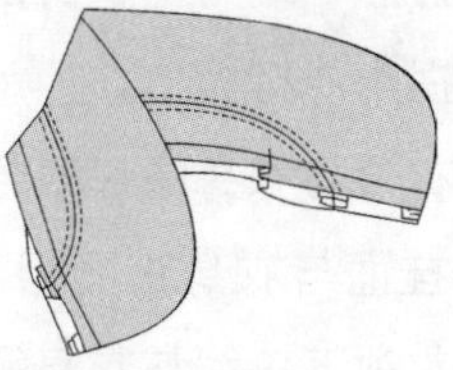
图2-57　熨烫领子

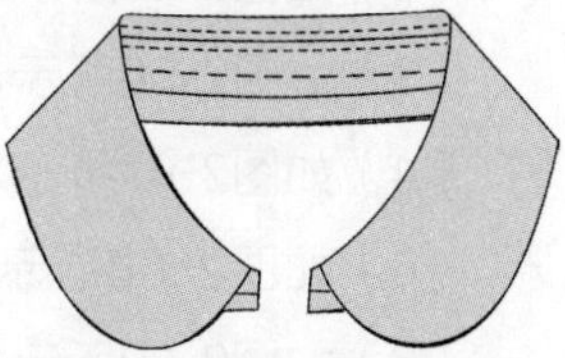
图2-58　整理领子

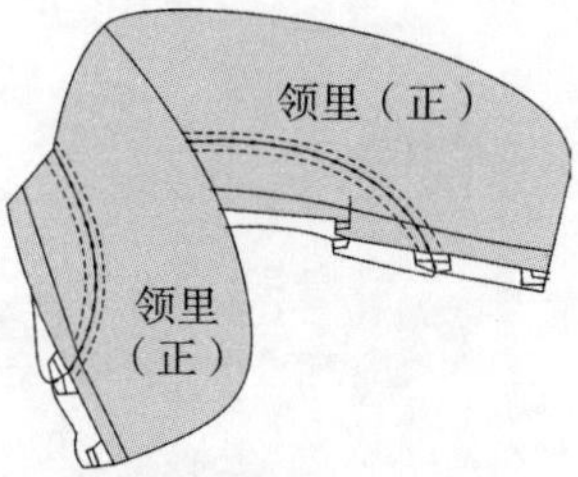

图2-59　固定领子面与里

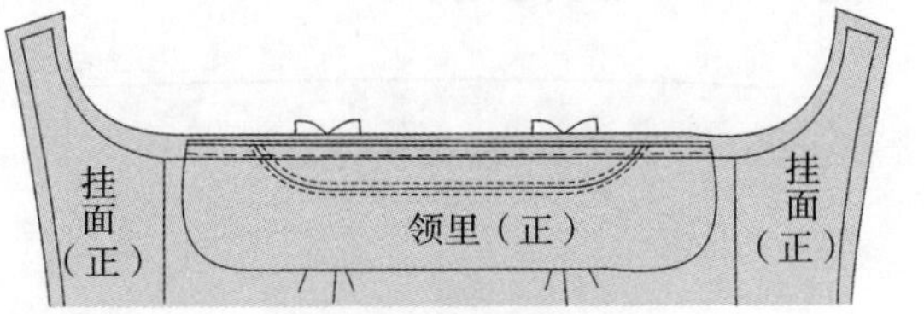

图2-60　绱领子

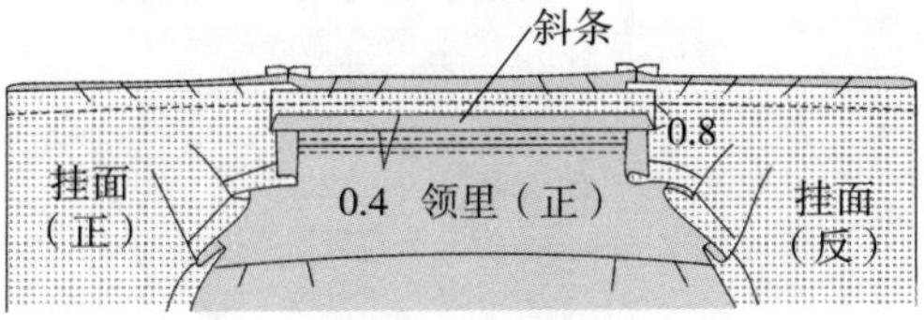

图2-61　缝斜条

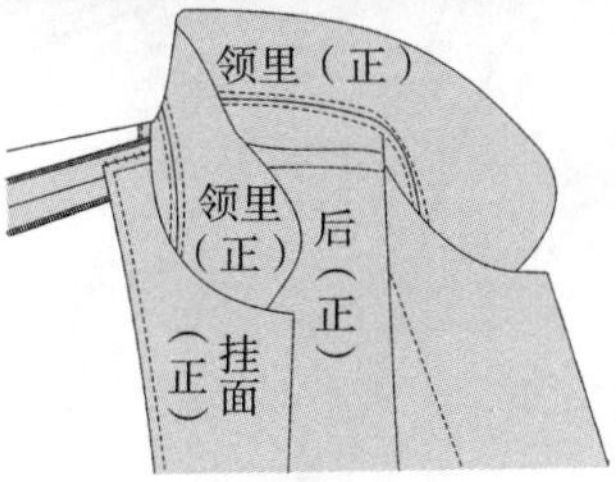

图2-62　熨烫整理

三、拼接挂面西装领（图3-63）

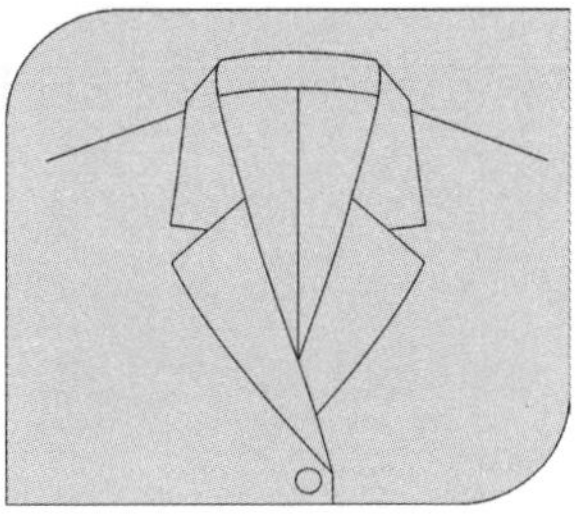
图2-63　拼接挂面西装领

（一）缝制准备

参见平领小翻领缝制准备。

（二）缝制步骤

（1）参见平领小翻领将领里与领面缝合，如图 2-64所示，扣烫领面折边。

（2）如图2-65所示，将挂面下端与前衣身缝合，分烫。

（3）如图2-66所示，在拐角处打剪口。

（4）如图2-67所示，将衣领与衣身驳口对合粗缝固定。

（5）如图2-68所示，将挂面与衣身正面相对，衣领夹于其中缉缝，左侧做法相同。

（6）如图2-69所示，将衣领下口线与衣身领窝线缉缝，再缉缝挂面领口线。

（7）如图2-70所示，将挂面翻到正面，缉缝领面领底线，熨烫整理。将挂面与衣身肩缝和领下口缝头固定。

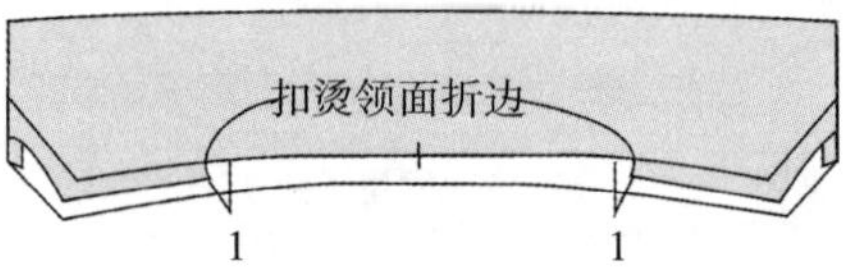

图2-64　扣烫领面折边

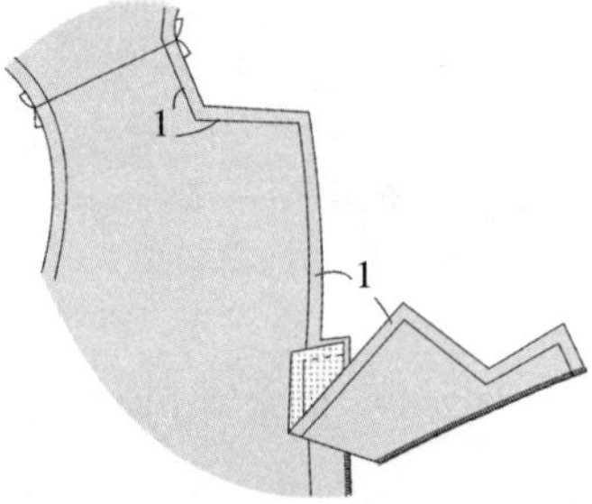

图2-65　挂面下端与前衣身缝合

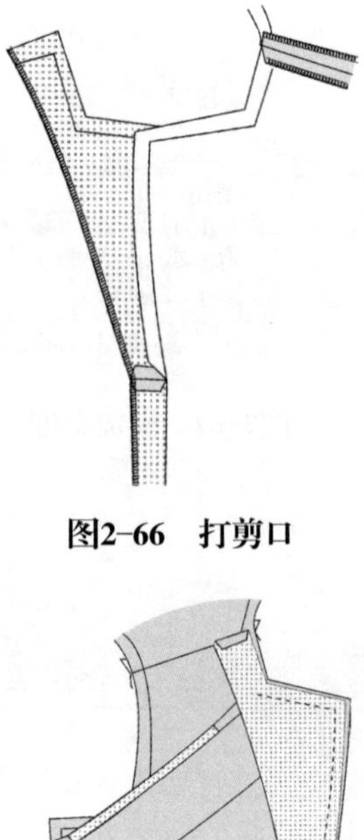

图2-66　打剪口

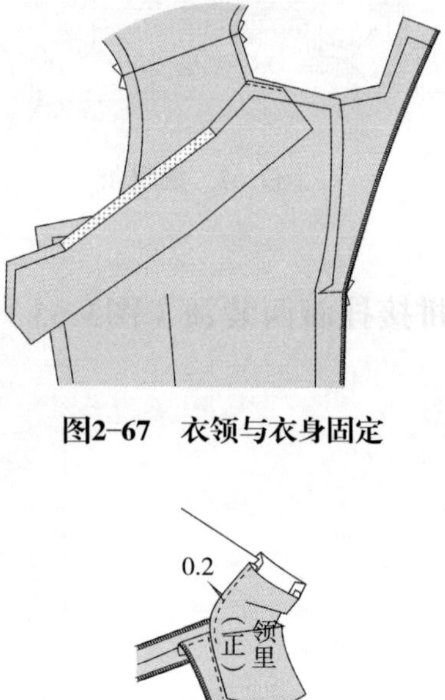

图2-67　衣领与衣身固定

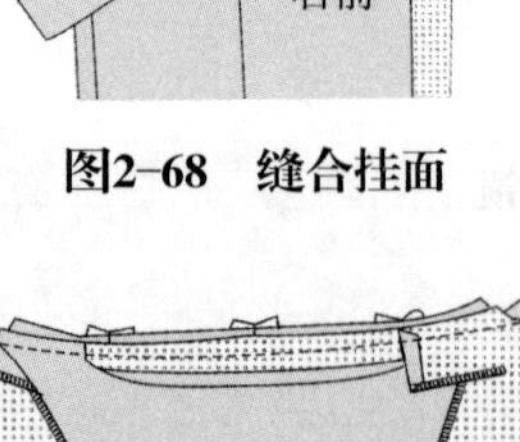

图2-68　缝合挂面

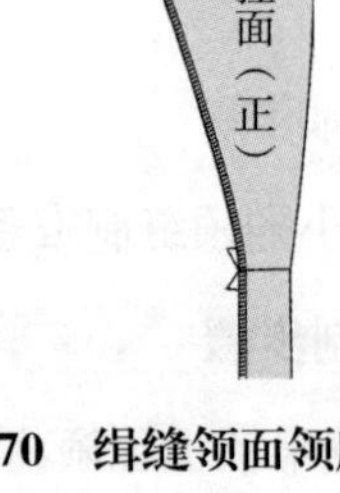

图2-70　缉缝领面领底线

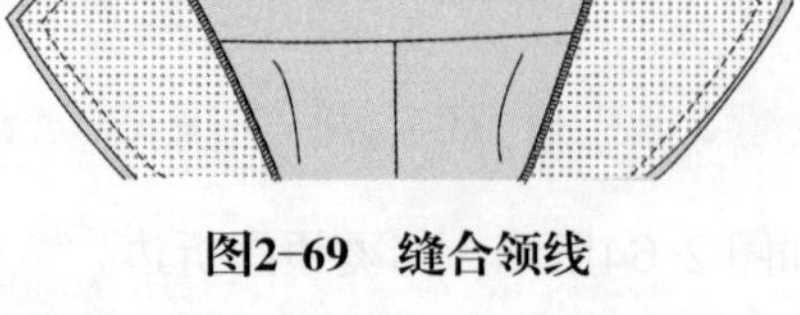

图2-69　缝合领线

四、滚边西装领（图2-71）

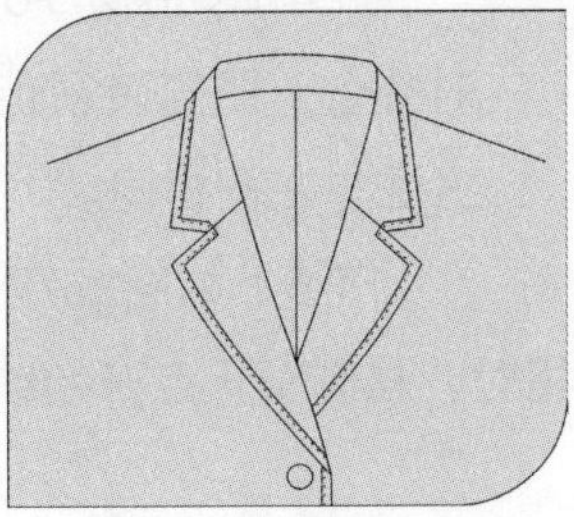

图2-71　滚边西装领

（一）缝制准备

如图2-72所示，前中片面与挂面、领里与领面裁相同大小的布料，缝头加放也相同。

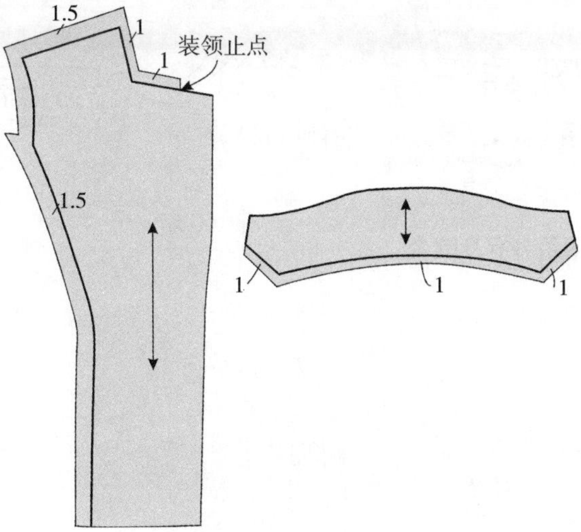

图2-72　缝头加放

（二）缝制步骤

（1）如图2-73所示，将裁好的滚条正面与领面的右侧领外口对齐，起针从领下口线的净缝线开始，缝制距离领外口线一个滚边宽度为止，将机针插进，抬起压脚，转动衣领将滚边与领外口线对齐，缉缝。领子的左侧处理方法与右侧相同。

（2）如图2-74所示，将滚边翻折包裹领面缝头，检查B处的长度与衣身领口对应部位长度相同。

（3）如图2-75所示，在领子上测量●的

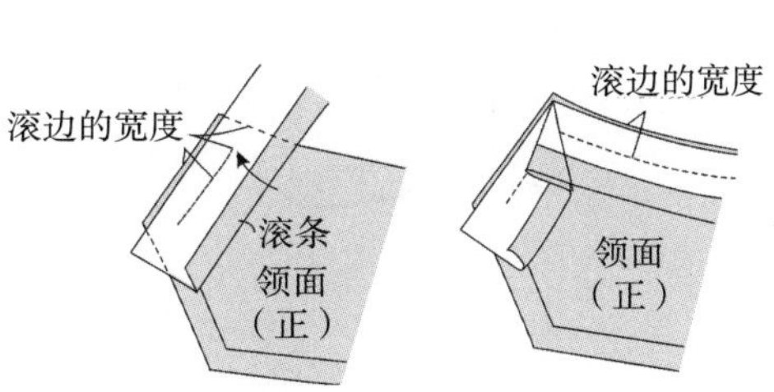

图2-73　滚条与领子缝合

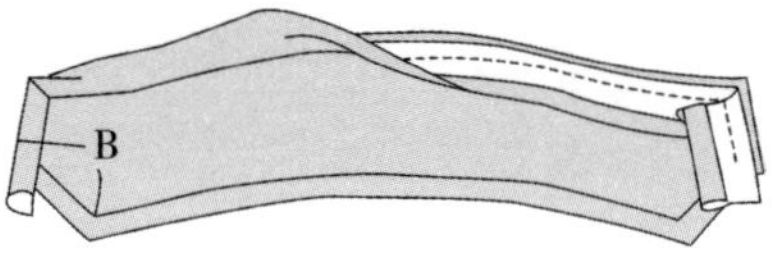

图2-74　翻折滚边

长度，按图示方法将滚条与挂面正面相对缉缝。

（4）如图2-76所示，领里的正面与衣身正面相对叠合，距离装领止点●的长度开始缉缝，右侧处理方法与左侧相同。

（5）如图2-77所示，缝合里子肩缝，然后将领面绱到里子上。衣身A与衣里B段相对，从装领止点开始缉缝。然后在领窝弧线上打剪口，分烫缝头。

（6）如图2-78所示，将滚条翻转，处理拐角处。

（7）如图2-79所示，将领面、挂面和后里分别与领里、前片和后片的反面相对叠合，缉缝滚条将其固定到一起，然后掀开里子，将衣身与衣里的领窝弧线的缝头用手针固定到一起。

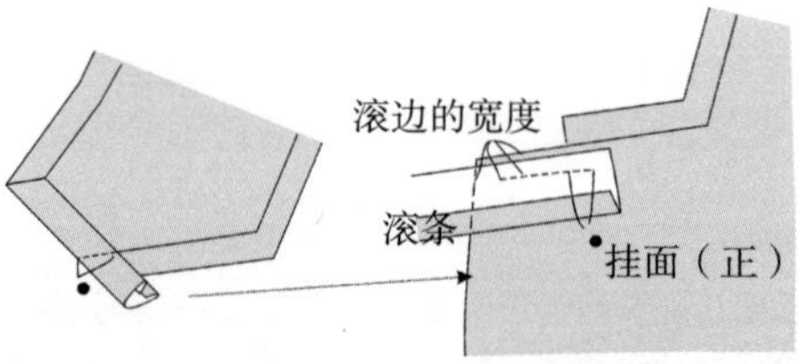

图2-75　比对长度、滚条与衣身缝合

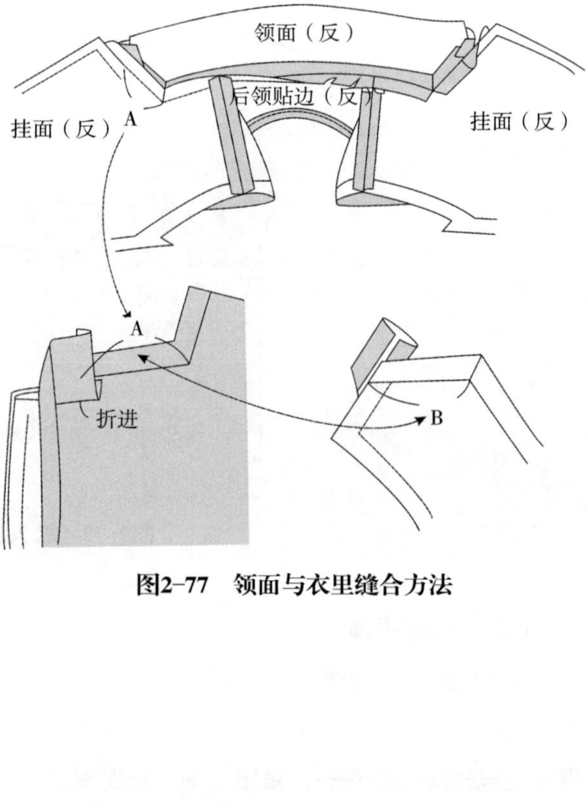

图2-77　领面与衣里缝合方法

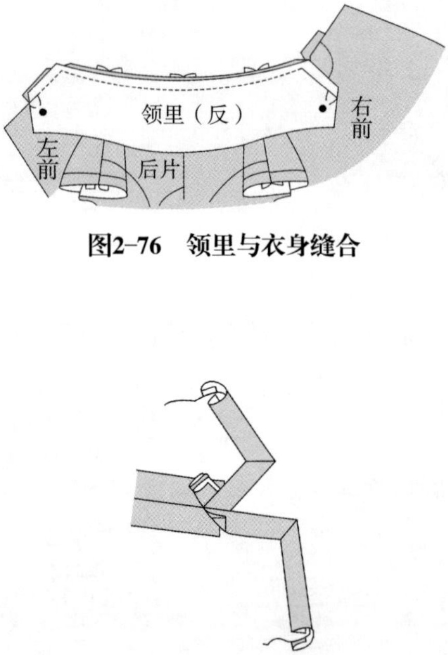

图2-76　领里与衣身缝合

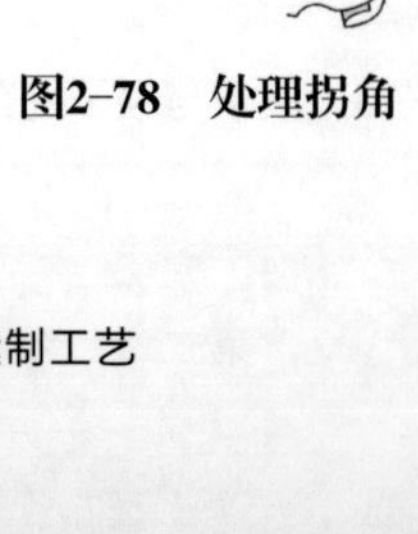

图2-78　处理拐角

图2-79　整合面与里

五、带领座西装领（图2-80）

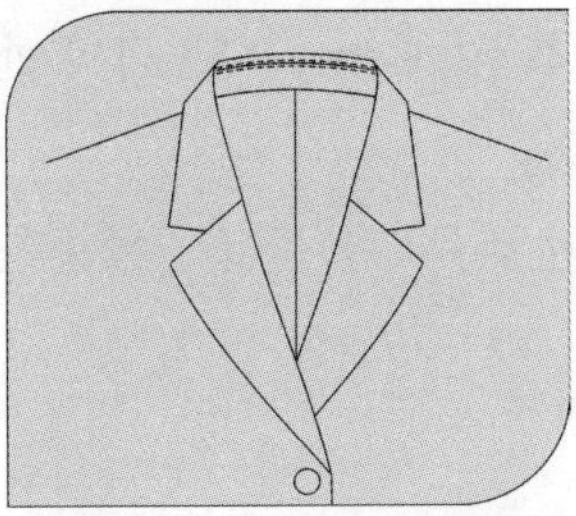

图2-80　带领座西装领

（一）缝制准备

参见有底座圆头小翻领的缝制准备。

（二）缝制步骤

（1）如图2-81所示，领座和上领贴上黏合衬，然后将领座与上领正面相对缝合，分烫缝头，再将缝头修成0.5cm宽，缉缝0.1cm明线固定缝头。

（2）如图2-82所示，领角用事先准备的领角净样板画线，领面与领里正面相对叠合，领面净线外0.1cm与领里净线内0.1cm，按对位记号对位，用大头针或手针粗缝固定，缉缝，在领角处和侧颈点附近吃领面。

（3）如图2-83所示，分烫缝头，将领里缝头修剪为0.5cm，距离缝线0.3cm剪去领角缝头。

（4）如图2-84所示，翻转衣领到正面，熨烫平整，领里退出0.1cm。

（5）如图2-85所示，在衣身门襟止口拉牵条。

（6）如图2-86所示，前身和挂面正面相对，为保证翻折止点以上大身和翻折止点以下挂面均不反吐，在翻折止点以上、挂面的净印外侧0.1~0.2cm和大身的净印内侧0.1~0.2cm叠合，用大头针固定，在翻折止点以下、大身的净印外侧的0.1~0.2cm和挂面净印内侧的0.1~0.2cm叠合，用大头针固定，也可以手针粗缝固定，然后进行缉缝。为减少缝头的厚度可以在缉线外边的缝头上剥去黏合衬。

（7）如图2-87所示，修剪缝头。从驳头到叠门止口的缝头，大身为0.7cm，挂面为0.5cm，距离缝线0.3cm并剪去驳头的角。

（8）如图2-88所示，将衣片、挂面翻到正面，翻折止点以上大身、翻折止点以下挂面各收进一点，并用熨斗熨烫。

（9）如图2-89所示，领面和领里正面相对叠合，为了使装领止点处不移动，按图示顺序号以0.1cm宽的针脚挑起布面，将线拉出后牢牢打结，将4片固定到一起。

（10）将领里和大身装领处正面朝里叠合，大身转角处剪刀口，将衣身领口与领里车缝，缝至左右装领止点。

（11）挂面和领面正面朝里，挂面转角处打刀口，车缝装领止点到另一侧装领止点。

（12）如图2-90所示，缝头剪至0.6cm，缝头不平处剪刀口。将前颈点到肩线3cm之间的缝头烫开。后身缝头倒向领侧。

（13）如图2-91所示，装领止点处四片固定，领面与领里叠合，掀开挂面，将分开的装领缝头作中间固定。

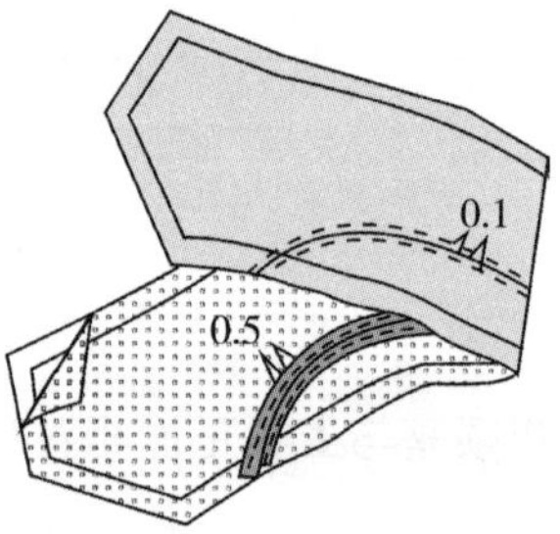

图2-81 缝合领座和上领

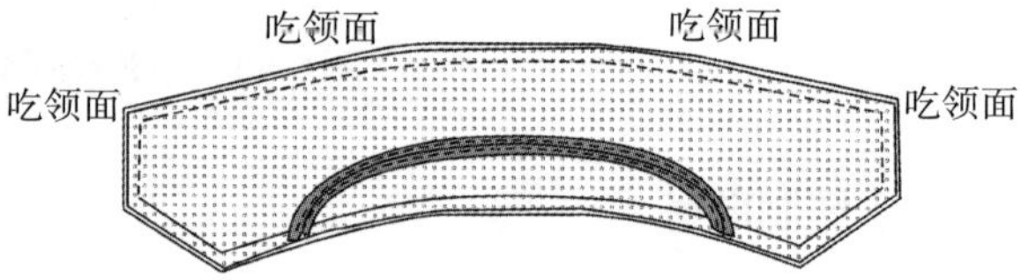

图2-82 领面与领里缝合

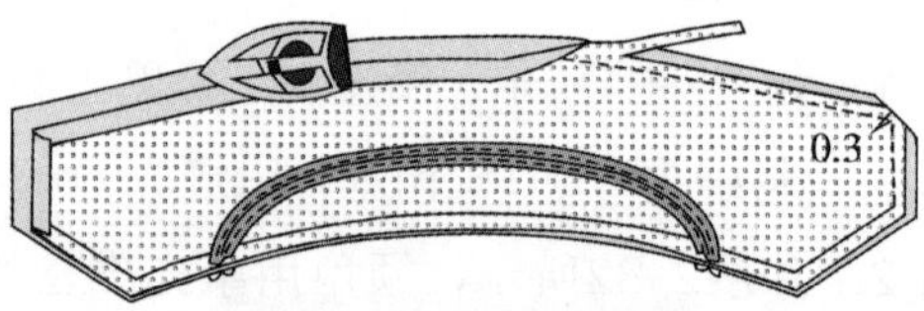

图2-83 分烫修剪缝头

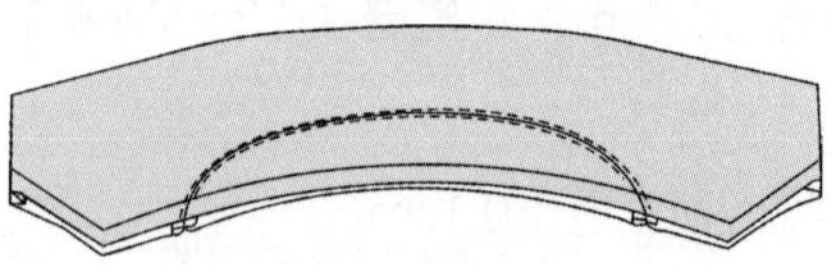

图2-84 整理衣领

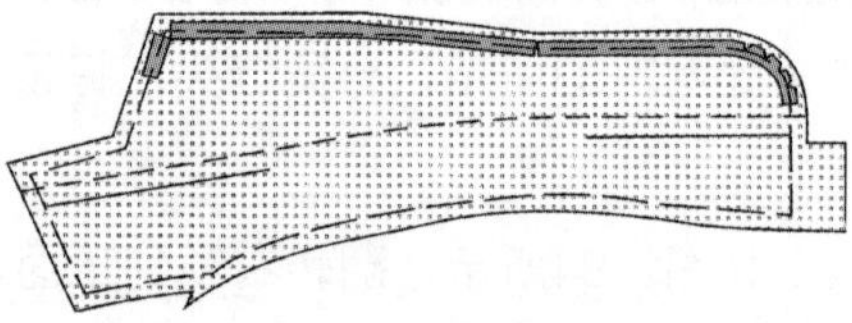

图2-85 拉止口牵条

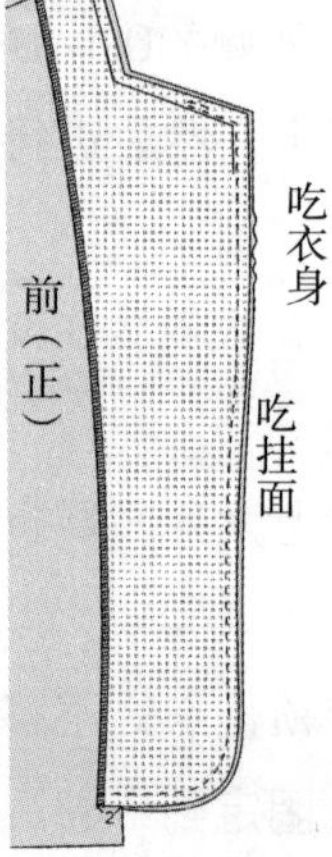

图2-86 挂面与衣身缝合

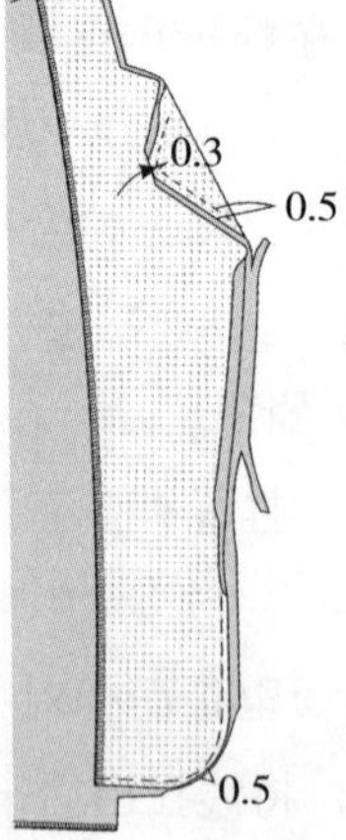

图2-87 修剪缝头

图2-88 整理挂面

（14）如图2-92所示，沿驳折线翻转衣领和驳头，理顺，用大头针固定领座。

（15）如图2-93所示，缉缝领底未缝合的部分。

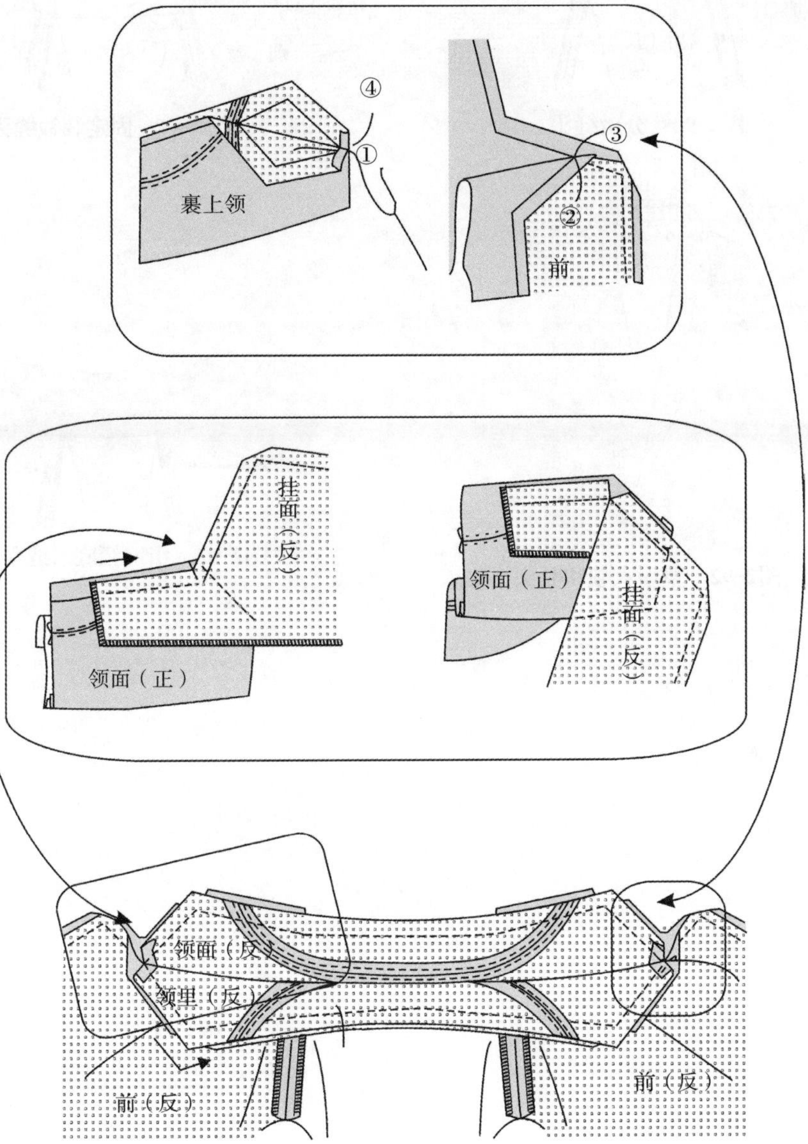

图2-89　绱领

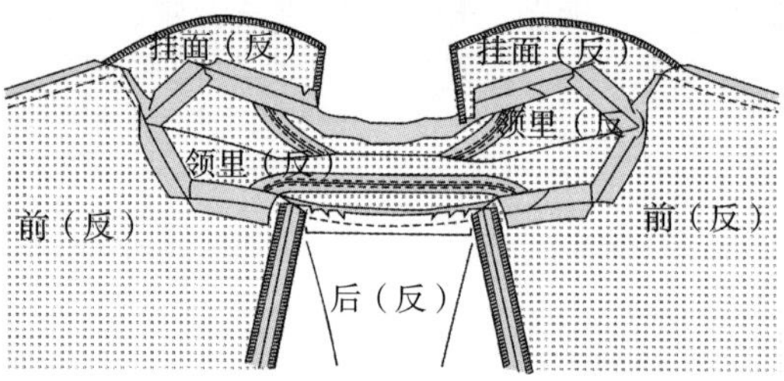

图2-90　分烫缝头

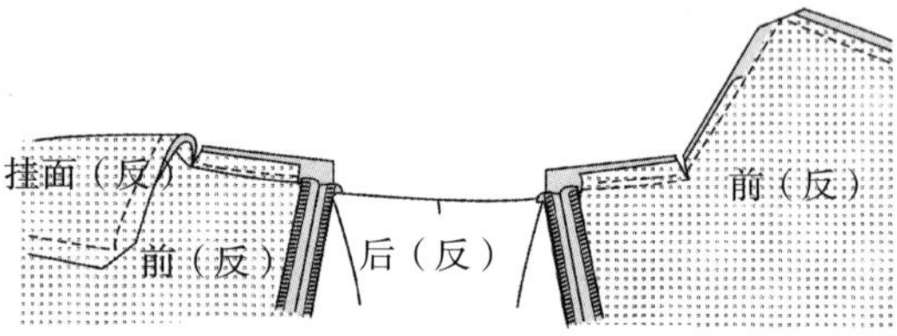

图2-91　固定装领缝头

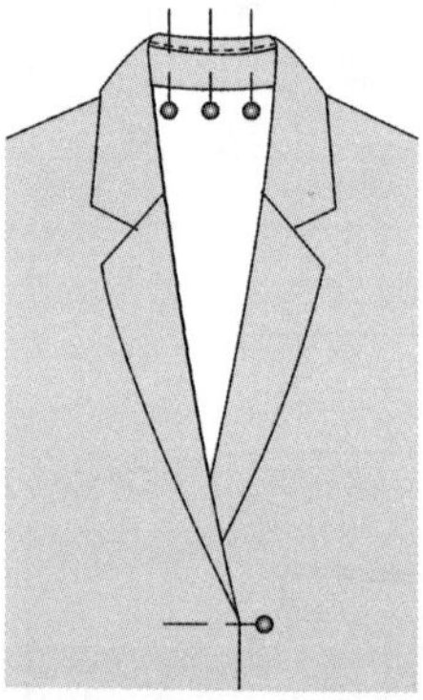

图2-92　整理衣领和驳头

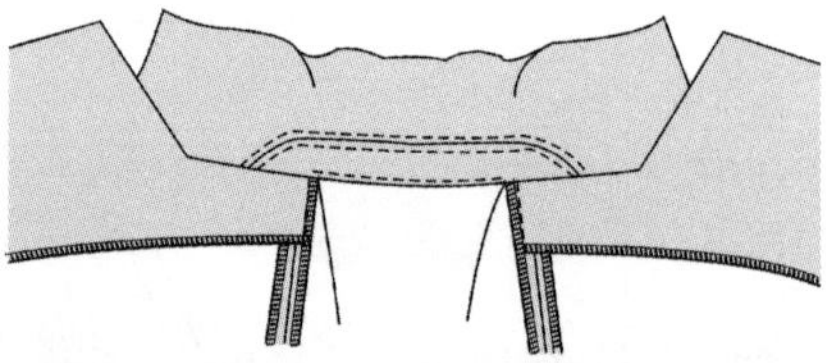

图2-93　缉缝领底未缝合部分

第三节　领口领缝制工艺

一、前开口圆领口（图2-94）

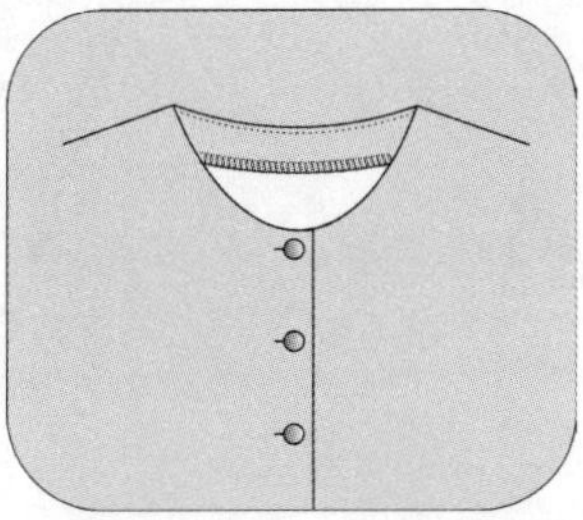

图2-94　前开口圆领口

（一）缝制准备

挂面和后领贴边黏上黏合衬。

（二）缝制步骤

1. 如图2-95所示，缝合挂面与后领贴边的肩缝并分烫，然后做对位记号和标出缝份。

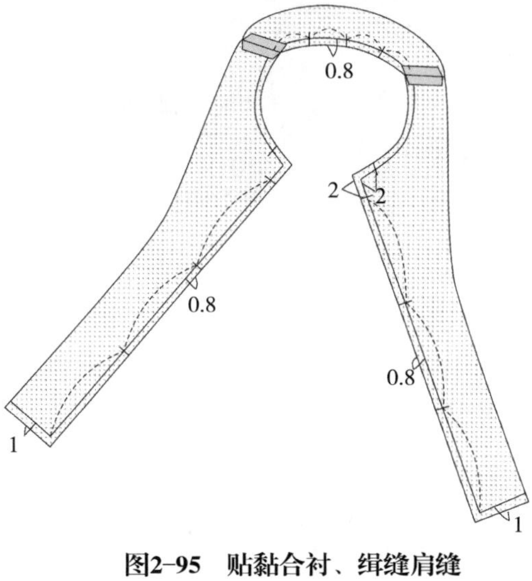

图2-95　贴黏合衬、绢缝肩缝

2. 如图2-96所示，将缝合后的挂面和后领贴边的外边沿进行包缝，然后缝合衣身肩缝并分烫，将挂面和后领贴边的正面与衣身正面叠合，衣身净缝线外0.1cm处与挂面和后领贴边净缝线内0.1cm对齐，绢缝。在领口拐角各2cm处略吃衣身。

3. 如图2-96所示，剪去衣身的斜线部分的衣角。

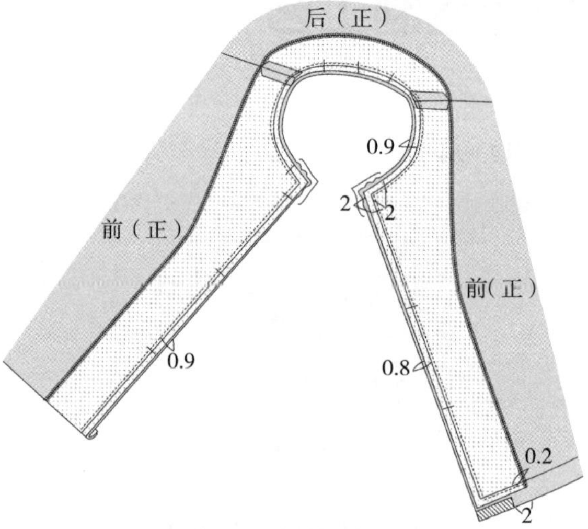

图2-96　挂面、后领贴边与衣身缝合

4. 扣烫衣身折边，熨烫缝道，在弧线部位打剪口，剪口深度里缝道线0.2~0.3cm为宜，将缝头扣向衣身。翻转挂面和后领贴边，熨烫，里外匀量为0.1cm。用手针将贴边固定在衣身肩缝的缝头上，挂面与贴边用手针固定到衣身的折边上，如图2-97所示。

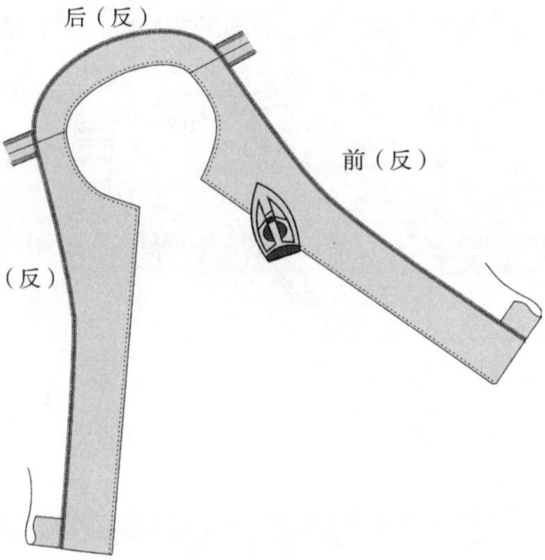

图2-97　熨烫整理

二、前开口滚边圆领口（图2-98）

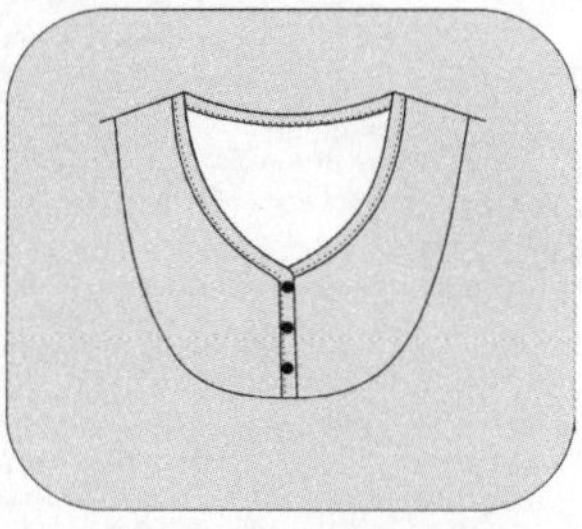

图2-98 前开口滚边圆领口

（一）缝制准备

裁45°滚边斜条，如图2-99所示扣烫滚边斜条。缝制方法一的A的宽度比B的宽度小0.1~0.2cm。缝制方法二的A的宽度与B的宽度相等。

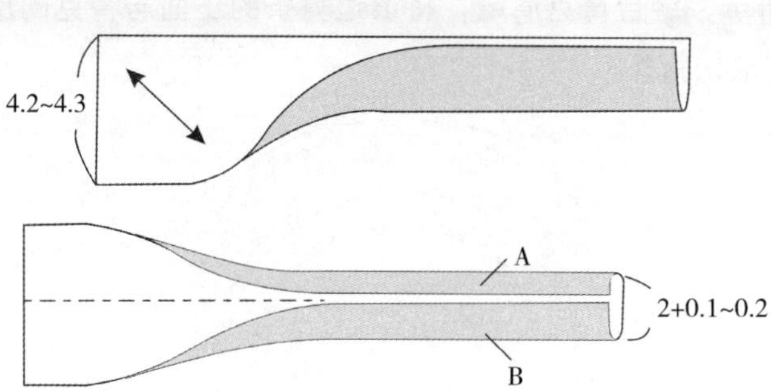

图2-99 扣烫滚条

（二）缝制步骤

缝制方法一

1. 如图2-100所示，缝合育克肩缝，将滚边斜条的正面与育克的正面相对叠合，缉缝，缝至拐角处适当拉紧斜条。

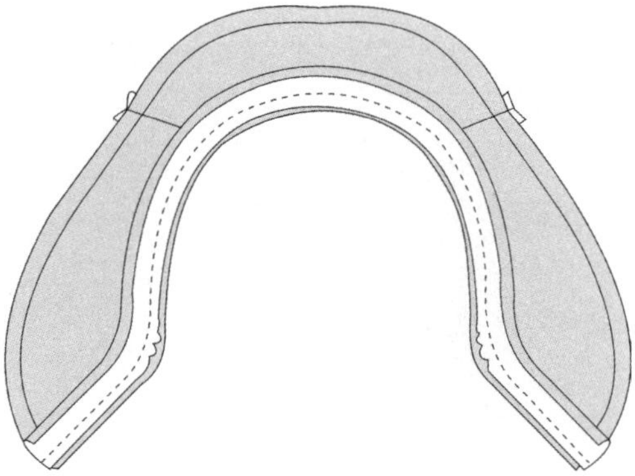

图2-100 滚条与领口缝合

2. 如图2-101所示，扣烫斜条，然后沿滚边斜条边沿做漏落缝。

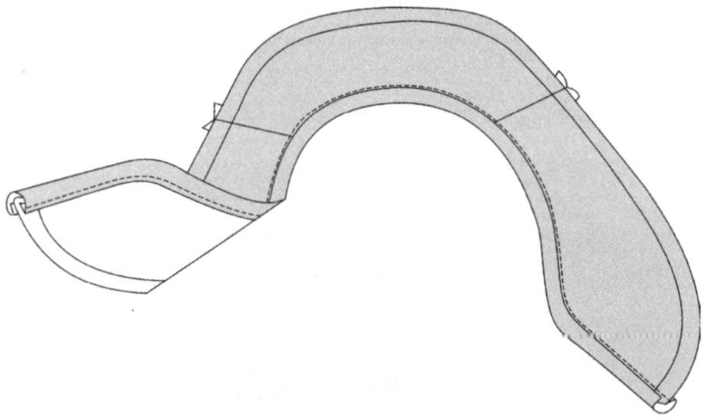

图2-101　漏落缝滚条

缝制方法二

3. 如图2-102所示，缝合育克肩缝，将滚边斜条的正面与育克的反面相对叠合，缉缝，缝至拐角处适当放松斜条。

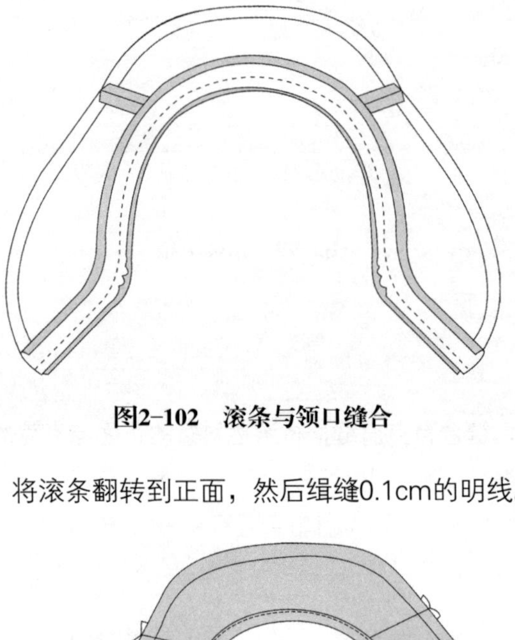

图2-102　滚条与领口缝合

4. 如图2-103所示，将滚条翻转到正面，然后缉缝0.1cm的明线。

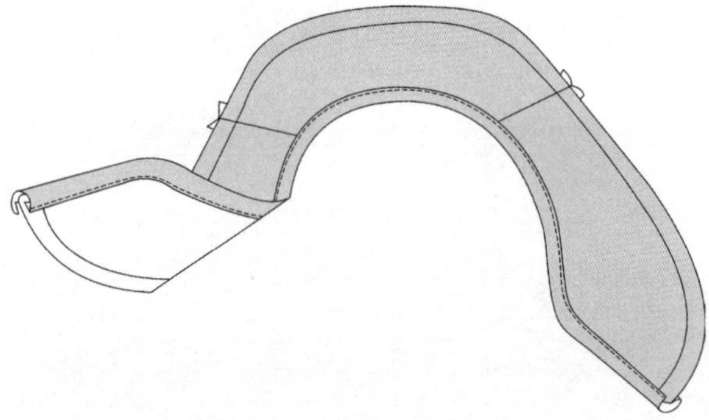

图2-103　明线缉缝滚条

三、前开口抽褶圆领口（图2-104）

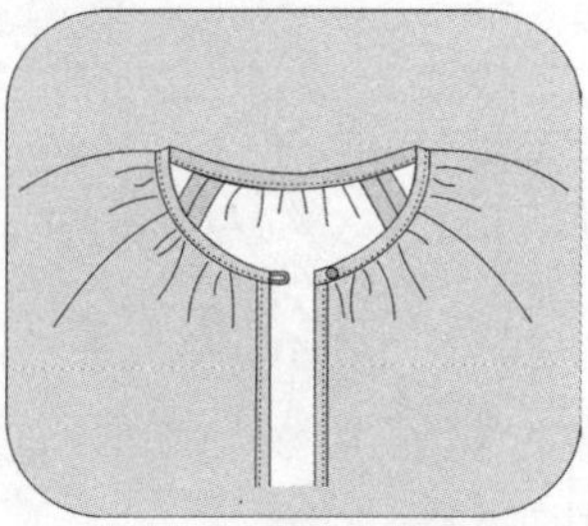

图2-104　前开口抽褶圆领口

（一）缝制准备

裁剪领口滚条并对折扣烫。

（二）缝制步骤

1. 滚包缝前门襟，缝合肩袖缝并分烫。

2. 如图2-105所示，分别在领口线处拱针。

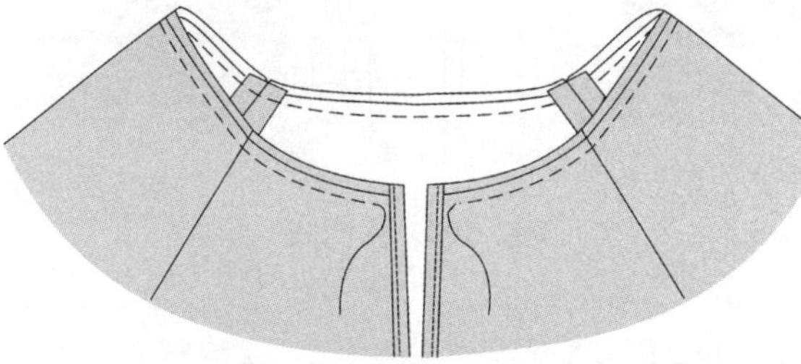

图2-105　领口线处拱针

3. 如图2-106所示，抽拉缝线，同时熨烫整理。比对纸样，使前领口弧线长与事先设定弧线长度相等。将缝线打结，固定领口大。

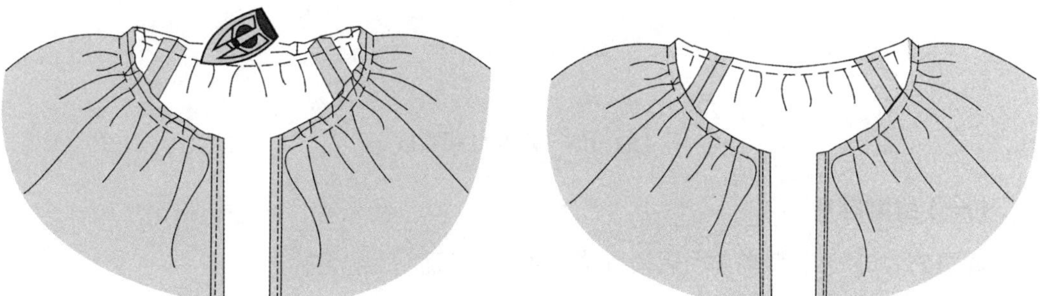

图2-106　抽拉缝线、熨烫整理

4. 如图2-107所示，将滚条正面与衣身正面相对叠合，缉缝领口线。折转滚条缝头并固定扣襻。

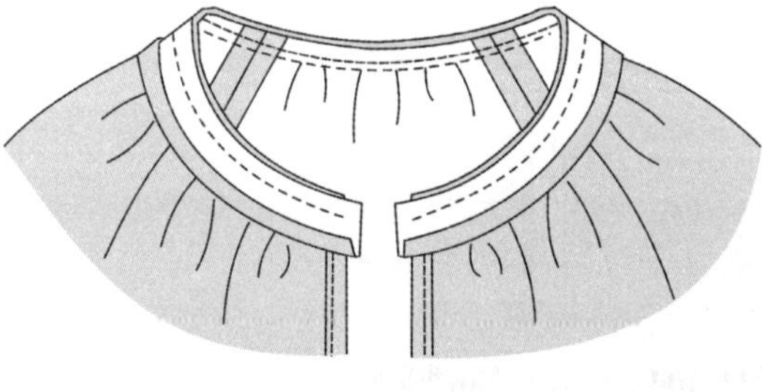
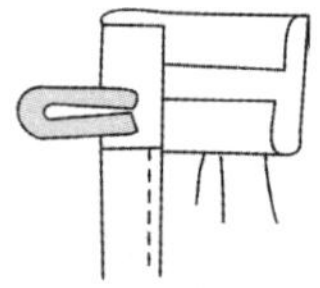

图2-107　滚条与领口线缉缝

5. 如图2-108所示，将滚条包裹领口缝头，翻转到反面，然后在正面缉缝明线，固定内侧滚条。熨烫整理领口，钉扣。

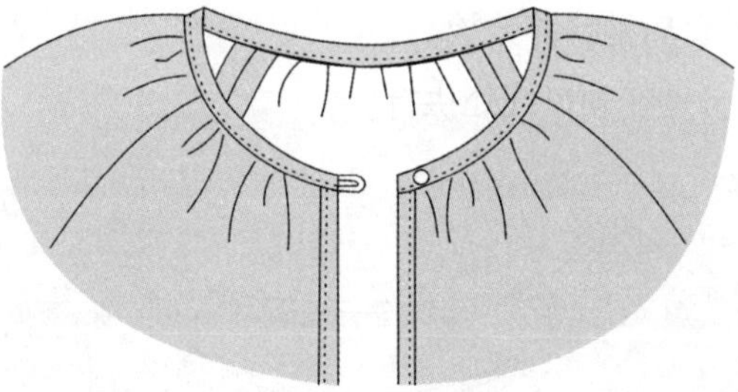

图2-108　缉明线

四、后开口圆领口（图2-109）

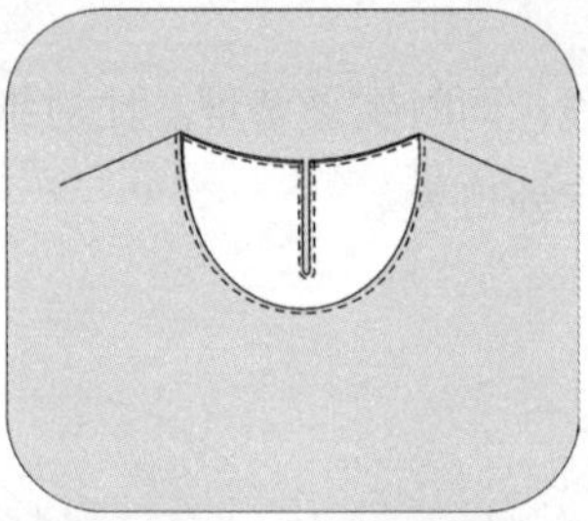

图2-109　后开口圆领口

（一）缝制准备

如图 2-110所示，裁剪前、后领口贴边并在其反面贴上黏合衬。

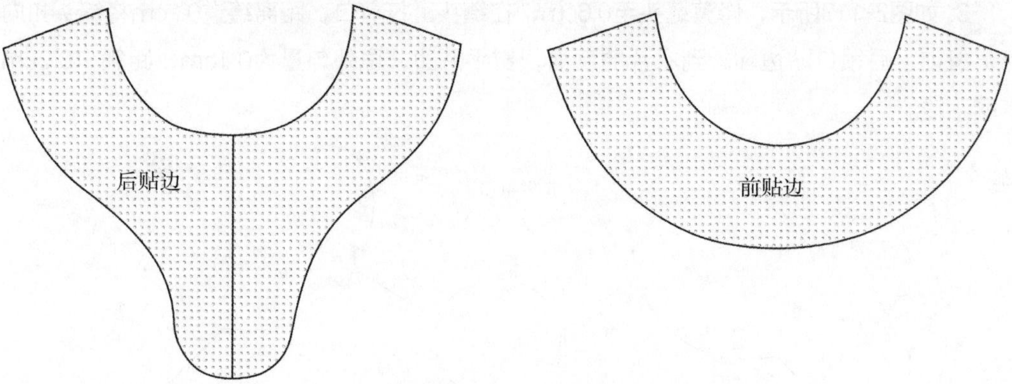

图2-110　前、后领口贴边贴黏合衬

（二）缝制步骤

1. 如图2-111所示，前、后领口贴边的肩缝正面相对叠合缉缝，并分烫缝头。

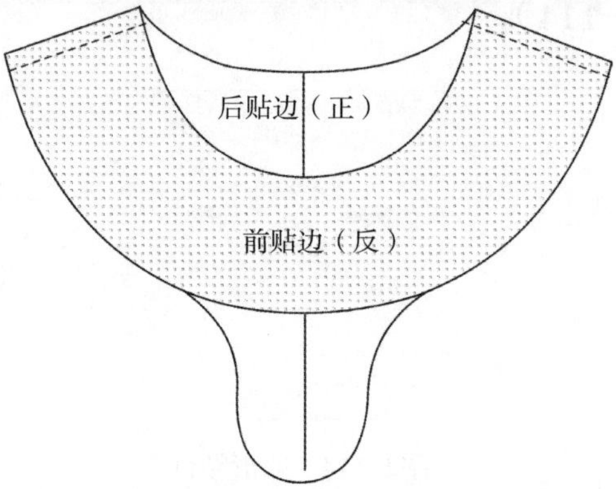

图2-111　缝合前、后领口贴边的肩缝

2. 如图2-112所示，将拼接好的前、后领口贴边与前后衣片在领口处相对叠合，沿领口缝份车缝一周。

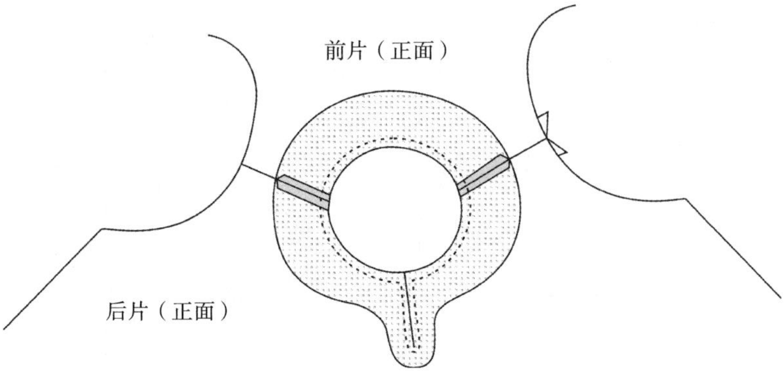

图2-112　缝合前、后领口贴边与前后衣片

3. 如图2-113所示，修剪缝头至0.6cm，在缝头上打剪口，距离缝道0.1cm将缝头扣向衣身，将前、后领口贴边翻转到衣片的反面，熨平贴边，里外匀量为0.1cm，距领口0.2cm处车缝明线。

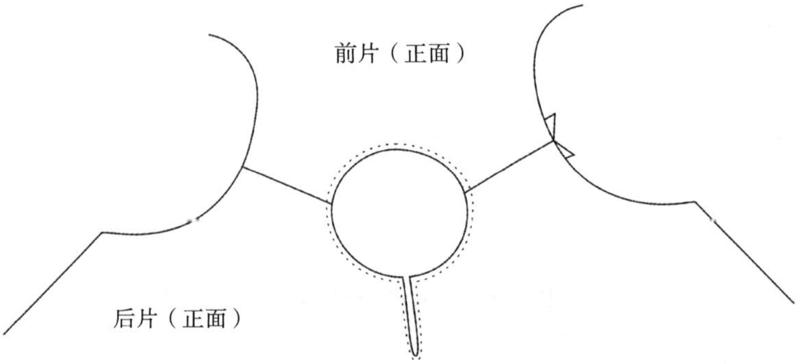

图2-113　缉领口明线

五、船形领口（图2-114）

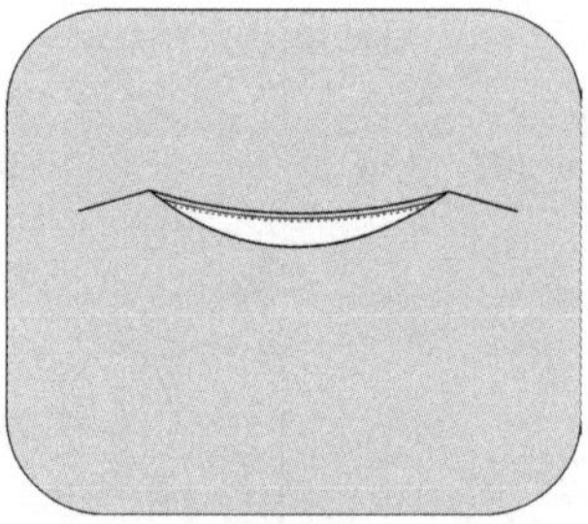

图2-114　船形领口

（一）缝制准备

如图2-115所示，裁剪前后领贴边，并熨烫黏合衬。

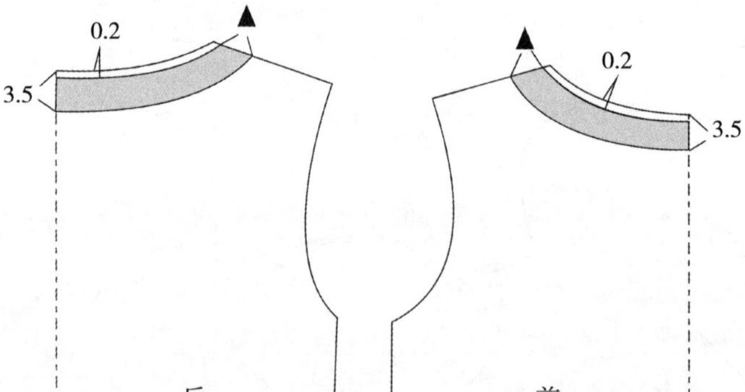

图2-115　裁剪前后领贴边

（二）缝制步骤

缝制方法一

1. 如图2-116所示，后片贴边领口与后片正面相对叠合缉缝，将缝份修剪成0.5cm，在较弯曲弧的部位，打剪口。

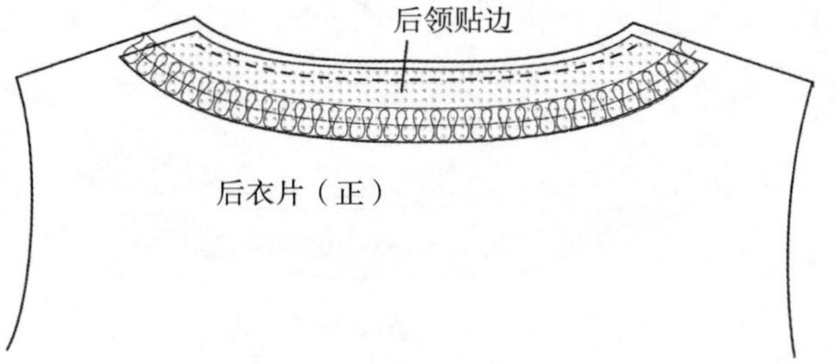

图2-116 缝合后领贴边与后领口

2. 如图2-117所示，将前片贴边领口与前片正面相对叠合缉缝，将缝份修剪成0.5cm，在较弯曲弧的部位，打剪口。

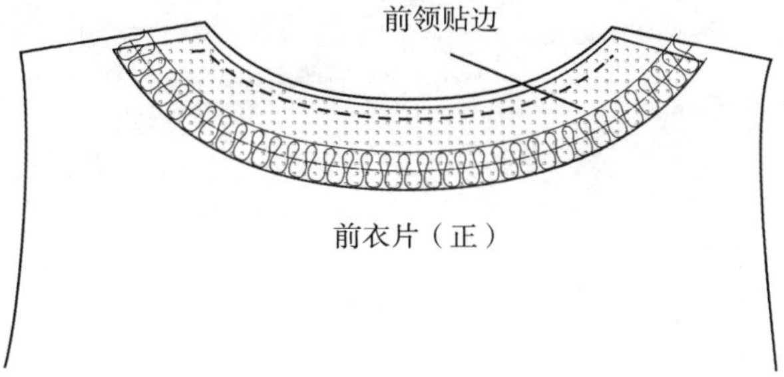

图2-117 缝合前领贴边与前领口

3. 如图2-118所示，距离前、后领线0.2cm 扣烫缝头，缝头倒向贴边，然后将贴边翻转到衣片的反面，贴边和衣片里外匀0.2cm整烫成型。

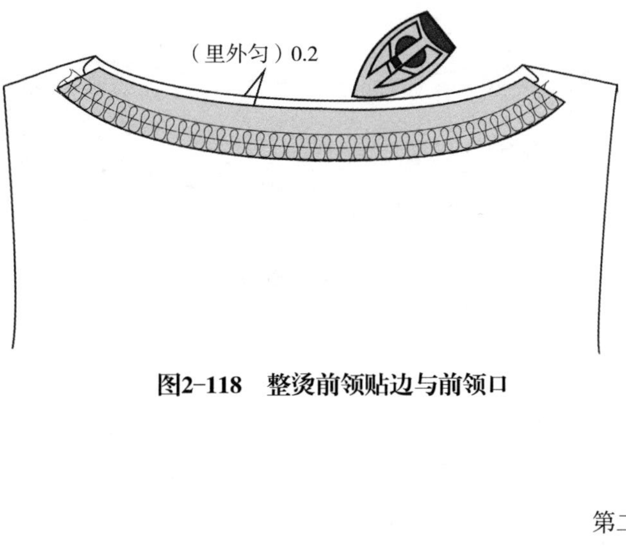

图2-118 整烫前领贴边与前领口

4. 如图2-119所示，为防止贴边反吐，沿贴边边沿0.1连同缝头缉缝固定贴边。

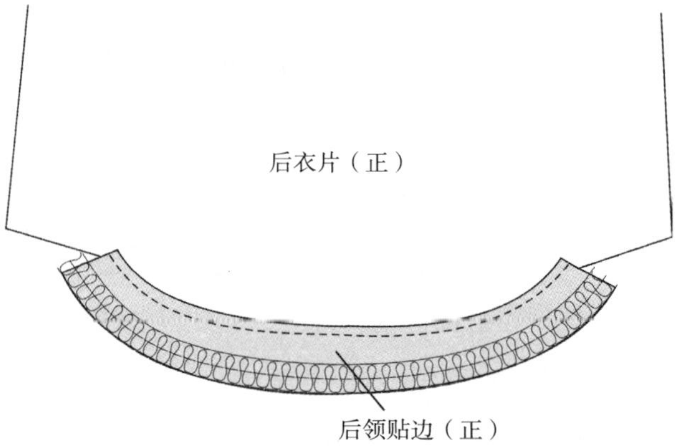

图2-119 缉缝固定贴边

5. 如图2-120所示，翻开贴边，分别车缝衣片肩线和贴边肩线。

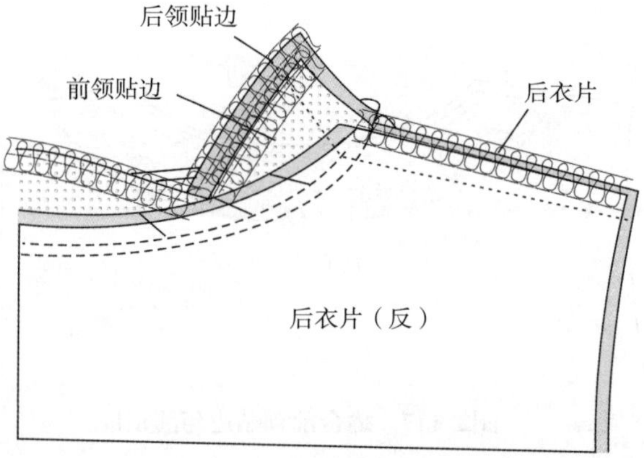

图2-120 缝合肩缝

6. 如图2-121所示，翻折贴边并整烫成型，将贴边手缝固定在肩缝缝头上。

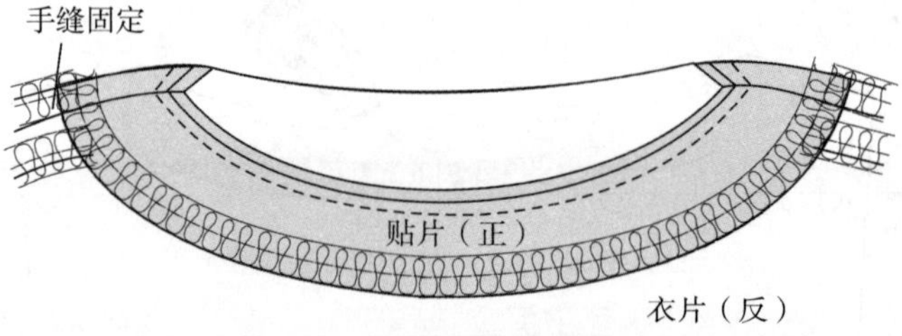

图2-121 固定贴边与肩缝缝头

缝制方法二

此种方法适合于薄型面料。

1. 如图2-122所示，使用前一种方法第1~4步之后，不要翻开贴边，而直接缝合肩线。然后修剪缝合线的边缘贴边的缝份，使其变薄。

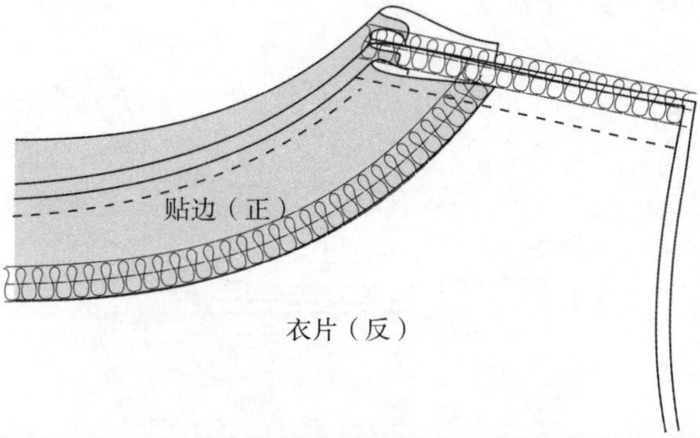

图2-122 缝合肩缝

2. 如图2-123所示，分缝烫平肩缝，将肩缝缝头与贴边缲缝固定

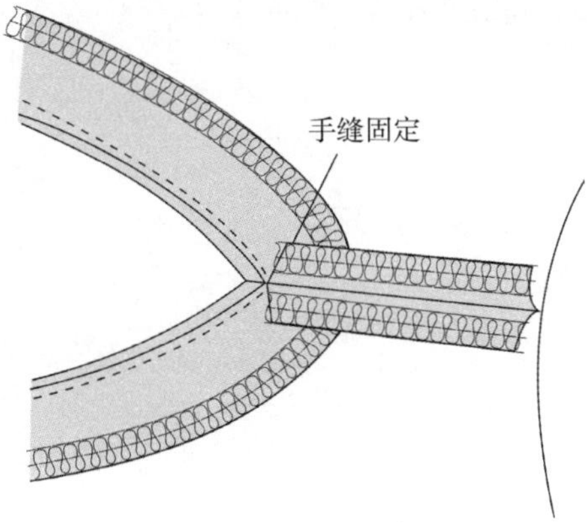

图2-123 肩缝缝头与贴边固定

六、套头方领口（图2-124）

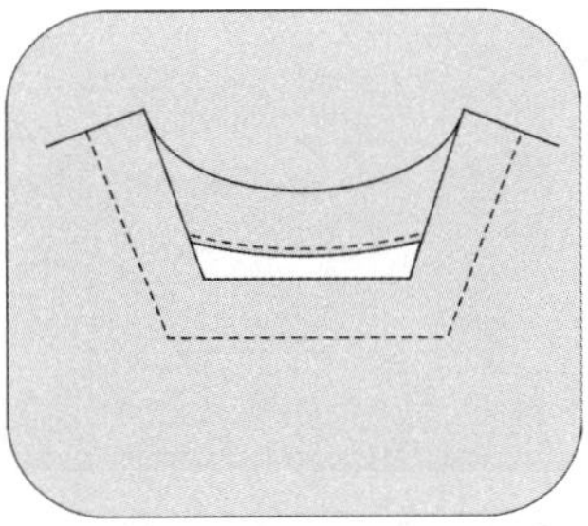

图2-124 套头方领口

（一）缝制准备

裁剪前后领贴边，并贴上黏合衬。

（二）缝制步骤

1. 如图2-125所示，前后领口贴边黏上黏合衬，扣烫贴边下边沿缝头，然后缉缝固定缝头或者包缝。缝合贴边肩缝，并分烫。

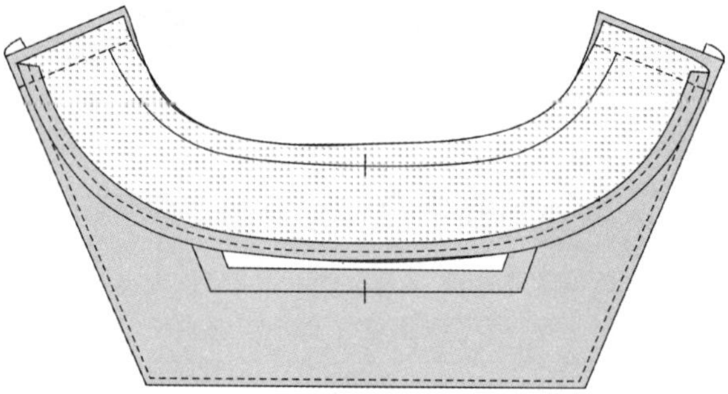

图2-125　缝合前后领口贴边

2. 如图2-126所示，缝合衣身肩缝，将贴边的正面与衣身正面相对贴合，缉缝领口线，在拐角处和弧线部位打剪口，将缝头扣烫，倒向衣身。

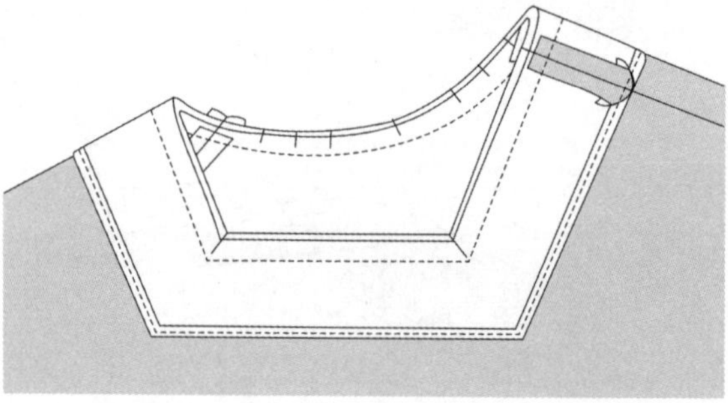

图2-126　缝合领口

3. 如图2-127所示，将贴边翻转到反面，注意贴边不要反吐，将领口熨烫平整，然后在衣片正面缉缝领口装饰线，同时固定贴边。

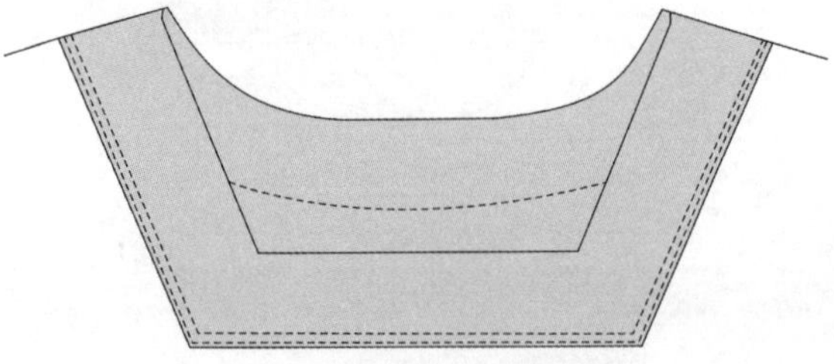

图2-127　缉缝领口装饰线

七、贴边处理的V形领口（图2-128）

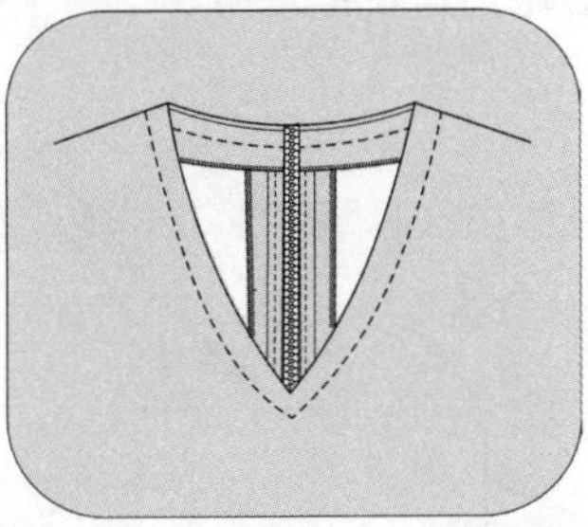

图2-128　贴边处理的V形领口

（一）缝制准备

裁剪前、后领贴边，并贴上黏合衬。

（二）缝制步骤

1. 如图2-129所示，在衣片的前后领圈边缘烫上黏合衬，然后缝合肩线，缝头分开烫平。

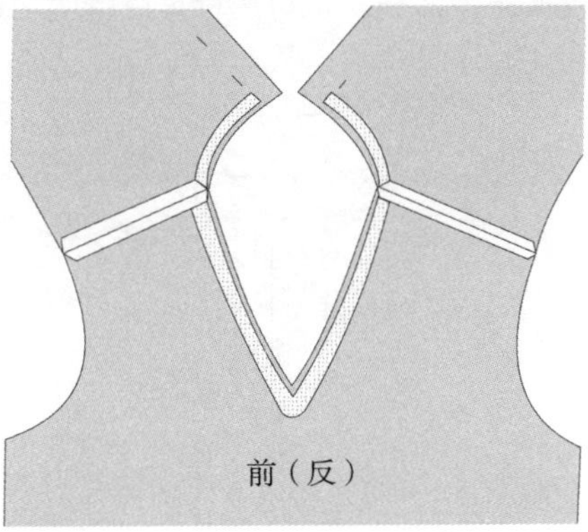

图2-129　缝合肩线

2. 如图2-130所示，将贴边与衣片领口线正面叠合，缝合，打剪口。

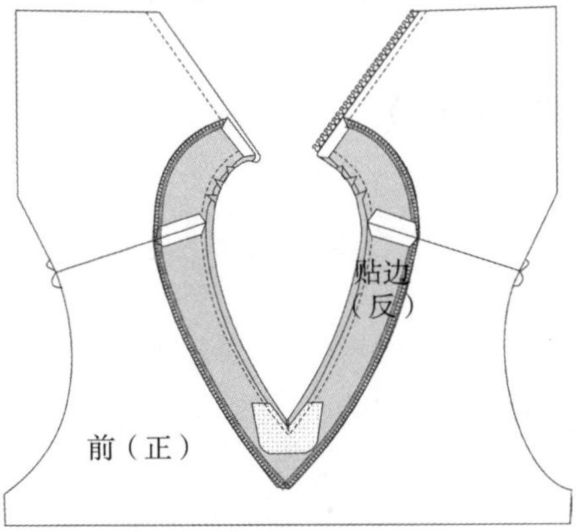

图2-130　缝合贴边与衣片领口线

3. 如图2-131所示，扣烫缝头，将贴边翻转到衣片的反面，烫出里外匀。将贴边与肩缝缝头手针固定，同时手针固定后中贴边与拉链基布。

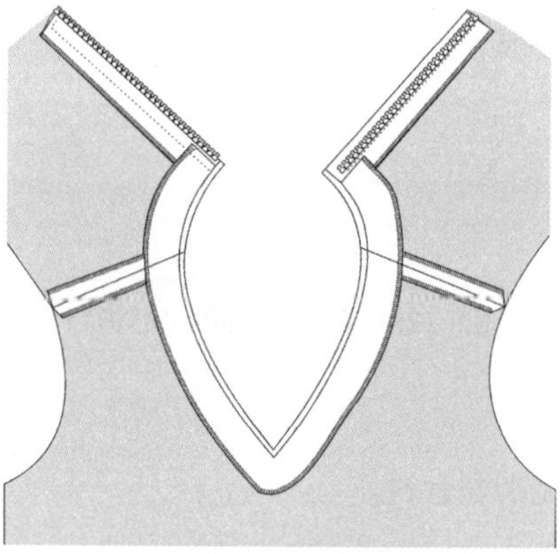

图2-131 扣烫贴边

4. 如图2-132所示，车缝领圈装饰线，也可用针星点缝固定，使贴边固定，以防外吐。

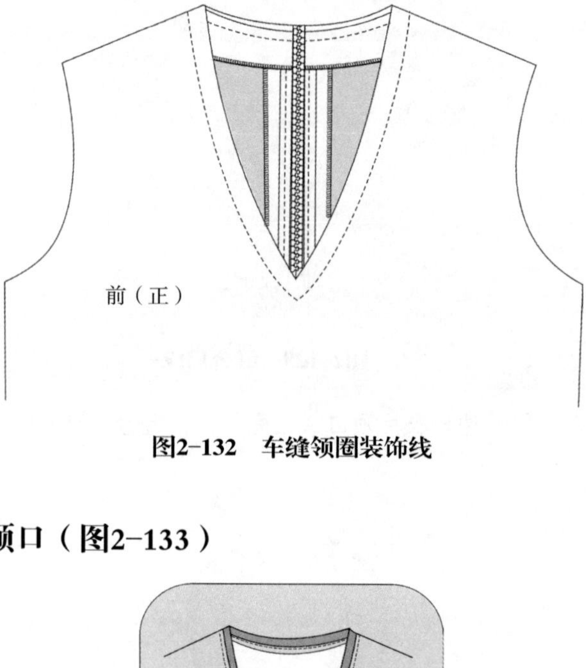

图2-132 车缝领圈装饰线

八、加嵌边V形领口（图2-133）

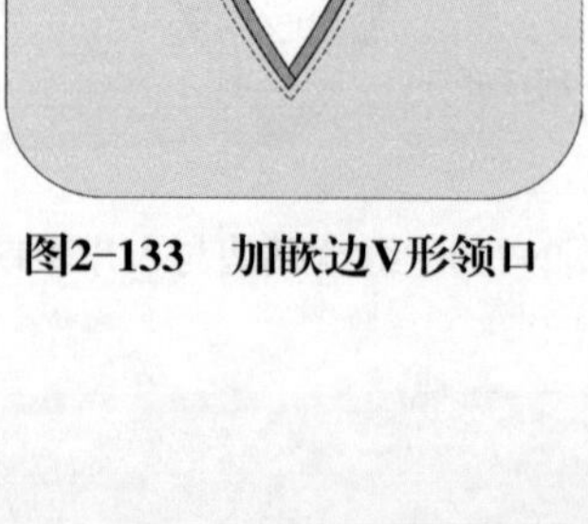

图2-133 加嵌边V形领口

（一）缝制准备

如图2-134所示，对折扣烫领口滚条，做对位记号。

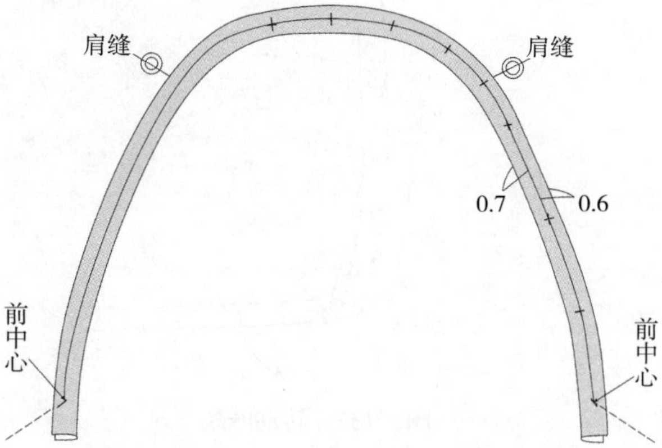

图2-134　做嵌条对位记号

（二）缝制步骤

1. 如图2-135所示，将嵌条的左右前中心点对齐，按领窝形状将其缉缝固定。

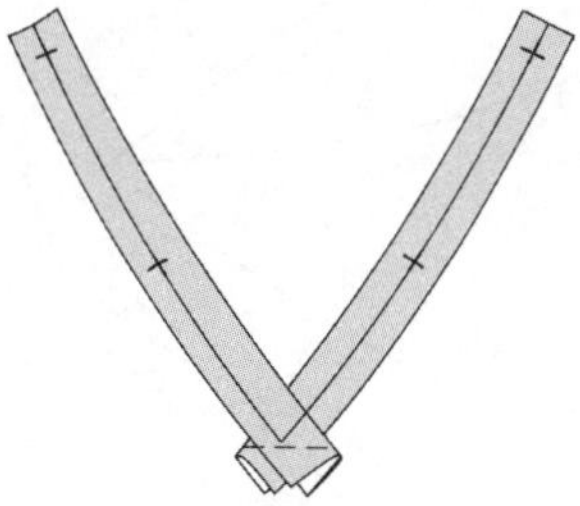

图2-135　对齐嵌条的左右前中心点

2. 如图2-136所示，将嵌条的中心点位置与衣身领口中心点位置正面叠合，从中心点起针先缝合左边6~7cm。

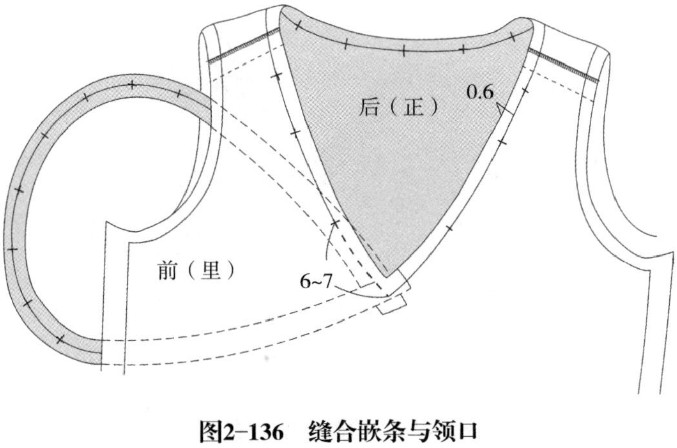

图2-136　缝合嵌条与领口

3. 如图2-137所示，将缝针移到前中心点，转动右衣片与斜条对齐。

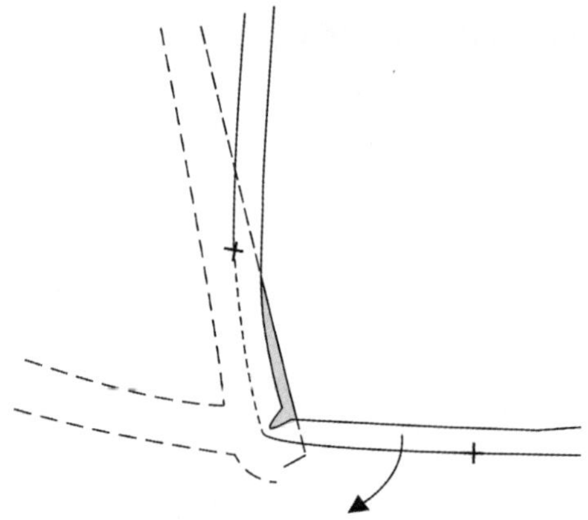

图2-137　转动嵌条

4. 如图2-138所示，缝合6~7cm。

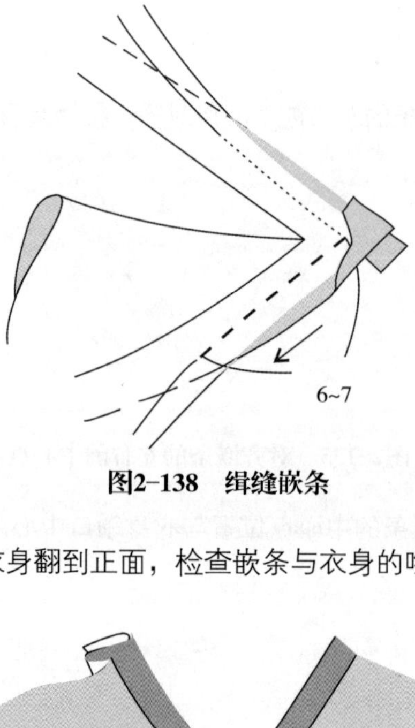

图2-138　缉缝嵌条

5. 如图2-139所示，将衣身翻到正面，检查嵌条与衣身的吻合情况，如果不平服需要重新操作。

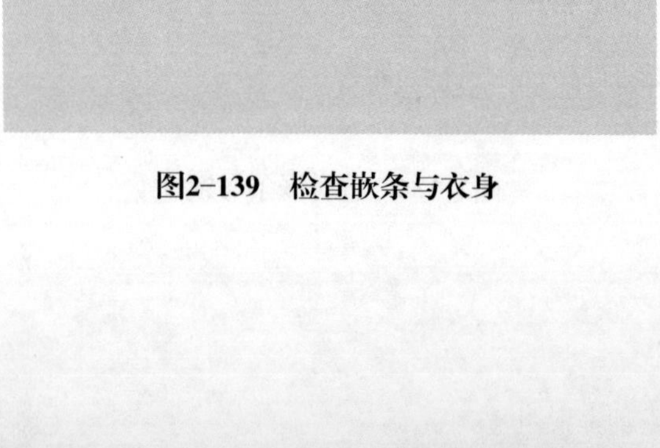

图2-139　检查嵌条与衣身

6. 如图2-140所示，将嵌条未缝合的部分，按对位记号与衣身对齐，用大头针先固定，然后用手针粗缝固定，移走大头针。

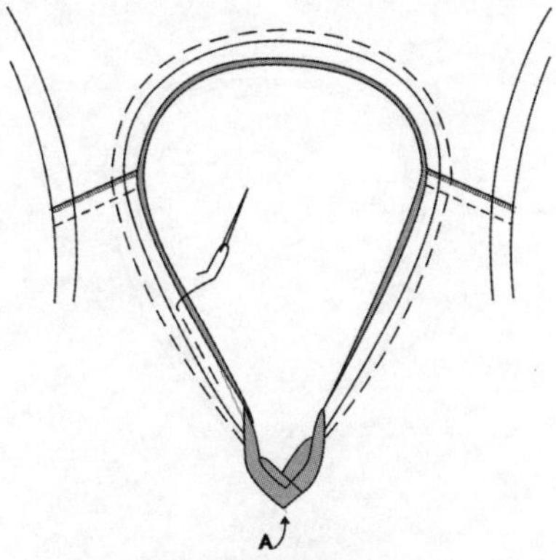

图2-140 固定牵条与领口线

7. 如图2-141所示，剪宽为1.8cm的另一斜条（包条），将包条扣烫0.6cm折边，将包条与斜条对齐，固定。

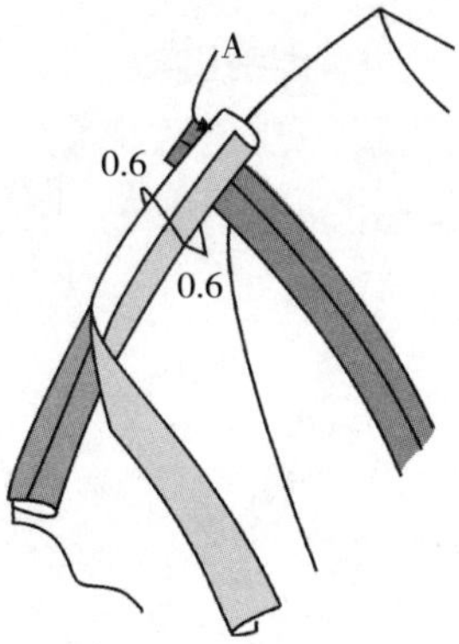

图2-141 固定包条

8. 如图2-142所示，将衣身置上，缉缝领口一圈。

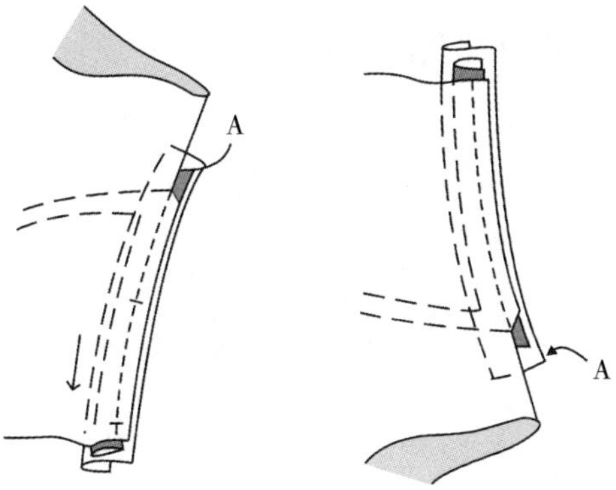

图2-142 包条与领口缝合

9. 如图2-143所示，熨烫缝道，弧线处打剪口，将包条扣烫到反面。

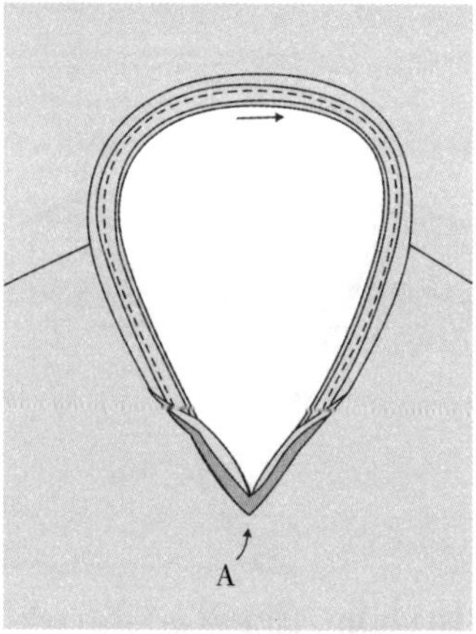

图2-143　熨烫缝道翻转包条

10. 如图2-144所示，在衣身领口的正面缉一道0.4~0.5cm的明线，同时固定包条。

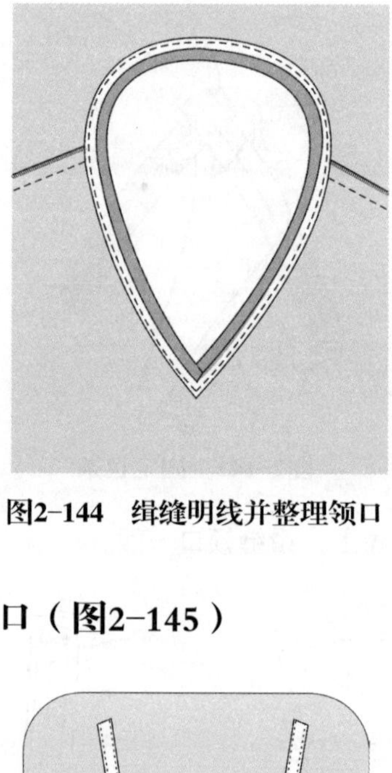

图2-144　缉缝明线并整理领口

九、镶边处理的吊带式领口（图2-145）

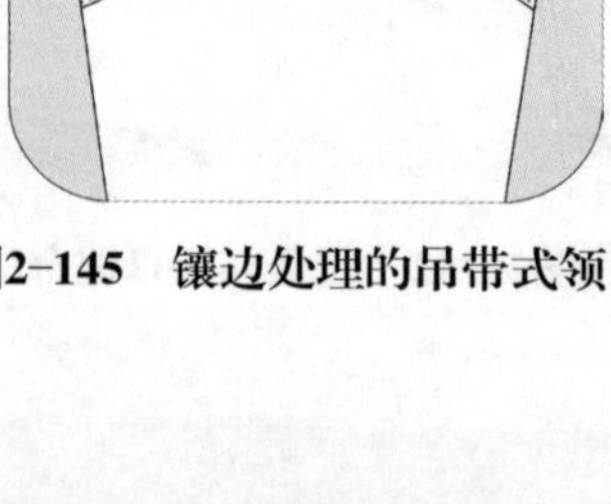

图2-145　镶边处理的吊带式领口

（一）缝制准备

1. 如图2-146所示，将前后省道折叠。

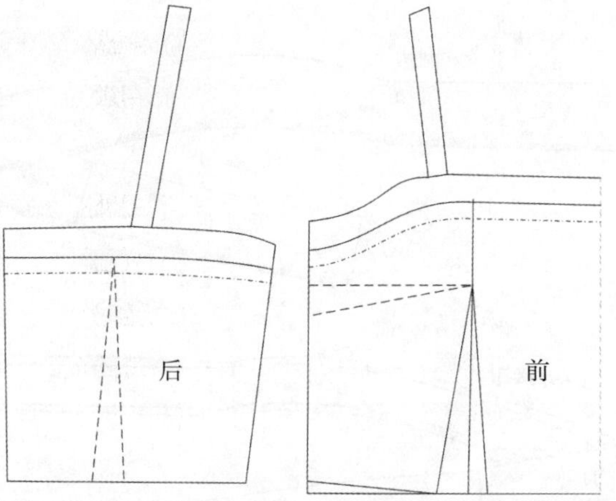

图2-146 裁剪剪接布、前后贴边及前后身

2. 如图2-147所示，修顺，加放缝头。

3. 按剪接布裁出前贴边，后贴边按修剪后的后片纸样裁剪。

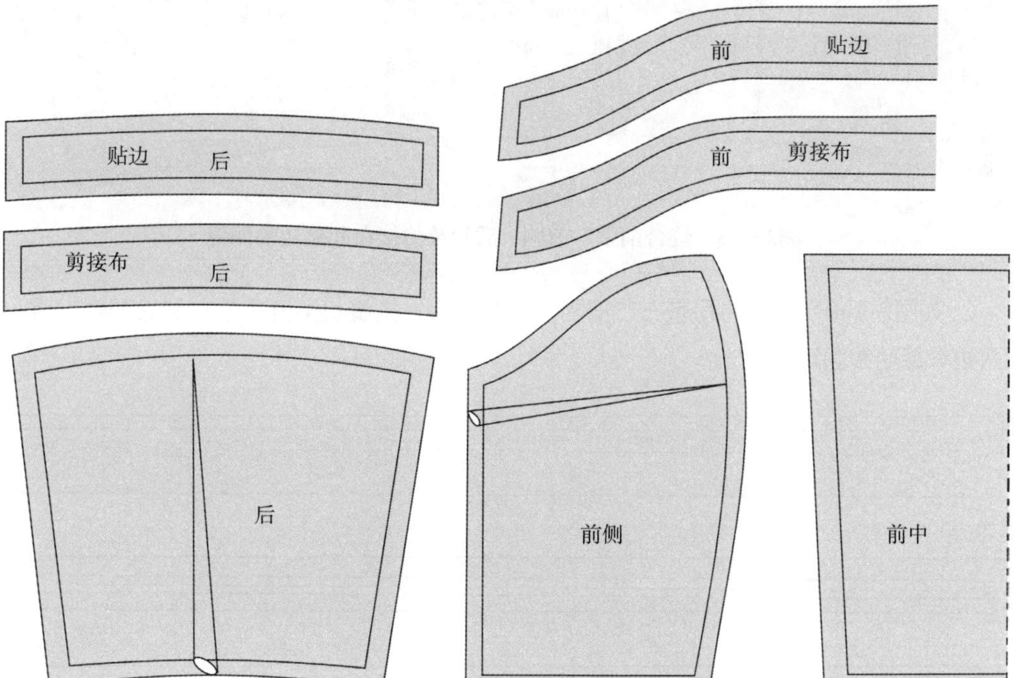

图2-147 剪接布、前后贴边及前后身缝头加放

（二）缝制步骤

1. 如图2-148所示，包缝衣片和贴边下沿，剪接布反面黏上黏合衬，然后缝合前中、前侧及后片；缝合剪接布和贴边的侧缝，然后分烫平整。

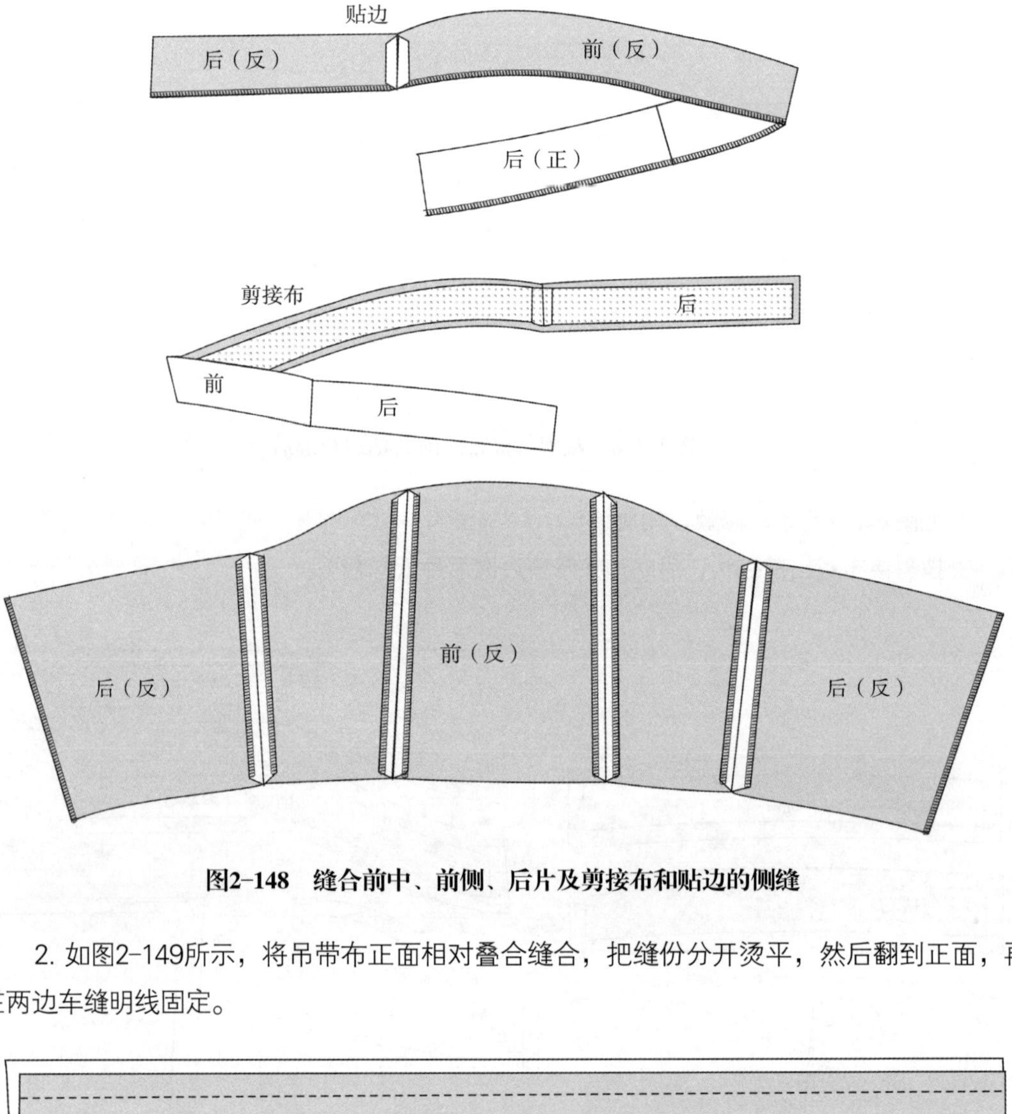

图2-148　缝合前中、前侧、后片及剪接布和贴边的侧缝

2. 如图2-149所示，将吊带布正面相对叠合缝合，把缝份分开烫平，然后翻到正面，再在两边车缝明线固定。

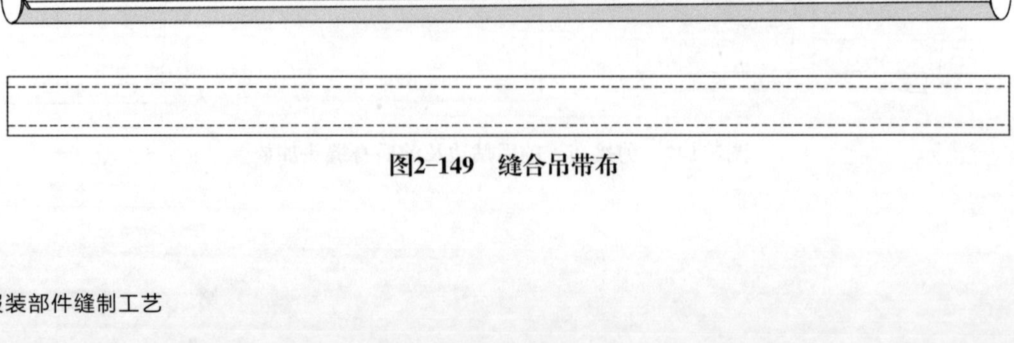

图2-149　缝合吊带布

3. 如图2-150所示，将剪接布和衣片正面相对叠合，缉缝。扣烫将缝头倒向剪接布，然后在剪接布上缉0.2cm的明线，将吊带假缝固定在剪接布的缝份上。

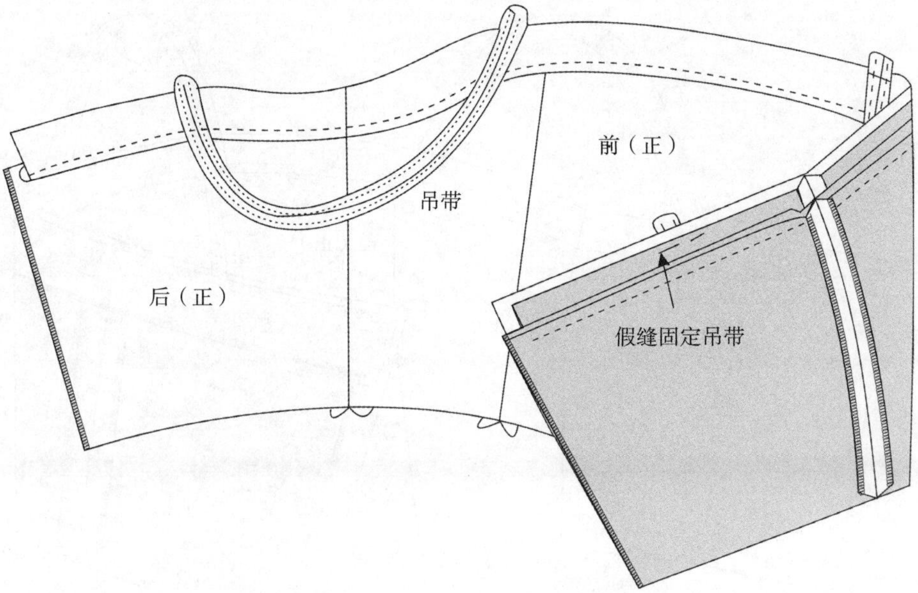

图2-150　缝合剪接布和衣片并固定吊带

4. 如图2-151所示，将贴边与剪接布正面相对叠合，为便于在后片中心装拉链，贴边的后片中心要在距完成线内侧约0.5cm处折叠后缉缝。

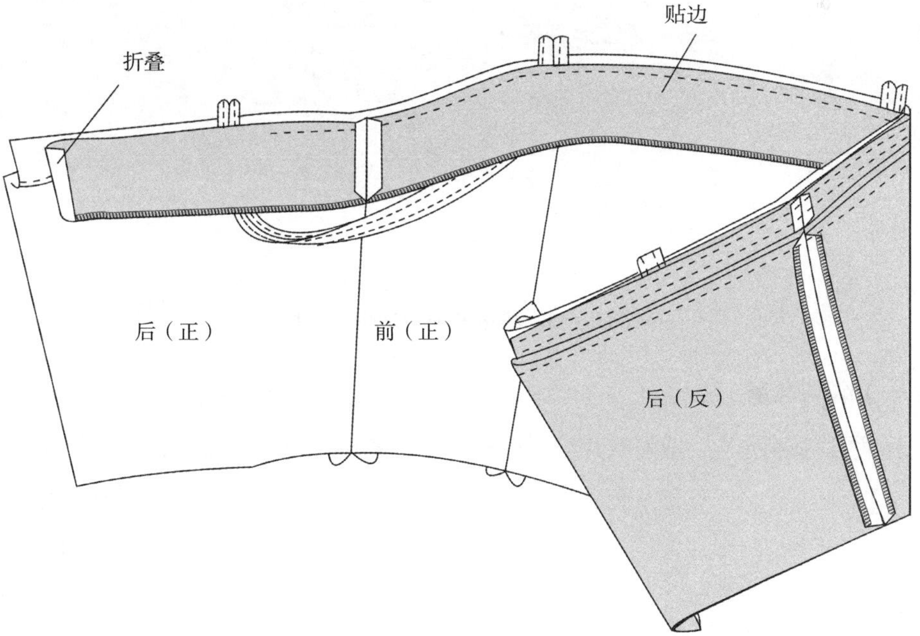

图2-151　缝合贴边与剪接布

5. 如图2-152所示，熨烫缝道，修剪缝头，距离缝道线0.1cm将缝头扣向贴边，然后将贴边翻转到衣片的反面熨成里外匀，最后在剪接布上缉0.2cm明线固定。

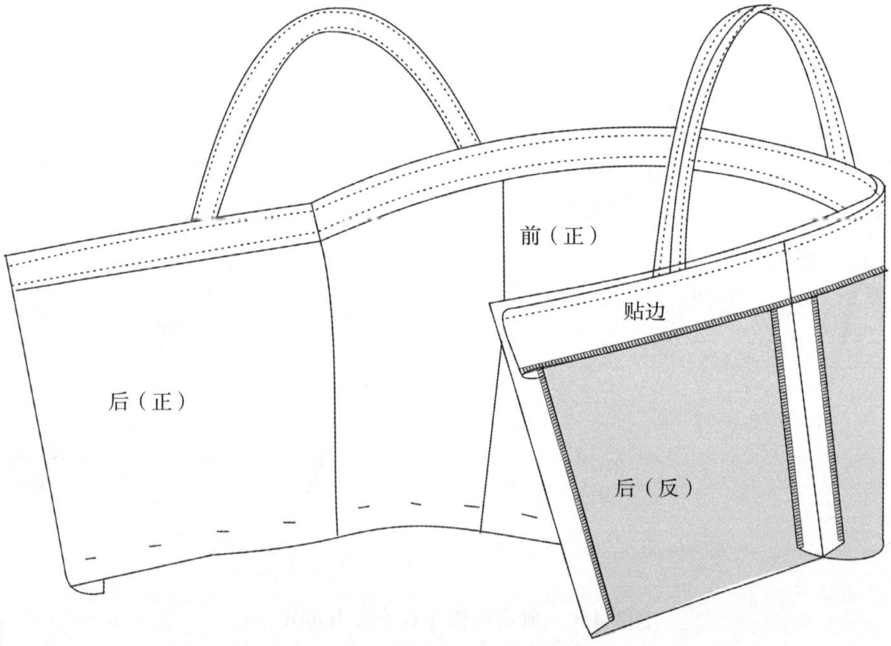

图2-152 缉剪接布明线

十、滚边处理的吊带式领口（图2-153）

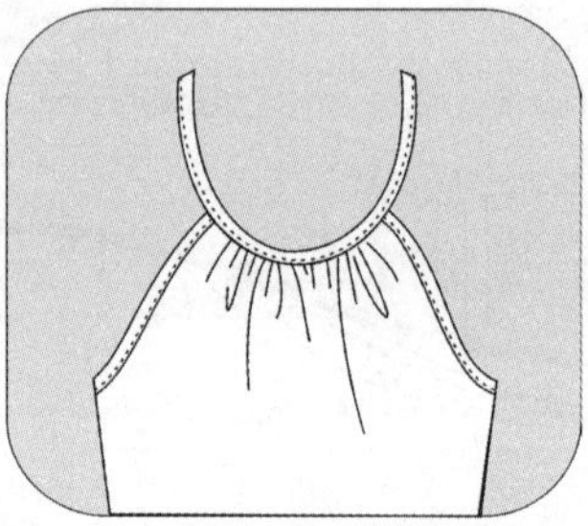

图2-153 滚边处理的吊带式领口

（一）缝制准备

1. 如图2-154所示，把前衣片纸样剪开，平行放出所需的抽褶量，把领围线修顺，再裁剪。

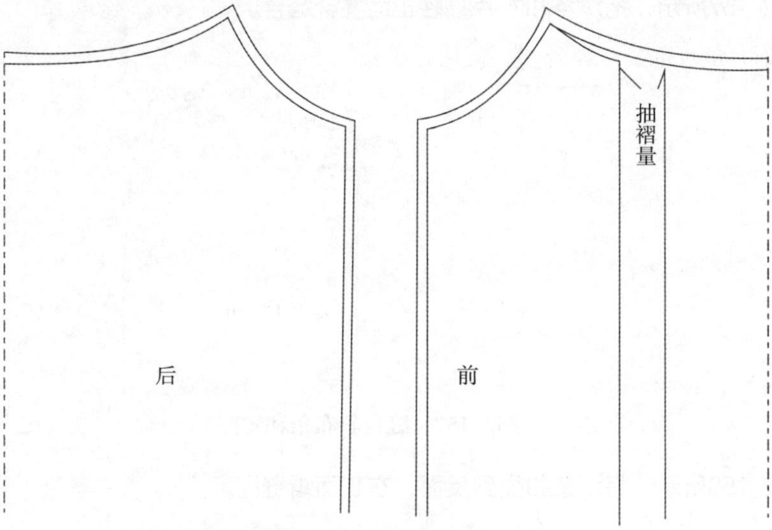

图2-154　裁剪前后片

2. 如图2-155所示，将滚条对折扣烫。

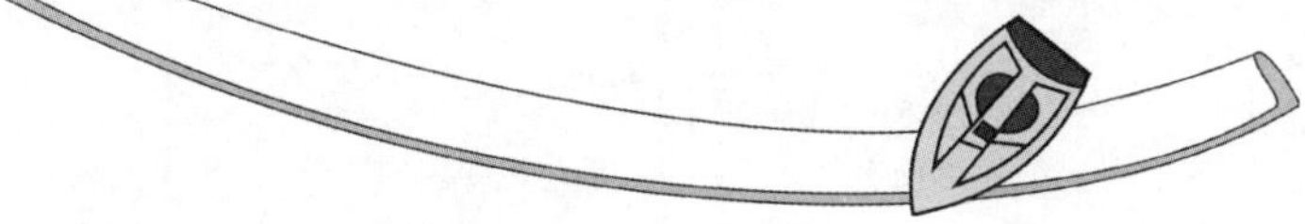

图2-155　熨烫滚条

（二）缝制步骤

1. 如图2-156所示，在领口净线外侧0.2及0.3cm处拱针，抽缝线，使前领口弧线长与设定的长度相等，最后用熨斗进行归缩处理，按纸样对正后，再用熨斗烫平。

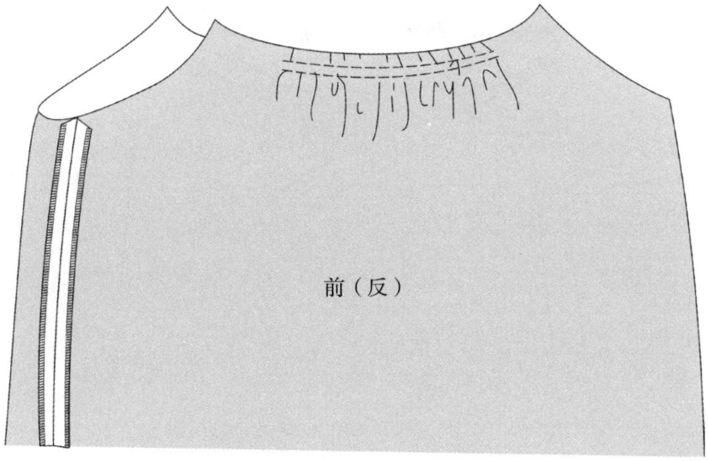

图2-156　拱针领口线

2. 如图2-157所示，把滚条和衣片袖窿正面叠合缝合。

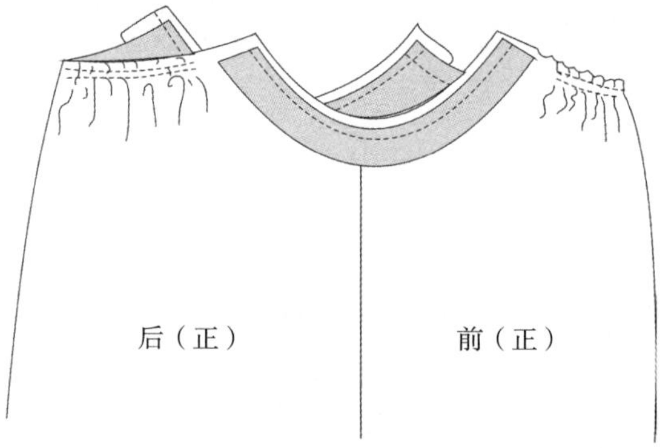

图2-157　缝合斜布条和袖窿

3. 如图2-158所示，将滚条扣烫到反面，在正面缉缝固定。

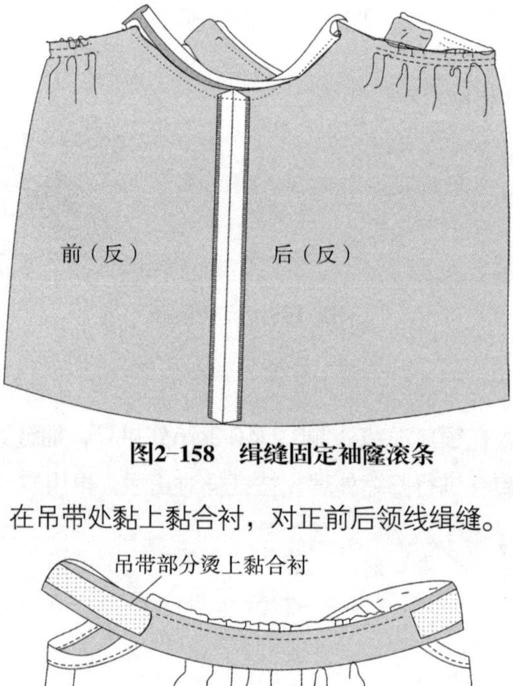

图2-158　缉缝固定袖窿滚条

4. 如图2-159所示，在吊带处黏上黏合衬，对正前后领线缉缝。

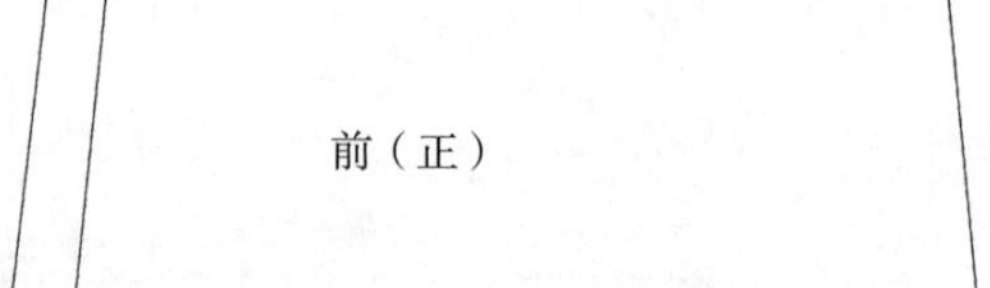

图2-159　吊带处贴黏合衬

5. 如图2-160所示，扣烫滚布条，滚边斜布条在领围部分反面的宽度多留一些，吊带的部分是正反都整理成相同的宽度。

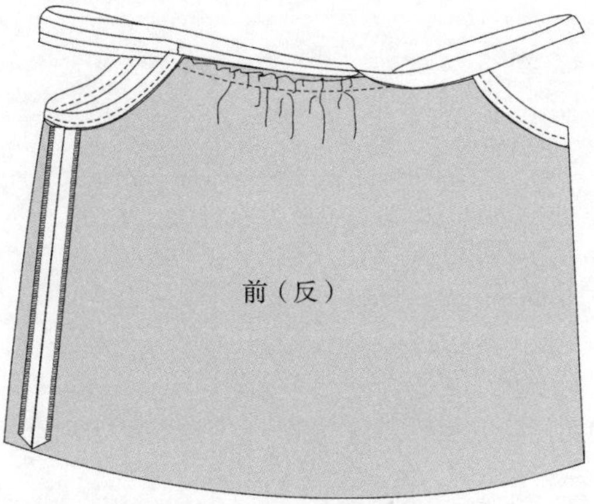

图2-160　缉缝吊带

6. 如图2-161所示，整理吊带的滚边，再车缝固定。

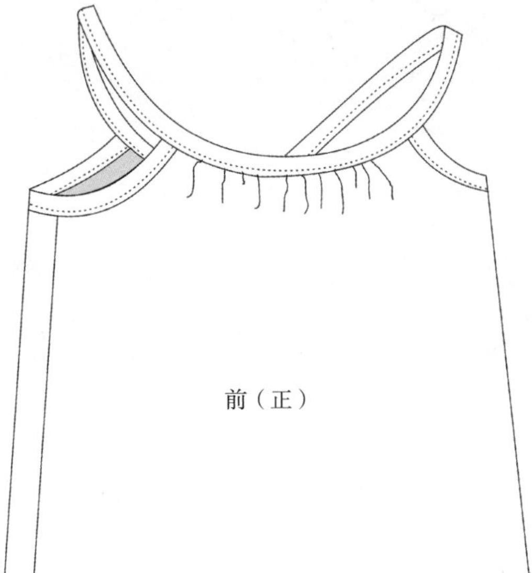

图2-161　整理吊带

第三章

袖子缝制工艺

第一节　无袖袖窿型

一、加贴边型（图3–1）

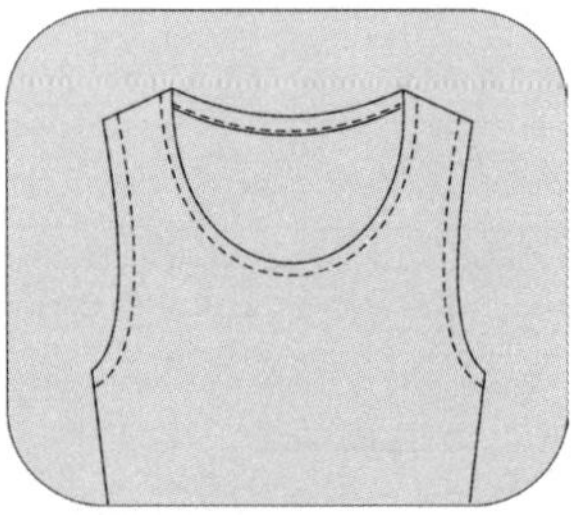

图3–1　加贴边型袖窿

（一）缝制准备

如图3–2所示，剪宽为2.4cm的45° 斜纱方向滚条，扣烫成1.2cm宽。

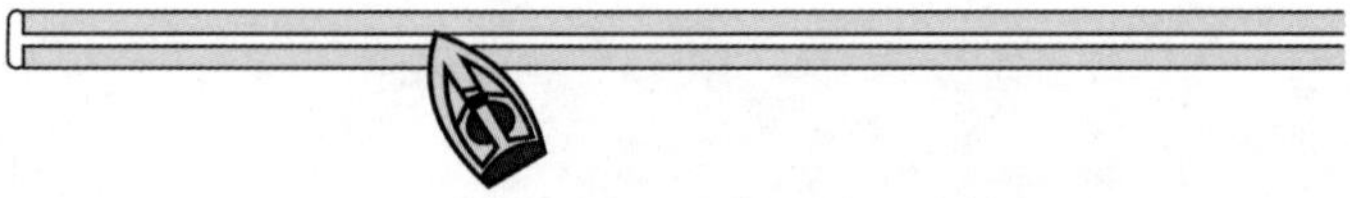

图3–2　扣烫滚条

（二）缝制步骤

（1）如图3–3所示，先缝合右肩缝，然后将滚条烫成领窝弧线和袖窿弧线的形状。将滚条的的正面与领窝弧线和右袖窿弧线分别正面相对叠合，用手针粗缝固定，或者用大头针对位固定，然后缉缝。

（2）如图3–4所示，缝合左肩缝，再将滚条的正面与左袖窿弧线正面相对叠合，用手针粗缝固定，或者用大头针对位固定，然后缉缝，修剪缝头，在缝头上打剪口，注意不要剪到缝线。

（3）如图3–5所示，缝合衣身和滚条侧缝，将领窝弧线和袖窿弧线缝头扣向衣身，将滚条翻转到衣身的反面，里外匀为0.1cm。在衣身外在领口和袖窿处缉0.5cm的装饰明线固定滚条，然后熨烫整理。

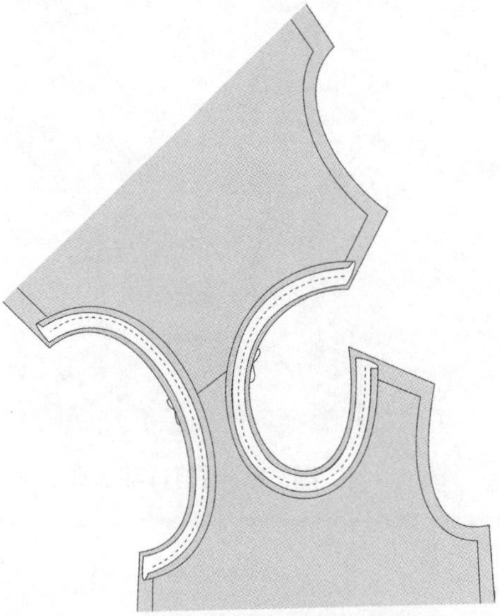

图3-3　缉缝领口、右袖窿滚条

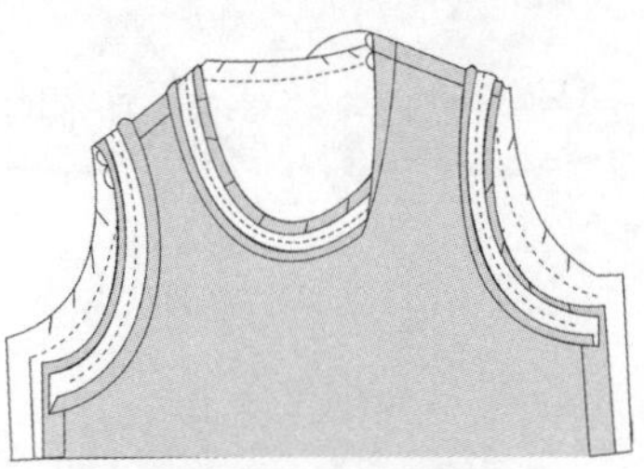

图3-4　缉缝左袖窿滚条

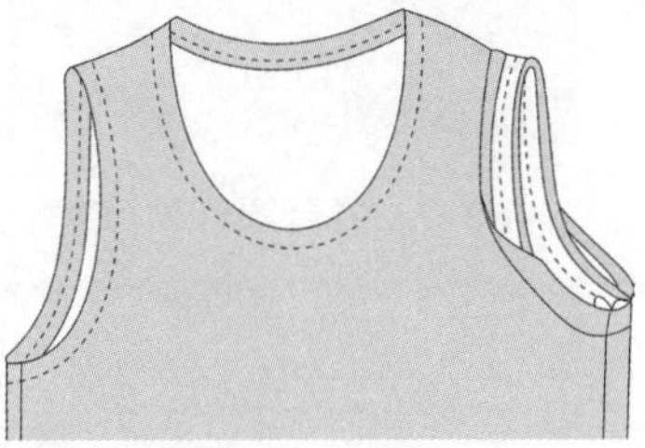

图3-5　缉明线

二、领圈与袖窿贴边连裁型（图3-6）

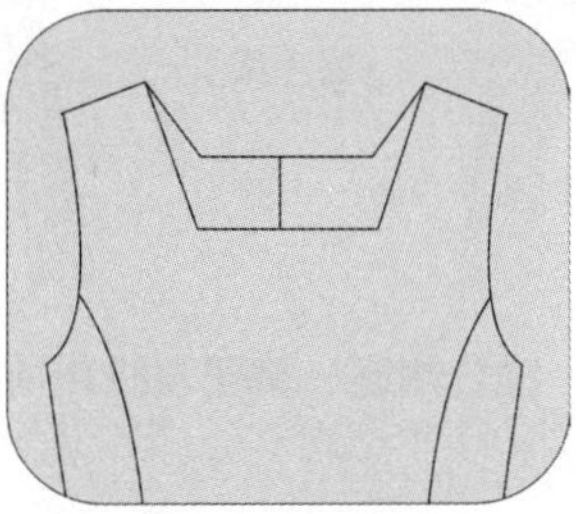

图3-6　领圈与袖窿贴边连裁型袖窿

（一）缝制准备

裁剪前、后领贴边，并贴上黏合衬。

（二）缝制步骤

（1）将前后贴边黏上黏合衬，将衣片后背缝、侧缝和刀背缝分别进行包缝，贴边下边沿和侧缝进行包缝。缝合衣片前后刀背缝，然后分别缝合衣片和贴边肩缝，并分烫。

（2）如图3-7所示，将贴边与衣片正面相对叠合，然后分别缉缝领窝线和袖窿弧线。

（3）如图3-8所示，修剪缝头并在弧线和领窝线拐角处打剪口。分别将左右后衣片从贴边与衣身中穿过，将贴边翻到衣片的反面。

（4）如图3-9所示，缝合衣身和贴边侧缝，并分烫。整理领线和袖窿弧线，将贴边与侧缝用手针缲缝固定到侧缝的缝头上。后中缝装普通拉链或隐形拉链。

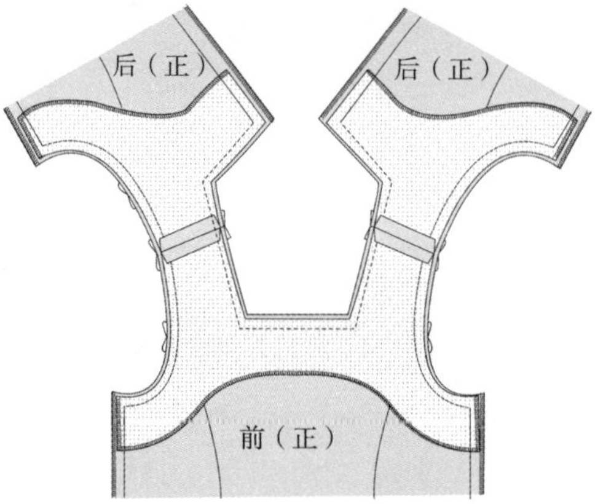

图3-7　缝合领口和袖窿

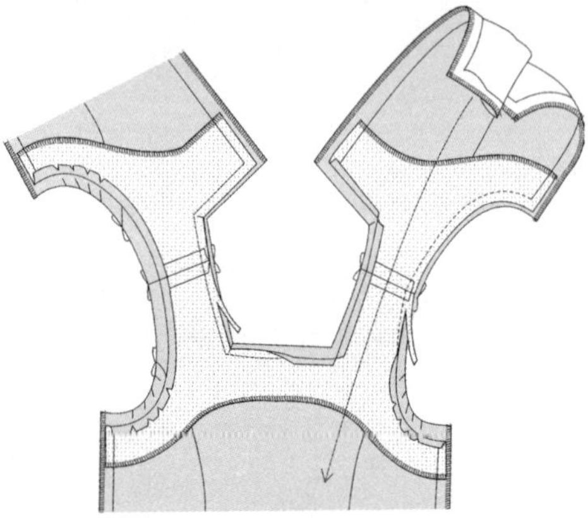

图3-8　打剪口翻衣身

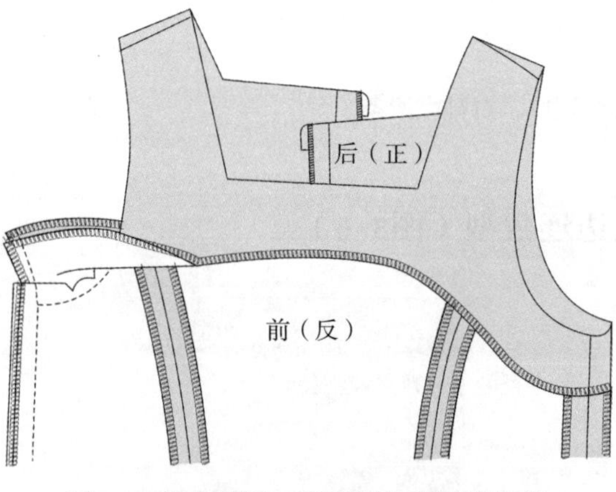

图3-9　缝合侧缝、整理领线和袖窿弧线

三、窄斜条贴边方角型（图3-10）

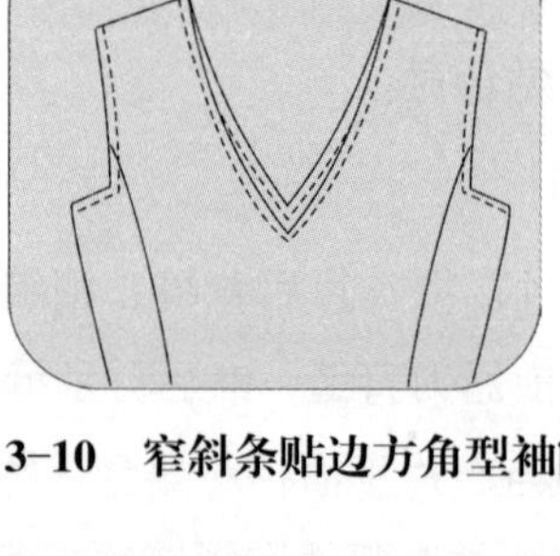

图 3-10　窄斜条贴边方角型袖窿

（一）缝制准备

（1）如图3-11所示，对折扣烫领口及袖窿滚条。

（2）如图3-12所示，再将滚条烫成0.7cm宽，将滚条拐角处与领口V字底端对齐，如

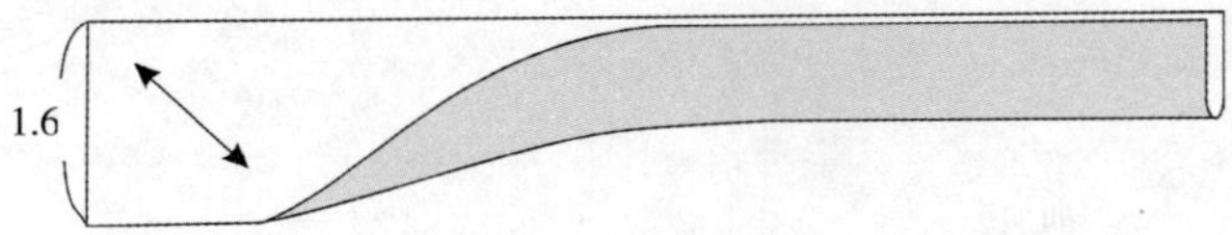

图3-11 扣烫滚条

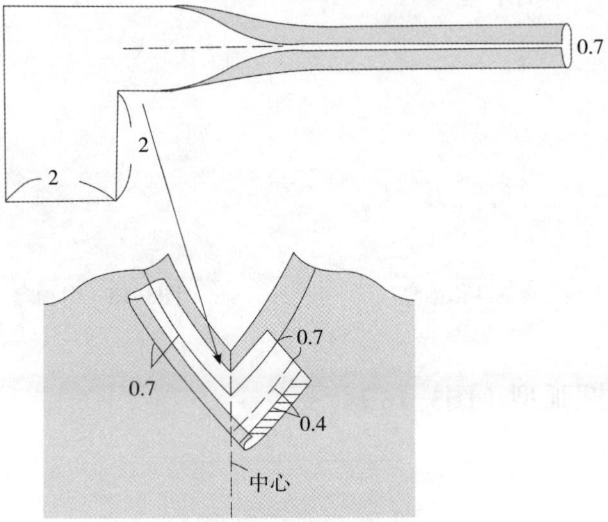

图3-12 滚条与衣身对位

图将斜线部分剪去。

（二）缝制步骤

（1）如图3-13所示，将拐角的滚条与领口用大头针固定，同时扣折缝头。

（2）将另一滚条置于拐角的滚条之上，用大头针固定。前后领口处理方法相同。

（3）如图3-14所示，将领口与衣片缉缝在一起。

（4）如图3-14所示，将袖窿滚条与衣身袖窿正面相对，缉缝，如果袖窿是拐角型，在拐角处将滚条折叠，这样袖窿容易平整。

（5）如图3-15所示，熨烫缝道线，将缝头扣向衣身方向，在拐角处打剪口，然后将领口和袖窿滚条翻到反面，缉缝明线，固定滚条，合侧缝。

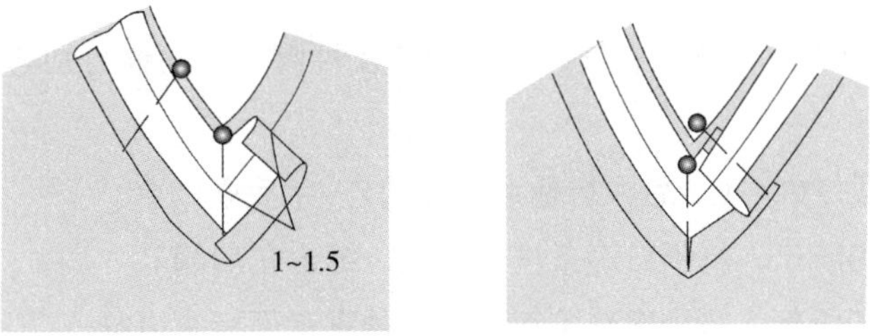

图3-13 对接滚条

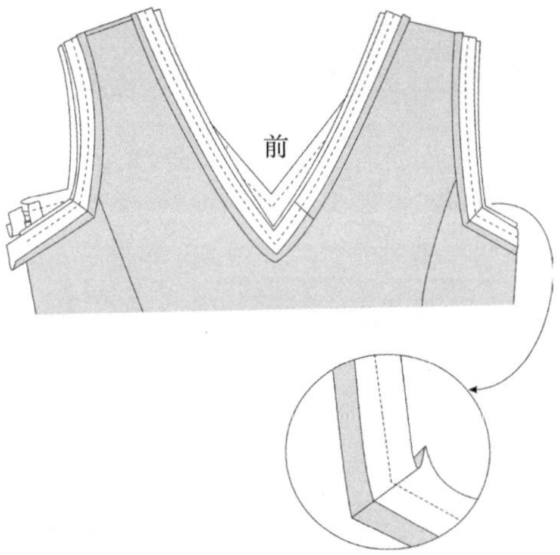

图3-14　缉缝领口和袖窿

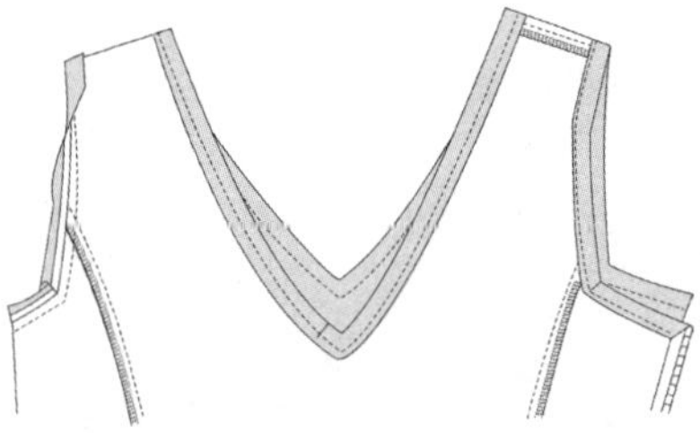

图3-15　缉袖窿、领口明线

四、窄斜条贴边圆弧型（图3-16）

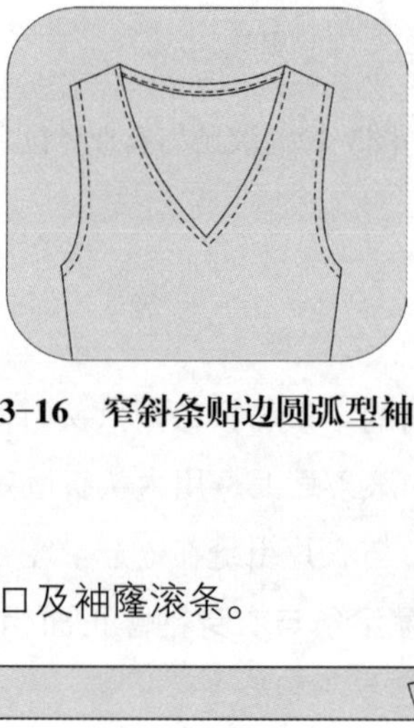

图3-16　窄斜条贴边圆弧型袖窿

（一）缝制准备

如图3-17所示，对折扣烫领口及袖窿滚条。

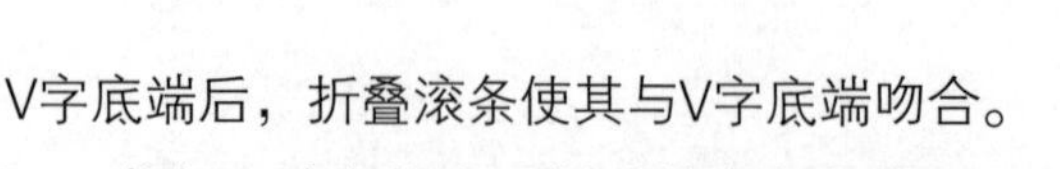

图3-17　扣烫滚条

（二）缝制步骤

（1）如图3-18所示，缝合右肩缝，将领口及袖窿滚条正面分别与领口及右袖窿正面相对缉缝。

（2）在缝至领口V字底端后，折叠滚条使其与V字底端吻合。

（3）如图3-19所示，将领口滚条推向一侧，缝合左肩缝。

（4）如图3-20所示，将袖窿滚条正面与左袖窿正面相对缉缝。

（5）如图3-21所示，熨烫缝道线，将缝头扣向衣身方向，在拐角处和弧度较大处打剪口。

（6）如图3-22所示，将领口和袖窿滚条翻到反面，缉缝明线，固定滚条。

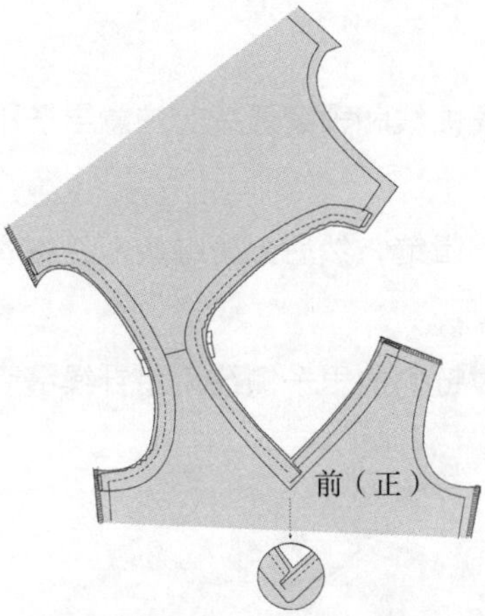

图3-18　缉缝领口和右肩滚条

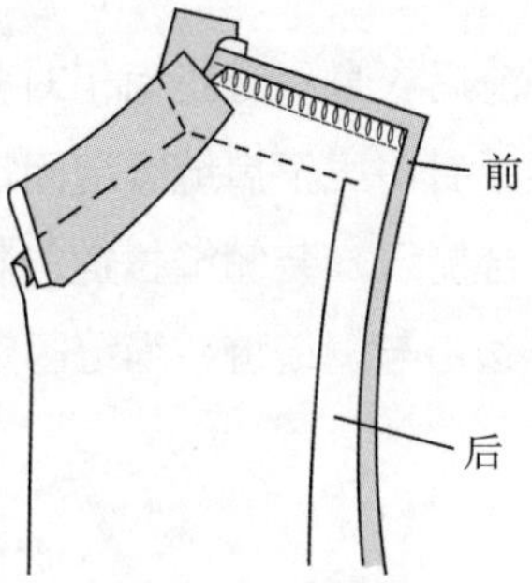

图3-19　缝合肩缝

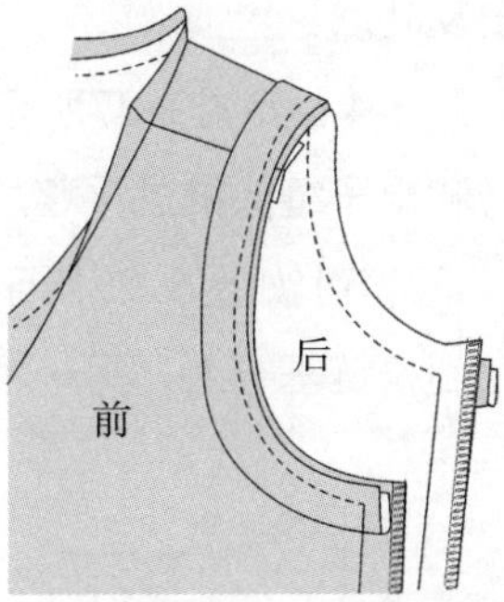

图3-20　缉缝左肩滚条

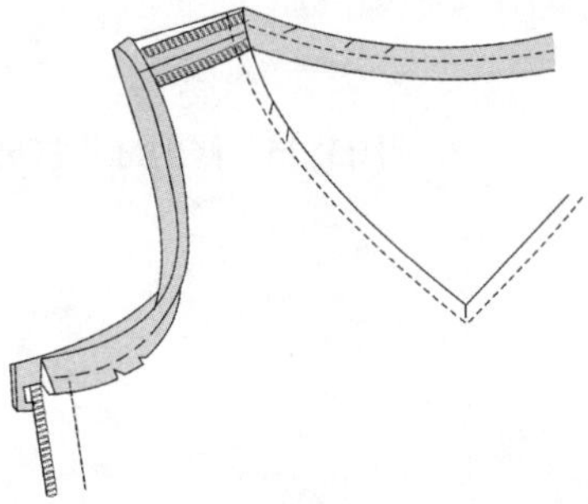

图3-21　打剪口并扣烫缝头

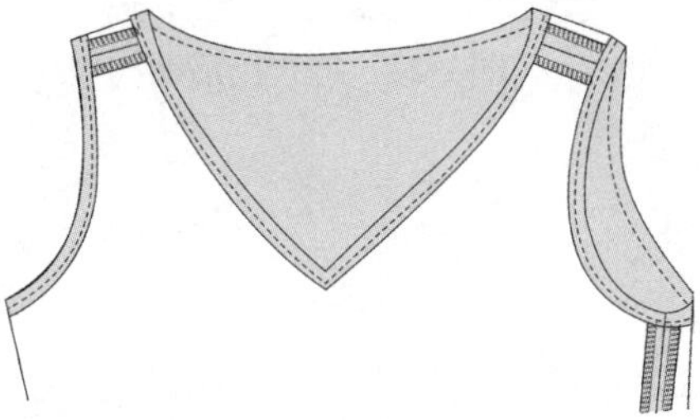

图3-22　缉缝领口袖窿明线

五、加半里型（图3-23）

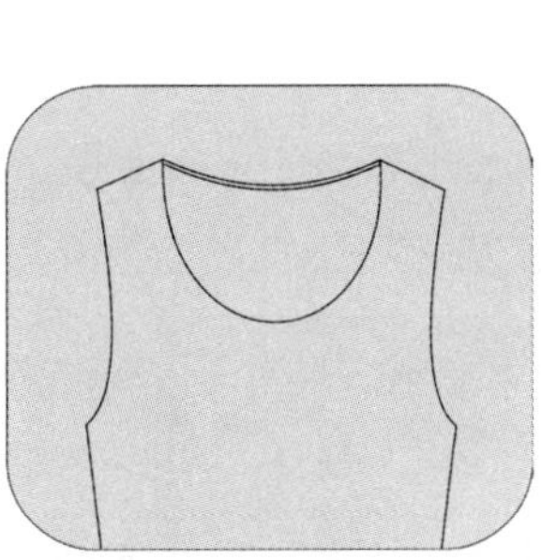

图3-23　加半里型袖窿

（一）缝制准备

根据衣面配衣里，衣里比衣面略小。

（二）缝制步骤

（1）如图3-24所示，分别将前、后衣里的正面和衣面的正面相对叠合，缉缝领口和袖窿。

（2）如图3-25所示，修剪缝头，在弧线处打剪口。

（3）如图3-26所示，将前后衣片翻到正面，扣烫袖窿弧线和领窝弧线。注意里子不要反吐。

（4）如图3-27所示，将前后衣身肩缝正面相对叠合，缉缝，然后分烫缝头，并将衣身和里子缝头推进平整后，用手针将里子肩缝缲缝固定。

（5）如图3-28所示，缝合侧缝，装侧缝拉链，将装拉链侧的里子侧缝用手针缲缝固定到拉链基布上，另一侧里子边沿与侧缝缝头缲缝固定。

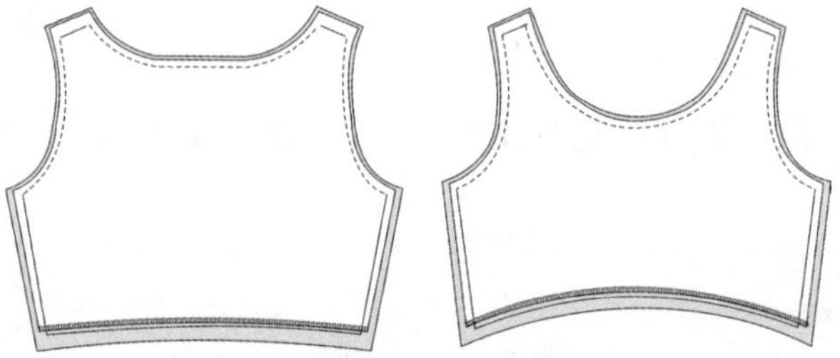

图3-24　缝合前后面与里

图3-25　修剪缝头打剪口

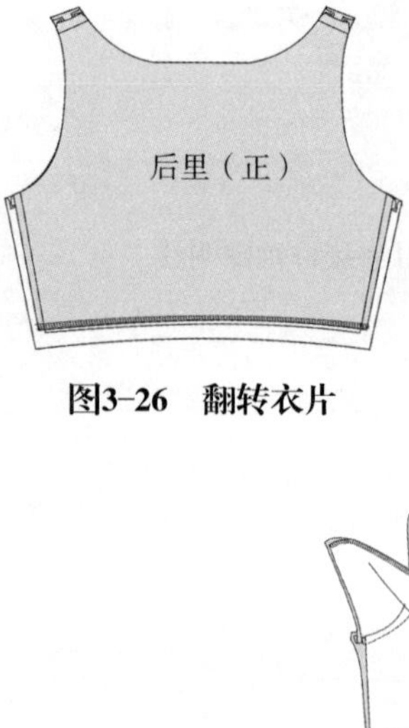

图3-26　翻转衣片

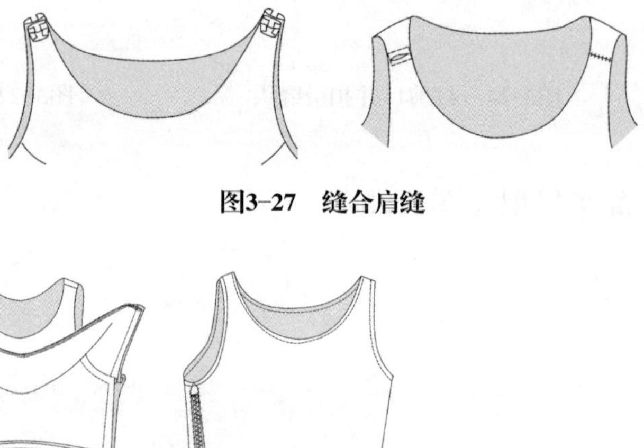

图3-27　缝合肩缝

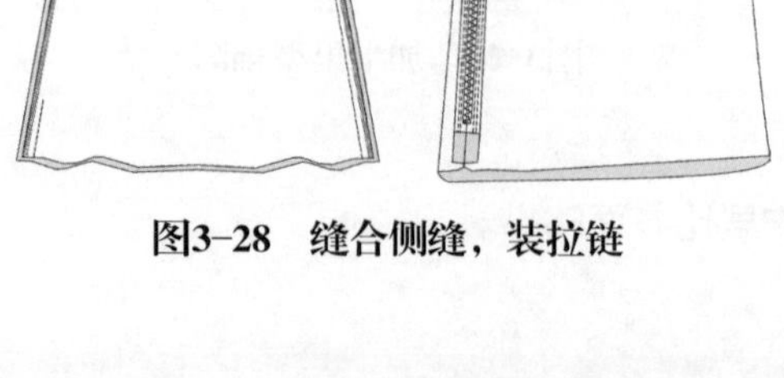

图3-28　缝合侧缝，装拉链

第二节　装袖

一、一片袖（图3-29）

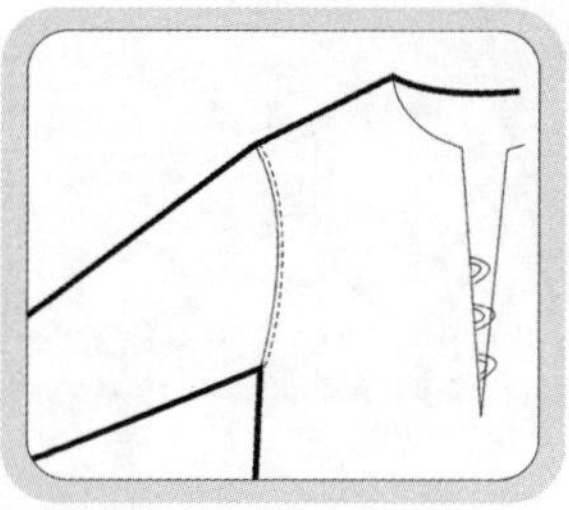

图3-29　一片袖

（一）缝制准备

如图3-30所示，衣身加放缝头，并包缝前后肩线和侧缝线。

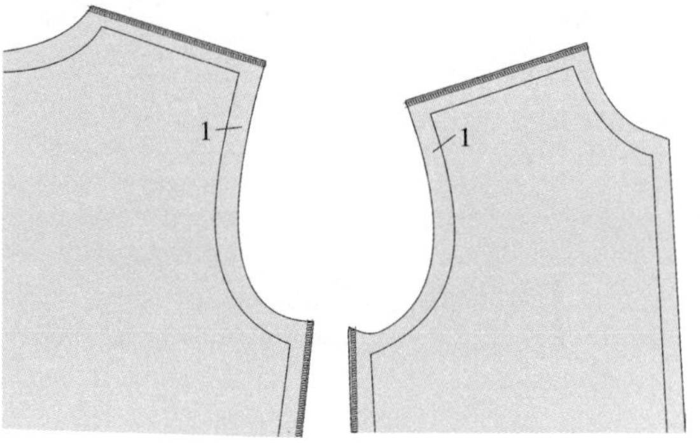

图3-30　包缝衣身肩缝和侧缝

（二）缝制步骤

（1）如图3-31所示，包缝袖底缝线，沿净线扣烫袖口折边，再扣烫0.5cm，并缉缝。

（2）如图3-32所示，缝合衣身肩缝，分烫，比对袖山弧线和袖窿弧线使A、B点分别对齐，袖山点与肩端点对齐。

（3）如图3-33所示，将袖山与袖窿弧线正面相对叠合缉缝和包缝。

（4）如图3-34所示，将袖子翻到正面缝头倒向衣身，然后在衣身袖窿上缉0.1~0.2cm的明线，用熨斗熨烫平整。

（5）如图3-35所示，将前后袖底缝和衣身前后侧缝正面相对叠合，缉缝。

（6）如图3-36所示，将袖口折边倒向一边，缝合，然后将袖口折边按净线折好，缝合袖口。

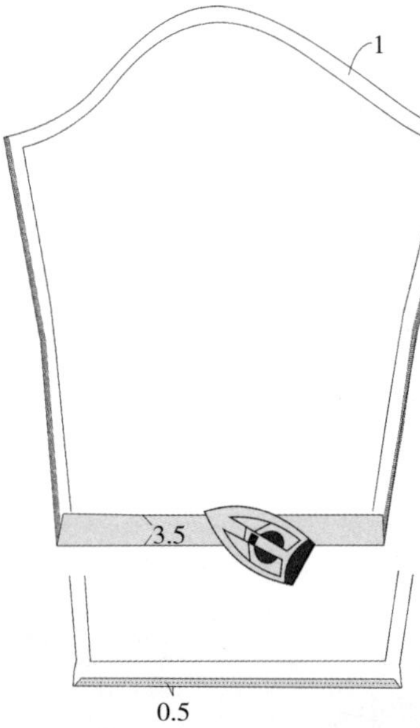

图3-31　扣烫袖口折边

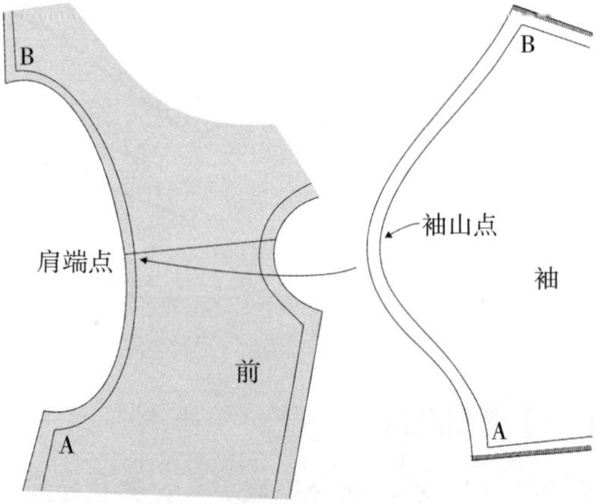

图3-32　对位袖窿与袖山

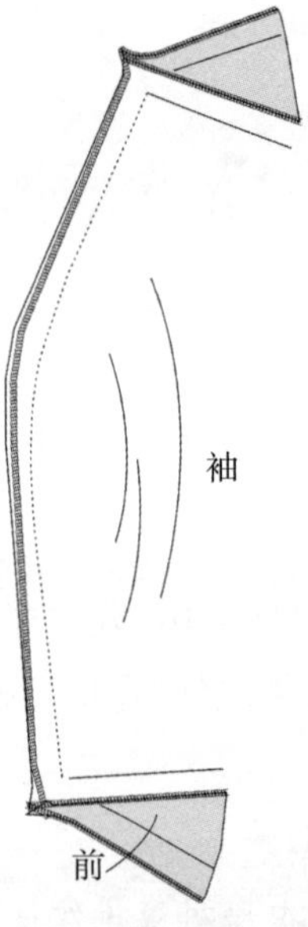

图3-33　缝合袖窿与袖山

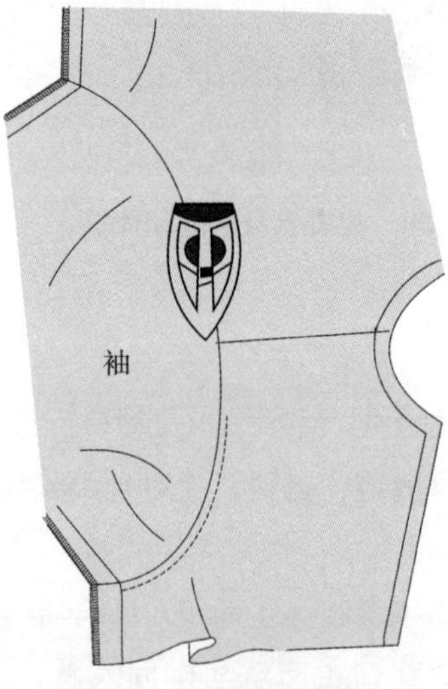

图3-34　熨烫袖窿弧线

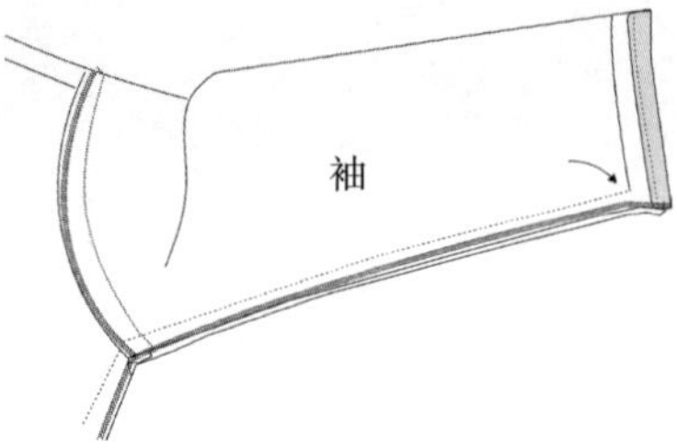

图3-35　缝合袖底缝

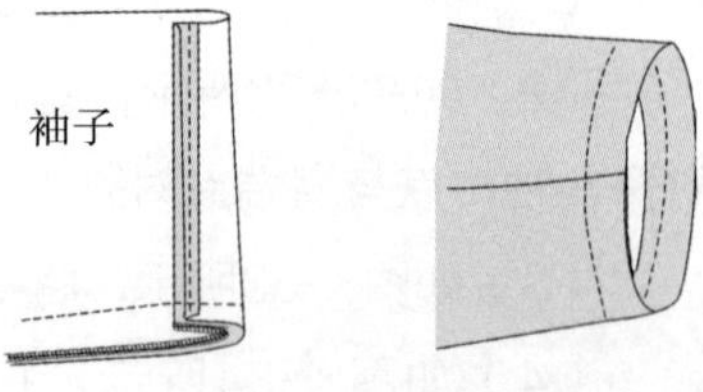

图3-36　缝合袖口

二、单层加垫肩的一片长袖（图3-37）

图3-37　单层加垫肩的一片长袖

（一）缝制准备

如图3-38所示，将防止袖窿拉伸变形，在距离袖窿裁片边缘0.1~0.2cm处放置牵条，距离边缘0.5cm缉线，袖窿上段距肩4~5cm内无吃量平缉，向下牵条拉紧。

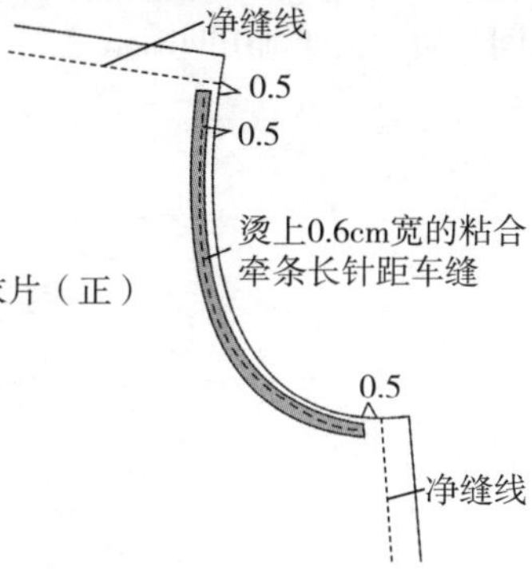

图3-38　拉袖窿牵条

（二）缝制步骤

（1）如图3-39所示，分别在袖山净线外侧0.2及0.5cm处拱针，抽缝线，使袖山弧线长与袖窿弧线长度相等。

（2）如图3-40所示，用熨斗熨烫整理袖山归缩量，归缩量一次性不能整理得很均匀的话，可以分几次抽拉缝线，一边做袖山形状一边用熨斗的头部轻轻将皱纹消去，使袖山自然形成立体状。

（3）如图3-41所示，将袖山与袖窿弧线对位，为使袖子和衣片不错位，进行粗缝固定，起针处要回针，粗缝完成后将其翻到正面，检查袖子扭偏的情况及装袖线和归缩等状态。

（4）如图3-42所示，在粗缝线外侧从袖侧在袖底缝处开始缉缝，距离侧缝线6~8cm处缉缝两道线。

（5）如图3-43所示，为使袖窿美观，缝制时要加上袖山垫布，若是薄面料（不易缩缝的面料），就要采用与衣片相同的面料斜丝对折，用熨斗烫成与袖窿接近的形状。如果是厚面料（如毛料等较易缩缝的面料），可使用纱布铺一层薄棉即可。

（6）如图3-44所示，把袖山垫布假缝固定在袖山头。

（7）如图3-45所示，将袖山袖窿缝头合二为一进行包缝。将装袖线缝道熨烫平服，缝头自然倒向袖侧，不要折烫缝头，否则会影响袖山胖势。

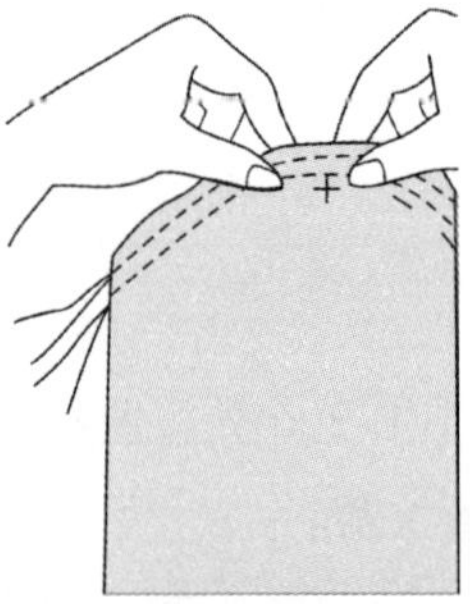

图3-39 袖窿弧线拱针

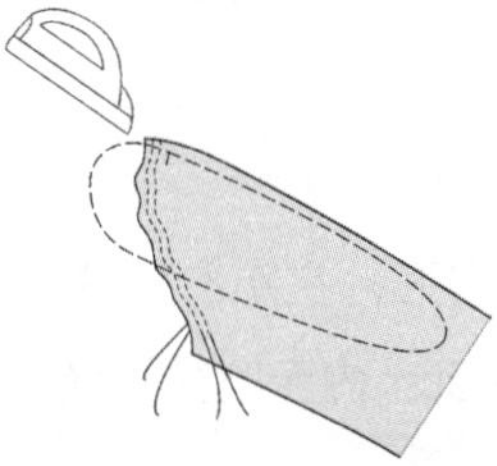

图3-40 整理袖山归缩量

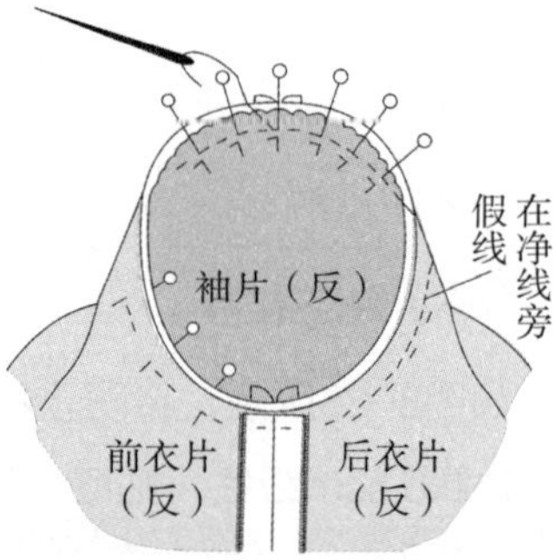

图3-41 粗缝固定袖山与袖窿

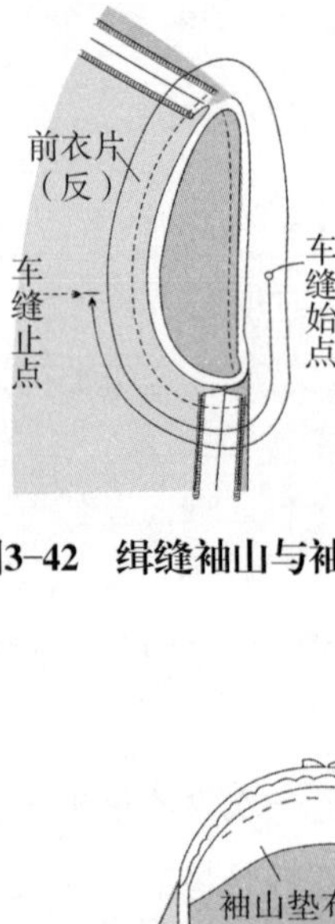

图3-42 缉缝袖山与袖窿

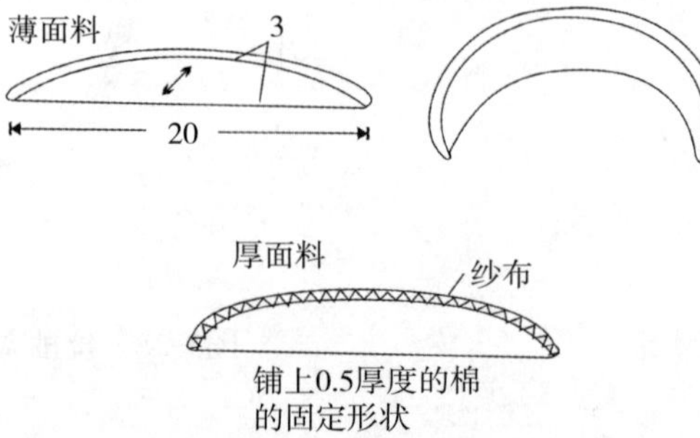

图3-43 处理袖山垫布

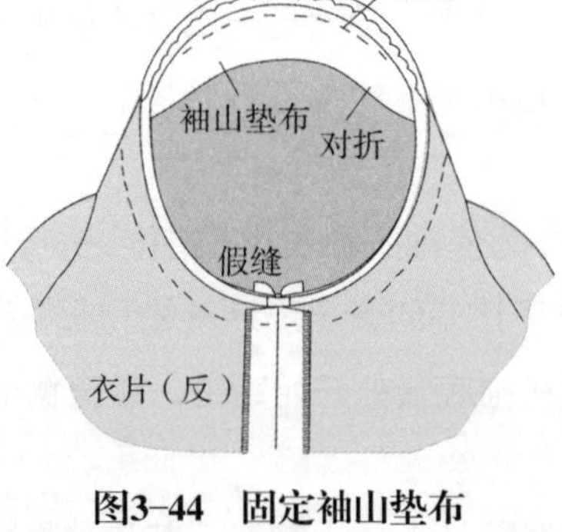

图3-44 固定袖山垫布

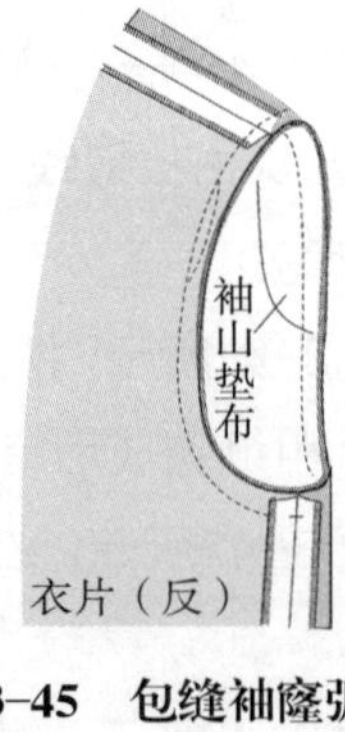

图3-45 包缝袖窿弧线

三、有里布的一片长袖（图3-46）

图3-46　有里布的一片长袖

（一）缝制准备

如图3-47所示配袖里，为使袖里的缝头及袖口处与袖面里外匀2cm，应按袖面的净线裁剪。

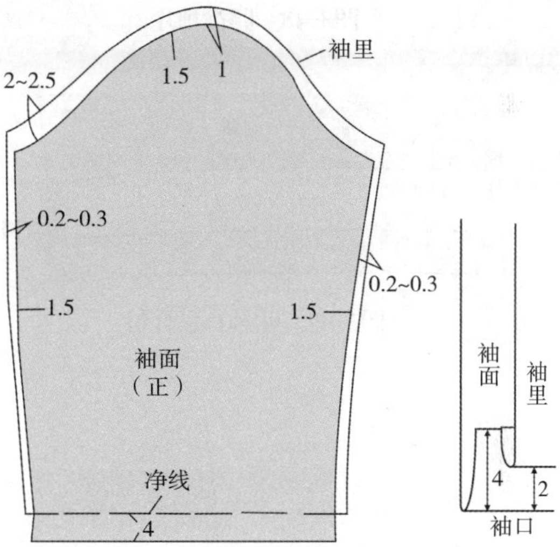

图3-47　配袖里

（二）缝制步骤

缝制方法一　袖口面和袖口里手缝固定

（1）如图3-48所示，归拢袖片，使其形状符合手臂的自然状态。其操作方法是：用熨斗将前袖肘线部位拔开，后袖肘线部分稍加归拢。用大头针临时固定前后袖下线，看其形状是否定型到符合手臂的弯曲度。

（2）如图3-49所示，在袖口烫上黏合衬，若用有纺黏合衬，衬布的丝缕方向要与袖面布丝缕方向一致或采用斜丝。如袖面布较薄，黏合衬则采用无纺衬，烫在袖口贴边部位。

（3）如图3-50所示，缝合袖底缝，处理袖口。注意后片袖肘的缩缝不要消失，把前袖侧放在上面缝合，折叠袖口的缝边要回针固定，袖山要用两条手缝线来缝合。

（4）如图3-51所示，缝制袖里。其操作方法是：袖山缝边折叠0.7cm，用熨斗固定。把袖里对正，在袖下完成线位置假缝，然后在距完成线0.2cm处加一道车缝。缝头要从完成线位置向前袖侧折倒。0.2cm是作为坐份的宽度，是为了弥补面布容易伸展的分量（尤其是毛料）。而里布相对不易伸展。如在里布所有缝头加上做份的宽度再缝合，即使面料伸展，也不会产生里布因不足而缩紧的现象。

（5）如图3-52所示，手缝固定袖面、袖里。其操作方法是：对正面、里袖的袖下线，用手缝松松地在缝头上加以固定，在距袖窿底点和袖口边7~8cm处不缝合。

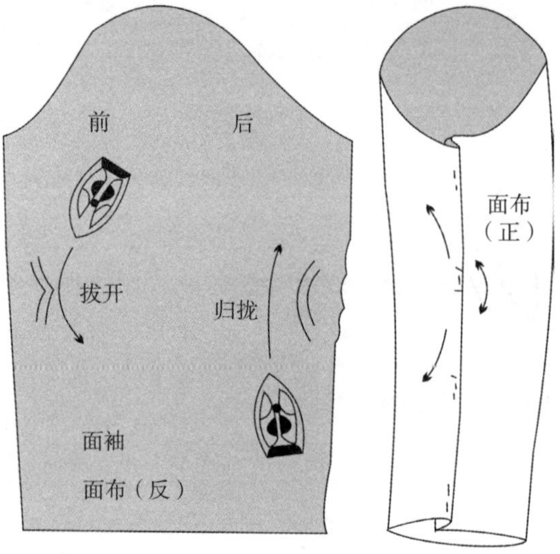

图3-48　归拢袖片

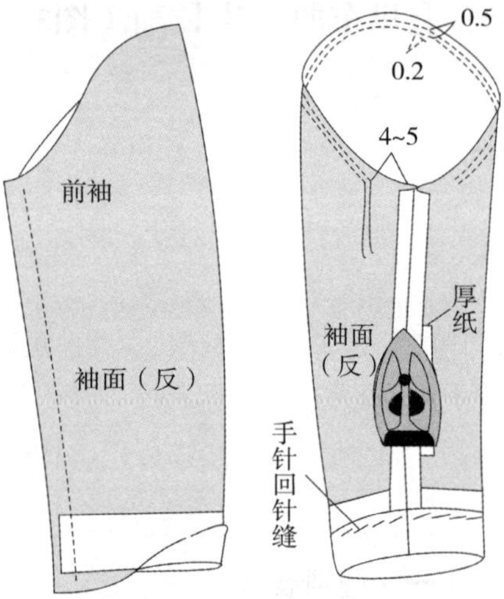

图3-50　缝合袖底缝，处理袖口

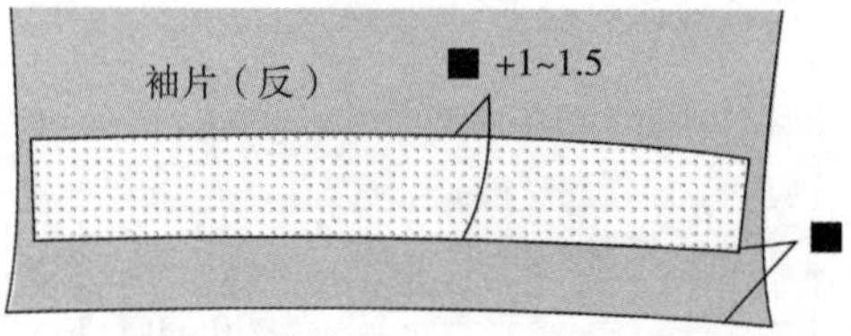

图3-49　贴袖口黏合衬

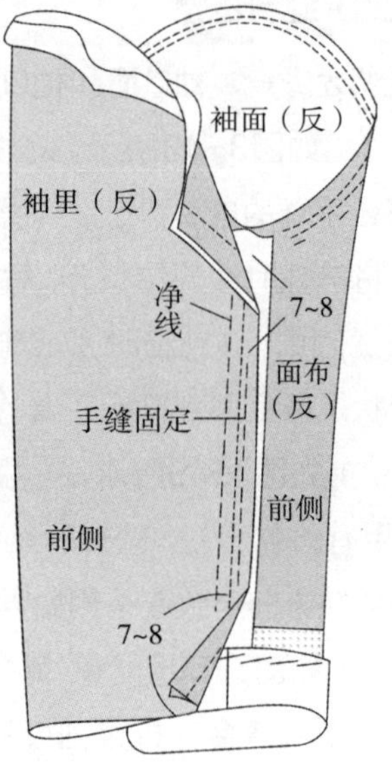

图3-52　固定袖面与袖里

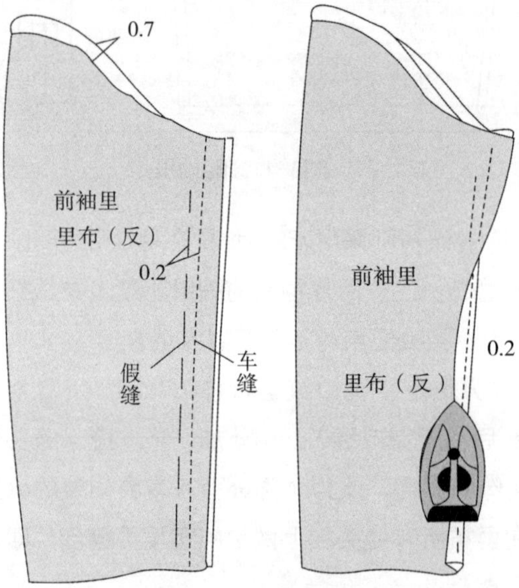

图3-51　缝制熨烫袖里

（6）如图3–53所示，整理袖口、袖山。其操作方法是：把袖子翻折到正面，一边整理使之成型，一边用假缝固定面、里袖。袖口里与袖口面要里外匀2cm，折烫后用细针手缝。然后稍拉袖山头的绗缝线，使之产生缩缝，再将袖头置于烫凳上，用熨斗将缩缝自然归拢。

（7）如图3–54所示，衣片、袖子缝合。其操作方法是：将衣片与袖子的对位记号对准，先用大头针暂时固定，再将袖山顶部对位记号对准衣片的肩线，用大头针细密地加以固定。然后再假缝固定，假缝线在距完成线稍向内的地方，将袖片放在上面车缝固定。因袖下容易脱线，故须重叠车缝两道，最后把袖山头置于烫凳上，用熨斗将缝头往袖子方向推烫。

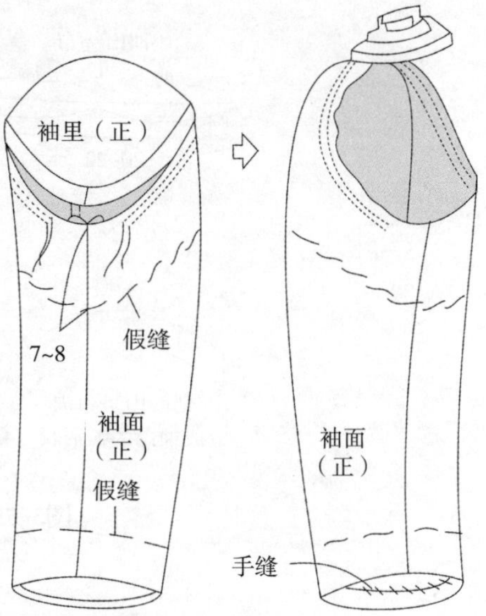

图3–53　整理袖口和袖山

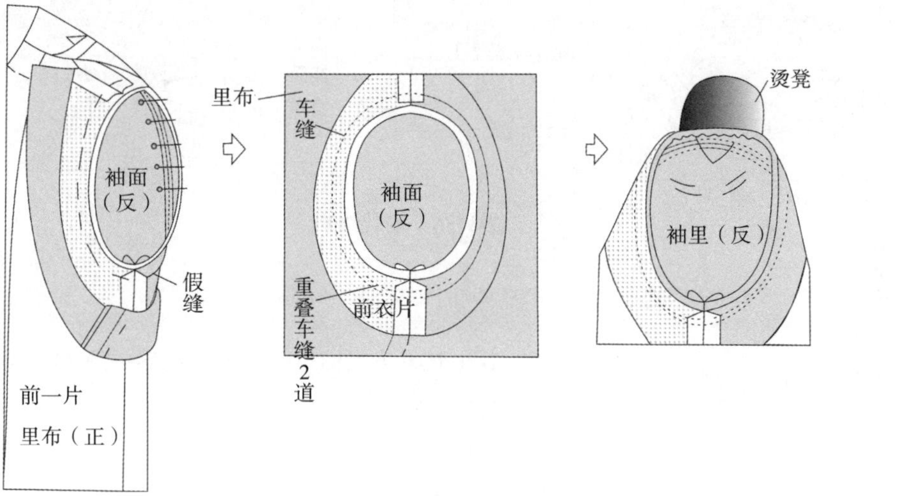

图3–54　缝合袖山与袖窿

（8）如图3–55所示，将袖山垫布固定在袖窿上。其操作方法是：为使袖山浑圆，均匀美观，要在袖山头固定一块垫布。袖山垫布采用针刺棉或薄的黑炭衬制作，丝缕取斜向，然后将其烫成袖山的形状，手缝固定在袖窿的缝头上。

（9）如图3–56所示，安装垫肩。其操作方法是：把衣片里挪开之后，将垫肩放在面布的肩线部位，从正面用大头针固定后试穿。然后从装袖线往肩外1cm左右的位置，用大头针固定。最后把垫肩厚度的一半，用手针缝在袖窿缝头上，同时也要将垫肩在肩线的缝头上手缝固定在袖窿缝头上。

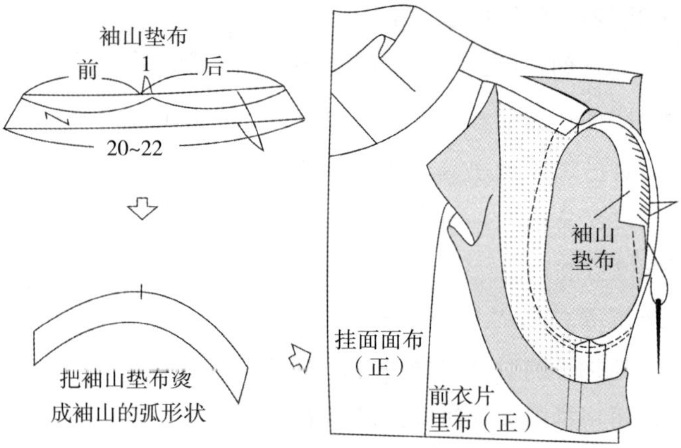

图3-55　袖山垫布与袖窿固定

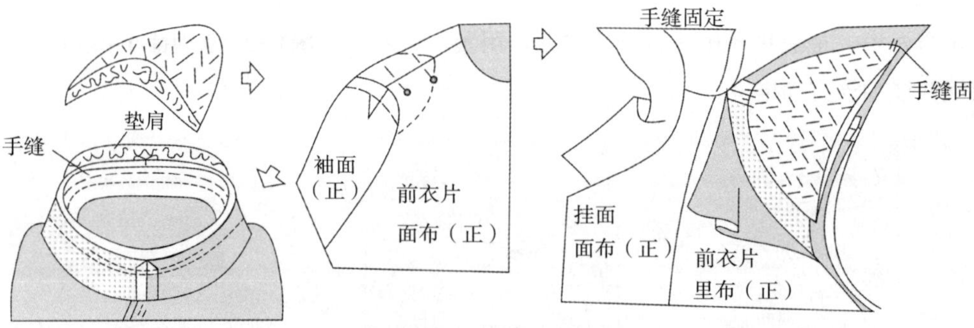

图3-56　安装垫肩

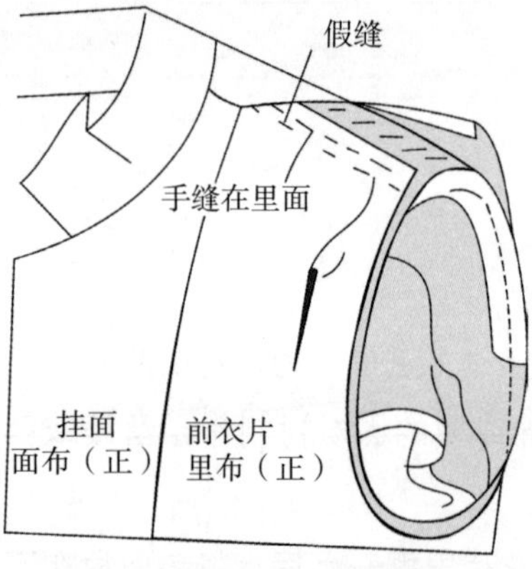

图3-57　固定衣里的肩线

（10）如图3-57所示，固定衣里的肩线。其操作方法是：从面衣片往肩线的缝头假缝一道，用以固定衣片里的肩线。先把衣片里肩线的缝头手缝固定在垫肩上，后衣片里的肩线要先将缝头折烫，将其盖在前肩缝上，最后用细针手缝加以固定。

（11）如图3-58所示，将衣里固定在袖窿上。其操作方法是：从面衣片的装袖线边缘与衣片里假缝固定，然后在假缝线边缘用回针把衣片里固定。垫肩部分，用手针缝其一半的厚度。

（12）如图3-59所示，将衣里袖窿手缝固定在衣片上。其操作方法是：将袖里与袖面对正，用大头针固定在袖窿边，然后用细针手缝一周。因为袖下部位摩擦较大，因此在袖侧往内入0.5cm的地方加上星点缝固定。

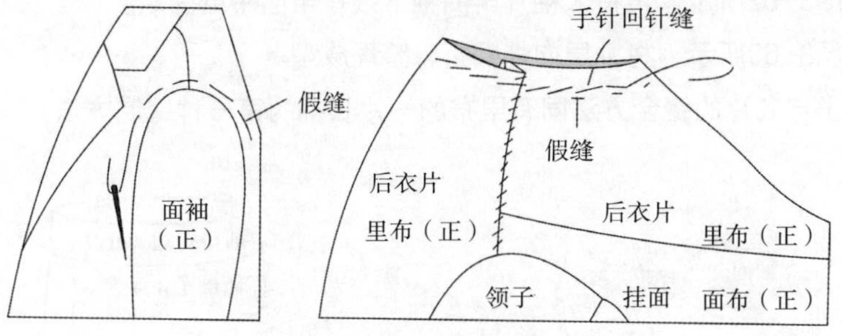

图3-58 衣里与袖窿固定

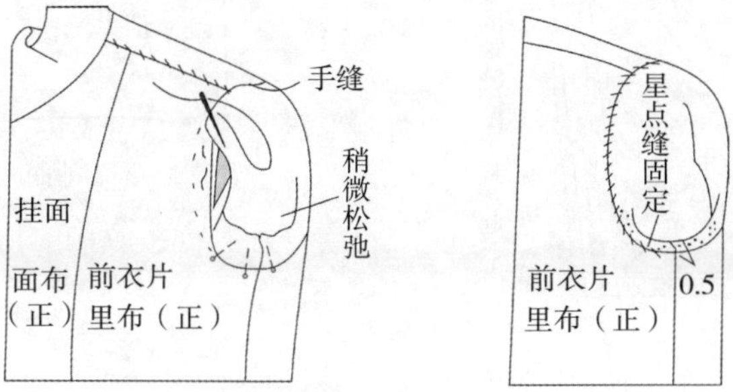

图3-59 固定衣里袖窿

缝制方法二 袖口面和袖口里车缝固定

（1）如图3-60所示，把袖面和袖里的袖口正面相对车缝，两端都在净线的2针之前作为缝合止点。

（2）如图3-61所示，缝合里袖和面袖的袖底线，为缝合里袖的袖底线，车缝线要距净线0.2cm，里袖口要折成完成状后车缝。

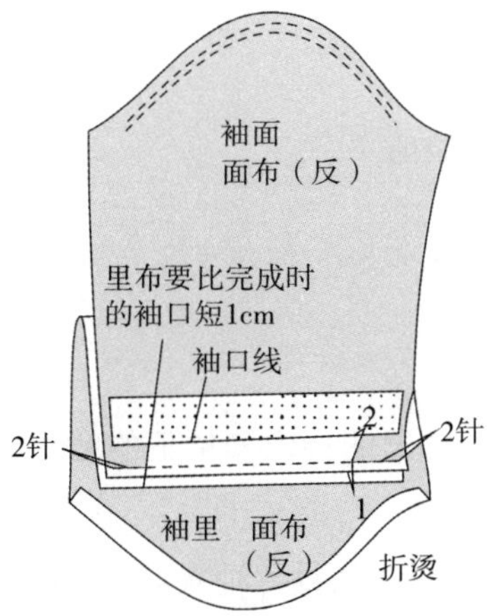

图3-60 缝合袖口面与里

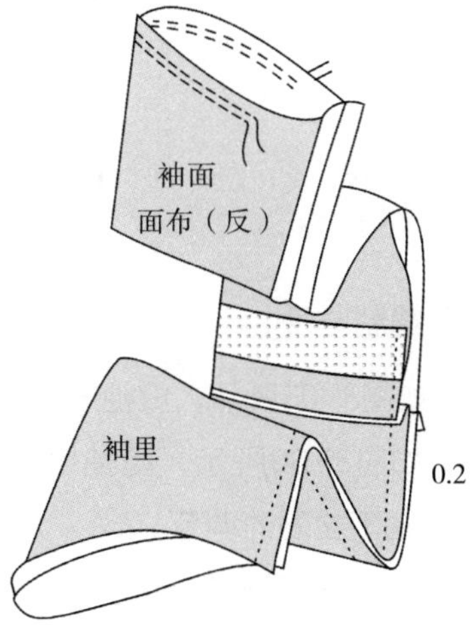

图3-61 缝合袖底线

（3）如图3–62所示，再将大袖片里的袖下线在里面手缝固定。

（4）如图3–63所示，将袖里向外翻折，整理成型。

（5）袖子与衣片的缝合方法同有里布的一片长袖的第一种缝制方法一。

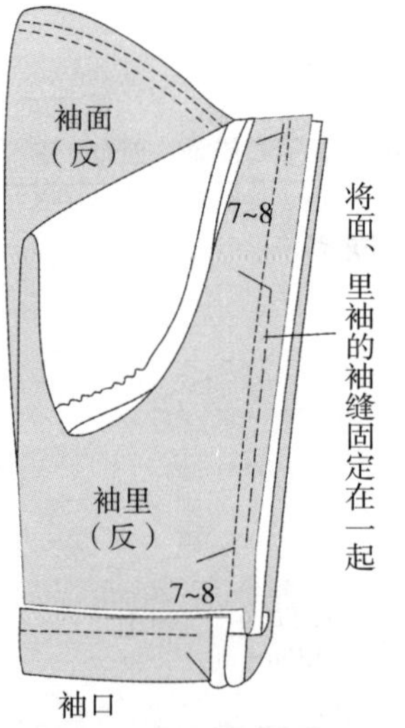

图3–62　固定面里袖底缝

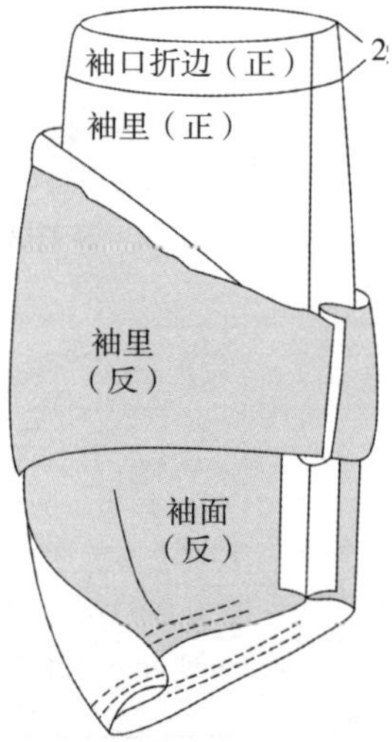

图3–63　整理袖子

四、有里布的两片西装袖（图3–64）

图3–64　有里布的两片西装袖

（一）缝制准备

（1）如图3–65所示，做袖子对位记号。

（2）如图3–66所示，配袖里。其操作方法是：袖里的袖山和袖下的缝头要多留一些，以作为袖下松度的调节。

（3）如图3–67所示，在小袖片的袖口上烫贴黏合衬、大袖片袖衩上烫贴黏合衬，其作用是保持袖口形态，起定型作用。

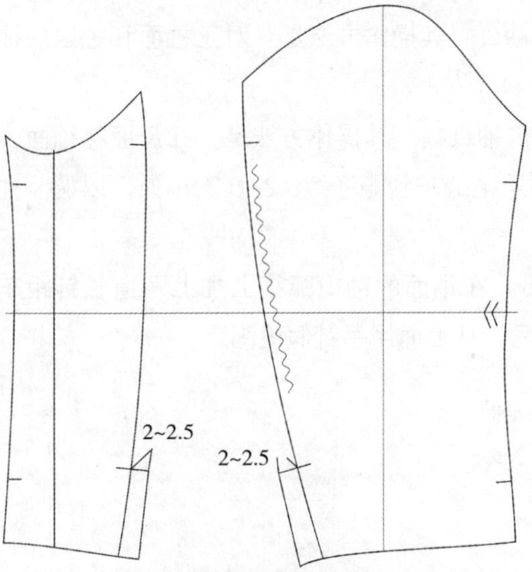

图3–65　做对位记号

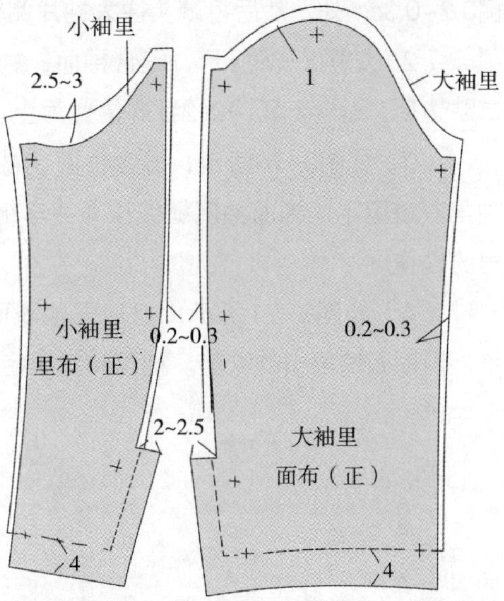

图3–66　配袖里

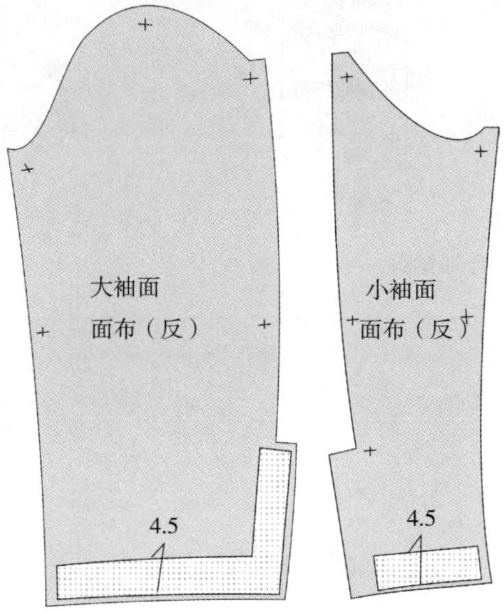

图3–67　袖口、袖衩贴黏合衬

（二）缝制步骤

1. 袖衩为封闭型的缝制方法

（1）如图3–68所示，缝合袖面、袖里的后袖缝线。其操作方法是：先缝合袖面的后袖缝线，然后将小袖片的开衩止点打剪口，袖衩贴边折向大袖片。里袖的车缝在完成线外侧0.2~0.3cm处，然后将缝头往大袖片侧烫倒。

（2）如图3—69所示，缝合袖面、袖里的袖口。其操作方法是：对正袖面和袖里的袖口贴边后，缝合到距净线2针的位置为止。

（3）如图3—70所示，缝合袖面、袖里的前袖缝线。其操作方法是：在反面将袖面、袖里假缝固定，袖面袖底缝线按净线车缝，袖里袖缝车到距净线0.2~0.3cm处，以调节袖里的松量。

（4）如图3—71所示，把袖里往表面翻出，在袖面的袖山弧线上加上两道长针距车缝，用以归缩袖山的吃势。袖面和袖里定型以后，从上面用手针假缝固定。

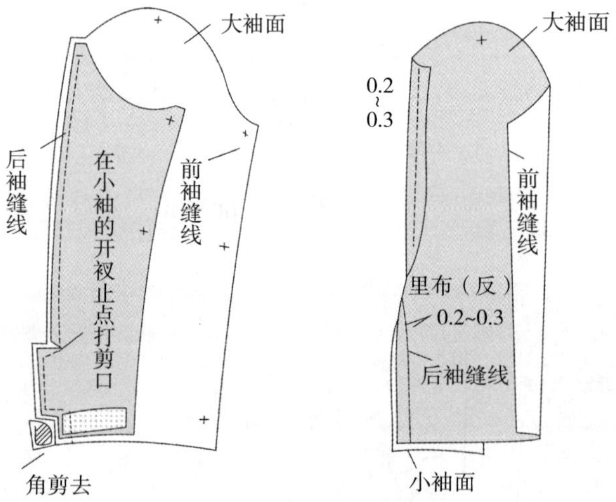

图3–68　缝合外袖缝

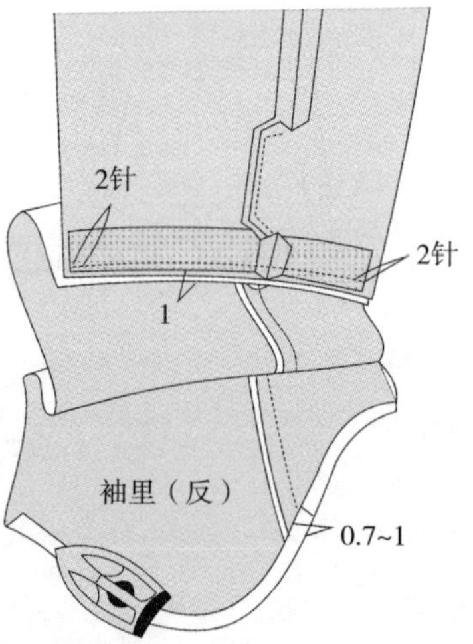

图3–69　缝合袖口

图3–70　缝合内袖缝

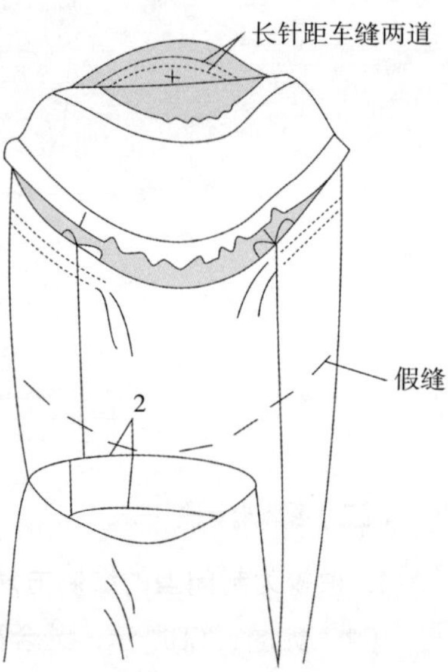

图3–71　处理袖子

（二）袖衩为活动型袖子的缝制方法

（1）如图3–72所示，配袖里。

（2）如图3–73所示，在袖面的袖口及袖衩贴边烫上黏合衬。

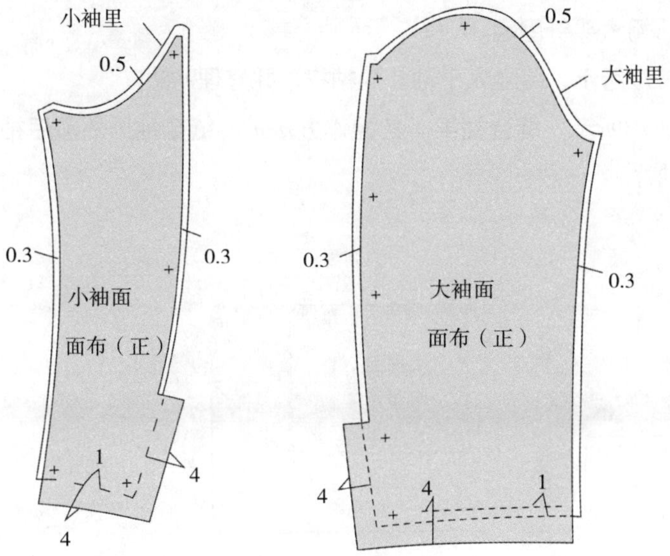

图3–72 配袖里

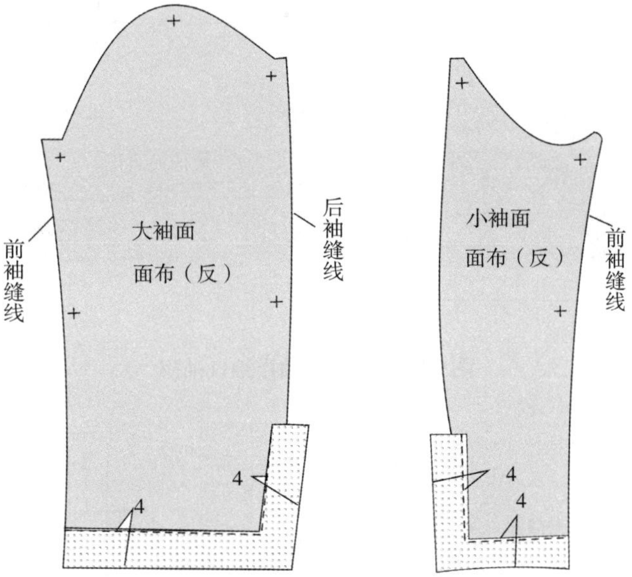

图3–73 贴袖口及袖衩贴片烫黏合衬

（3）如图3–74所示，将大袖片面的袖口用画粉作出袖衩的缝合记号。

（4）如图3–75所示，缝合大袖片袖口衩口。其操作方法是：先将面布大、小袖片的前袖缝合线，并分缝烫开，然后按大袖片面的袖口画粉记号车缝袖开衩。缝线距离袖口边1cm，并回针固定，最后剪去袖衩的尖角部分。

（5）如图3–76所示，缝合小袖片袖口袖衩。其操作方法是：先将袖口贴边按净线折叠4cm烫平，并在距袖口贴边1cm处车缝固定小袖衩。然后车缝后袖缝线，最后将小袖口贴边沿1cm折倒，用大头针固定。

（6）如图3–77所示，缝合大小袖片的袖衩，并整理贴边。

（7）如图3–78所示，缝合袖里。其操作方法是：缝合袖里的前后袖缝，并将缝头坐倒0.3cm烫向大袖片。

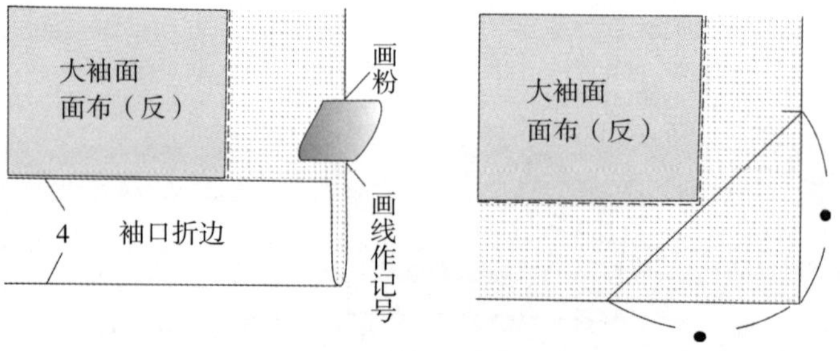

图3–74　做缝合记号

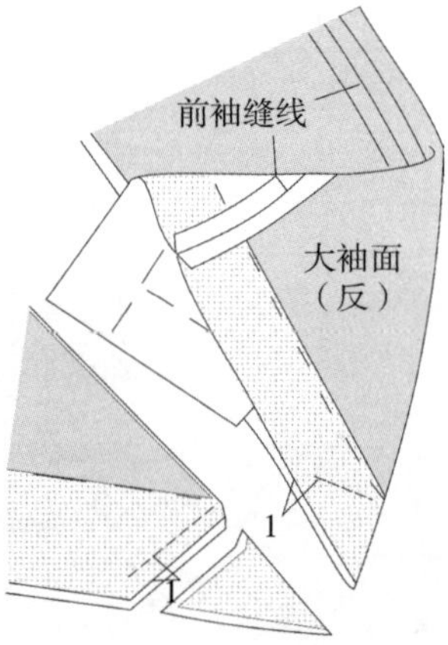

图3–75　缝合大袖片袖口衩口

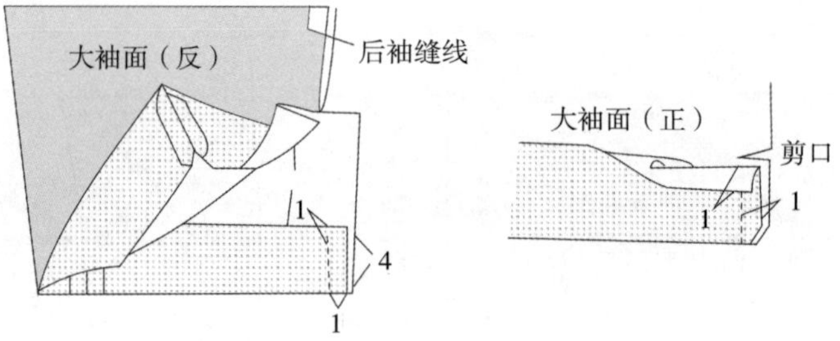

图3–76　缝合小袖片袖口袖衩

图3–77　缝合大小袖片的袖衩，整理贴边

（8）如图3–79所示，缝合袖口。其操作方法是：缝合面、里袖的袖口，并用三角针加以固定。

（9）如图3–80所示，翻袖里。其操作方法是：将袖里翻出，整理大袖片里的袖口贴边，然后在大袖片面的袖山弧线外用密绗针缝上两道线。

（10）如图3–81所示，翻袖面。其操作方法是：将袖面向外翻出，用手抽紧密绗缝线，然后将它置于烫凳上把袖褶烫平。

（11）装袖等工序参见有里布的长袖。

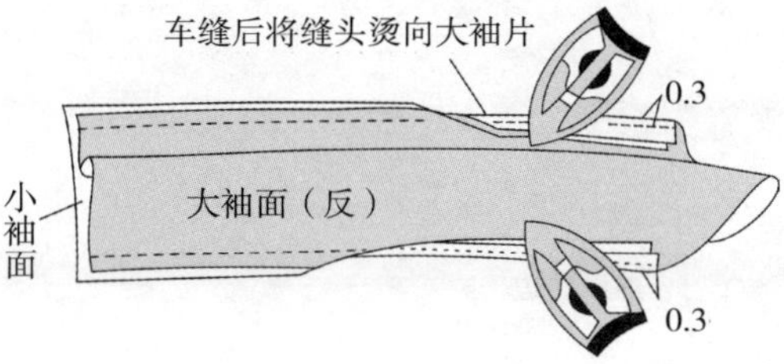

图3–78 缝合袖里

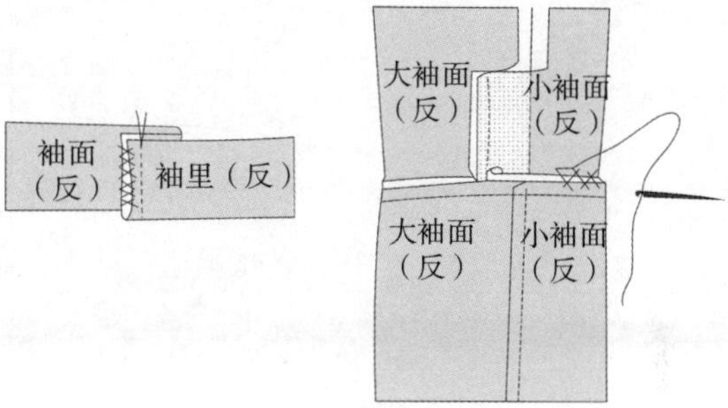

图3–79 缝合袖口

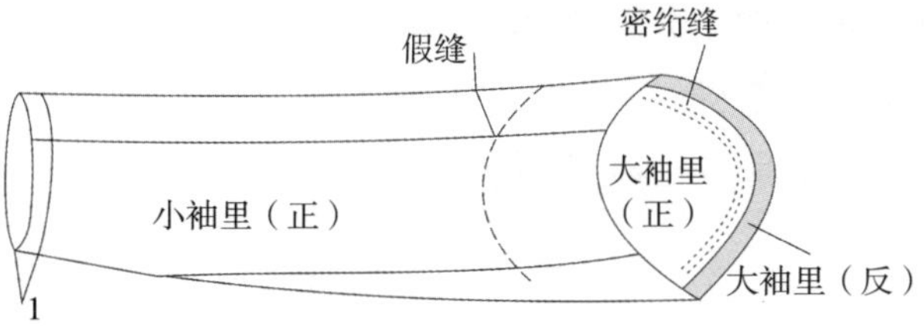

图3–80 翻袖里

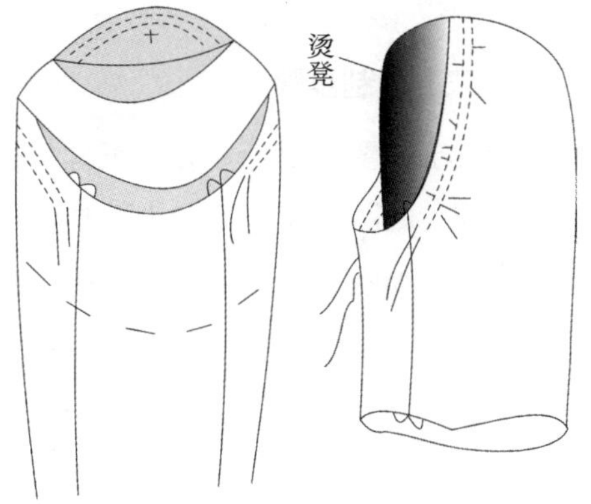

图3–81 翻袖面

五、袖山打褶的礼服袖（图3–82）

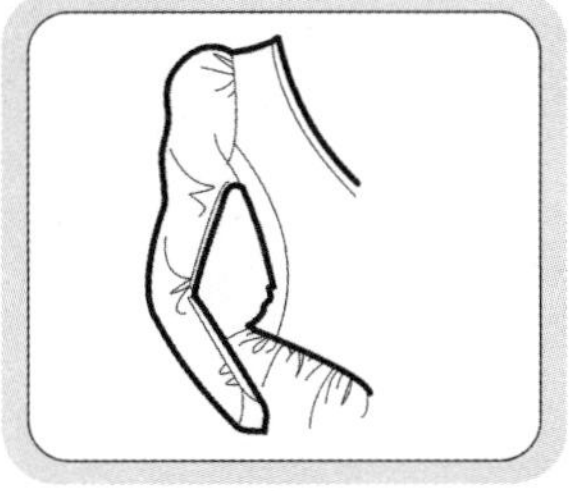

图3–82 袖山打褶的礼服袖

（一）缝制准备

如图3-83所示，在袖山褶裥处做标志。

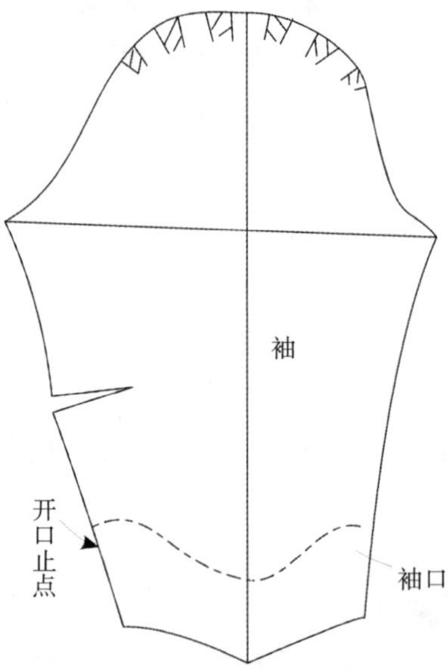

图3-83 标出袖山褶裥位

（二）缝制步骤

（1）如图3-84所示，用纸样折叠袖山的褶裥，修正缝头，归拔袖肘位。

（2）如图3-85所示，在贴边的反面烫上黏合衬。

（3）如图3-86所示，将里布用手缝针将其固定在袖面的缝头上。

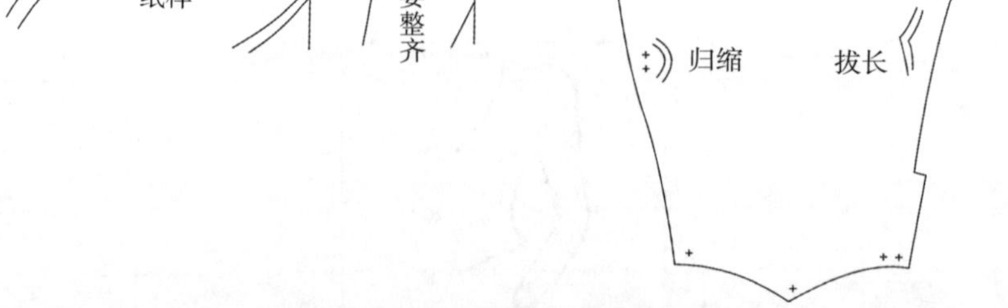

图3-84 修正袖山，归拔袖肘位

（4）如图3–87所示，先将扣襻缝制好，用手针假缝或车缝在净线外0.3cm处将其固定在袖衩的缝头上。

（5）如图3–88所示，将袖口贴边与袖片缝合，为使袖口边不收缩，贴边缝合后，在缝头的弯曲部位剪口。然后往正面翻出，用熨斗将袖口边烫成里外匀，再假缝固定。

（6）如图3–89所示，用熨斗把前后袖肘的位置加以归拔定型。把贴边挪开后，合袖底缝，缝合到袖下的开衩点为止，然后手缝固定贴边。

（7）如图3–90所示，把袖山褶裥折好后，用手按住，用手针绗缝一道。对正袖子和衣片的对位记号后，车缝一周，注意不要弄乱褶裥的方向。袖山的缝头要多留一些，以支撑褶裥。

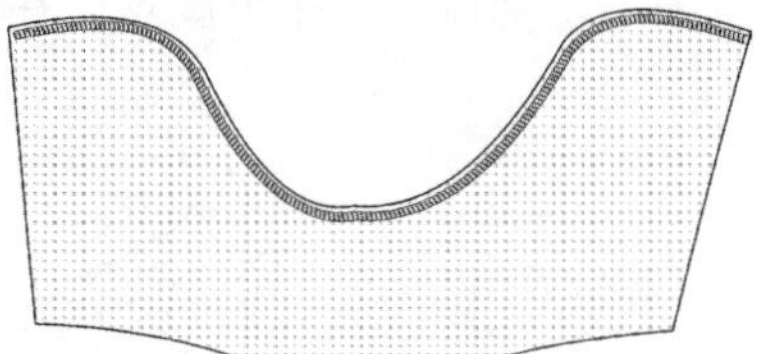

图3–85　贴袖口贴边黏合衬

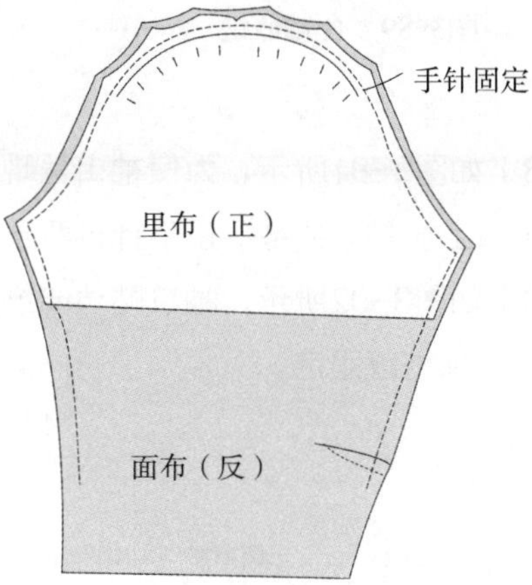

图3–86　固定袖里

图3–87　固定扣襻

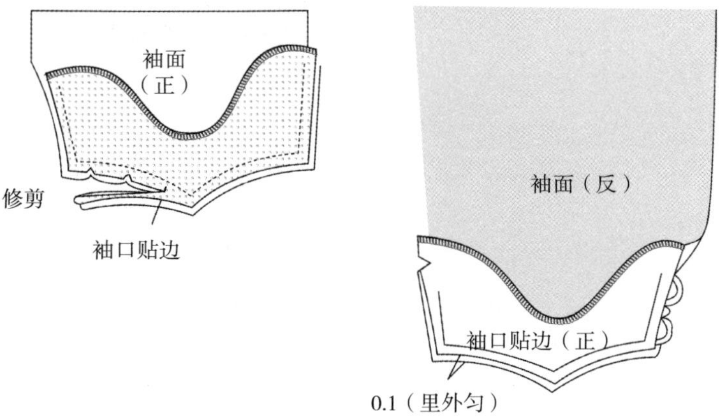

图3–88　处理袖口贴边

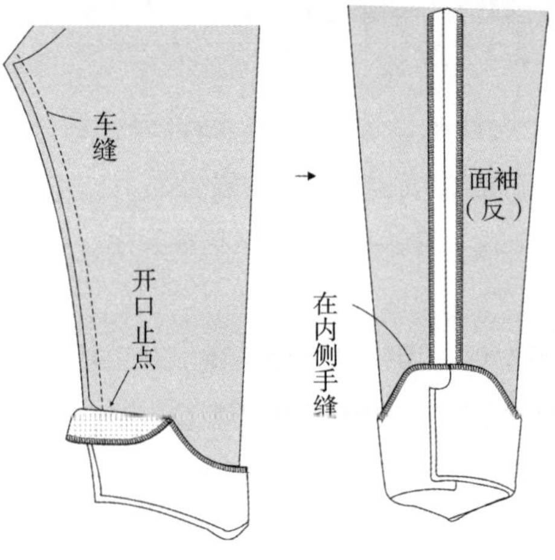

图3–89　合袖底缝

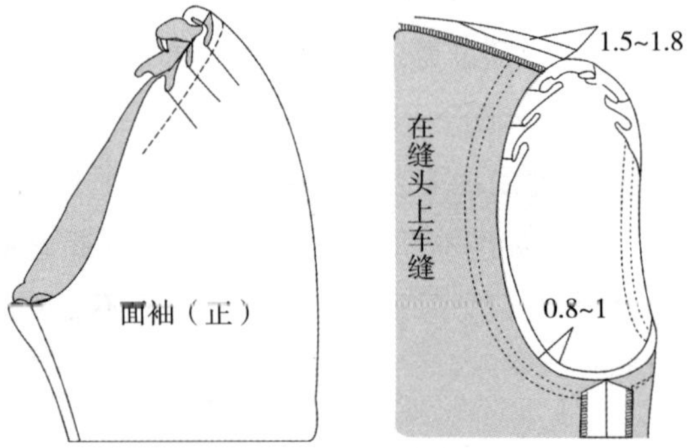

图3–90　袖子与袖窿固定

（8）如图3–91所示，为使袖山呈现蓬松感，使用珠罗纱作袖山垫布，用回针缝将其固定在袖山上。袖窿的缝头用手针将两层一道手缝固定。

（9）如图3–92所示，袖口贴边暗缲缝与袖面固定，袖口里襟手缝固定，在贴边袖口内侧要加上星点缝固定。

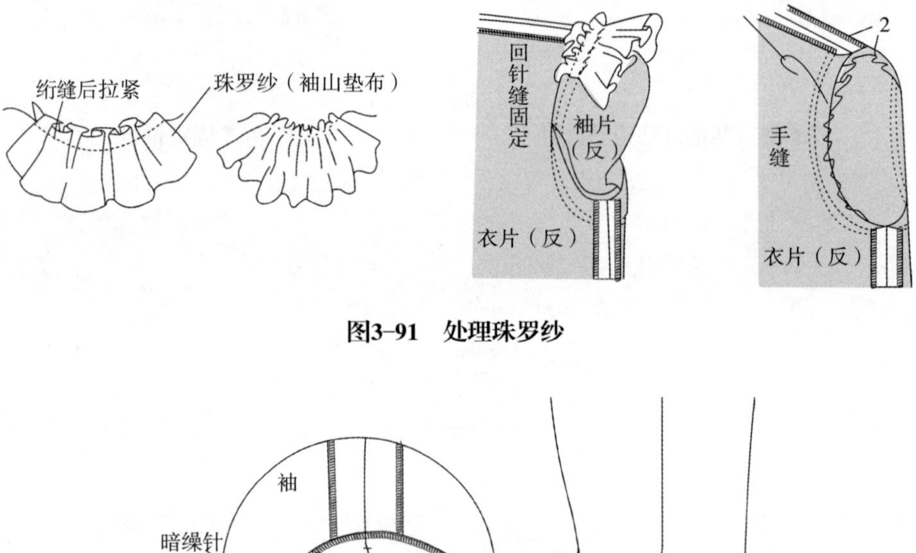

图3–91　处理珠罗纱

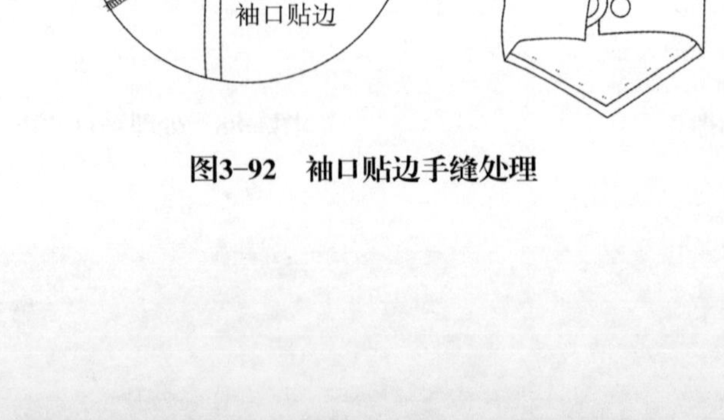

图3–92　袖口贴边手缝处理

六、泡泡袖（图3–93）

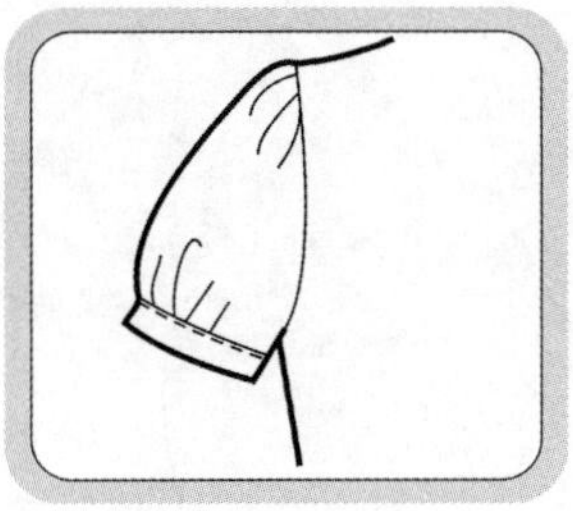

图3–93　泡泡袖

（一）缝制准备

如图3–94所示，袖片四周各放1cm缝头，袖克夫放出1倍的宽度后，再在四周放1cm缝头。

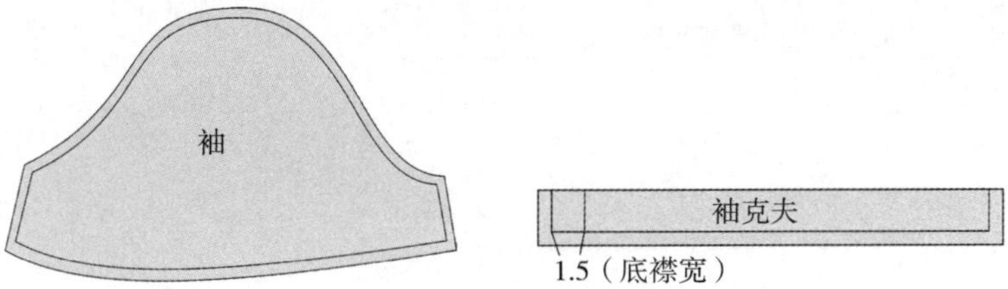

图3–94　缝头加放

（二）缝制步骤

（1）如图3–95所示，先将针距放长，在袖山和袖口位置车缝，车至抽褶点为止。

（2）如图3–96所示，抽拉缝线，使袖山的长度与袖窿的长度等长，抽褶要均匀。

（3）如图3–97所示，将袖山与袖窿正面相对，对准对位记号，粗缝固定，翻转到正面，检查袖山的状况，然后缉缝，将两个缝头一起进行包缝。

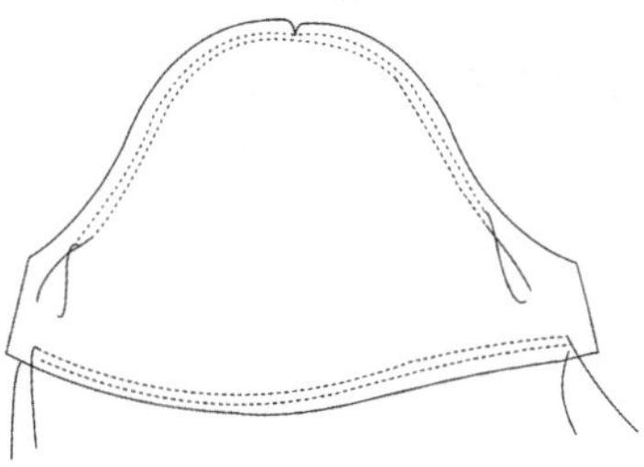

图3–95　长针距车缝袖山和袖口

（4）如图3–98所示，缝合袖底缝和侧缝，袖底缝缝至开衩止点。

（5）如图3–99所示，做袖克夫。袖克夫反面烫上黏合衬，对折后两端缝合，分缝烫开翻至正面烫至呈完整形状。

（6）如图3–100所示，将袖开衩缝头折进，缉明线，抽袖口缝线，使袖口长度与袖克夫的长度相等。

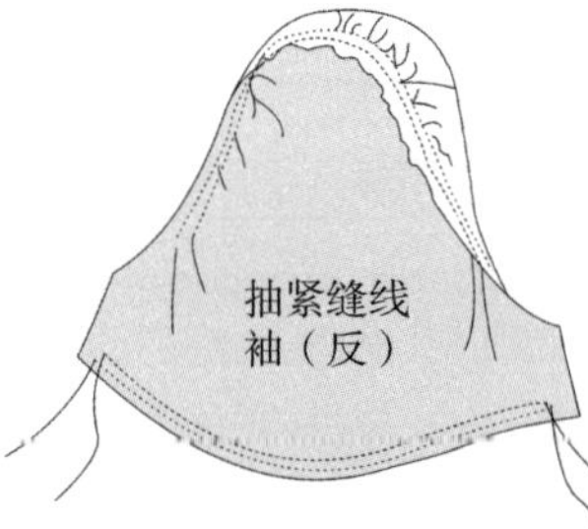

图3-96 抽袖山

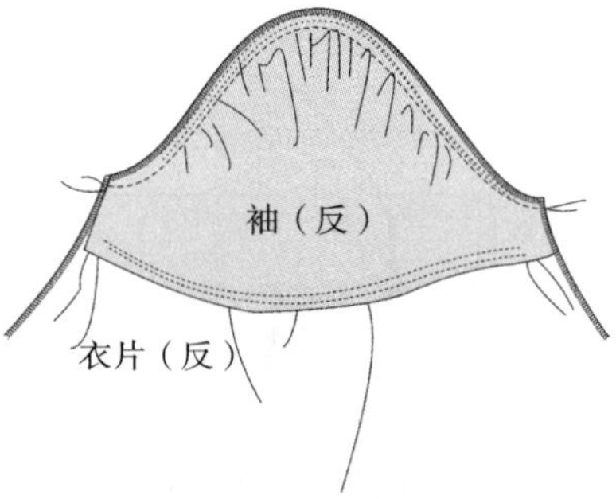

图3-97 装袖

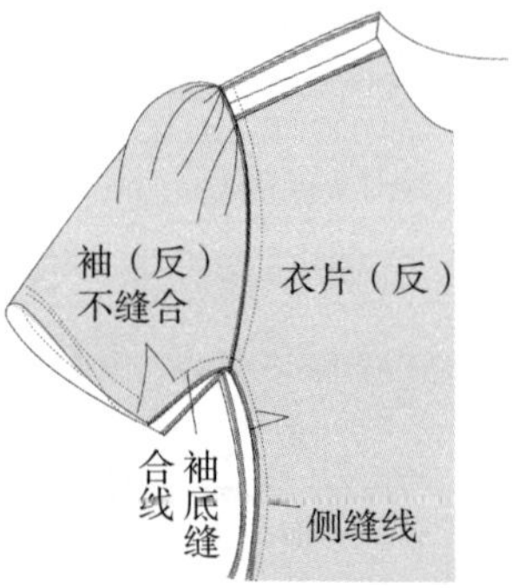

图3-98 缝合袖底缝和侧缝

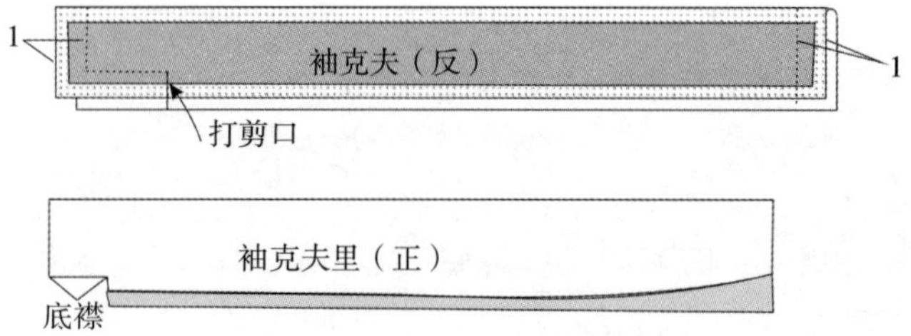

图3-99 处理袖克夫

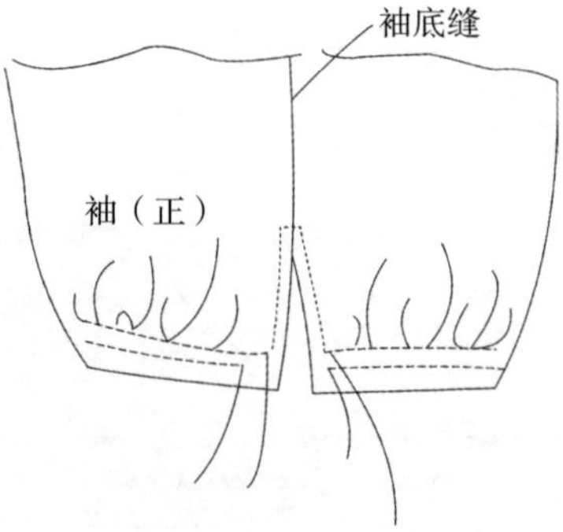

图3-100 抽袖口

（7）如图3-101所示，将袖克夫的正面与袖口正面相对叠合，将袖克夫与袖口假缝或用大头针固定，然后车缝。

（8）如图3-102所示，车缝后拆去假缝线，然后将袖克夫里侧与袖子手缝固定，锁眼钉扣。

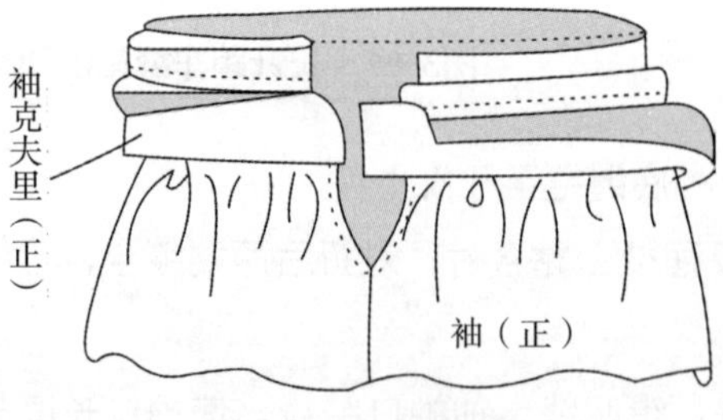

图3-101 绱袖克夫

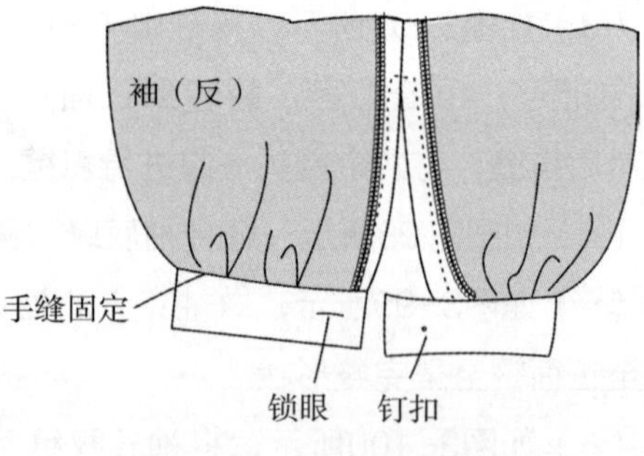

图3-102 固定袖克夫里

第三节　连衣袖

一、连裁式短袖（图3–103）

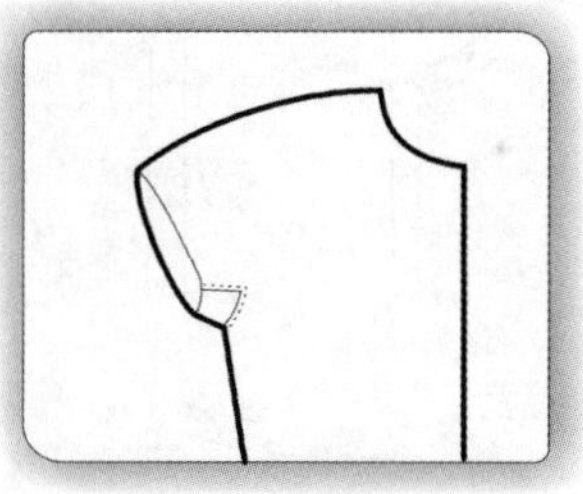

图3–103　连裁式短袖

（一）缝制准备

结构制图如图3–104所示。

缝头加放如图3–105所示。

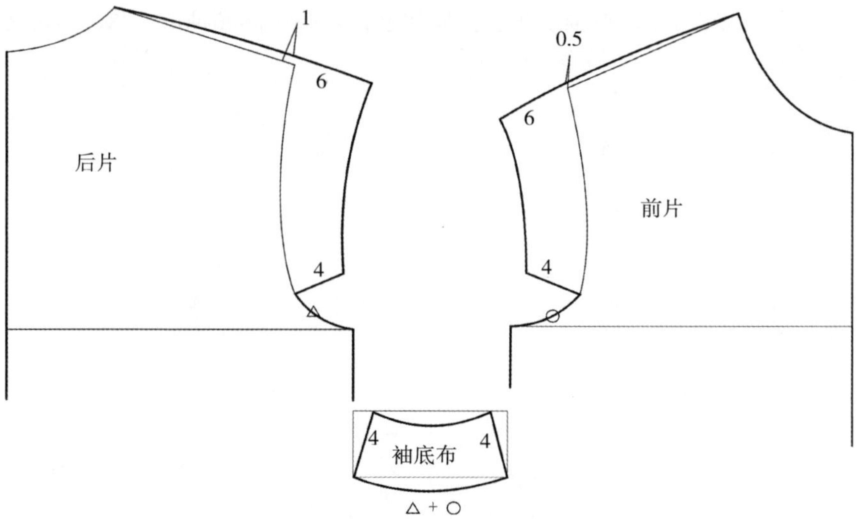

图3–104　结构图

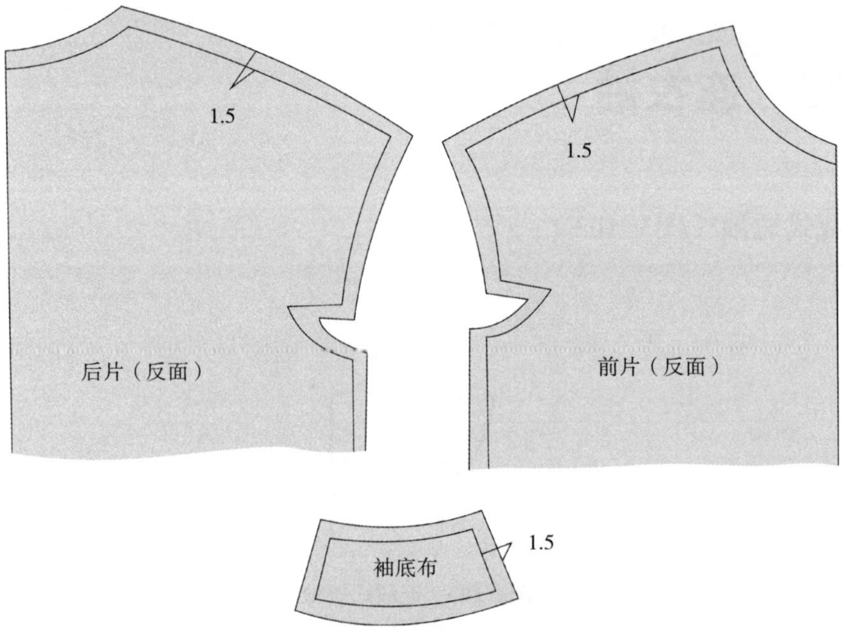

图3-105 缝头加放

（二）缝制步骤

（1）如图3-106所示，缝合前、后衣片的侧缝线，分缝烫平。在袖窿拐角处放一块垫布，使垫布的正面与衣片的正面相对，车缝拐角，打剪口，将垫布向里翻折并同时扣折1cm的缝头。

（2）如图3-107所示，将袖底布的正面朝上，对齐袖窿和袖口，缉0.1~0.2cm明线，然后包缝。

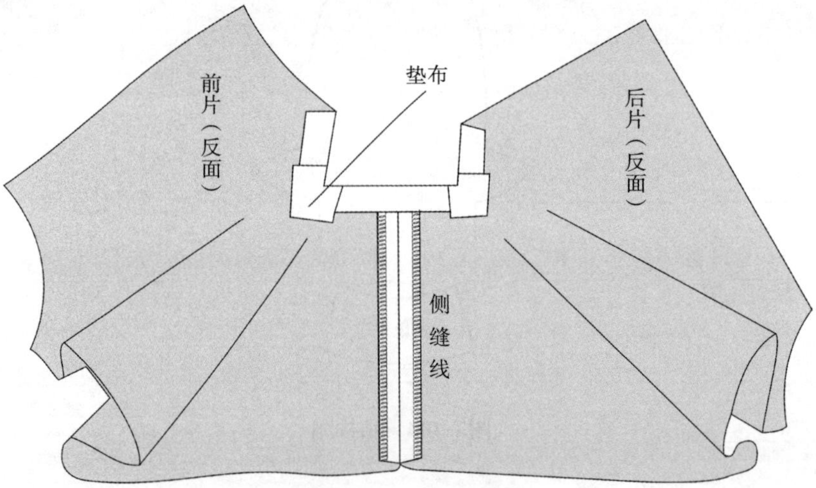

图3-106 缝合拐角垫布

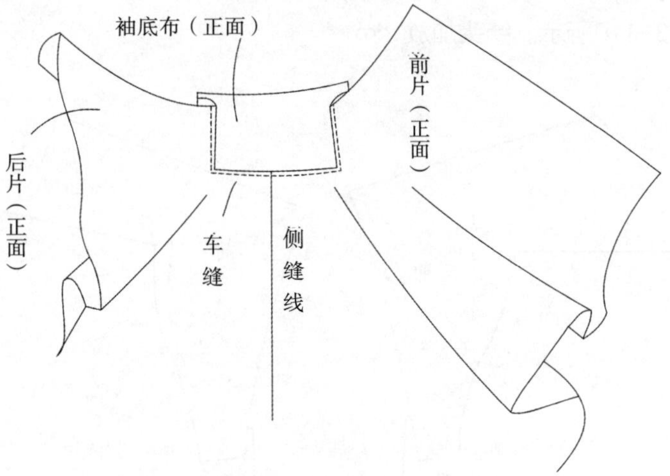

图3-107　缝合袖底布

（3）如图3-108所示，缝合前、后衣片的肩线，分缝烫平。在袖口上缝一条45°斜条，扣烫缝头，弧度较大处打剪口，用手针将斜条缲缝固定到衣身上。

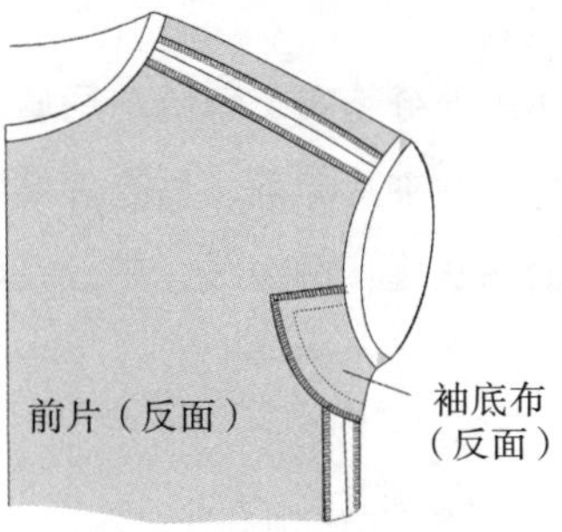

图3-108　处理袖口

二、插肩袖式短袖（图3-109）

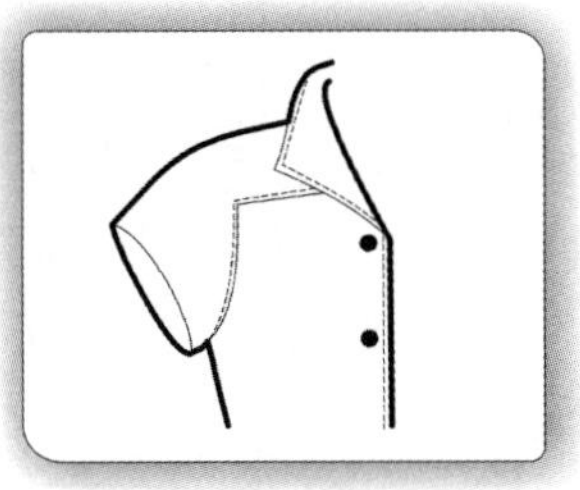

图3-109　插肩袖式短袖

（一）缝制准备

结构图如图3–110所示。缝头加放1cm。

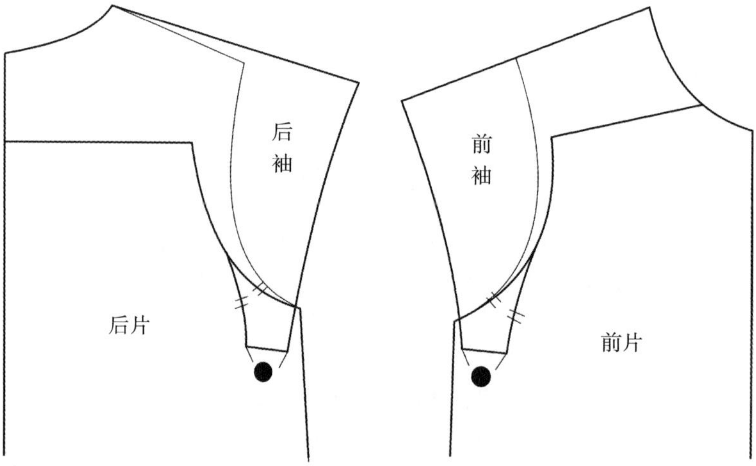

图3–110　结构图

（二）缝制步骤

（1）如图3–111所示，在拐角处缝垫布，包缝前后肩缝，缉缝并分烫缝头。

（2）如图3–112所示，将前、后袖片与前、后衣片缝合，并将双层缝头一起包缝。

（3）如图3–113所示，车缝袖底缝和侧缝线，并分缝烫平。

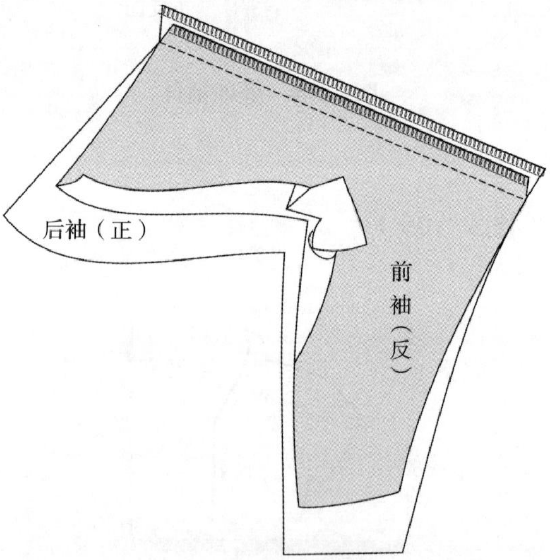

图3–111　缝合肩缝

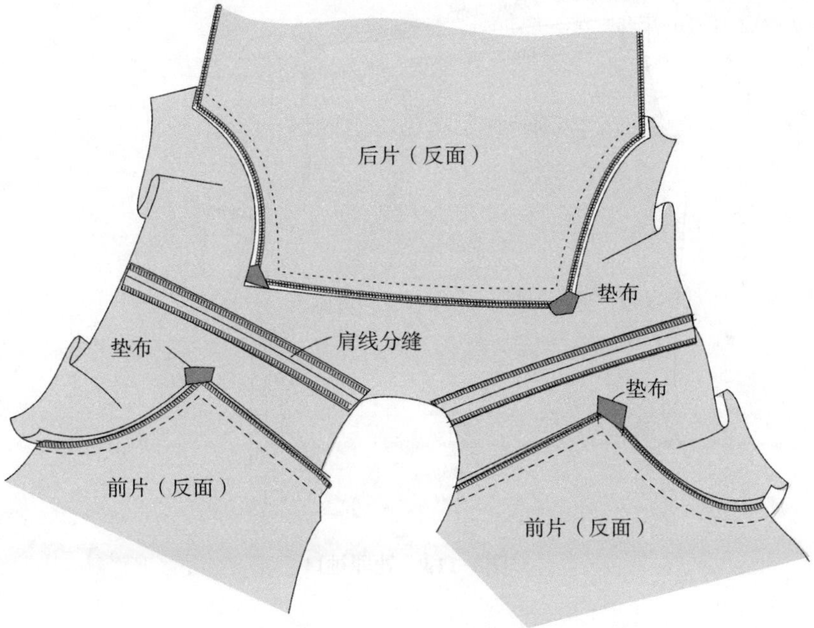

图3-112 缝合前、后袖片与前、后衣片

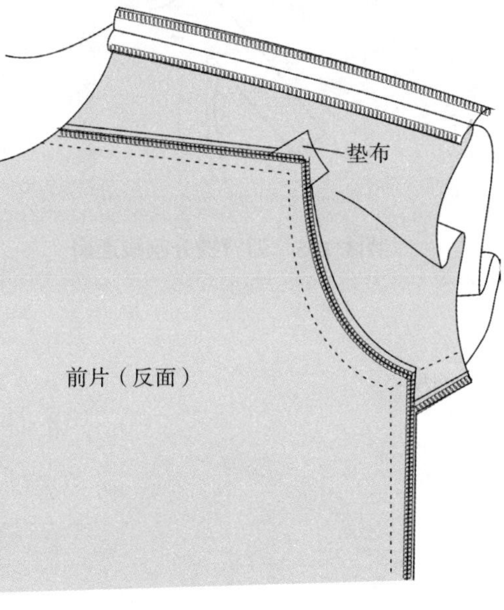

图3-113 缝合袖底缝和侧缝

（4）如图3-114所示，在袖口上缝一条45°斜条，扣烫缝头，弧度较大处打剪口，用手针将斜条缲缝固定到衣身上。

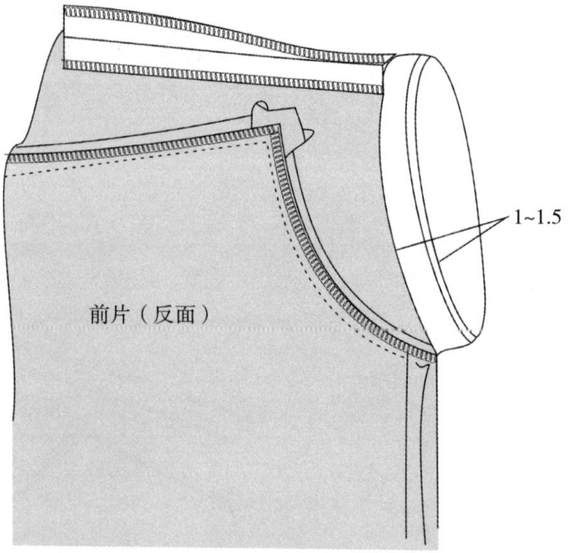

图3-114　处理袖口

三、刀背缝分割线连肩袖（图3-115）

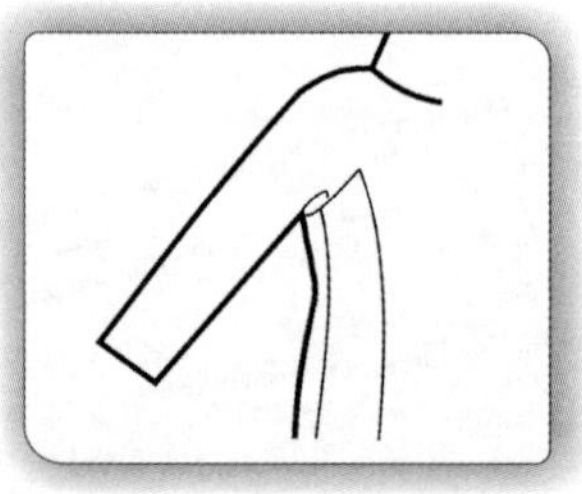

图3-115　刀背缝分割线连肩

（一）缝制准备

如图3-116所示，裁剪垫布。

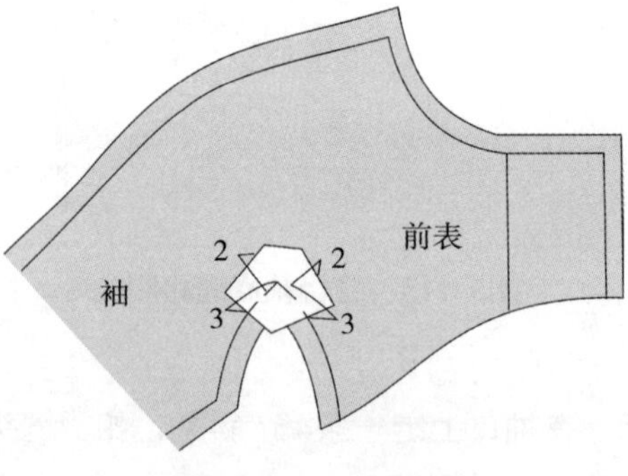

图3-116　配垫布

（二）缝制步骤

（1）如图3–117所示，将垫布与正面相对，缉缝，剪开剪开线，修剪垫布剪开线处缝头。

（2）如图3–118所示，沿缝线扣烫垫布并向上推。

（3）如图3–119所示，将A和B段做对位记号。

（4）如图3–120所示，将正面相对叠合缉缝。

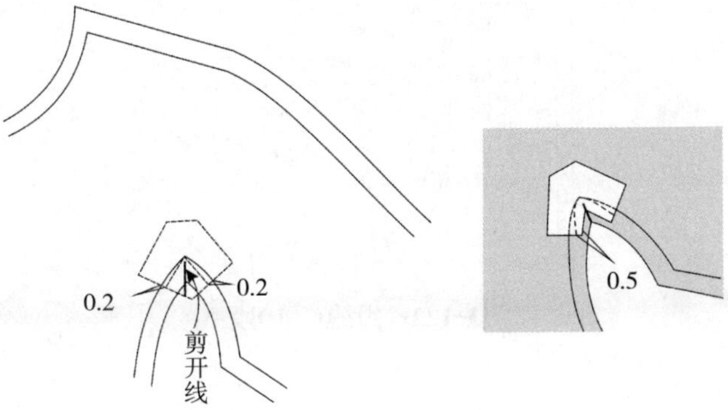

图3–117　缝合垫布

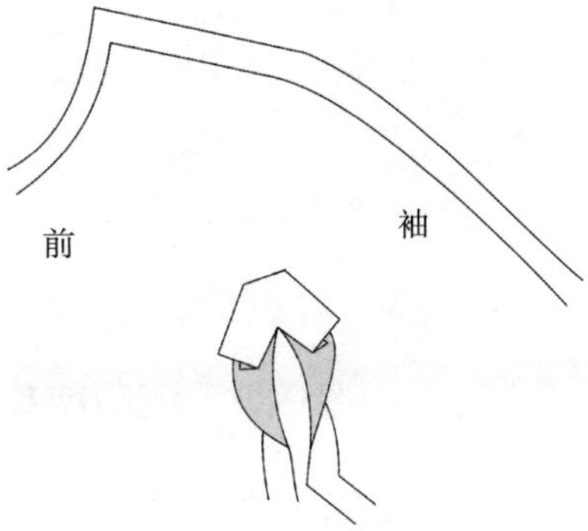

图3–118　处理垫布

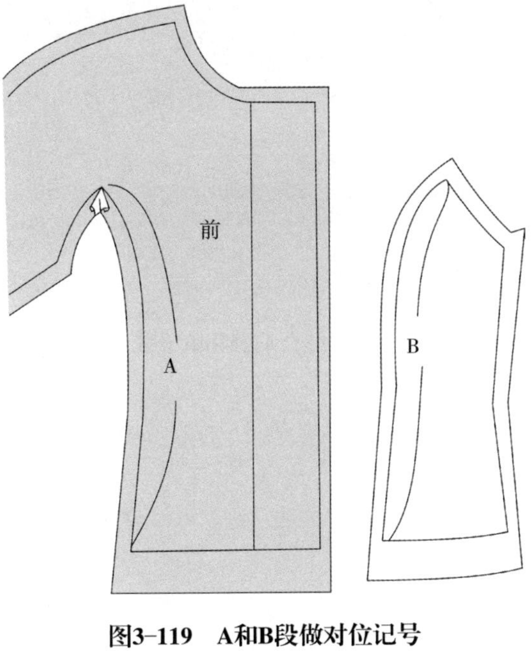

图3–119　A和B段做对位记号

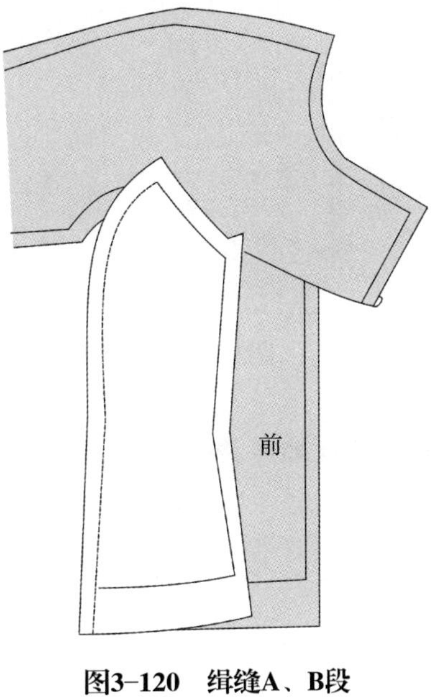

图3–120　缉缝A、B段

（5）如图3–121所示，分烫刀背缝，比对C和D段的长度。

（6）如图3–122所示，将C和D段正面相对，缉缝。

（7）如图3-123所示，修剪垫布，使其与衣片缝头大小相近。

（8）如图3-124所示，合肩缝和腋下缝。

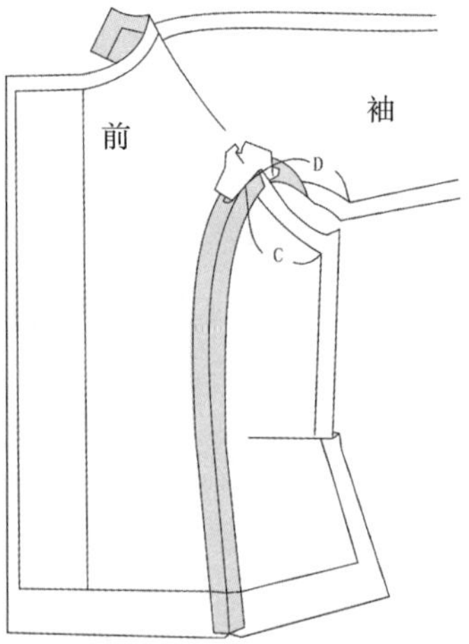

图3-121　分烫刀背缝

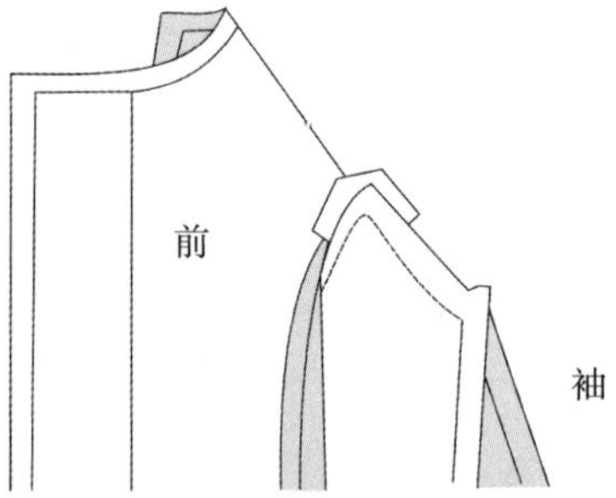

图3-122　缉缝C和D段

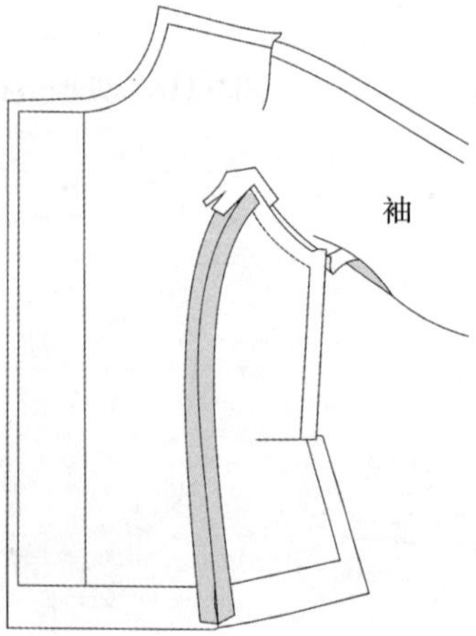

图3-123　修剪垫布

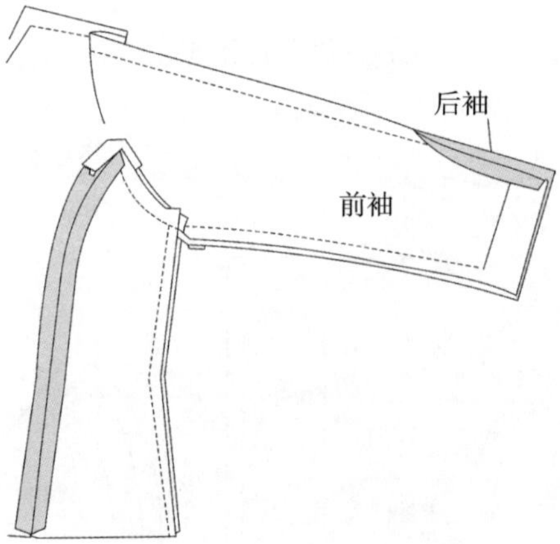

图3-124　缝合肩缝和腋下缝

四、肩章袖（图3-125）

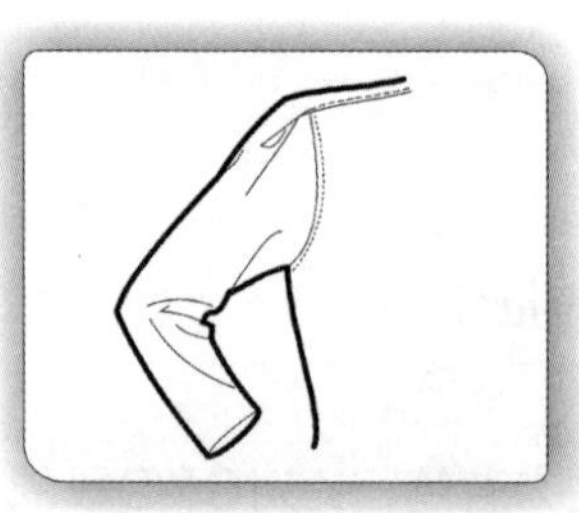
图3-125　肩章袖

（一）缝制准备

如图3–126所示，在袖片上标出缝头和褶裥的位置与大小。

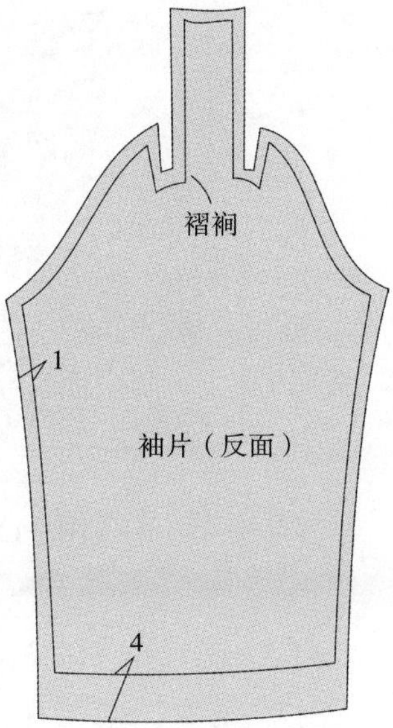

图3–126　标出缝头和裥位

（二）缝制步骤

（1）如图3–127所示，先将前袖山弧线与前衣片袖窿线缝合，再将后袖山弧线与后衣片袖窿线缝合。

（2）如图3–128所示，分别缝合前后肩线，包缝。

（3）如图3–129所示，缉明线。

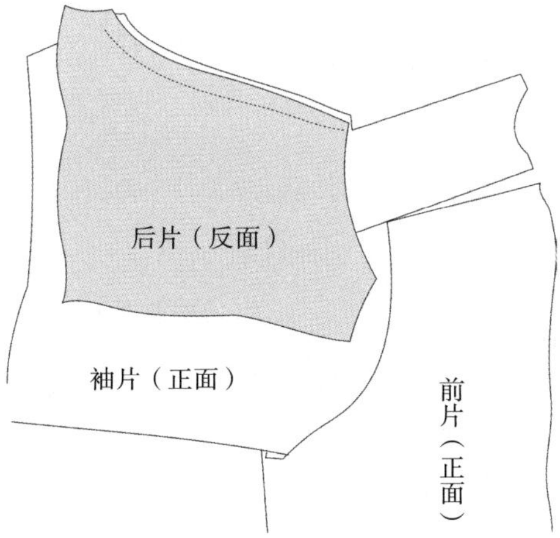

图3–127　缝合袖山与袖窿

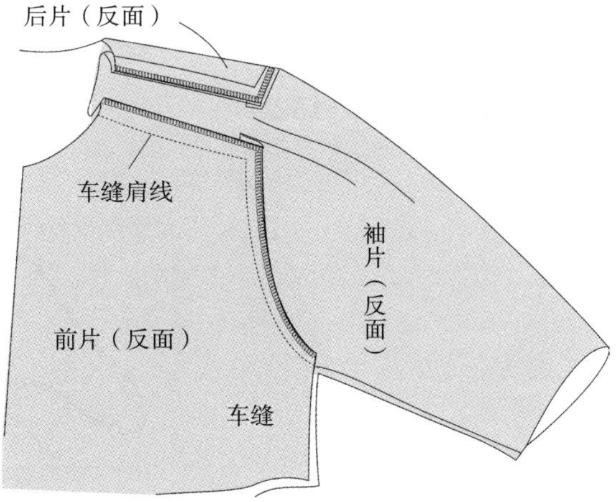

图3–128　缝合前后肩缝

（4）如图3-130所示，缝合袖底缝和侧缝线，然后包缝。

（5）如图3-131所示，熨烫整理。

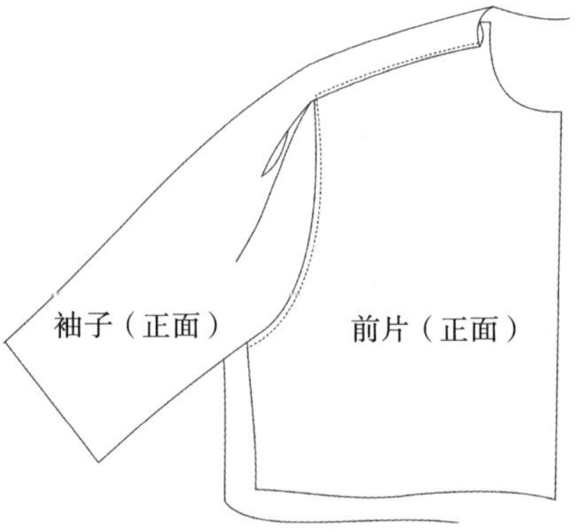

图3-129　缉明线

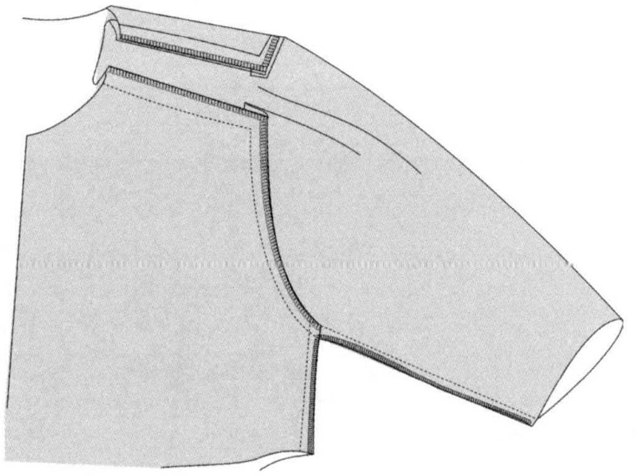

图3-130　缝合袖底缝和侧缝

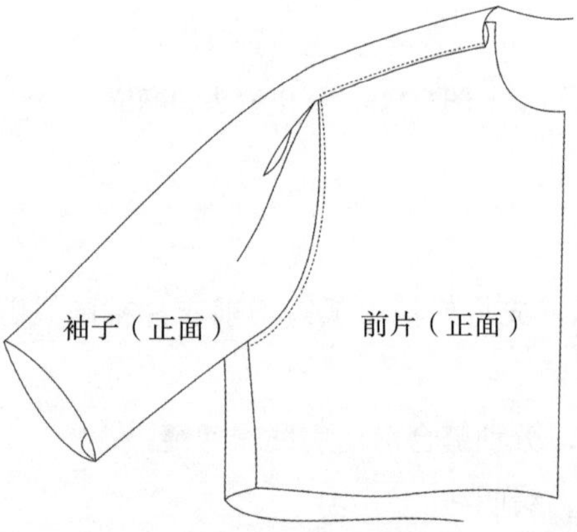

图3-131　熨烫整理

五、连身袖（图3-132）

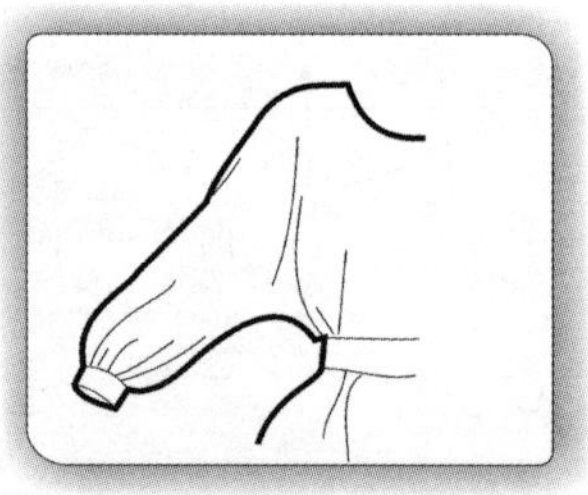

图3-132　连身袖

（一）缝制准备

裁片加放1.5cm的缝头。

（二）缝制步骤

如图3-133所示，缝合肩袖线，缝头为1.5cm。缝合袖底缝和侧缝线，为了便于分缝，在袖底缝部位将缝头修剪成0.7cm。

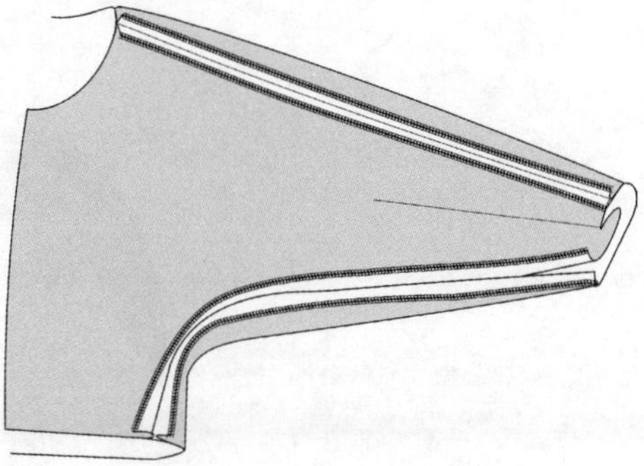

图3-133 合袖底缝和侧缝

六、插肩袖（图3-134）

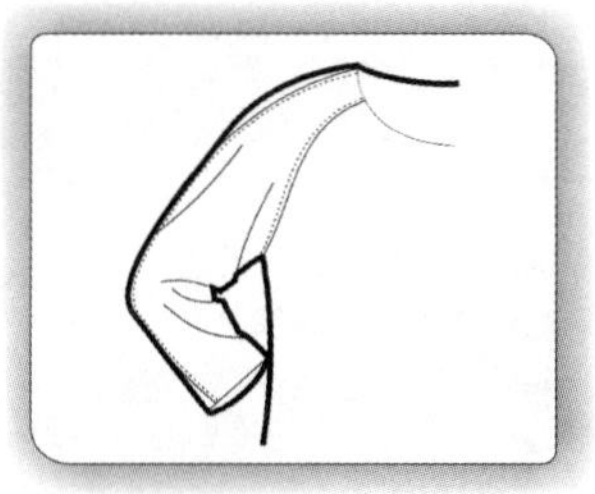

图3-134 插肩袖

（一）缝制准备

如图3-135所示，将后肩部的弧线归直，在后袖肩端位置敷牵条。

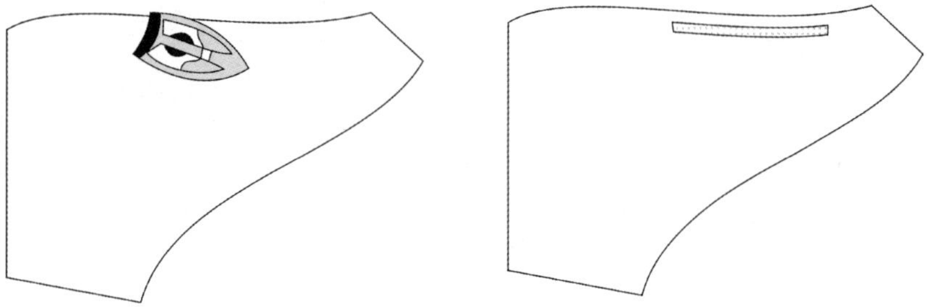

图3-135 袖片处理

（二）缝制步骤

（1）如图3–136所示，在袖口位置贴上黏合衬后，将前后袖正面相对叠合，缉缝。

（2）如图3–137所示，将缝头扣烫倒向后袖。

（3）如图3–138所示，缉明线压住缝头，缉一道、两道明线均可。合袖底缝，分烫。扣烫折边。

（4）如图3–139所示，对齐前后袖窿与袖山弧线车缝，缉缝，为增加牢度在袖底缝位置可以缉缝两道。

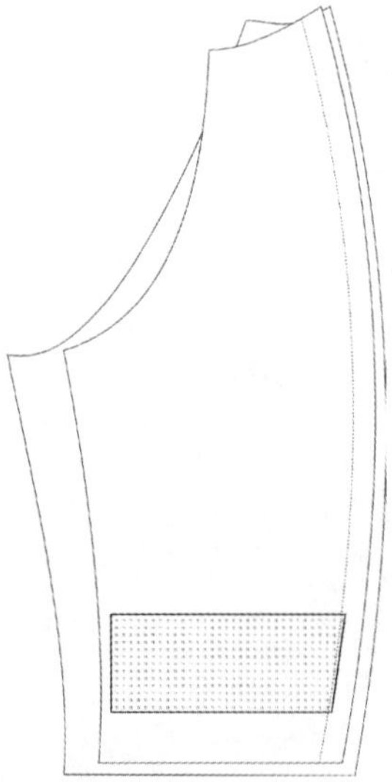

图3–136　合袖片

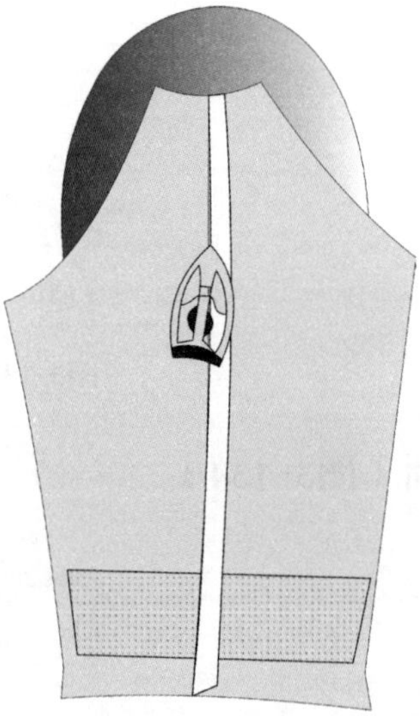

图3–137　烫缝头

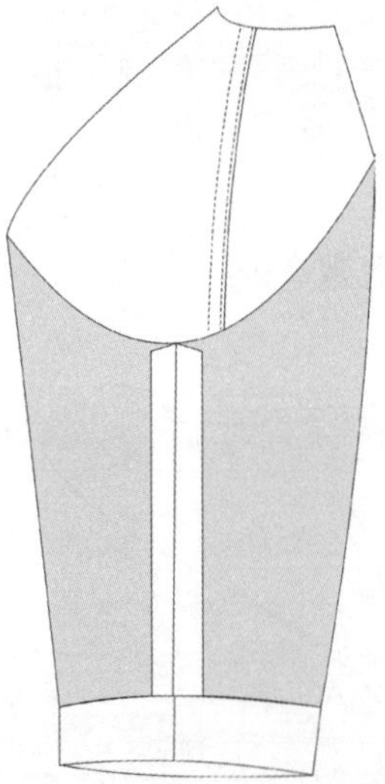

图3–138　缉明线，合袖底缝

图3–139　装袖

第四节　袖口及其他

一、筒状袖头（图3-140）

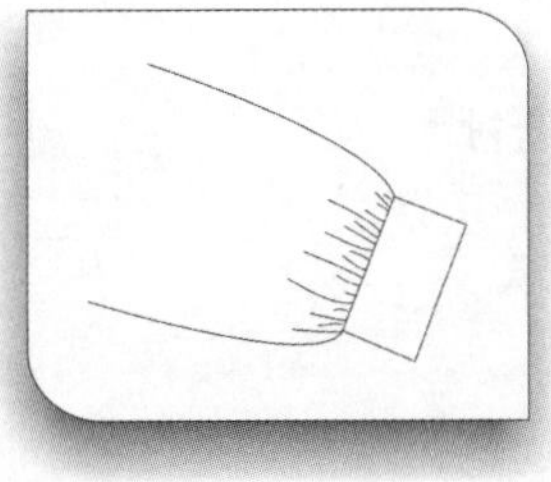

图3-140　筒状袖头

（一）缝制准备

如图3-141所示，配袖头。

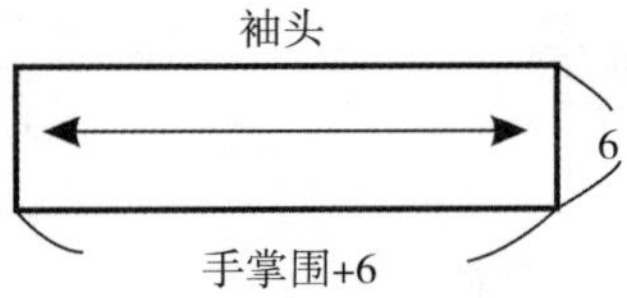

图3-141　配袖头

（二）缝制步骤

（1）如图3-142所示，袖底缝头用包缝机包缝。袖口用拱针平缝后抽碎褶，距两端缝2cm左右没有褶。袖口的缝头理顺用熨斗烫好，以使碎褶平顺。

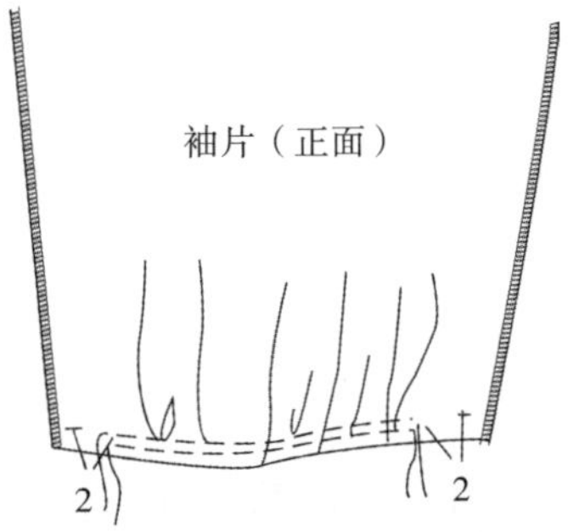

图3-142　袖口拱针抽碎褶

（2）如图3-143所示，袖头面和袖头里连在一起裁剪，在反面粘贴黏合衬。

（3）如图3-144所示，将袖片和袖头正面相对缉缝，缝头倒向袖头一侧。

（4）如图3-145所示，将袖子的袖底缝与袖头一并缝合，劈缝熨烫。

（5）如图3-146所示，按照完成线扣折袖头缝份，将袖头里的缝头缭缝固定。

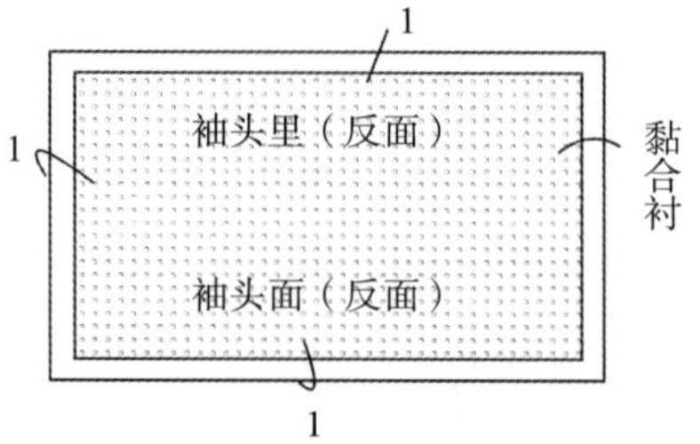

图3-143　袖头贴黏合衬

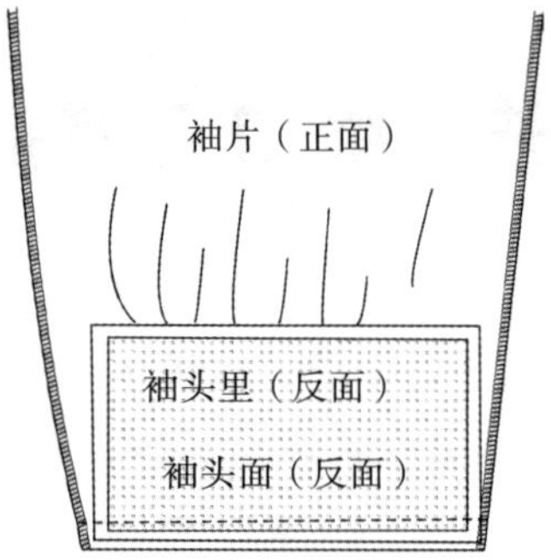

图3-144　袖头与衣袖缝合

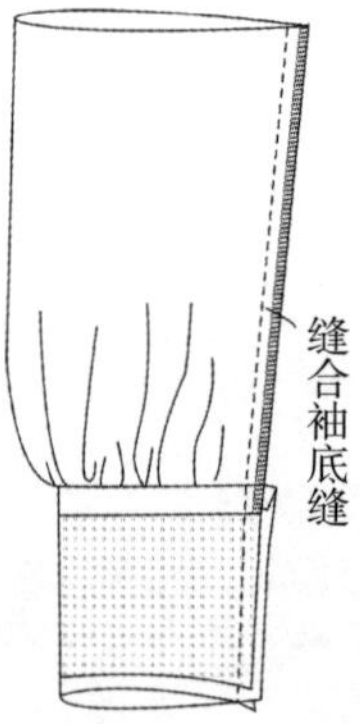

图3-145　缝合袖底缝

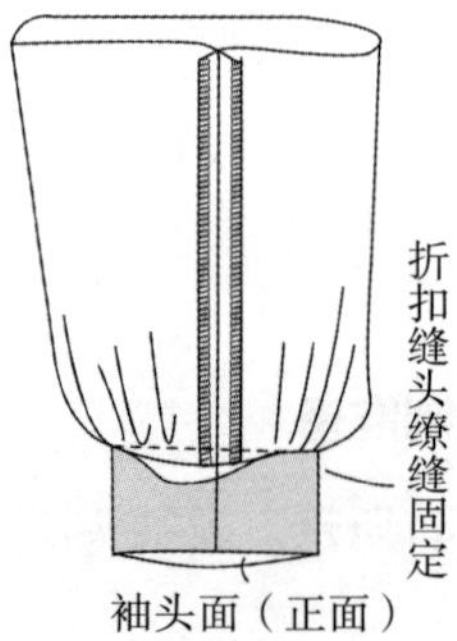

图3-146　整理袖头

二、翻袖头（图3-147）

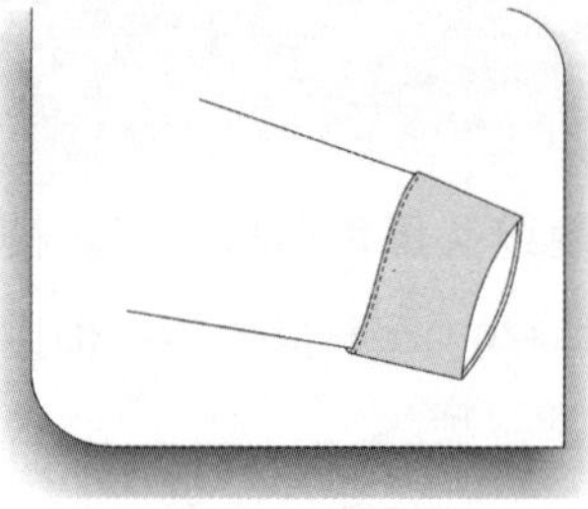

图3-147　翻袖头

（一）缝制准备

（1）如图3-148所示，配袖头。

（2）如图3-149所示，裁剪袖头。袖头里不论是使用与面料相同的布，还是使用里料，袖口处不加放缝头，在袖头面的反面粘贴黏合衬。

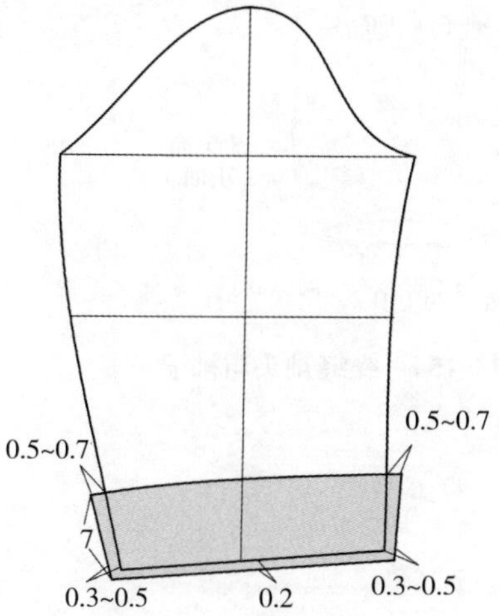

图3-148　袖头的配法

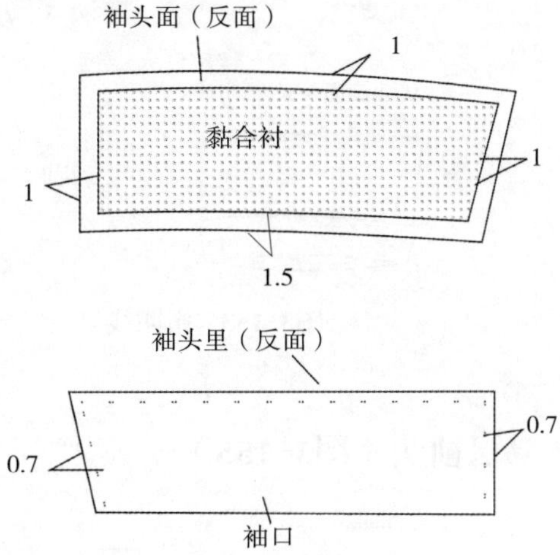

图3-149　裁剪缝头

（二）缝制步骤

（1）如图3-150所示，袖头面、袖头里正面相对，有缝头的一端对齐，缉缝0.7cm左右。

（2）如图3-151所示，翻至正面，袖头里不要反吐，把袖头面的袖口按照完成线折好。

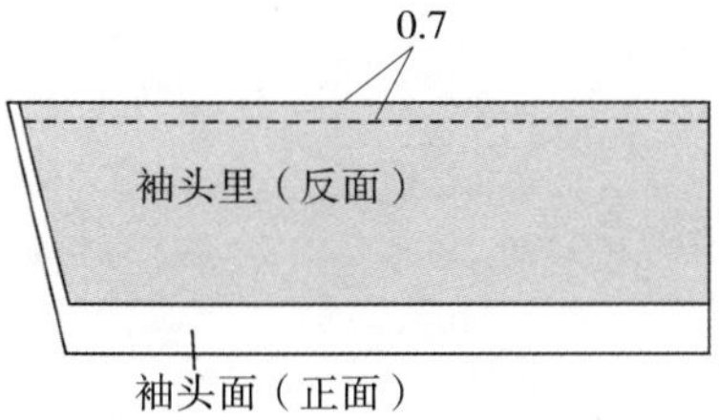

图3-150　缝合袖头面与里

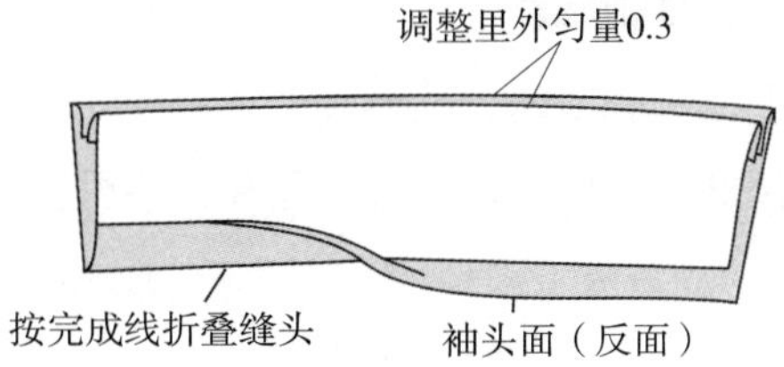

图3-151　整理袖头

（3）如图3-152所示，打开袖头，再一次正面相对，缝合袖底缝，缝头劈开。

（4）如图3-153所示，按照净缝线的形状整理袖头，在上端从袖头正面一侧缉明线，袖口处将袖头面的缝头用三角针固定在袖头里上。

（5）如图3-154所示，在完成的袖口上，把袖头吐出0.2cm，用线缭缝，在袖头上端用1~2个0.5cm长度的线襻儿固定在袖子上。

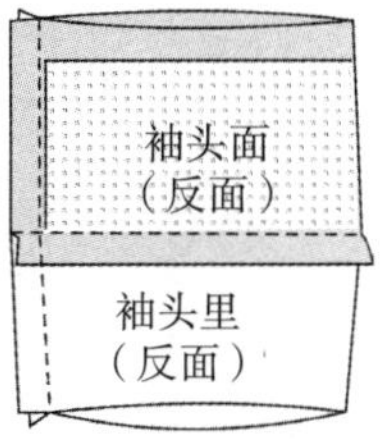

图3-152　缝合袖底缝

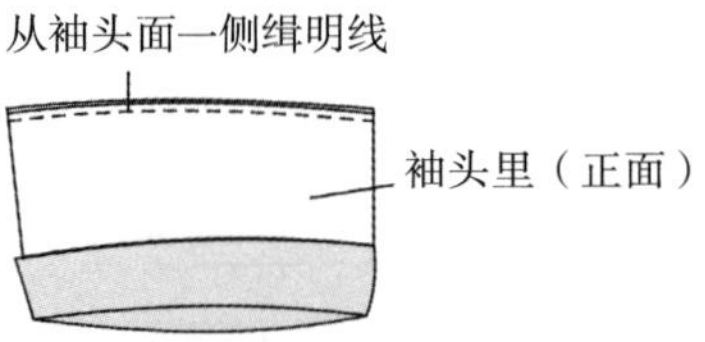

图3-153　缉明线

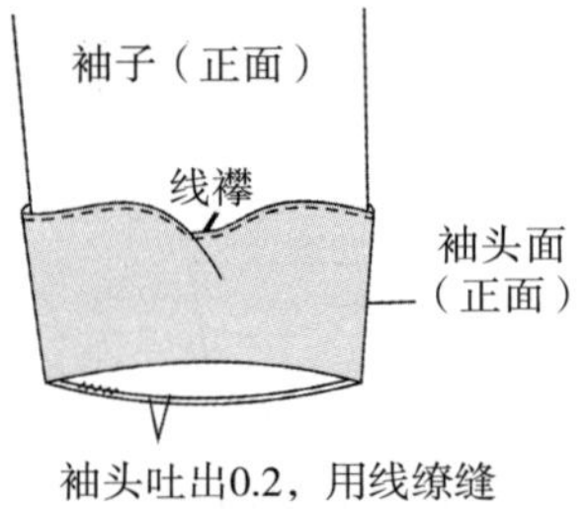

图3-154　缲缝袖头与袖子

三、双层袖头（图3-155）

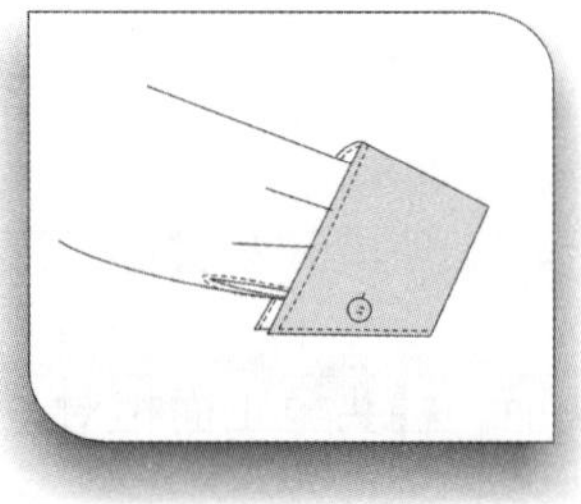

图3-155　双层袖头

（一）缝制准备

如图3-156所示，配袖头。

如图3-157所示，将袖头面和袖头里在反面粘贴黏合衬。

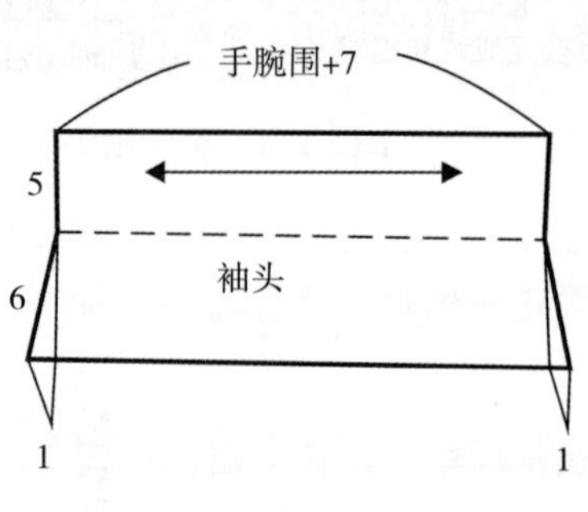

图3-156　配袖头

图3-157　贴袖头黏合衬

（二）缝制步骤

（1）如图3-158所示，袖头面、袖头里正面相对，袖头面向里错进0.2cm，沿周围缉缝。

（2）如图3–159所示，翻至正面整理后，将袖头面缉在袖口上。

（3）如图3–160所示，袖头缝头剪成0.5cm，将袖头一侧的缝头折回去，在袖头的周围缉明线、锁扣眼。

4. 如图3–161所示，在两个钮扣之间缝线柱制成鼓型钮扣。

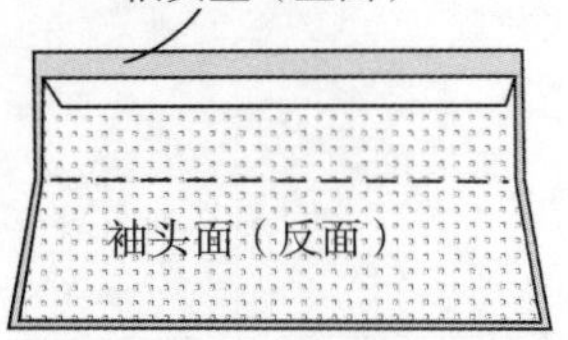

图3–158　缝合袖头面与里

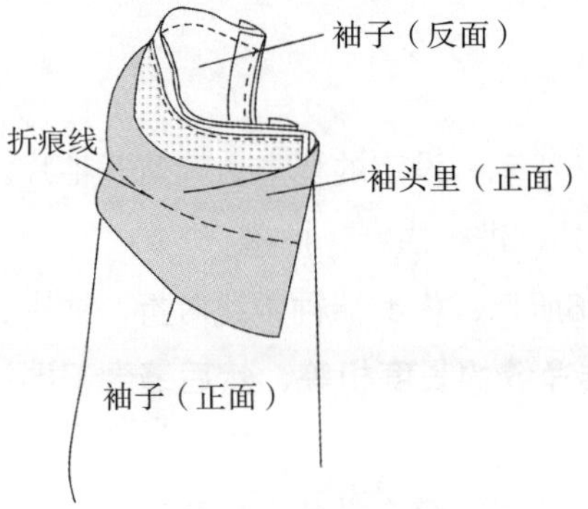

图3–159　绱袖头

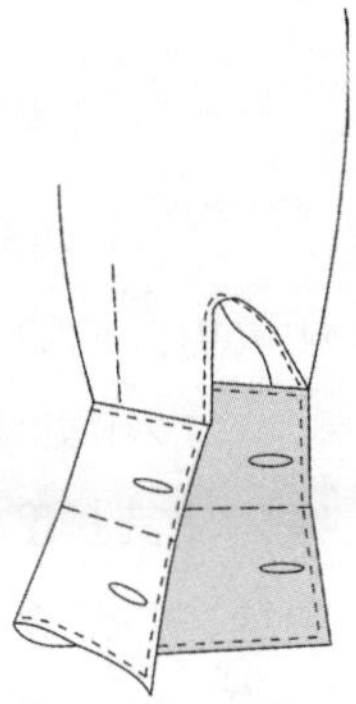

图3–160　缉明线

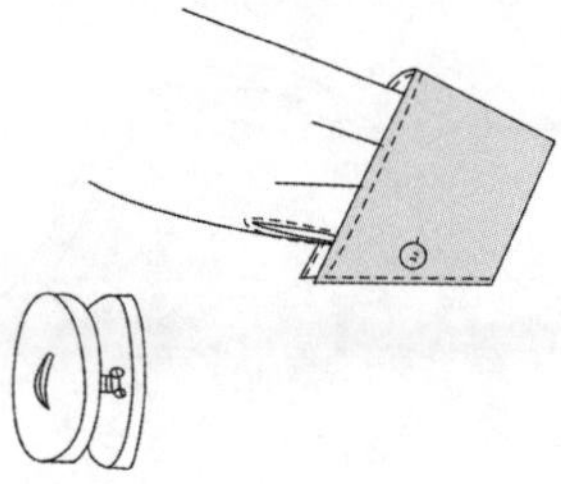

图3–161　钉扣

四、抽褶短袖袖头（图3–162）

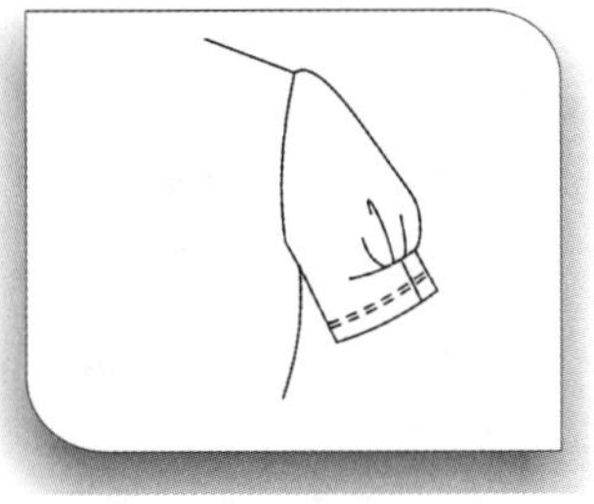

图3–162　抽褶短袖袖头

（一）缝制准备

（1）如图3–163所示，沿袖中线剪开，画顺展开部位，在距离两端分别为5.5cm和7cm做标志。

（2）如图3–164所示，裁剪袖片，缝头加放为1.5cm。

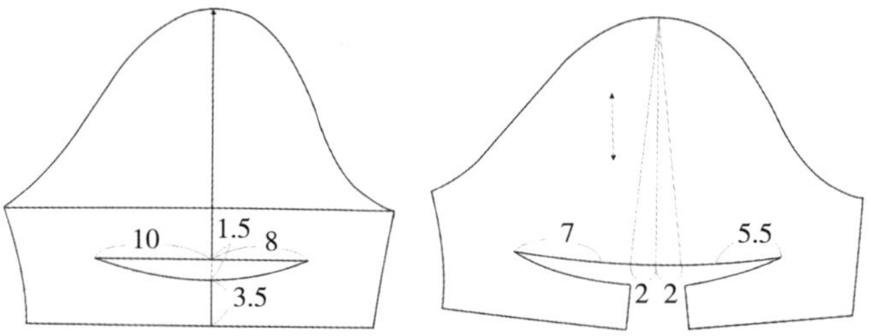

图3-163　制图方法

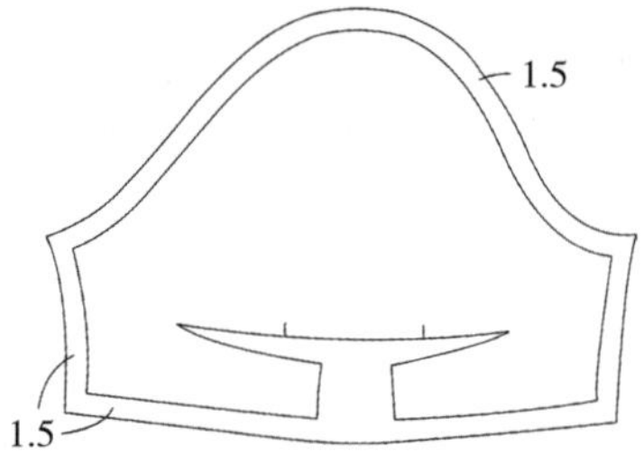

图3-164　缝头加放

（二）缝制步骤

（1）如图3-165所示，设定的标志之间剪开袖片，距离剪开的边缘1cm处，进行拱针，抽褶。

（2）如图3-166所示，将上端袖中线对折，抽拱针线，使其长度与下端净缝的长度相等，然后缝合下端袖中缝，并分烫。

（3）如图3-167所示，缝合袖片上端和下端部分，并进行包缝。将袖片正面朝上，整理抽褶部位，然后将缝头推向袖子下端部分，缉缝明线。

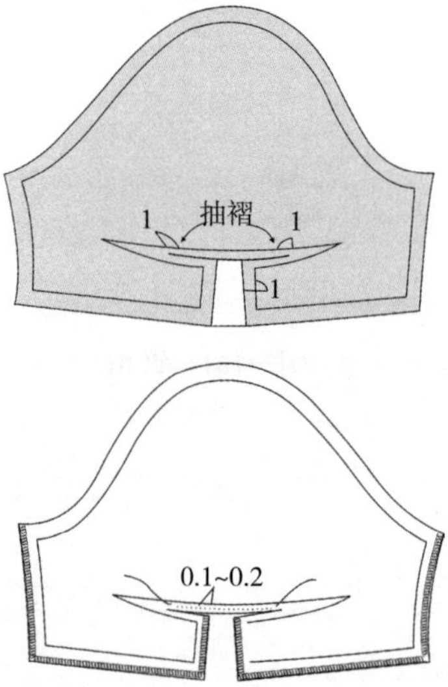

图3-165　确定抽褶位、拱针

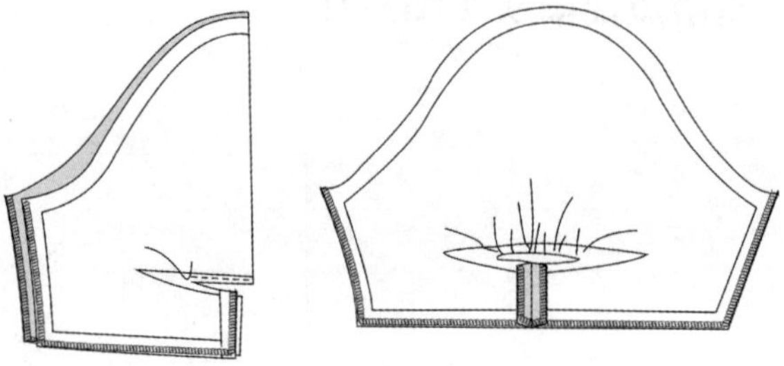

图3-166　抽褶、缝合下端袖中缝

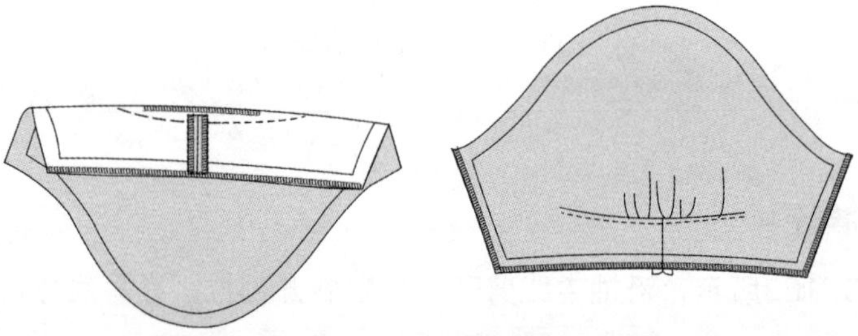

图3-167　缝合袖片上端和下端、缉明线

第四章

口袋缝制工艺

第一节　贴袋

一、尖底贴袋（图4-1）

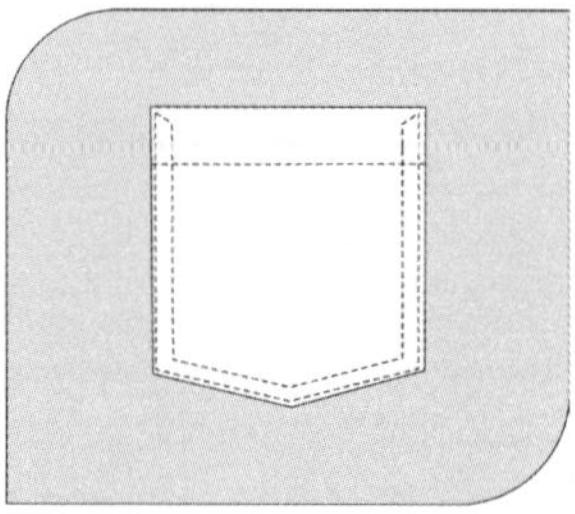

图4-1　尖底贴袋

（一）缝制准备

如图4-2所示，按净样板，袋口贴放边缝3.5cm，其余三边放缝1cm，口袋贴边左右角斜线部位剪掉，裁剪，面料的丝缕必须与样板一致。

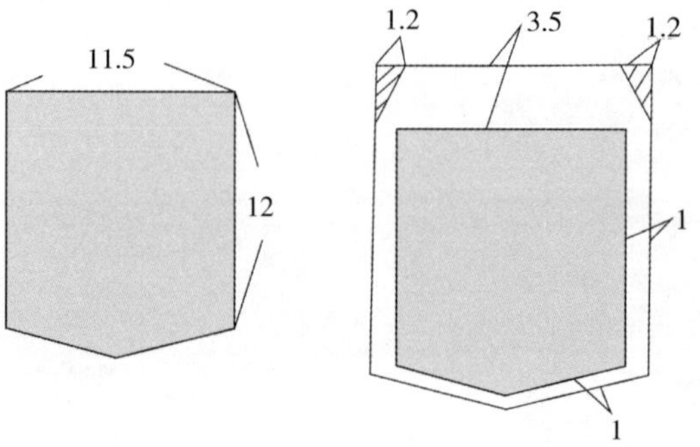

图4-2　贴袋裁剪图

（二）缝制步骤

（1）如图4-3所示，扣烫袋口贴边缝头，车缝固定袋口贴边，先按净样板扣烫袋口贴边，然后将贴边车缝固定2道线，0.1cm+0.6cm，最后扣烫袋四周的缝头。

（2）如图4-4所示，将袋布放在衣片的袋位上，按0.1cm+0.6cm车缝双明线固定。若是实用的口袋，为增加袋口的牢度，可先在衣片里侧的袋口两端烫上加固布，然后在衣片正面按袋口位置将贴袋车缝固定。

工艺要求　袋口两端方正，袋底角菱角分明，袋口不能绷紧，缉线顺直，两线平行，底、面线松紧适宜。

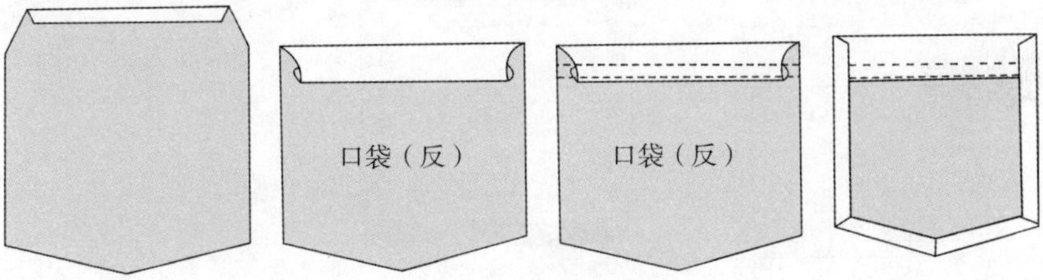

图4-3　贴袋处理

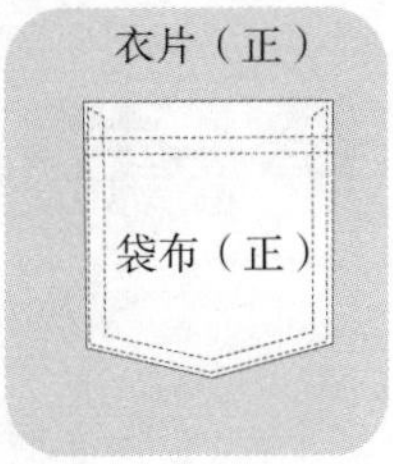

图4-4　绱贴袋

二、单层圆底贴袋（图4-5）

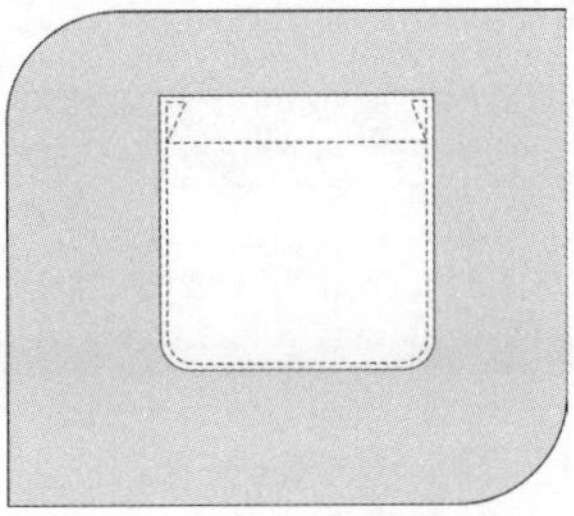

图4-5　单层圆底贴袋

（一）缝制准备

如图4-6所示，袋子的缝头加放。

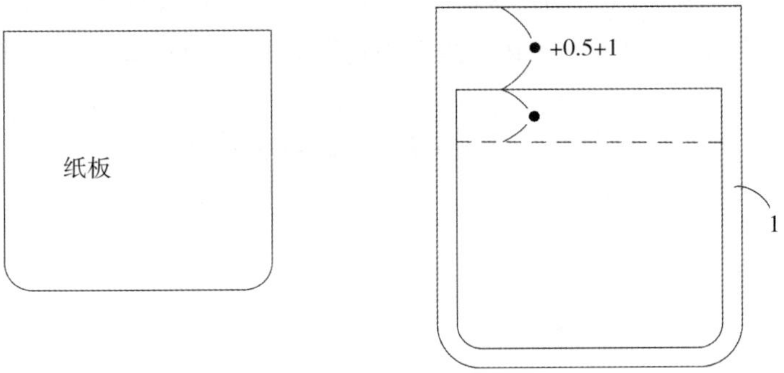

图4-6　纸板与袋子缝头加放

（二）缝制步骤

（1）如图4-7所示，袋口贴边黏上黏合衬后，熨烫折边，在袋底弯角处作细拱针。

（2）如图4-8所示，扣烫袋口贴边，缉缝袋口。

（3）如图4-9所示，抽拉袋角缝线，按纸板样式，用熨斗烫圆顺。

（4）如图4-10所示，将袋布用粗缝固定到装袋位，袋口上角可以在衣片反面垫上加固布，然后缉缝明线。

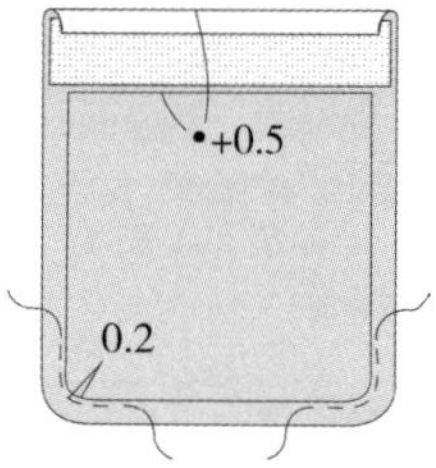

图4-7 贴袋处理

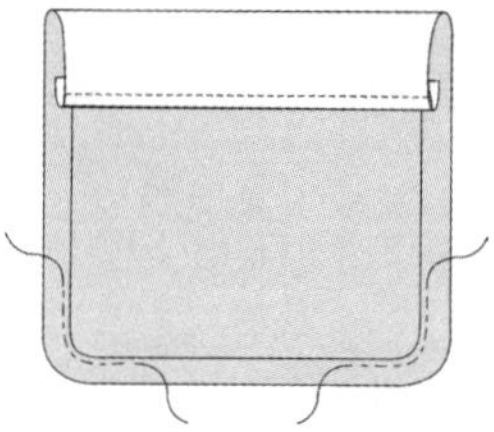

图4-8 缉缝袋口

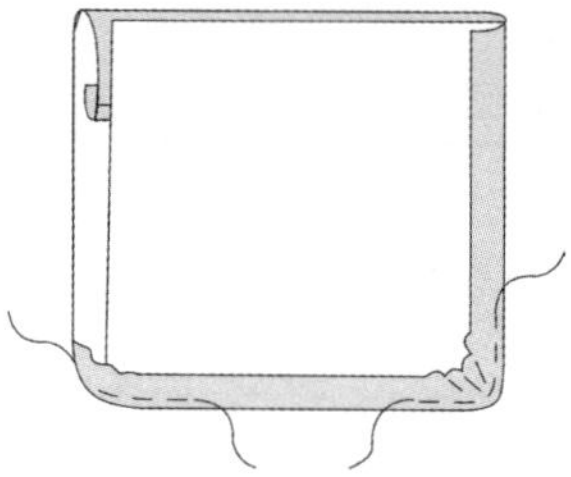

图4-9 处理袋角

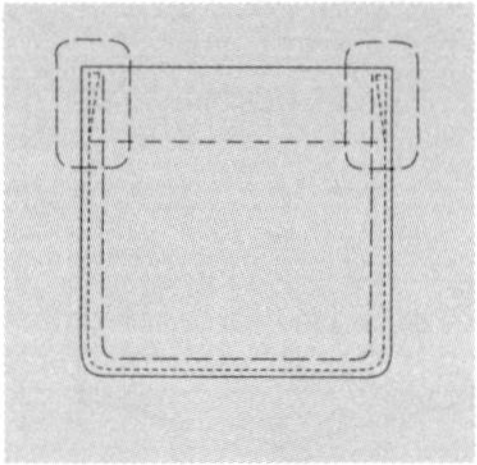

图4-10 缉贴袋

三、双层圆底贴袋（图4-11）

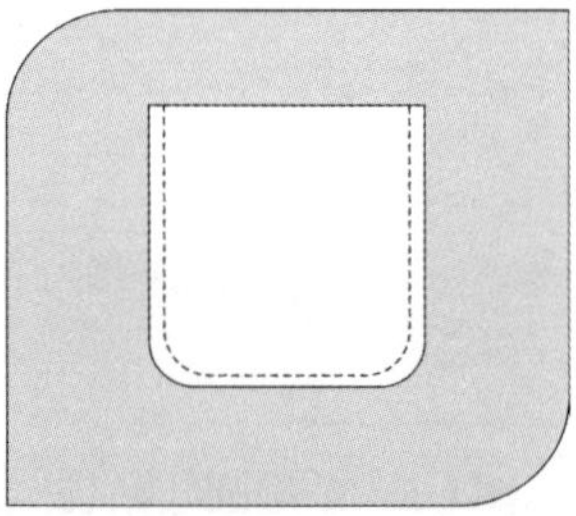

图4-11 双层圆底贴袋

（一）缝制准备

口袋的裁剪方法如图4-12所示，也可以根据自己的设计进行裁剪，袋口加放折边3cm，其他缝头为1~1.5cm，缝头的大小视面料的厚薄来定。在袋布的反面贴上黏合衬。

如图4-13所示，为使口袋两角做成框式，做如下记号。

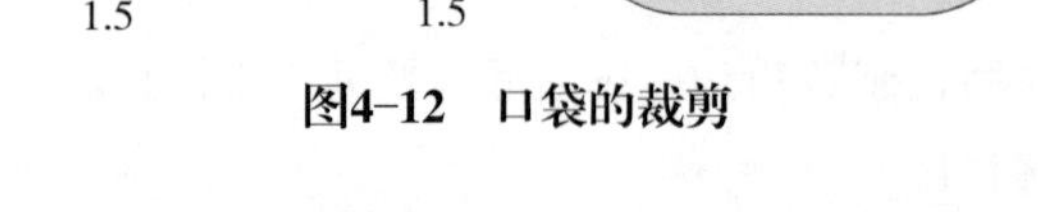

图4-12 口袋的裁剪

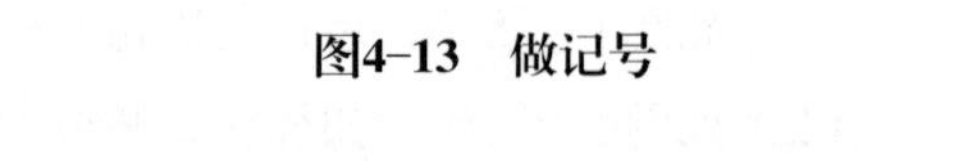

图4-13 做记号

（二）缝制步骤

（1）如图4-14所示，将袋角正面朝里，A、B处重合车缝，剪去多余缝头，劈开。

（2）如图4-15所示，在袋底弯角处作细拱针，按纸板样式，用熨斗烫圆顺。

（3）袋布里子袋口处剪成1cm缝头，四周袋布里子的缝头比面子稍退进，袋口退进2cm，其他3周退进大约0.7cm，并缲缝固定。

（4）如图4–16所示，将袋布放于前身正面袋口位置上，在衣身的反面可以放上加固布，然后用斜缝定位，袋口不要太紧，也不要太松。

（5）从口袋正面1cm宽处缉线。

（6）如果缉宽线，可外围内侧0.2cm处作暗缲缝。

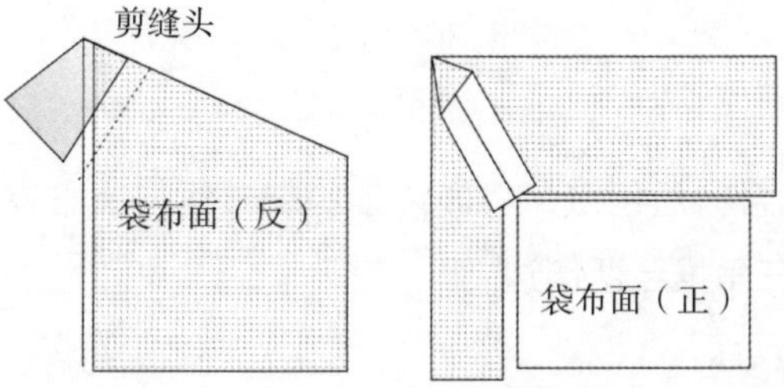

图4–14　缉缝分烫缝头

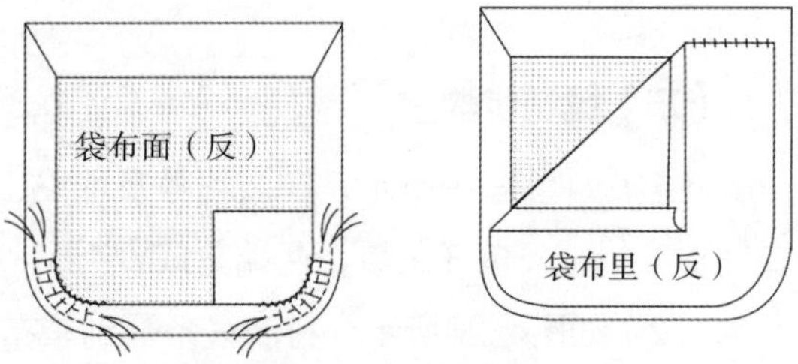

图4–15　做袋角绱里布

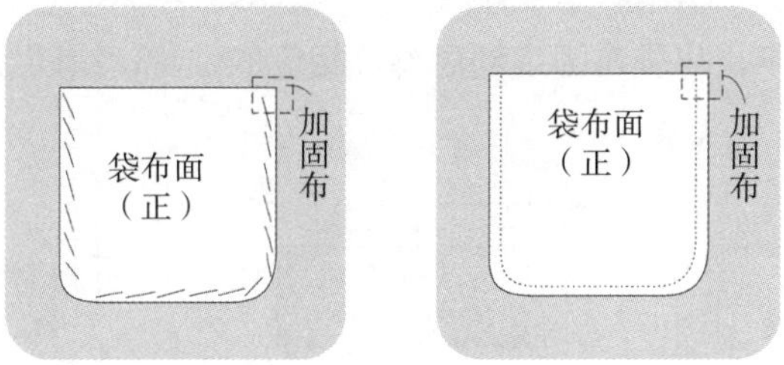

图4–16　绱贴袋

四、立体贴袋（图4–17）

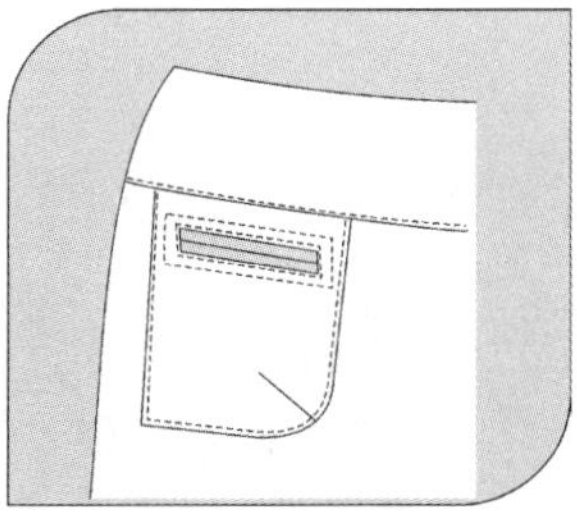

图4–17　立体贴袋

（一）缝制准备

如图4–18所示，裁剪袋布，嵌线条。

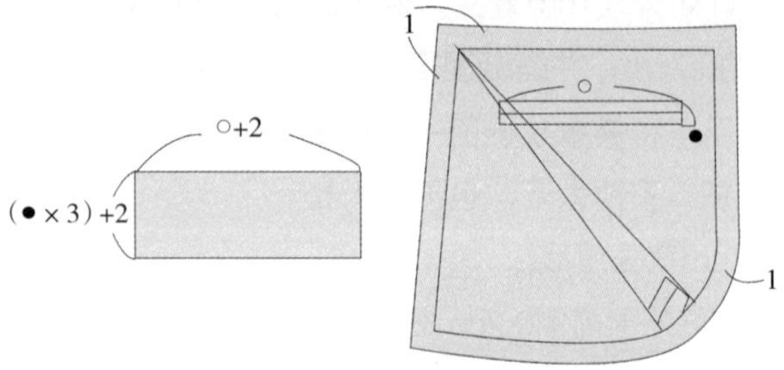

图4-18　嵌线条及袋布裁剪

（二）缝制步骤

（1）如图4-19所示，在嵌线条反面贴上黏合衬后包缝，将嵌线条的袋口线与袋布袋口线对齐缉缝，剪开袋口，两端剪成Y字形，将三角推至两侧边。

（2）如图4-20所示，将嵌线条翻到袋布的反面。

（3）如图4-21所示，整理嵌线条，上下宽窄相同，四角方正。

（4）如图4-22所示，翻到正面，缉明线，固定嵌线条。

（5）如图4-23所示，缉缝袋布下角褶裥，扣烫袋布缝头。

（6）如图4-24所示，将袋布固定到后裤片相应的位置，缉明线。

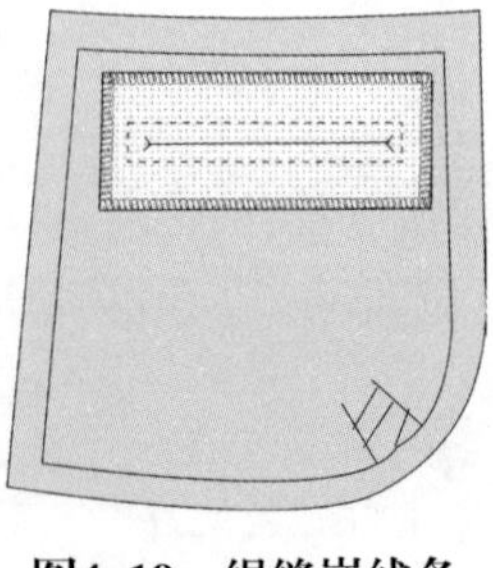

图4-19　缉缝嵌线条

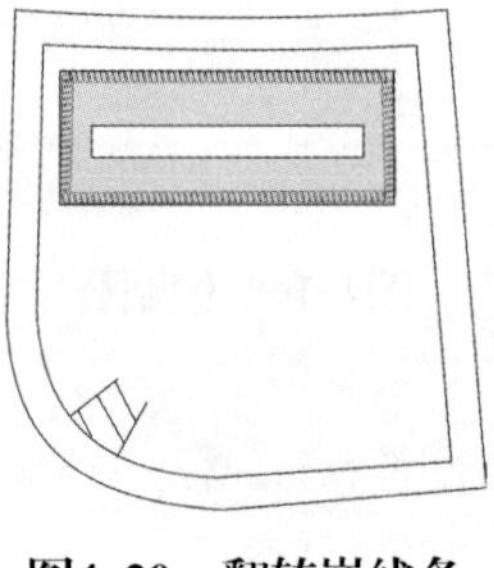

图4-20　翻转嵌线条

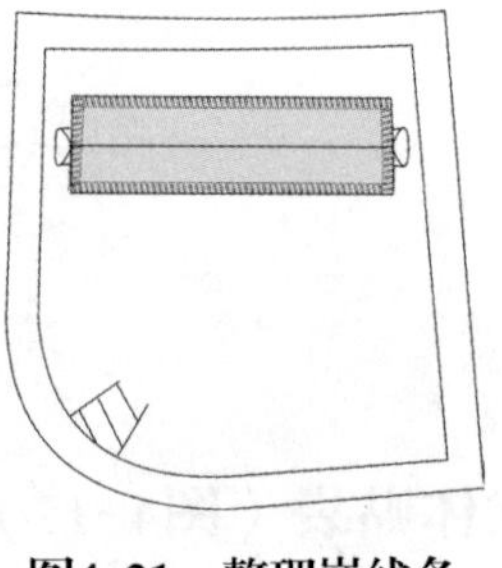

图4-21　整理嵌线条

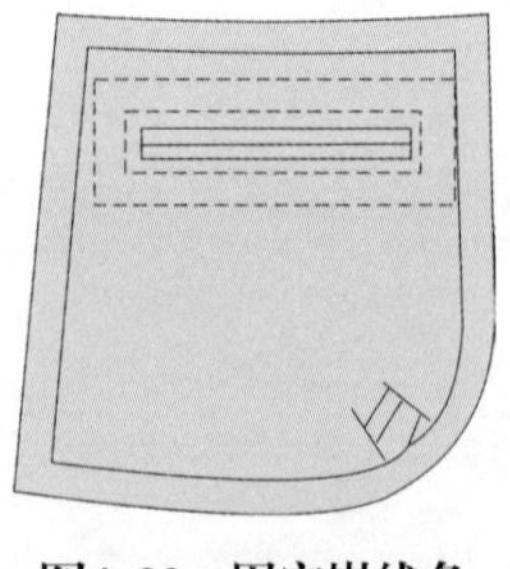

图4-22　固定嵌线条

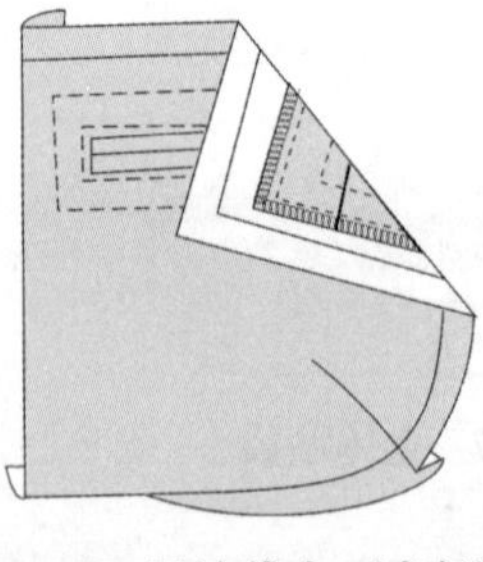

图4-23　缉缝袋布下角褶裥

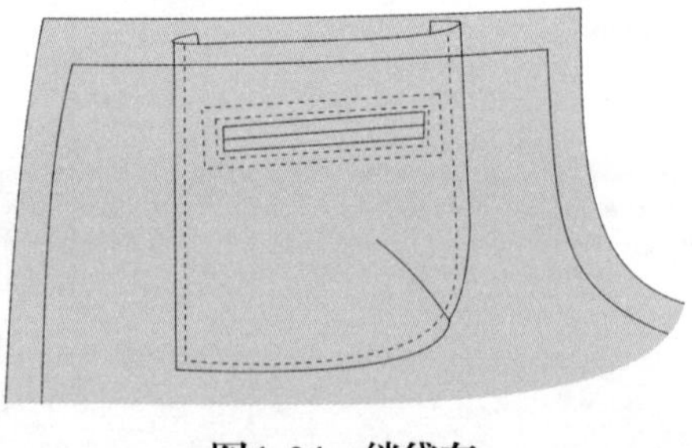

图4-24　绱袋布

五、装拉链贴袋（图4-25）

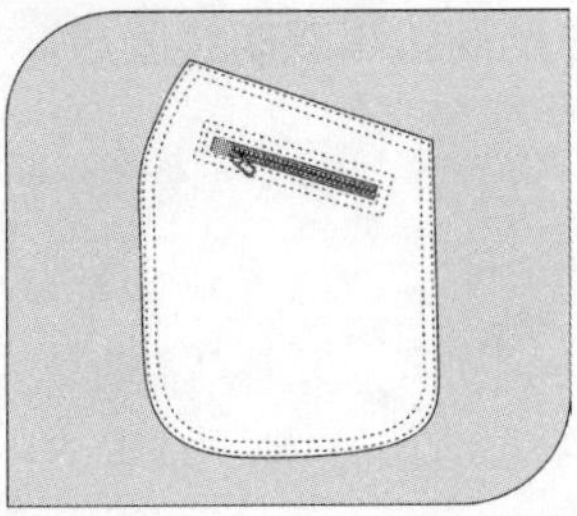

图4-25　装拉链贴袋

（一）缝制准备

如图4-26所示，袋布的缝头加放1cm，画出袋口位。

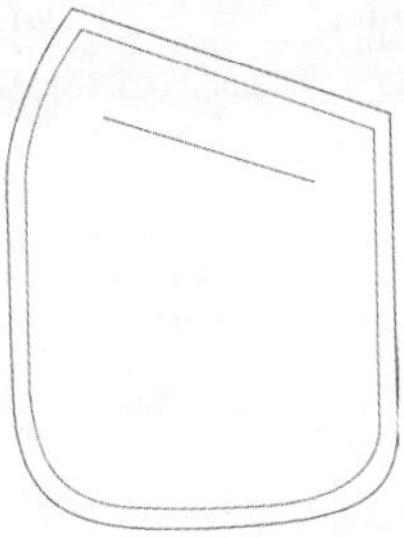

图4-26　袋布缝头加放

（二）缝制步骤

（1）如图4-27所示，将袋口贴布正面与袋布正面相对，对齐袋口位置，按照袋口的大小和宽度车缝。

（2）如图4-28所示，剪开袋口，两端剪三角口。将袋口布翻转至袋布的反面，熨烫袋口布，使四角规整，止口向里侧缩进0. 2cm。

（3）如图4-29所示，粗缝袋角，抽缝线，根据硬纸净样板扣烫袋布，两袋角要扣烫圆顺。

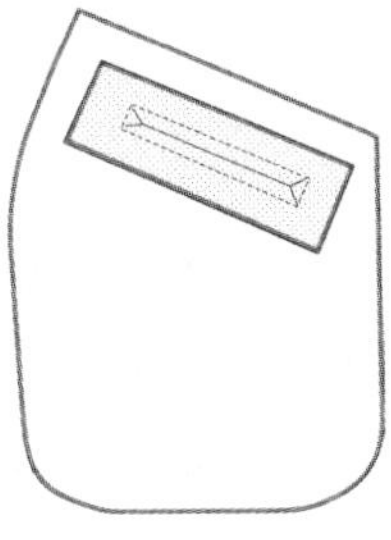

图4-27　袋口贴布与袋布缝合

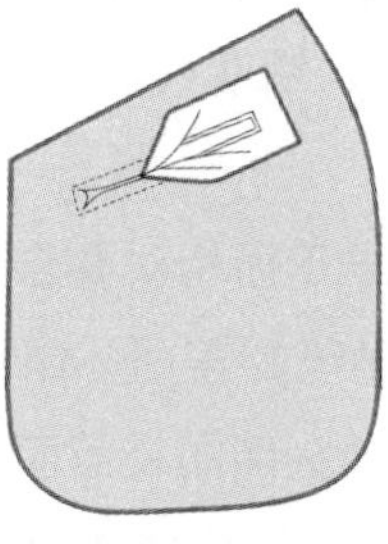

图4-28　袋口布翻转至袋布的反面

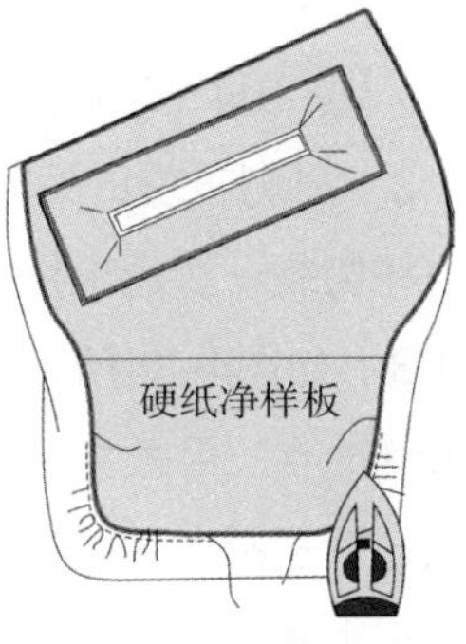

图4-29　处理袋下角

（4）如图4–30所示，将拉链置于袋布的下面，沿袋口周边缉双明线，固定袋口与拉链。然后将做好的袋布用手针绷缝在衣片上。

（5）如图4–31所示，沿袋布的周边缉双明线固定。

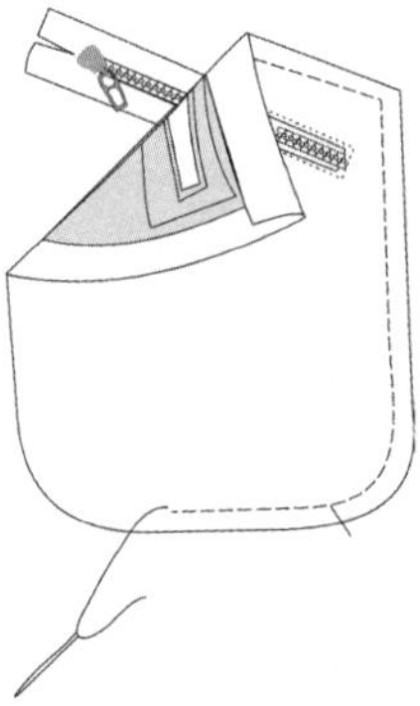

图4–30　装拉链

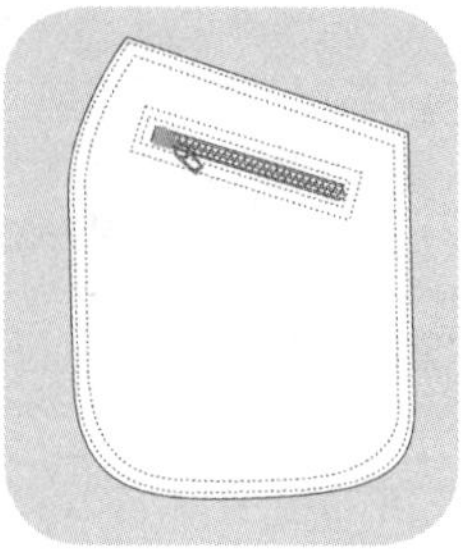

图4–31　绱贴袋

六、风琴袋（图4–32）

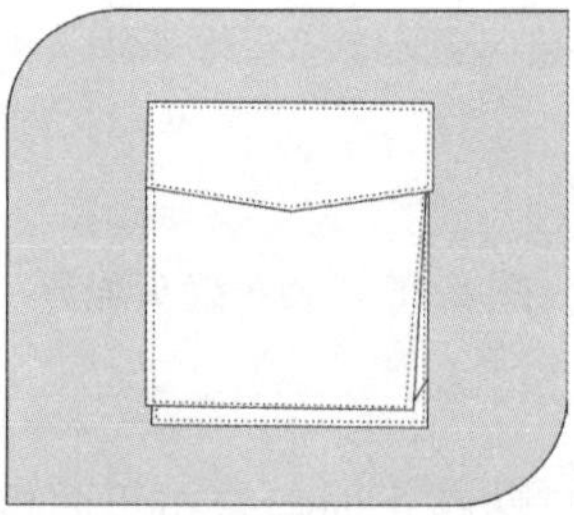

图4–32　风琴袋

（一）缝制准备

袋布的大小可根据自己的需要来确定。

（二）缝制步骤

（1）如图4–33所示，将袋口贴边向袋布反面折扣后进行缉线。

（2）将侧布袋口处贴边扣光烫平，缉明线。然后将侧布对折，在反面中间缉0.1cm止口，再将侧袋一边的毛缝扣光烫平。

（3）如图4–34所示，将袋盖面里正面相对叠合，袋盖面净线外0.1cm与袋盖里净线内0.1cm对准，用大头针固定，袋盖角吃袋盖面，缉缝三周，修剪缝头，面料较厚可以修出层次，剪去袋盖角的部分缝头，将缝头倒向袋盖面，然后翻转袋盖，缉止口明线。可以将袋盖里上边沿比袋盖面短0.7cm，这样在绱袋盖时缝纫处平薄，或者绱袋盖时修剪袋盖里的缝头。

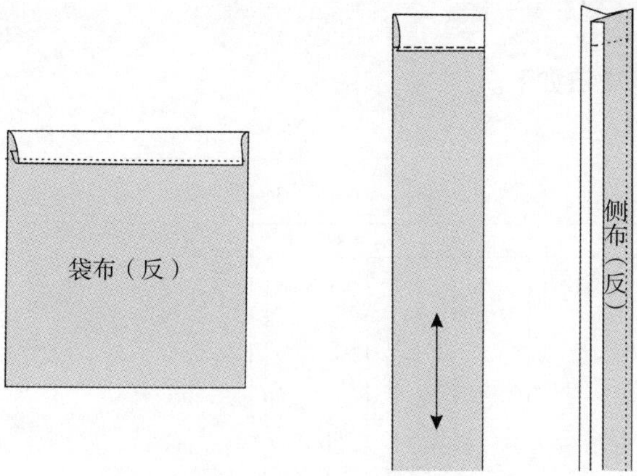

图4-33　处理袋布与侧布

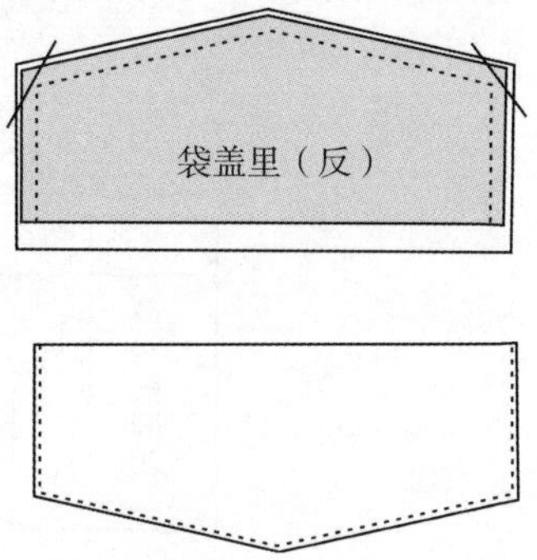

图4-34　做袋盖

（4）如图4-35所示，把侧布与袋布正面相对，将未扣光缝头的一边缉上袋布边，两角处各剪一刀眼。再把侧布翻折，沿袋布边缉0.1cm明线。

（5）如图4-36所示，在衣片上画好袋位和袋盖位，把袋布放在衣片上，沿侧布扣光缝头的一边缉0.1cm止口。再把袋盖放在袋盖位，然后缉线固定，再将袋盖翻下，缉明线。摆平袋盖，理顺袋子，侧布对折，将袋布侧布与衣身固定。

（6）立体外贴口袋工艺要求：袋盖要盖住袋布。袋盖平服，不反翘，各处明线顺直，宽窄一致，袋布四角方正，与侧布位置对正。

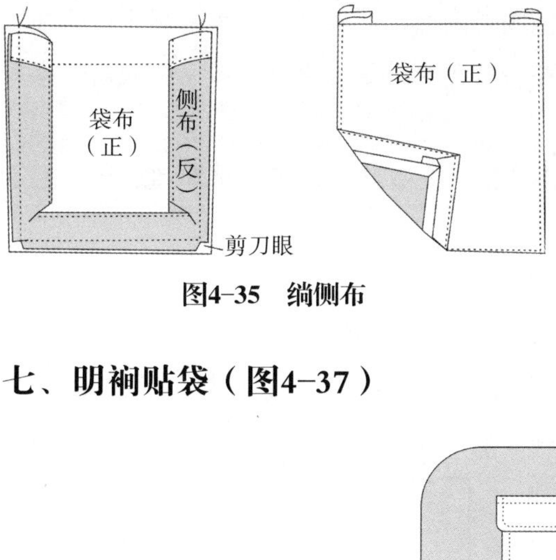

图4-35　缉侧布

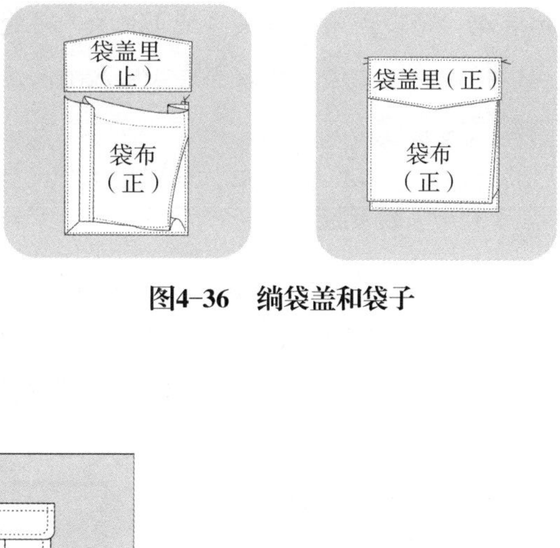

图4-36　缉袋盖和袋子

七、明裥贴袋（图4-37）

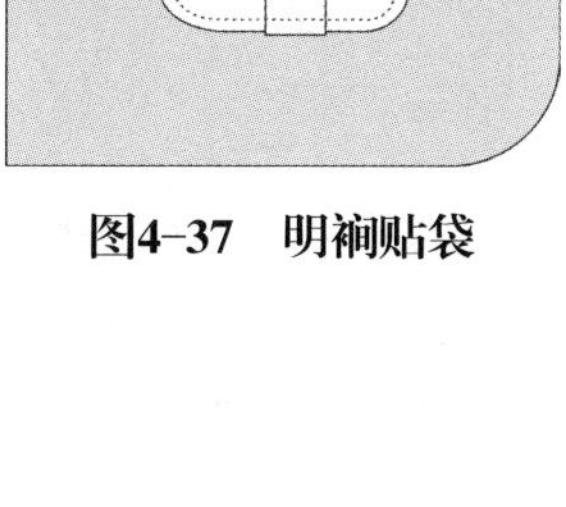

图4-37　明裥贴袋

（一）缝制准备

如图4-38所示，袋子、袋盖的裁剪方法如下。

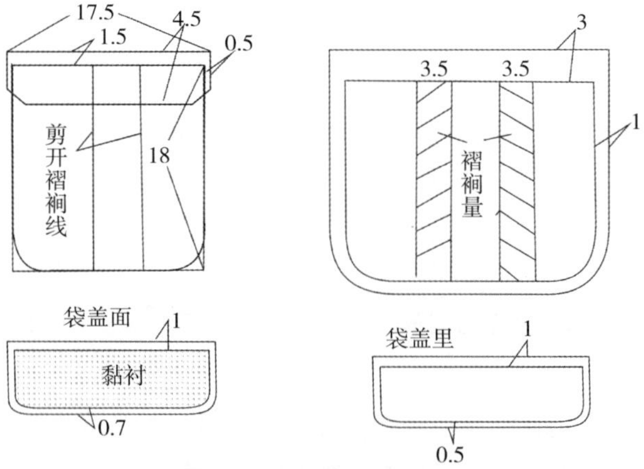

图4-38　袋子、袋盖的裁剪

（二）缝制步骤

（1）如图4-39所示，将袋盖面里正面相对叠合，袋盖面净线外0.1cm与袋盖里净线内0.1cm对准，用大头针固定，袋盖角吃袋盖面，缉缝三周，修剪缝头，面料较厚可以修出层次，将袋盖角的缝头修成0.3cm，将缝头倒向袋盖面，然后翻转袋盖，缉止口明线。可以将袋盖里上边沿比袋盖面短0.7cm，这样在绱袋盖时缝纷处平薄，或者绱袋盖时修剪袋盖里的缝头。

（2）如图4-40所示，包缝袋口线，按褶裥线扣烫褶裥位，将褶峰车缝0.1cm固定褶裥。

（3）车缝固定上下褶位，并用长针车缝两圆角。

（4）先按净样板扣烫贴袋下角，按纸板样式用熨斗烫圆顺。

（5）如图4-41所示，在衣片上画好袋位和袋盖位，把袋布放在衣片上，缉明线固定。

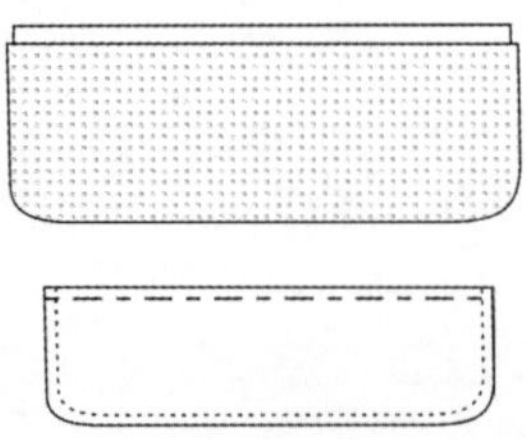

图4-39　做袋盖

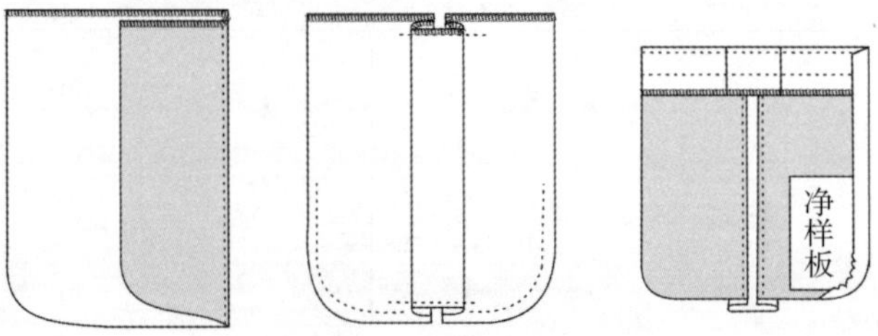

图4-40　处理袋布

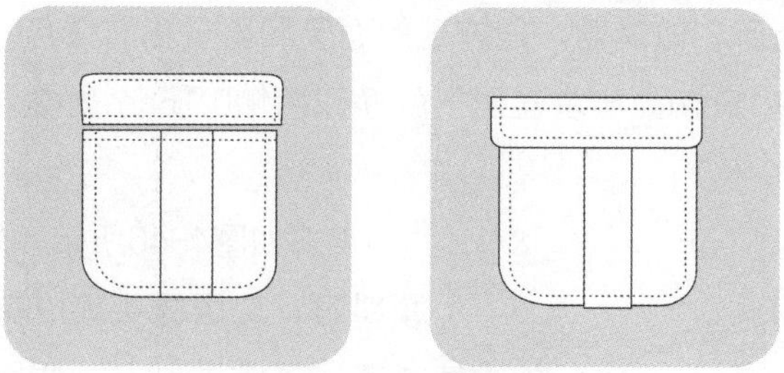

图4-41 缉袋盖和袋子

（6）把袋盖放在袋盖位，然后缉线固定，再将袋盖翻下，缉明线。

（7）工艺要求 袋盖两角圆顺，止口里外匀适宜，位置端正；口袋两角圆顺，平整。所有缉线宽度一致，底、面线松紧适宜。

八、暗裥贴袋（图4-42）

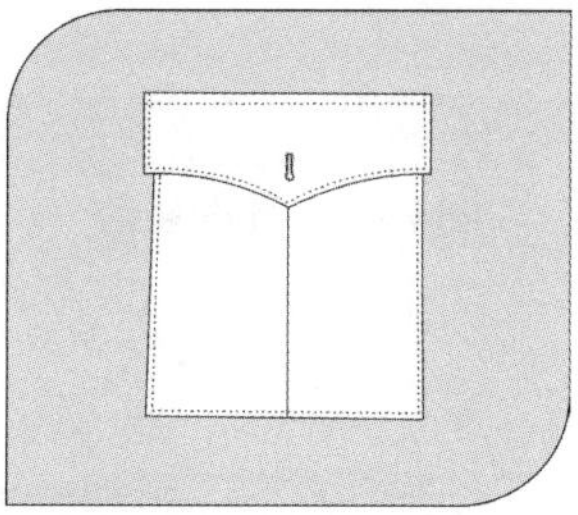

图4-42 暗裥贴袋

（一）缝制准备

（1）如图4-43所示，袋布、袋盖的缝头加放。

（2）如图4-44所示，袋盖贴上黏合衬。

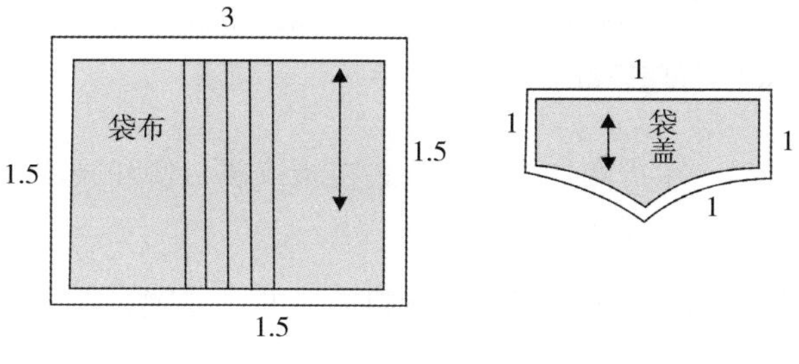

图4-43 袋布、袋盖缝头加放示意图

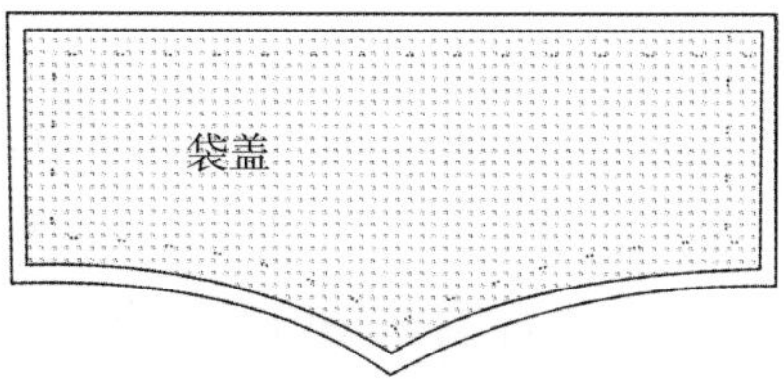

图4-44 袋盖贴黏合衬

（二）缝制步骤

（1）如图4–45所示，做袋盖，把袋盖的面子和里子正面叠合，防止袋盖里反吐，将袋盖面子的净线外侧0.15cm处与袋盖里子的净印内侧0.15cm处叠合，别上大头针固定，然后缉缝。

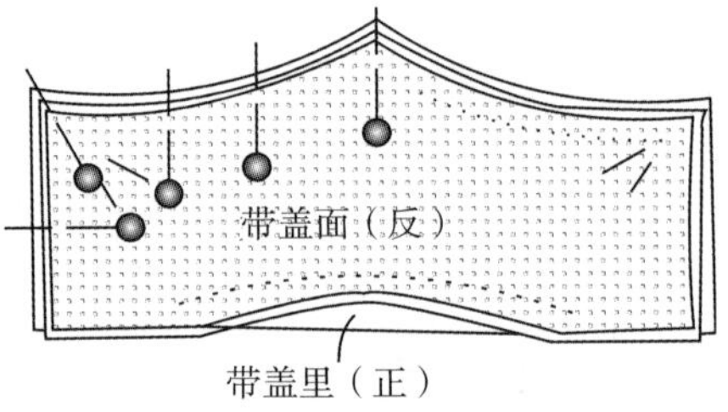

图4–45　缉缝袋盖

（2）如图4–46所示，外周缝头为0.5~0.9cm（厚料时，二层缝头剪成有差档）。翻至正面，使袋盖里子缩进一点，并用熨斗熨烫，在袋盖的正面离边0.2~0.3cm缉线。

（3）如图4–47所示，距离净缝线0.5cm剪去贴袋袋布角头的缝头，在袋口缝头处贴上黏合衬，然后进行包缝。

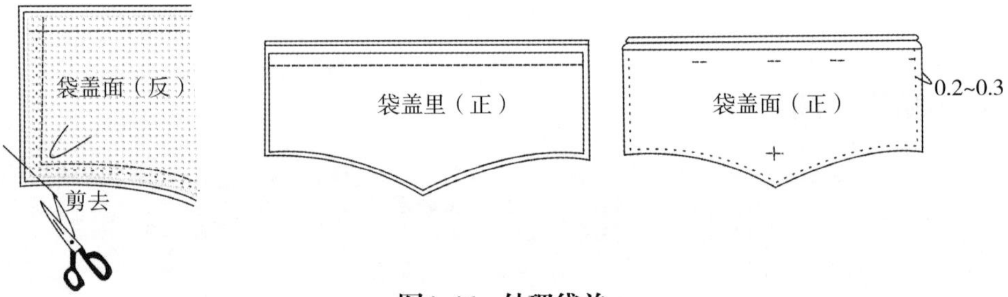

图4–46　处理袋盖

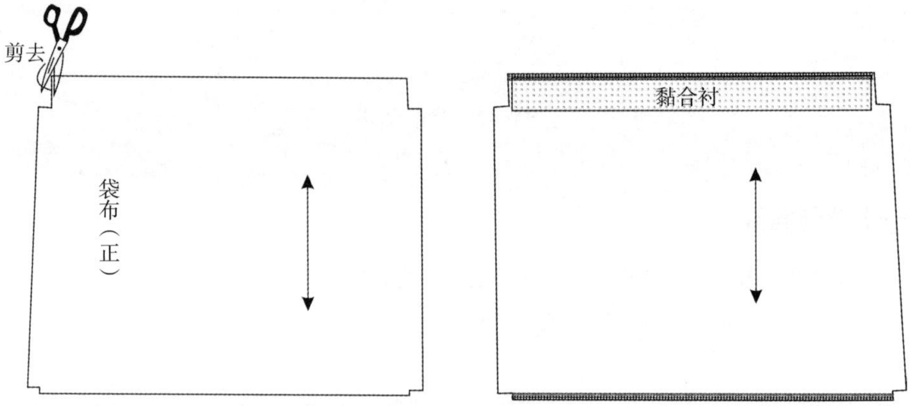

图4–47　处理袋布

（4）如图4–48所示，把袋布正面相对，在折裥处车缝，剪去在折裥袋口侧和袋底侧的缝头。将折裥如图对称分开，并用熨斗对准折裥烫平。

（5）如图4–49所示，将袋口贴边向里折，用暗缲缝或车缝将袋口贴边固定。然后将其他3边按净缝向内折倒并熨烫固定。

（6）如图4-50所示，在衣片内侧袋口位置处绗缝固定袋口加固布，然后在衣片正面缉缝大袋袋布。

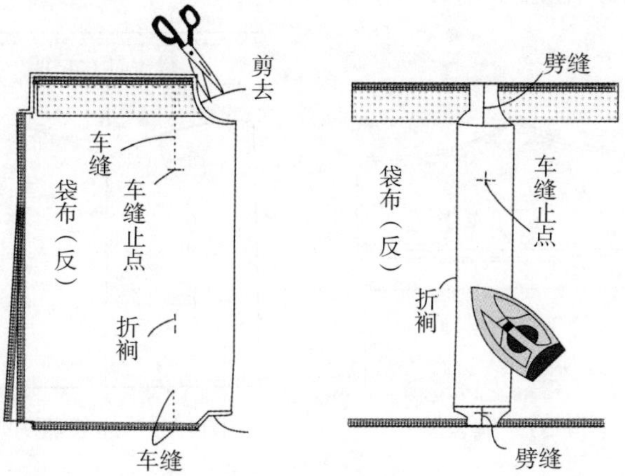

图4-48　做袋布折裥

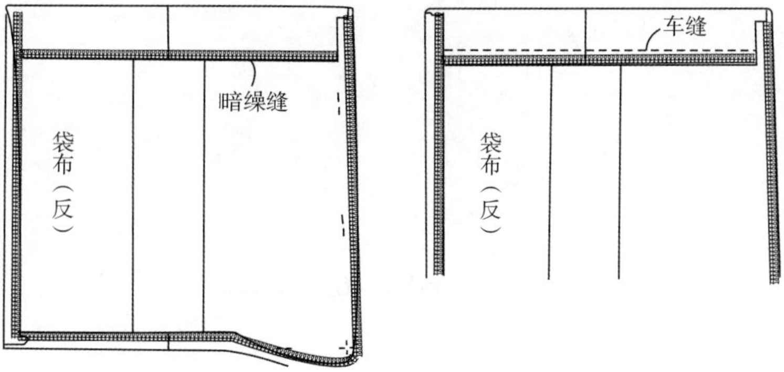

图4—49　折烫袋布折边

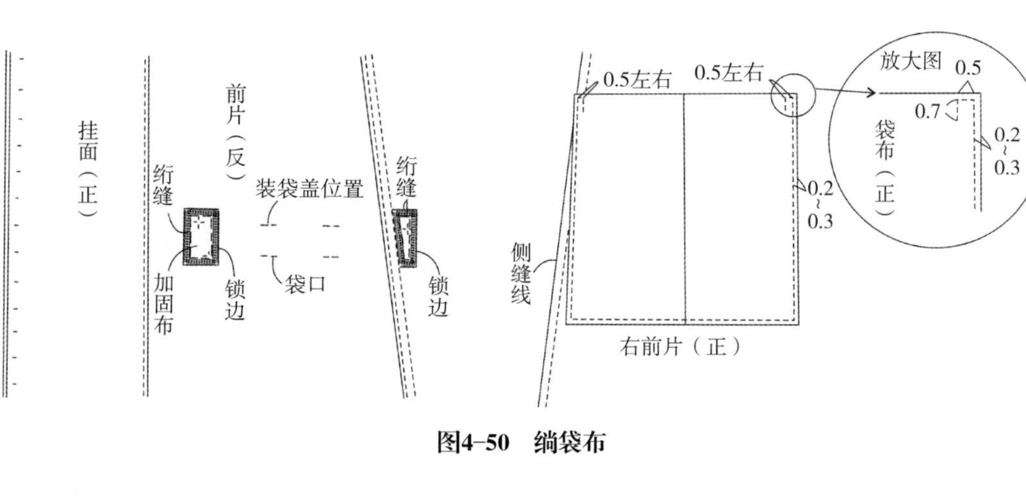

图4-50　缉袋布

（7）如图4-51所示，在衣片袋盖位将袋盖进行缉缝，然后将缝头修剪为0.5cm。

（8）如图4-52所示，将袋盖下翻，缉0.7cm的明线。

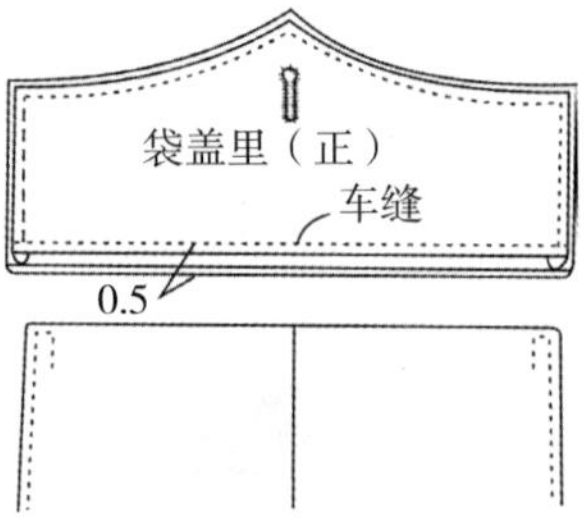

图4-51 绱袋盖

图4-52 压袋盖明线

九、加袋盖双层圆底贴袋（图4-53）

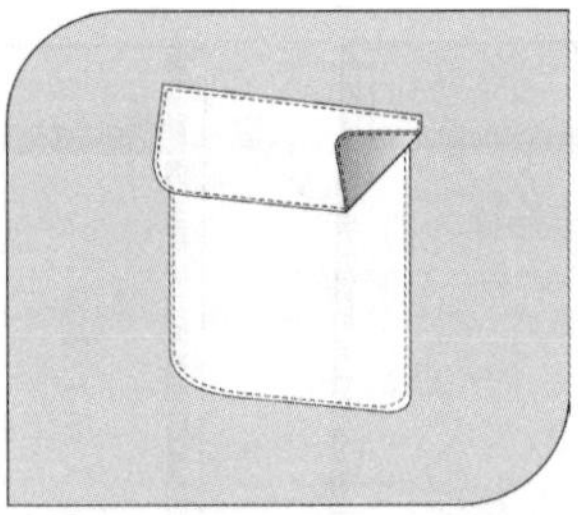

图4-53 加袋盖双层圆底贴袋

（一）缝制准备

（1）袋子样板如图4-54所示。

（2）袋布缝头加放如图4-55所示。

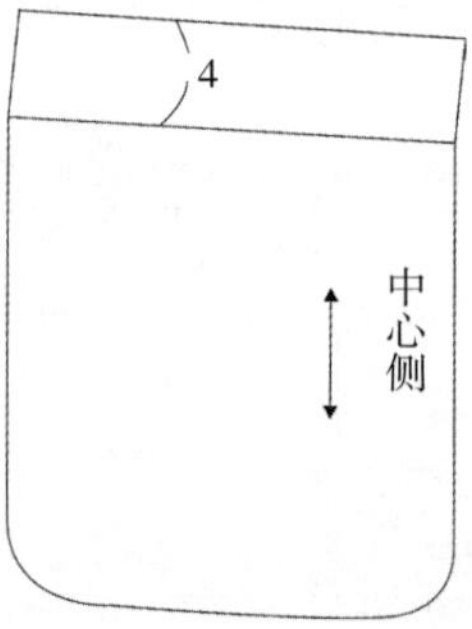

图4-54 袋子样板

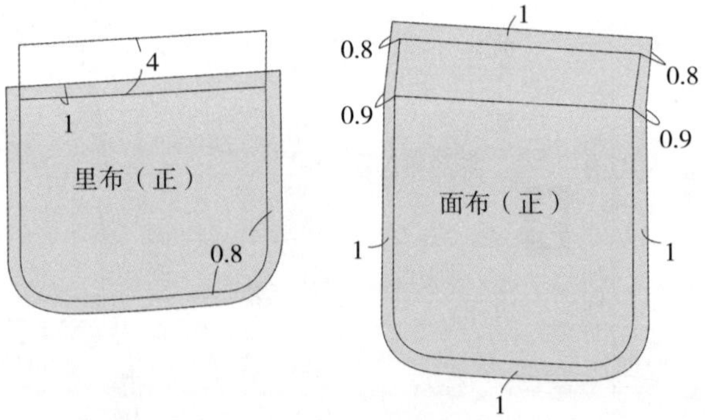

图4-55 缝头加放

（3）如图4-56所示，将袋里与袋面相对对合，做对位记号。

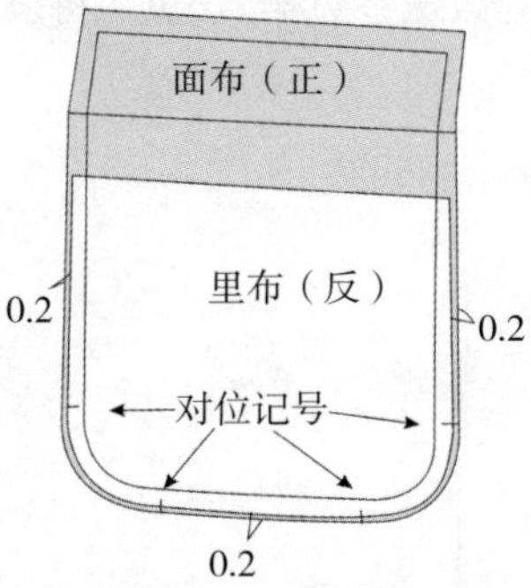

图4-56　做对位记号

（二）缝制步骤

（1）如图4-57所示，袋布面的袋口贴边贴上黏合衬后，与袋里缉缝。

（2）如图4-58所示，袋布面的正面与袋布里的正面相对叠合，袋布面净线外0.1cm与袋布里净线内0.1cm对合，缉缝，袋底边留口5~6cm。

（3）如图4-59所示，将缝头修剪至0.5cm，袋角处的缝头修成0.3cm。

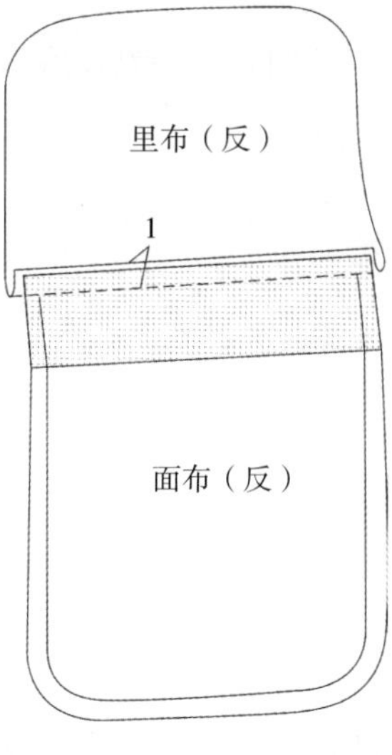

图4-57　接缝袋面布与里布

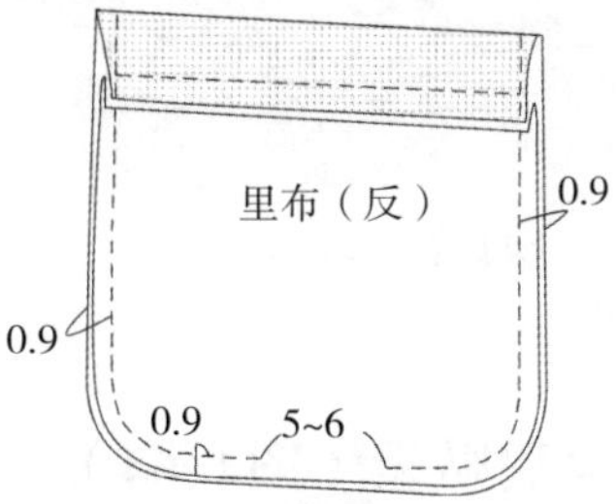

图4-58　缝合袋面布与里布

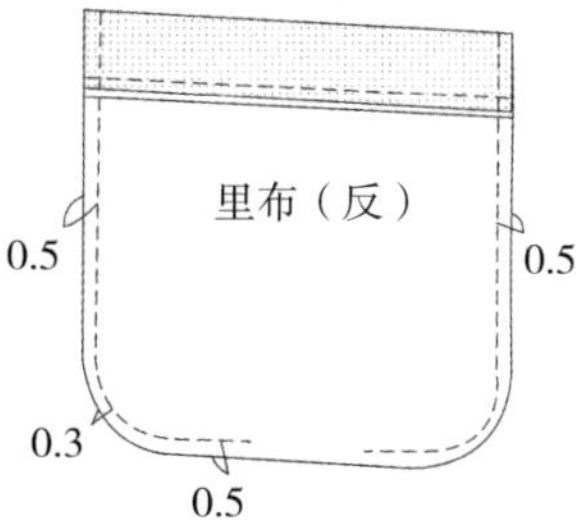

图4-59　修剪缝头

（4）如图4-60所示，熨烫缝头，从留口处将袋子翻到正面，里子退进0.1cm，熨烫平整，用手针将留口缲缝。

（5）如图4-61所示，将袋布粗缝固定到装袋位，袋口上角可以在衣片反面垫上加固布，然后缉缝明线。

（6）如图4-62所示，袋盖的做法参见第116页，将袋盖缉缝在相应的位置，将缝头修剪为0.5cm。

（7）如图4-63所示，缉0.6cm的明线。

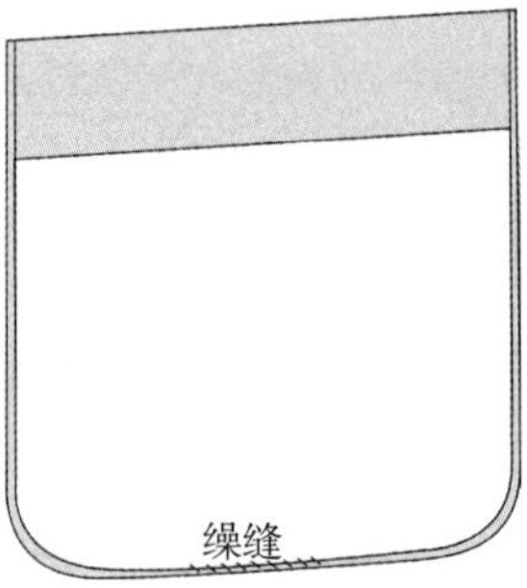

图4-60　处理袋布

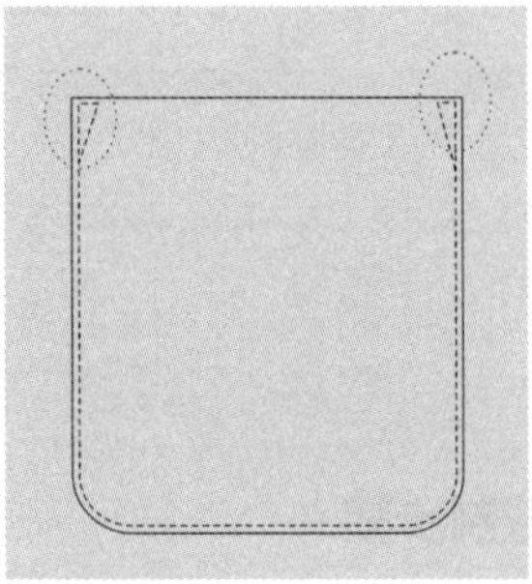

图4-61　绱袋布

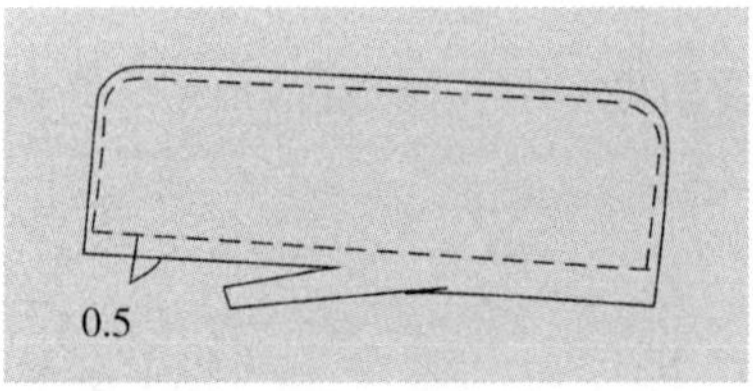

图4-62　绱袋盖

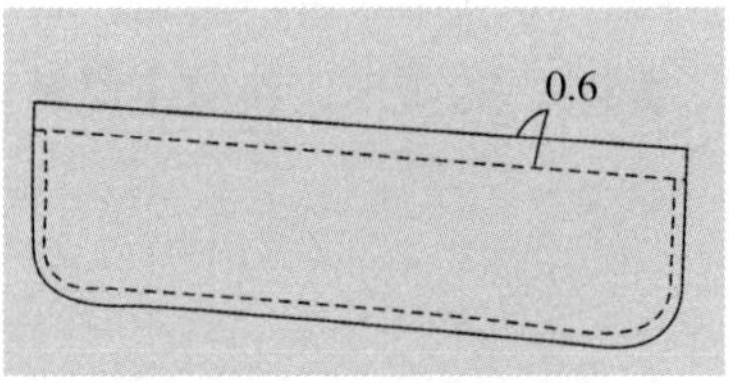

图4-63　缉袋盖明线

十、连袋盖双层贴袋（图4-64）

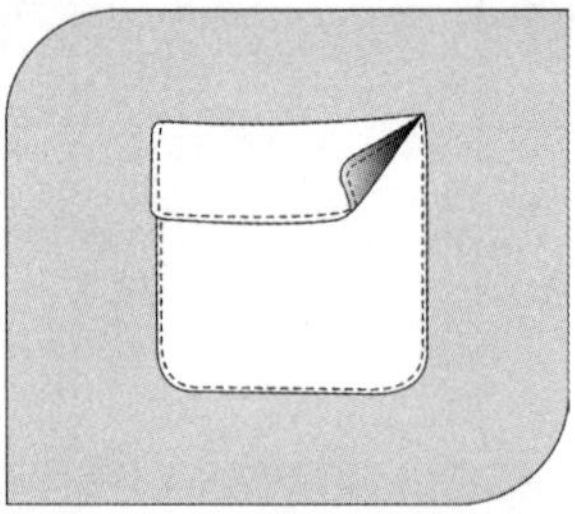

图4-64　连袋盖双层贴袋

（一）缝制准备

（1）如图4-65所示，做对位记号。

（2）缝头加放如图4-66所示。

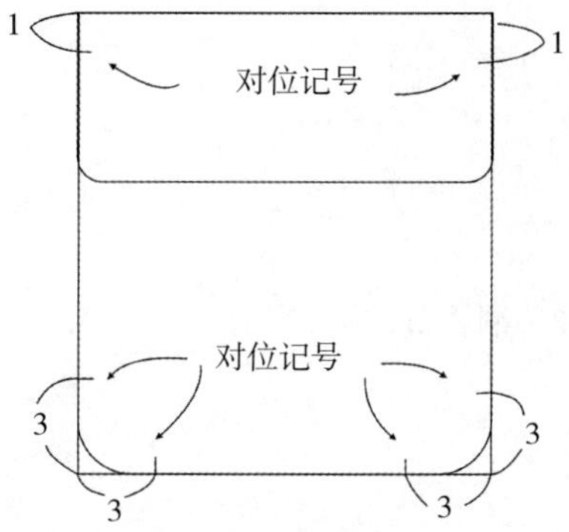

图4-65　对位记号

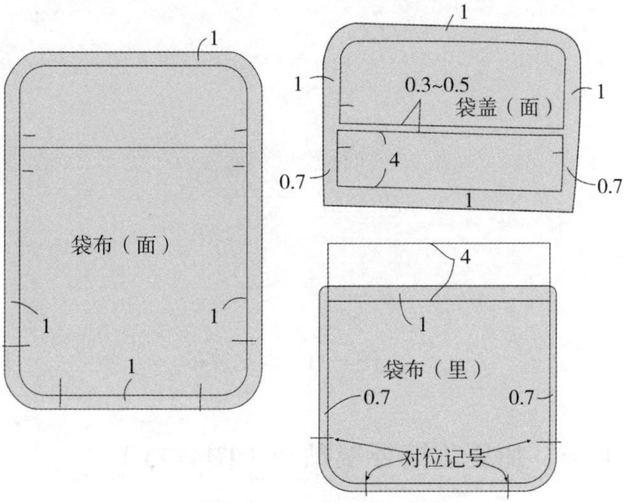

图4-66　缝头加放

（二）缝制步骤

（1）如图4-67所示，袋盖面与袋里缉缝。

（2）如图4-68所示，将缉缝后的袋盖面与袋里与袋布的正面相对叠合缉缝，在袋盖翻转位吃袋盖面，在袋子下角吃袋盖面，留6~7cm不缉缝。

（3）如图4-69所示，分烫缝头。

（4）如图4-70所示，将袋布翻转到正面，翻出的袋盖部分不要反吐，里布不反吐，手针缲缝留口部位。

（5）如图4-71所示，将袋布先用大头针固定到装袋位，然后再粗缝固定，袋口上角可以在衣片反面垫上加固布。

（6）如图4-72所示，推开袋盖，缉缝明线。

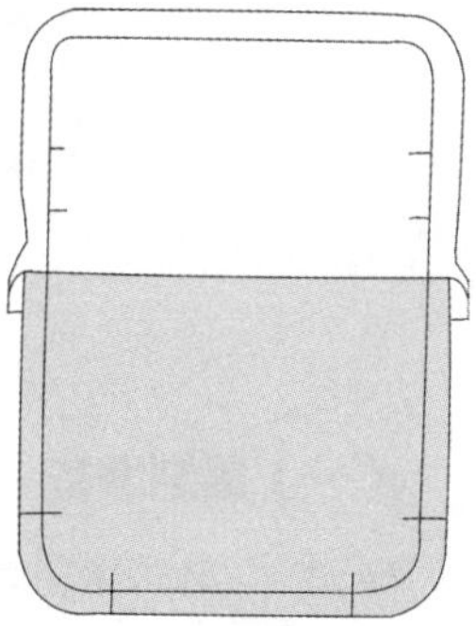

图4-67　缉缝袋布面与里

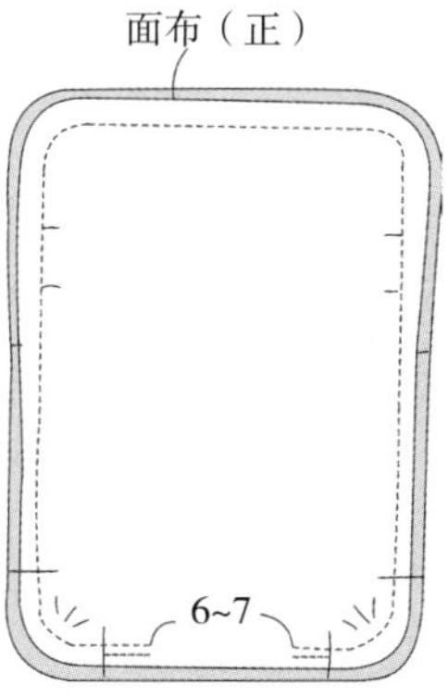

图4-68　缝合袋布面与里

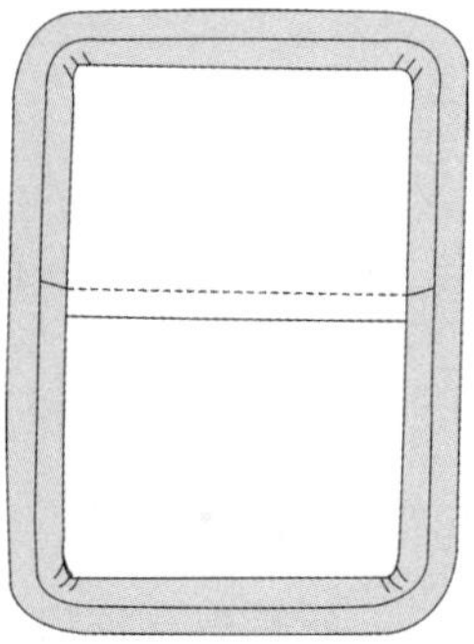

图4-69　分烫缝头

图4-70　处理袋布

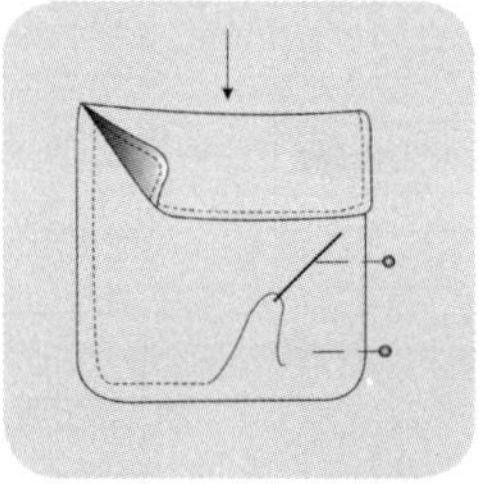

图4-71　固定袋布

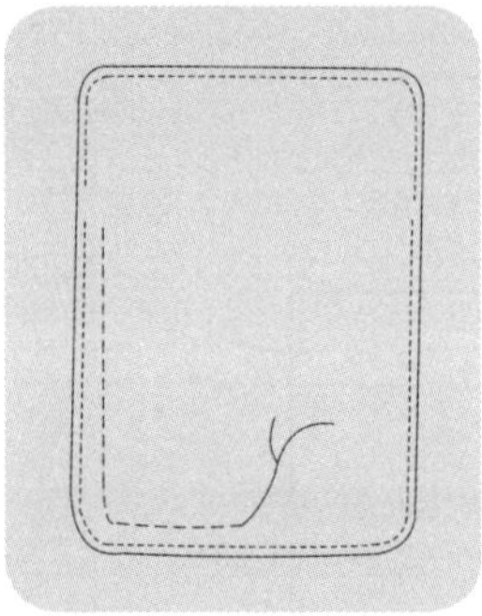

图4-72　绱袋布

十一、加袋盖挖袋型贴袋（图4-73）

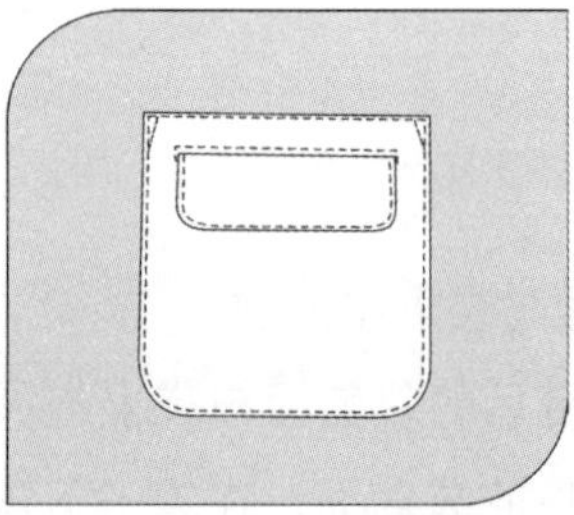

图4-73　加袋盖挖袋型贴袋

（一）缝制准备

如图4-74所示，在袋布的正面画出袋口位置标记。

图4-74　标志袋口位

（二）缝制步骤

（1）袋盖的做法参见第116页，如图4-75所示，装袋盖和袋口布。

（2）如图4-76所示，剪开袋口，两端剪三角口。

（3）如图4-77所示，将两端三角折向反面，再将袋口布折向袋布反面，理顺袋口

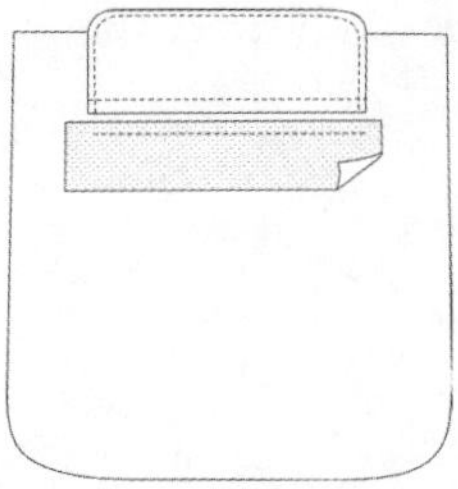

图4-75　装袋盖和袋口布

图4-76　剪袋口

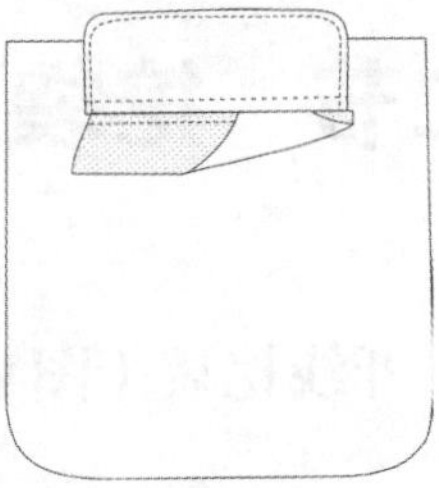

图4-77　翻袋盖和袋口布

布，封三角。

（4）如图4-78所示，用袋口布包住袋口缝头，沿袋口下沿缉0.2cm明线。

（5）如图4-79所示，将袋布四周按照硬卡纸净样板扣烫平整。

（6）如图4-80所示，将口袋里布反面与口袋面布反面相对，扣折毛边，用手针缲缝在一起。

（7）如图4-81所示，然后将做好的袋布与衣身袋位对齐，粗缝固定，然后进行缉缝。

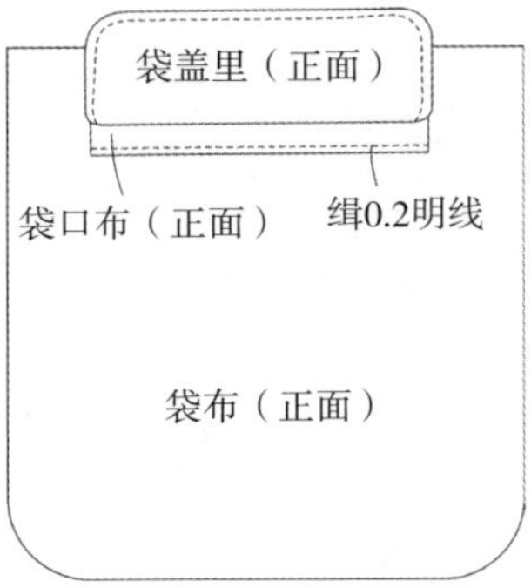

图4-78　缉袋口明线

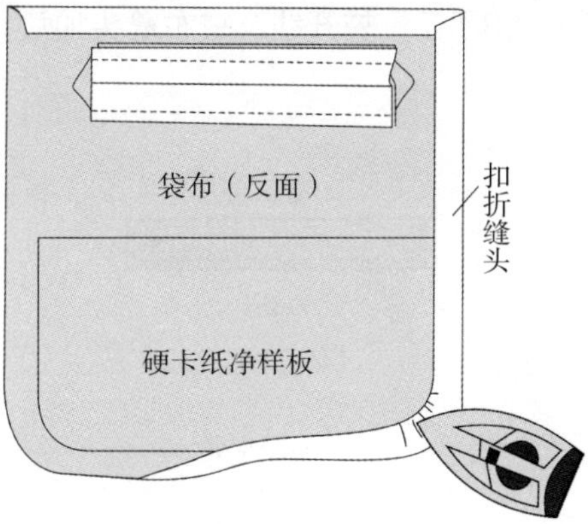

图4-79　扣折袋布缝头

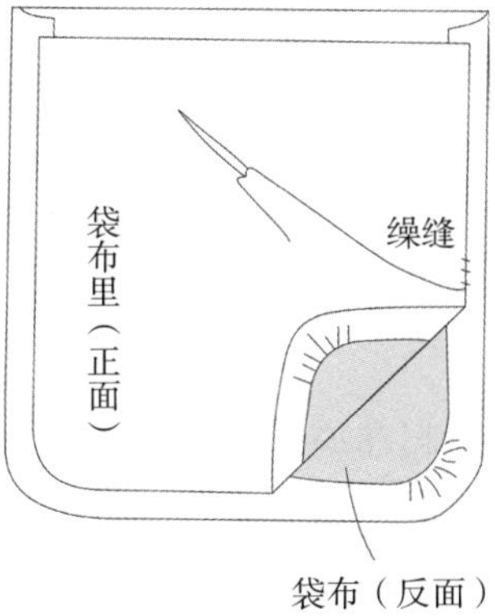

图4-80　缲袋布里

图4-81　缲袋布

第二节　挖袋

一、单开线挖袋（图4-82）

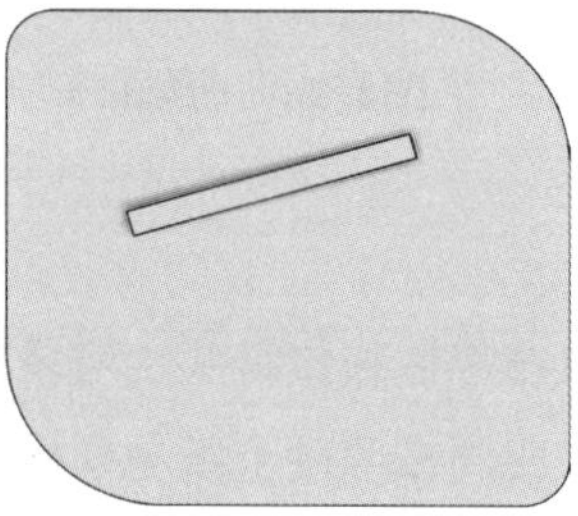

图4-82　单开线挖袋

（一）缝制准备

如图4-83所示，袋开线及袋布缝头加放，袋开线对折后包缝。

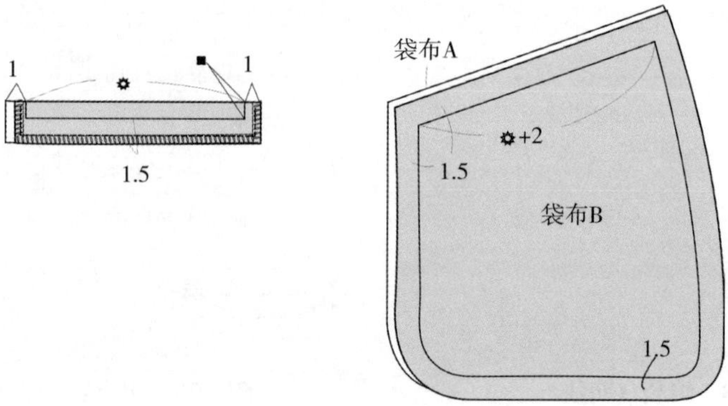

图4-83　袋开线及袋布缝头加放

（二）缝制步骤

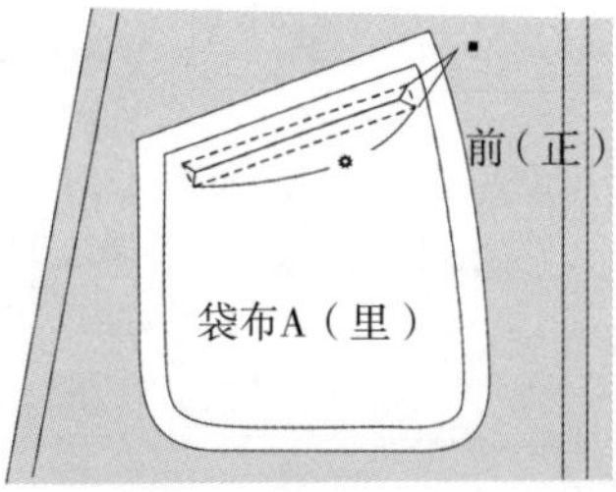

图4-84　袋布与衣片缝合

（1）如图4-84所示，将袋布A与衣片正面相对，袋口位对齐。

（2）缉缝袋口位。

（3）将衣片和袋布A一起在袋口处剪开，两端剪Y形。

（4）如图4-85所示，将袋布A翻转到衣片的反面。

（5）如图4-86所示，将对折的袋开线置于袋口处，注意位置要放正。

（6）如图4-87所示，掀开衣片，将袋口开线与衣身和袋布A固定到一起。
（7）如图4-88所示，将袋开线下边沿再与袋布缉缝，防止开线外翻。
（8）如图4-89所示，将袋布A翻到衣片的正面，袋布B与袋布A相对，距边0.5cm缉缝。
（9）如图4-90所示，将袋布翻到衣片的反面，缉缝四周。
（10）如图4-91所示，将上端和三角缉缝，固定袋布A和B。

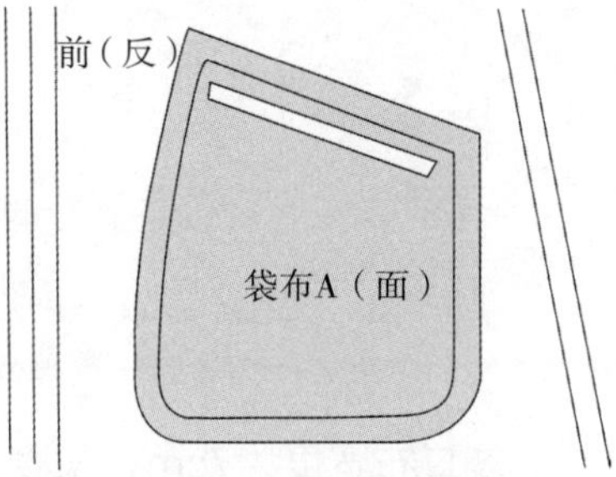

图4-85　袋布翻到衣片的反面

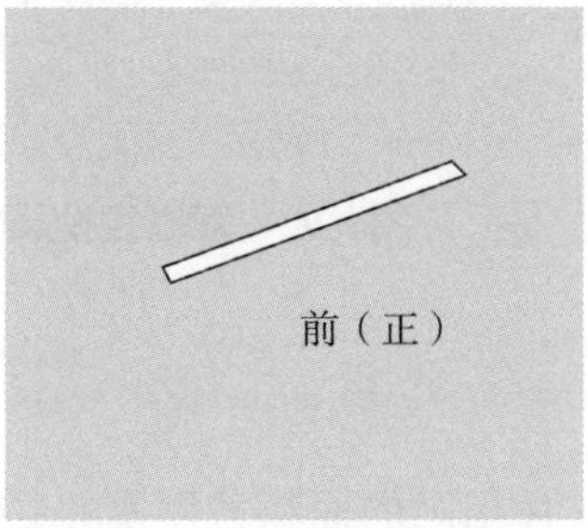

图4-86　袋开线置于袋口

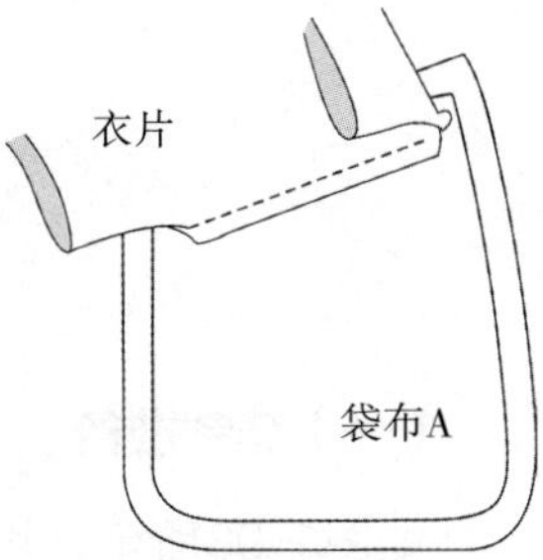

图4-87　固定袋开线

图4-88　固定袋开线下边沿

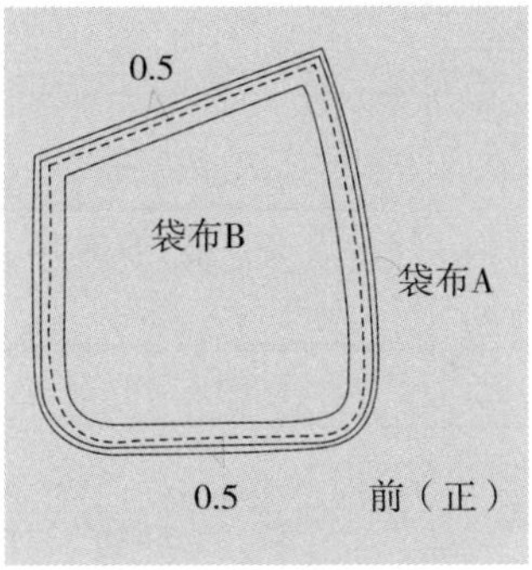

图4-89　缝合两层袋布

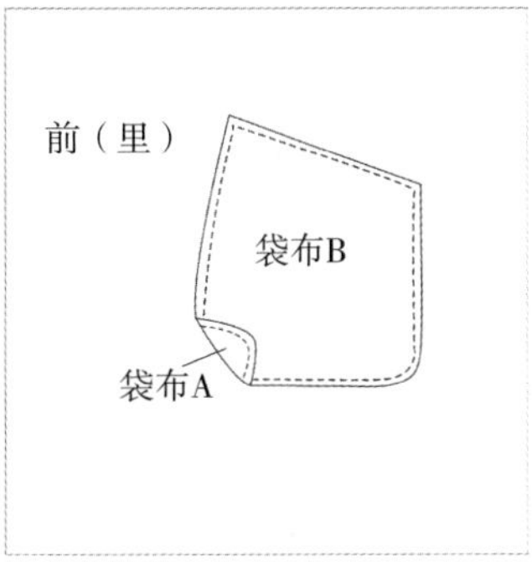

图4-90　缉缝袋布明线

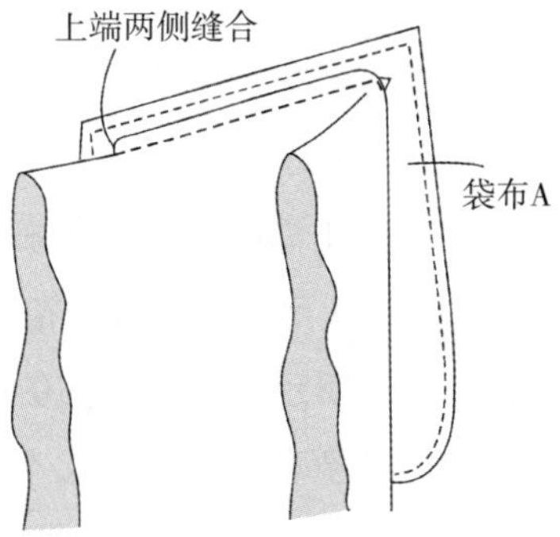

图4-91　缉缝三角和袋布上端缝头

二、双嵌线挖袋（图4-92）

图4-92 双嵌线挖袋

（一）缝制准备

如图4-93所示，用与衣片相同的面料裁制两片袋嵌线布。袋口布宽度为7cm，长度等于袋口宽加4cm。在袋口布的反面黏一层无纺布黏合衬。按图示画出袋口线并剪开至2cm处。

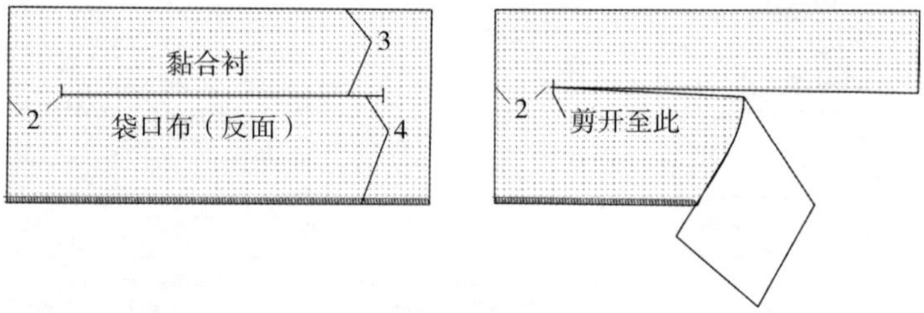

图4-93 处理嵌线布

（二）缝制步骤

（1）如图4-94所示，裁制两片口袋布。袋布长为15~17cm，袋布宽为袋口尺寸加4cm。在下层袋布上部车缝垫袋布。

（2）如图4-95所示，将口袋布平铺在衣片的反面，对齐袋口位置粗缝固定。将袋嵌线布的正面与衣片的正面相对，对齐袋口位置铺平。

（3）如图4-96所示，在袋嵌线布缉两道明线，两线间距为0.8cm。

（4）如图4-97所示，将袋口布的缝头分别向上下扣折后，剪开衣片袋口，两端剪成三角口。注意剪口既要剪深剪透，又不能剪断缝线。

（5）如图4-98所示，将袋口布翻折向衣片的反面，袋口布与衣片的缝头要分开烫平。再分别将上下嵌线折成0. 4cm宽，两端宽度一致。掀起衣片，在下片袋口布下面的缝头上缉一道线，用来将下嵌线的边沿固定在袋布上。

（6）如图4-99所示，掀起衣片，在上片袋口布的缝头上，靠近袋口位置缉明线，固定上嵌线。将袋口两端的三角翻折向衣片的反面，在靠近袋口的位置回针固定。

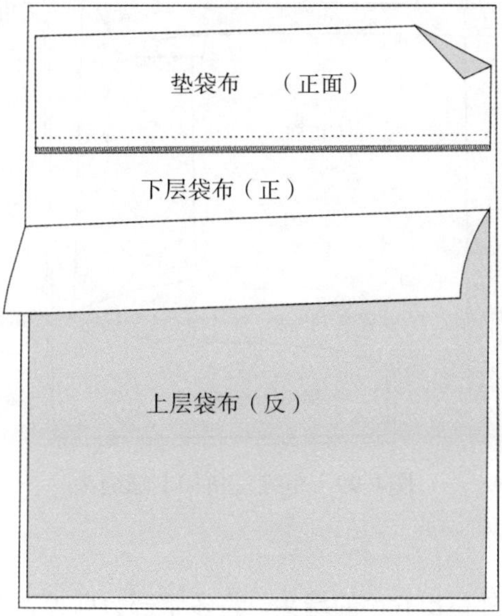

图4-94　缉缝垫袋布

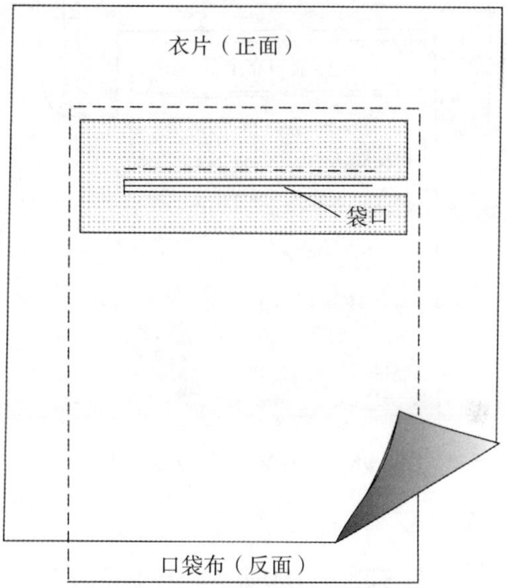

图4-95　固定袋嵌线布

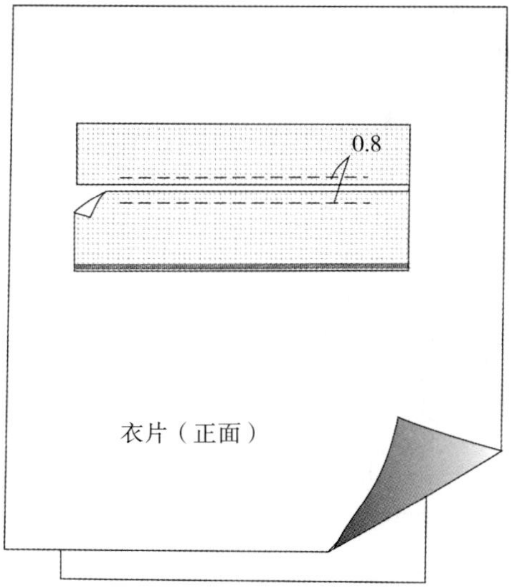

图4-96　缉缝袋嵌线布

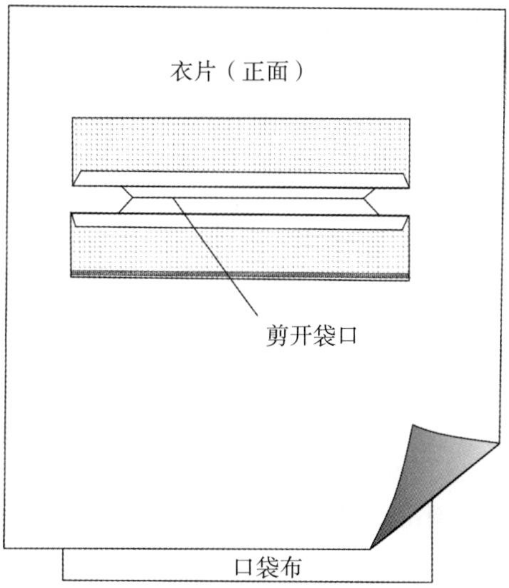

图4-97　剪袋口

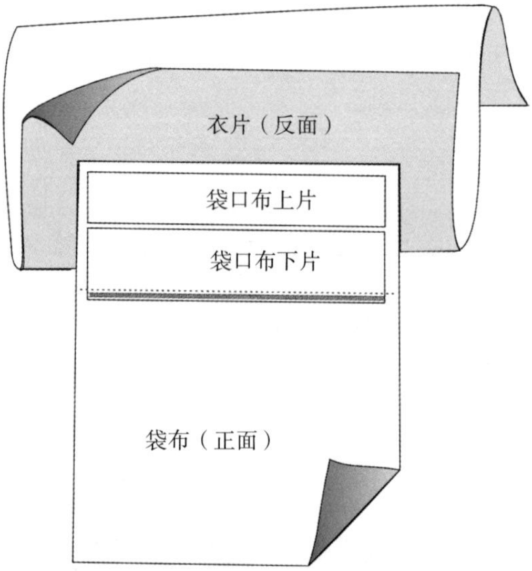

图4-98　下片袋口布与袋布固定

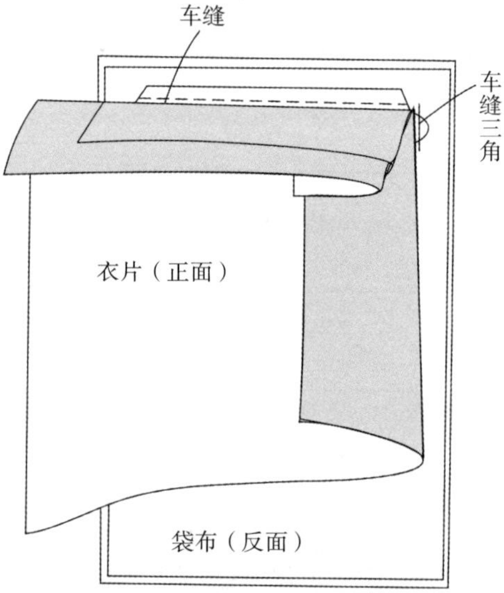

图4-99　车缝三角和上端缝头

（7）如图4-100所示，车缝口袋布，在缝线外留出1cm的缝头，将多余部分剪掉，然后包缝。

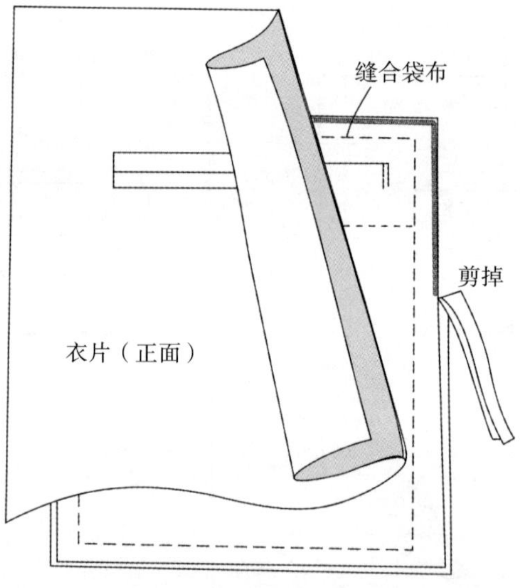

图4-100　修剪袋布并包缝

三、斜插挖袋（图4-101）

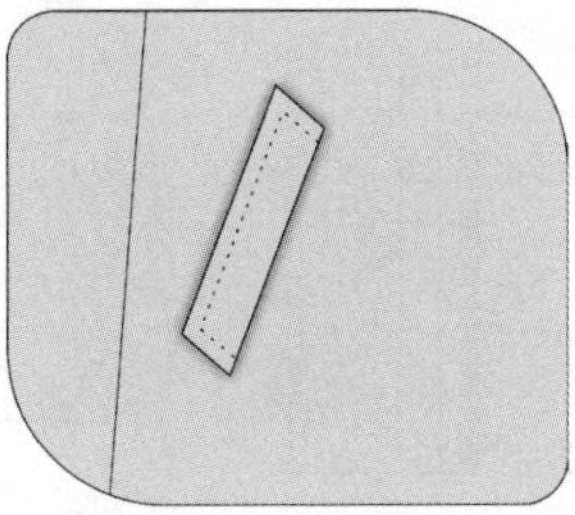

图4-101 斜插挖袋

（一）缝制准备

如图4-102所示，袋布及袋口布的缝头加放。

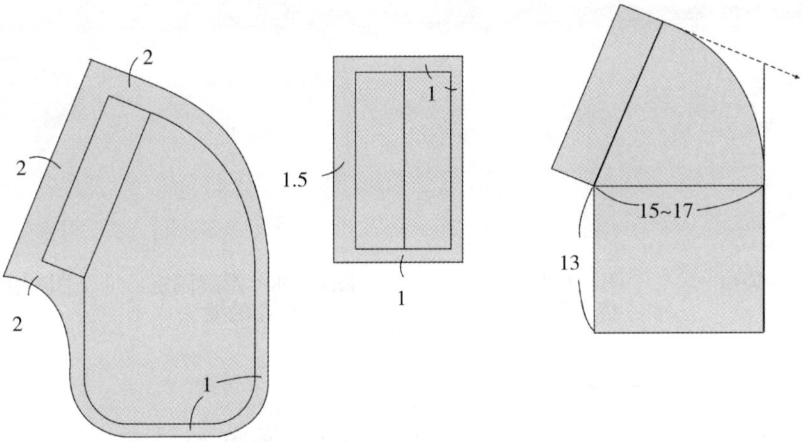

图4-102 袋布及袋口布的缝头加放

（二）缝制步骤

（1）如图4-103所示，袋口布贴上黏合衬后进行包缝，将两端缉缝，翻转到正面熨烫平整，然后在袋口侧缉双明线作为装饰线。

（2）如图4-104所示，将袋布置于前片衣片反面袋口的位置，粗缝固定。

（3）如图4-105所示，将衣片翻到正面，缉缝袋口布。

（4）如图4-106所示，翻到衣片的反面，袋布连同衣片将袋口剪开。

（5）如图4-107所示，将袋口布的缝头推到衣片的反面。

（6）如图4-108所示，将袋口布的缝头缉缝固定在袋布上。

（7）如图4-109所示，将袋口另一侧的缝头扣倒，然后用黏合衬固定缝头，将另一片袋布固定在衣片袋布之上。

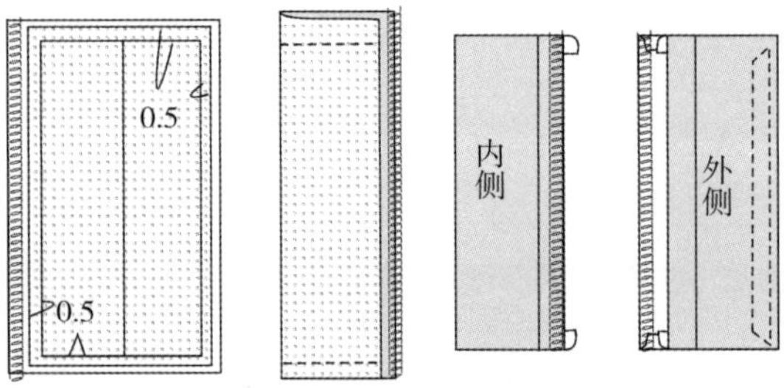

图4-103　袋盖处理

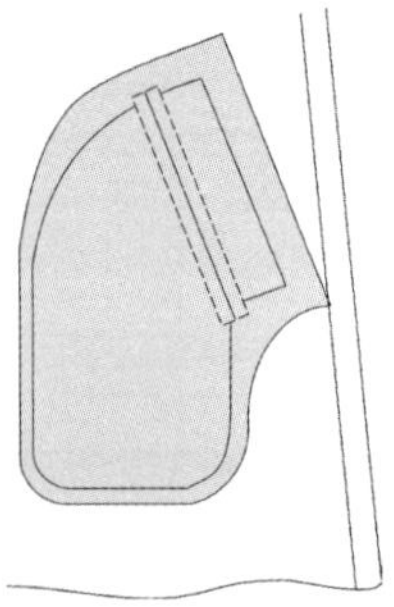

图4-104　袋布与衣片粗缝固定

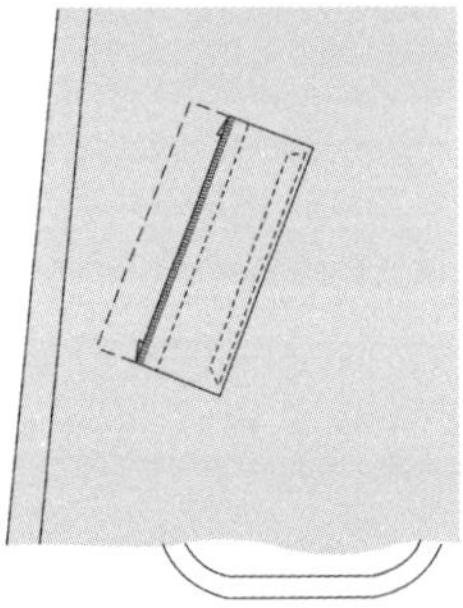

图4-105　缉缝袋口布

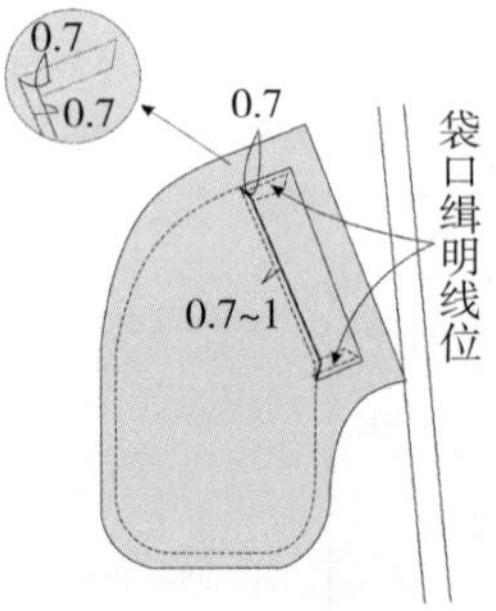

图4-106　开袋口

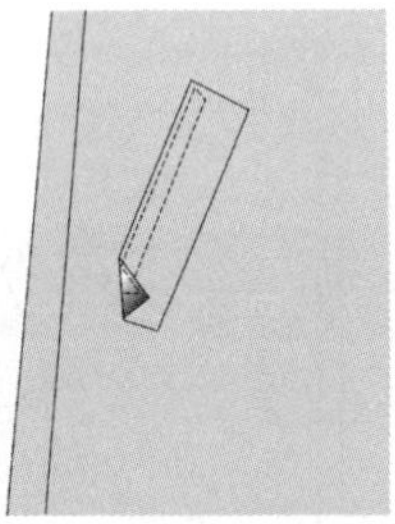

图4-107　袋口布的缝头推到衣片反面

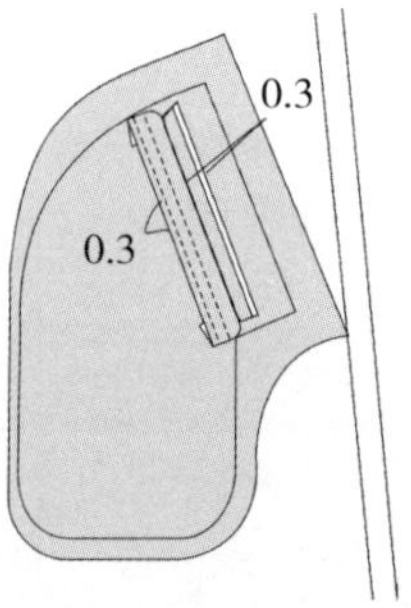

图4-108　缉缝固定袋口布的缝头

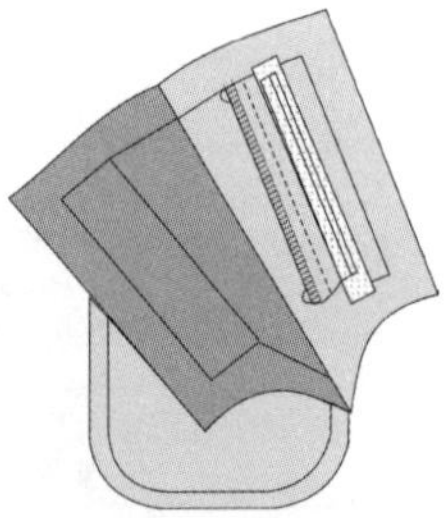

图4-109　袋口内部展开

（8）如图4-110所示，将衣片推至一侧。

（9）如图4-111所示，先将袋口扣折的缝头缉0.1cm明线将两层袋布缝合到一起，然后缝袋布四周，最后将袋布进行包缝。

（10）如图 4-112所示，翻转至正面，缉缝袋口两侧装饰线。

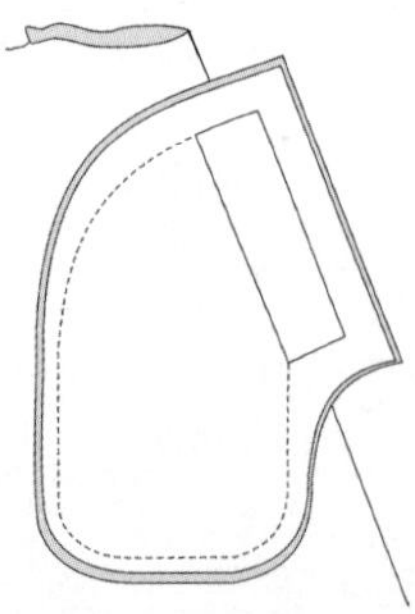

图4-110　移开衣片

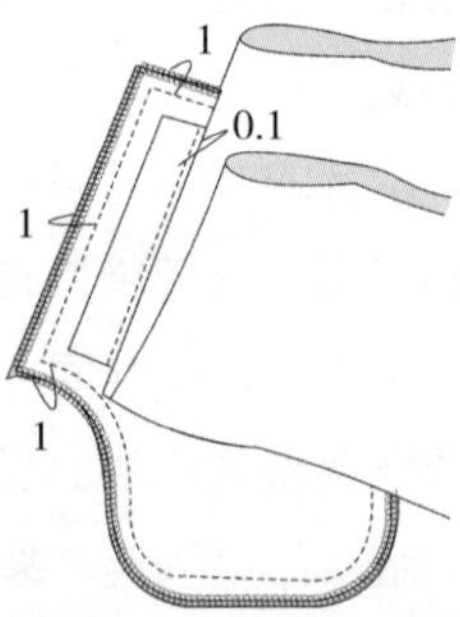

图4-111　缝合袋布

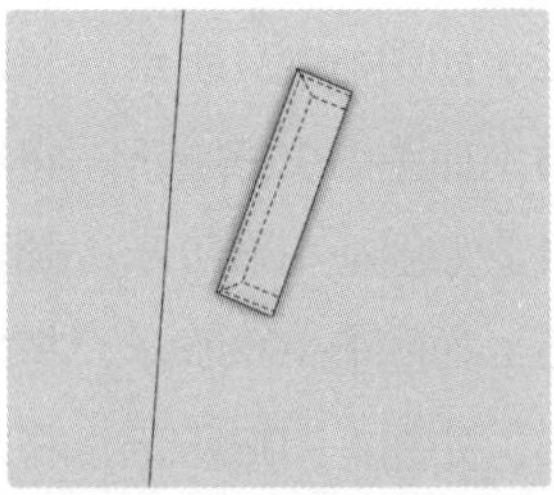

图4-112　袋口正面

四、一字型挖袋（图4-113）

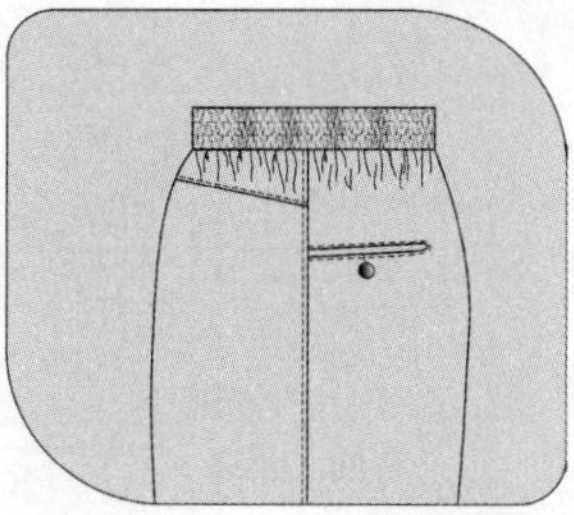

图4-113 一字型挖袋

（一）缝制准备

如图 4-114所示，袋口的位置和袋子的裁剪方法。

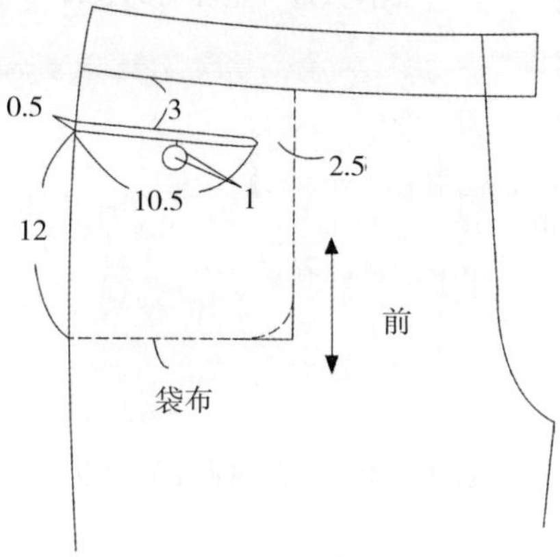

图4-114 袋口的位置和袋子裁剪

（二）缝制步骤

（1）如图 4-115所示，裁剪垫袋布，包缝后，缉缝到袋布上。

（2）如图 4-116所示，将袋布里与前裤片正面相对，缉缝袋口，然后将袋口剪开。

（3）如图 4-117所示，将袋布翻到裤片的反面，将袋口熨烫平整。

（4）如图 4-118所示，将袋布对折，缉缝。

（5）如图 4-119所示，修剪袋角后，包缝袋布。

（6）如图 4-120所示，掀开裤片上部分，在原来缝道上连同下层袋布再缉缝一次。

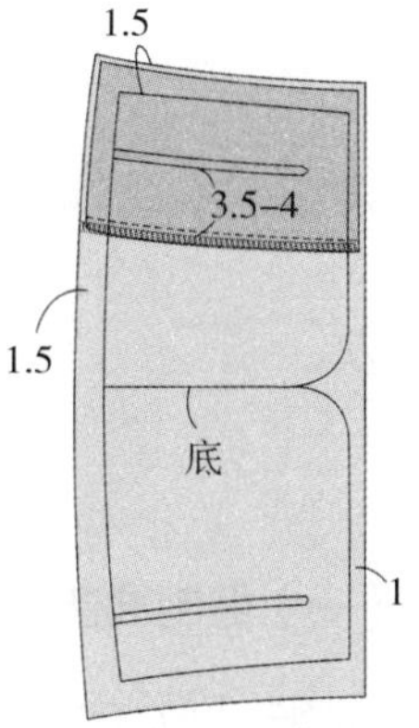

图4-115 贴袋布与袋布缝合

（7）如图4-121所示，锁眼钉扣，然后将袋布理顺，袋口放平，袋布粗缝固定到裤片侧缝上。

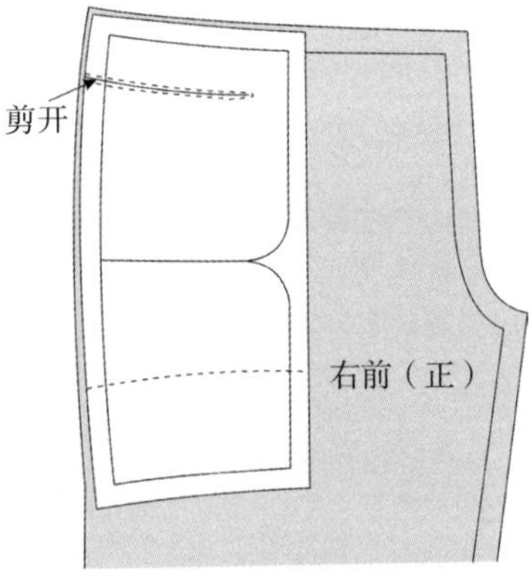

图4-116 缉缝并剪开袋口

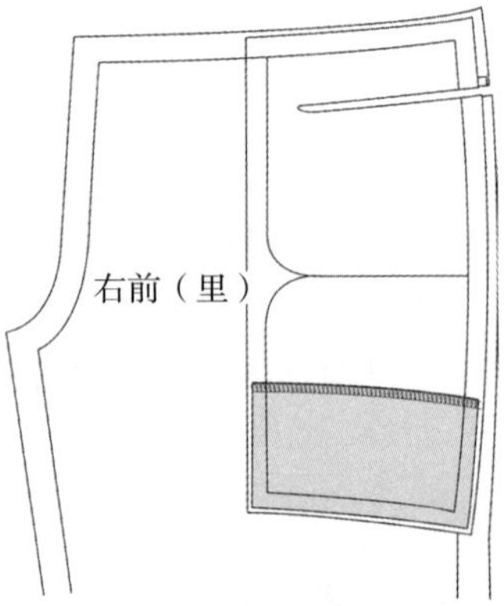

图4-117 整理后的袋口

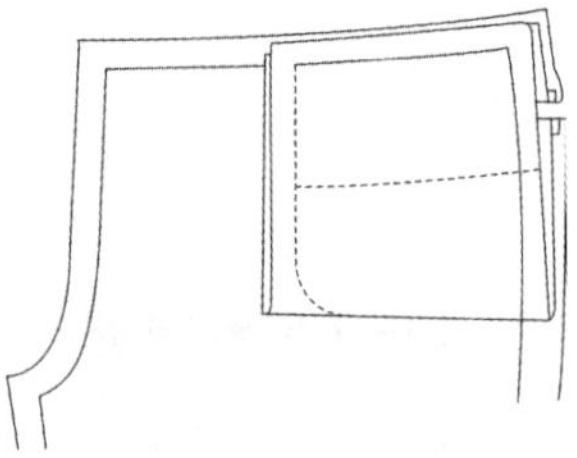

图4-118 缝合袋布

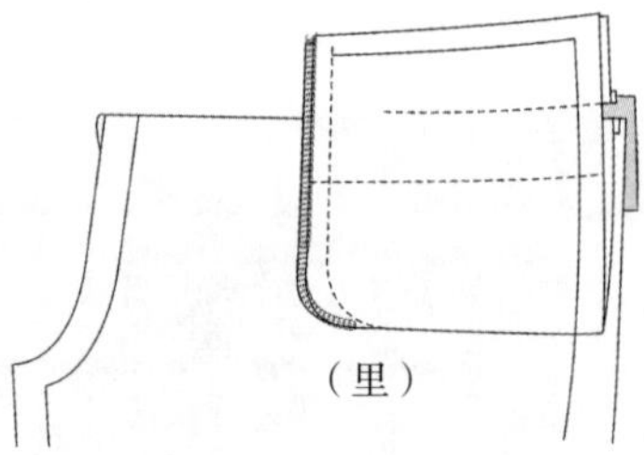

图4-119 包缝袋布

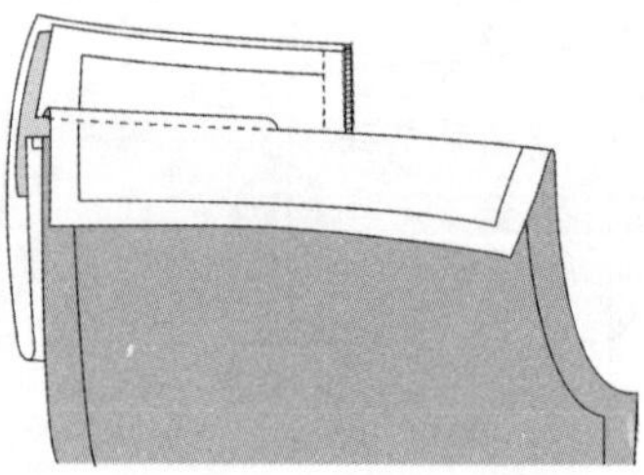

图4-120 缝合固定上端缝头

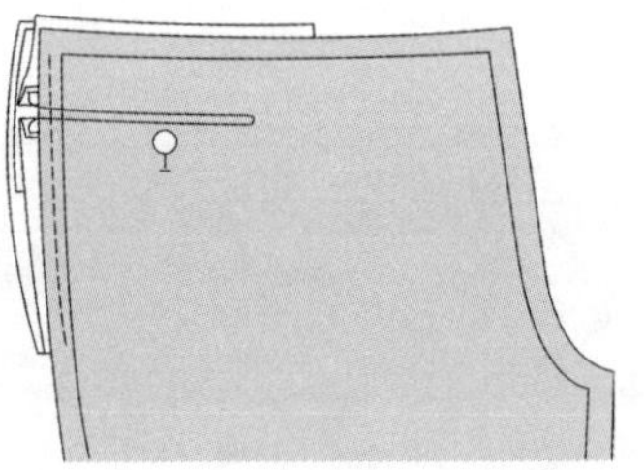

图4-121 粗缝固定袋布到侧缝

五、有袋盖单开线挖袋（图4-122）

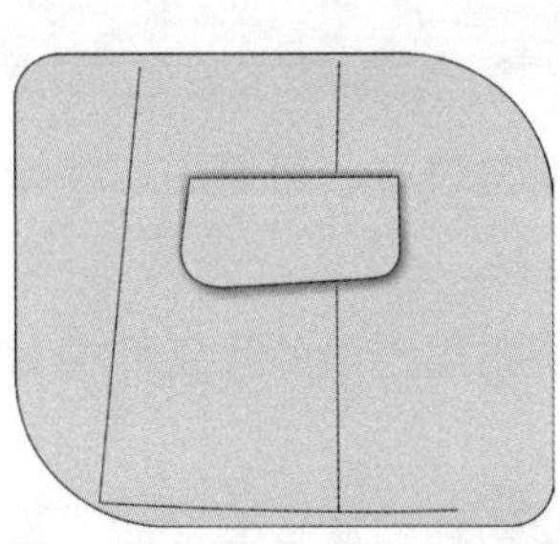

图4-122 有袋盖单开线挖袋图

（一）缝制准备

如图4-123所示，袋布、牵条配置方法。

如图4-124所示，袋盖面与里配置方法，袋盖里比面小0.2cm。

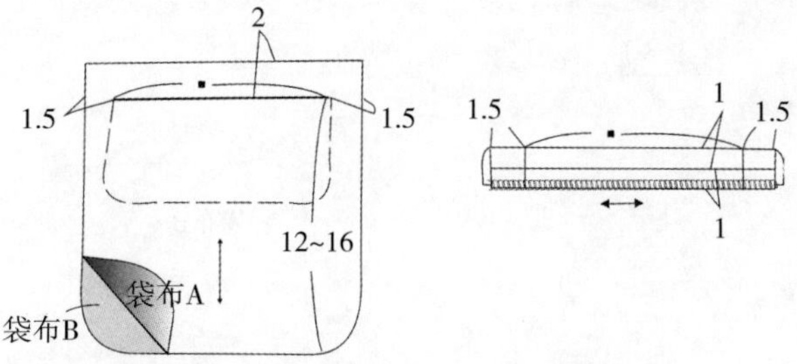

图4-123　袋布、牵条配置图

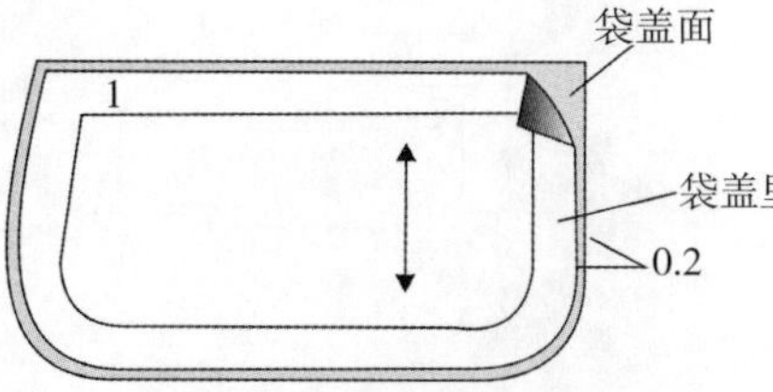

图4-124　袋盖面与里配置

（二）缝制步骤

（1）如图4-125所示，将袋盖面与里正面相对，袋盖里置于袋盖面上，袋盖面净线外0.1cm与袋盖里净线内0.1cm相对，按照纸板的大小缉缝袋盖，袋盖角处袋盖里吃面，起始端回车。

图4-125　缉缝袋盖

（2）如图4-126所示，将缝头修剪为0.5cm，袋盖角处的缝头为0.2~0.3cm。

（3）如图4-127所示，将袋盖翻转，熨烫，袋盖里退进，不反吐。

（4）如图4-128所示，将袋盖固定到袋布B上，距离净线0.2cm缉缝。

（5）如图4-129所示，在衣片袋口处贴上黏合衬，将袋布A的袋口线与衣身袋口线对齐，固定。

（6）如图4-130所示，在衣片的正面将袋布B缉缝到袋口处。

（7）如图4-131所示，将袋布B往上推，嵌线条缉缝到袋口，缉嵌线条时，两端比袋口长度各退进0.3cm。

（8）如图4-132所示，剪开袋口，两端剪成Y字形，将三角推至两侧边。

（9）如图4-133所示，将袋布B翻到衣片的反面，将嵌线条缉缝到袋布A上。

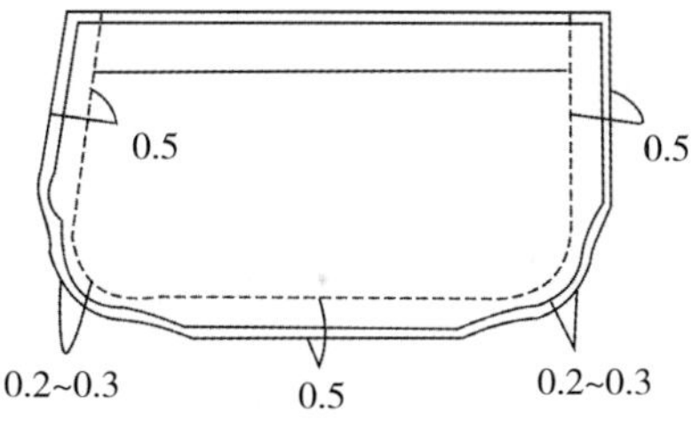

图4-126　修剪缝头

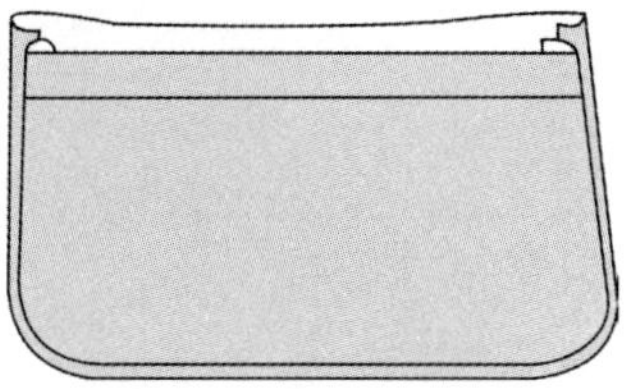

图4-127　整理袋盖

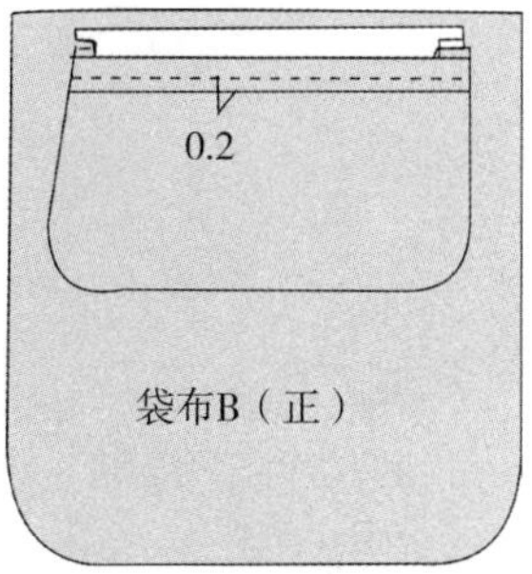

图4-128　袋盖固定到袋布上

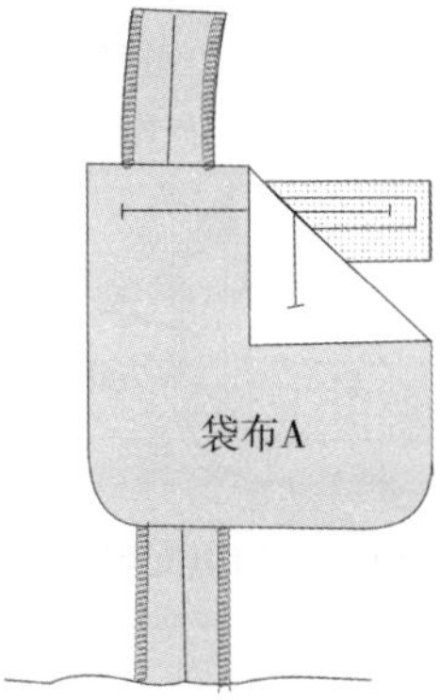

图4-129　袋布与衣片固定

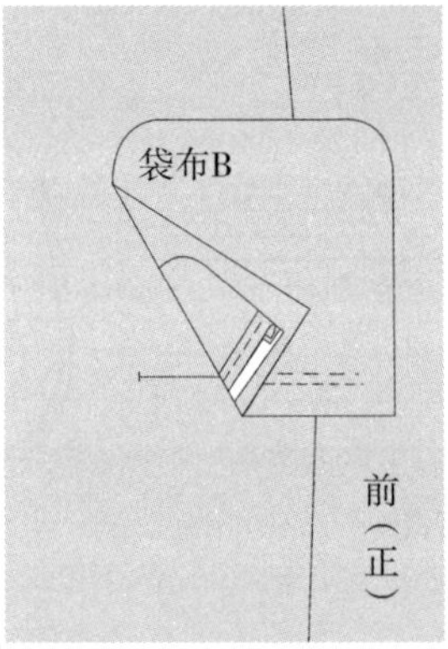

图4-130　袋盖与袋布缉缝在衣片上

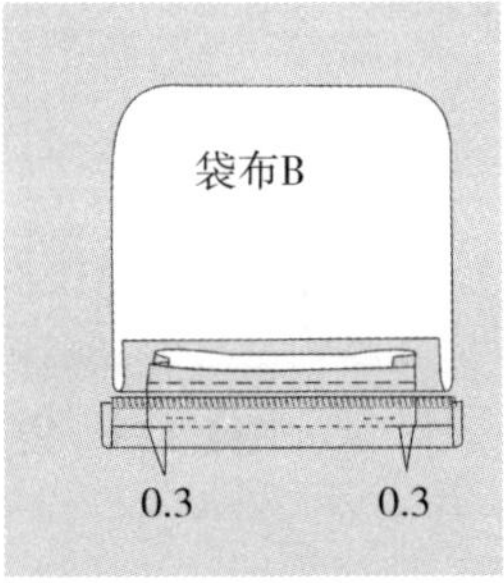

图4-131　嵌线条缉缝到袋口

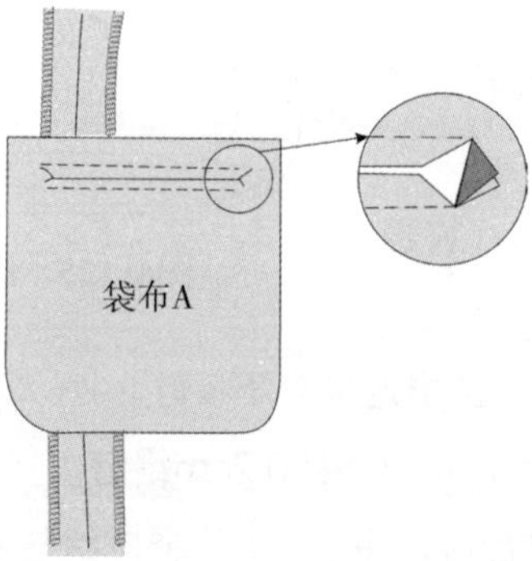

图4-132　剪开袋口

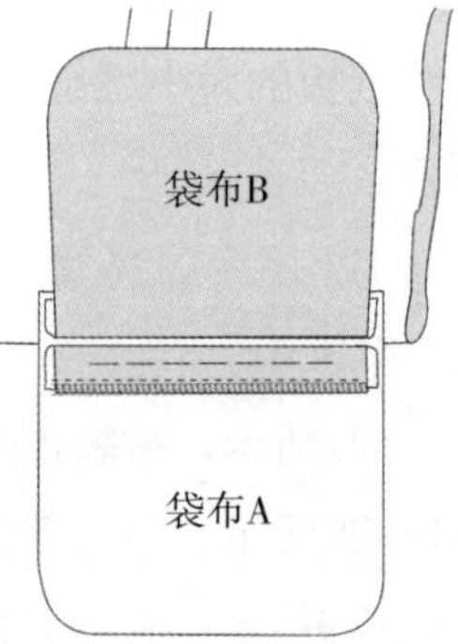

图4-133　嵌线条与袋布固定

（10）如图4-134所示，翻转到正面，检查袋盖与嵌线条，理顺。

（11）如图4-135所示，翻到反面，掀开衣片和袋布A，固定三角，回车2~3次。

（12）如图4-136所示，将袋布A和B对齐摆平，将其缉缝到一起，修剪袋布，然后包缝。

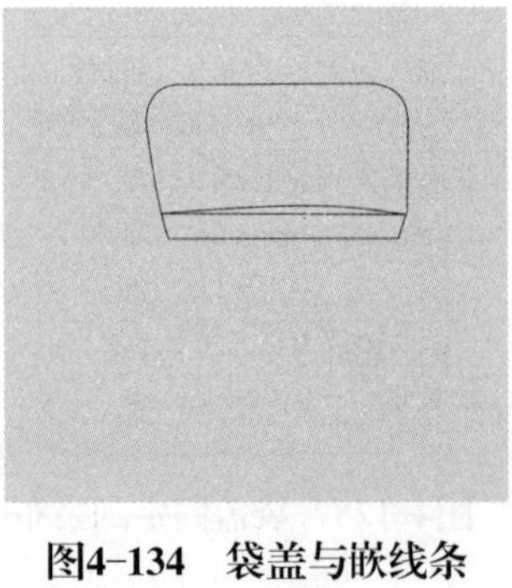

图4-134　袋盖与嵌线条

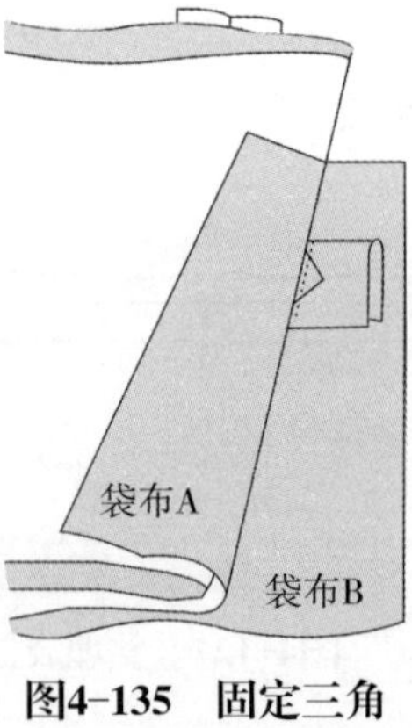

图4-135　固定三角

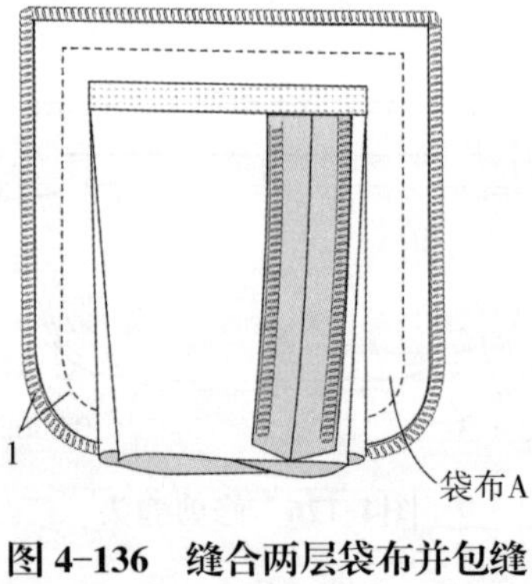

图 4-136　缝合两层袋布并包缝

六、加扣襻双开线挖袋（图4-137）

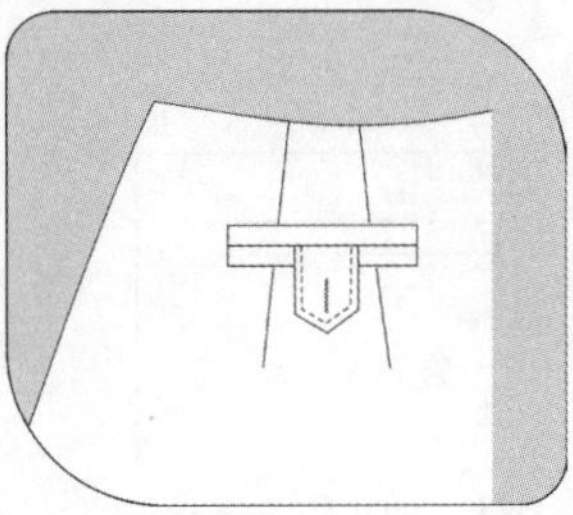

图4-137　加扣襻双开线挖袋

（一）缝制准备

（1）如图4-138所示，裁剪袋布。

（2）如图4-139所示，裁剪扣襻和嵌线条，包缝嵌线条。

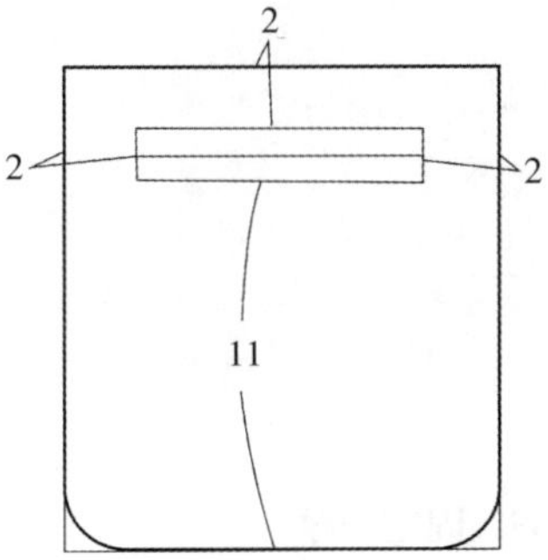

图4-138　袋布裁剪图

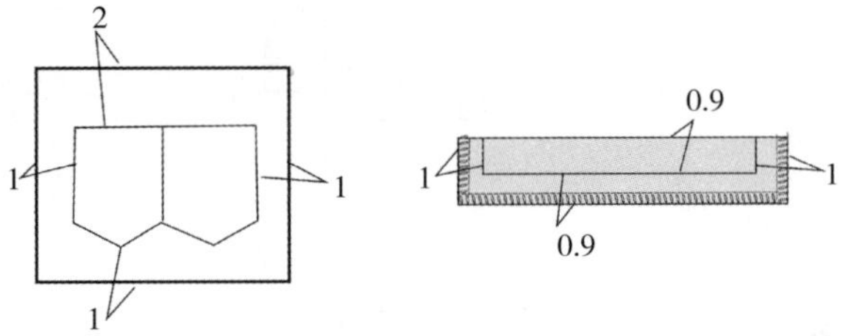

图4-139　扣襻和嵌线条裁剪图

（二）缝制步骤

（1）如图4-140所示，将扣襻正面相对，缉缝，翻转到正面，缉明线。

（2）如图 4-141所示，缉缝衣片腰省，将袋布A的袋口线与衣身袋口线对齐，固定。将上下嵌线条对准开袋位，缉缝。

（3）如图4-142所示，剪开袋口，两端剪成Y字形。

（4）如图4-143所示，将两嵌线条翻转到衣片的反面，同时将三角推至两侧边。

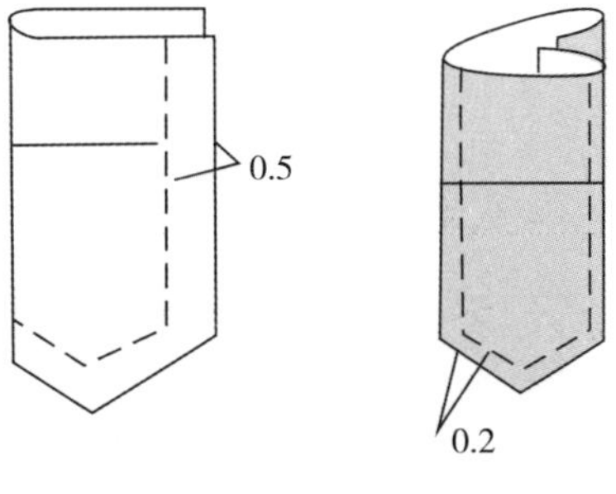

图4-140　做扣襻

（5）如图4-144所示，掀开衣片和袋布A，固定三角，回车2~3次。

（6）如图4-145所示，将扣襻固定到袋口。

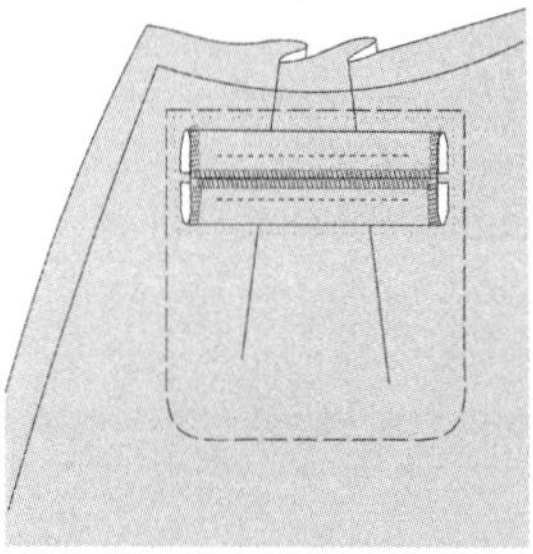

图4-141 上下开线与衣片缝合

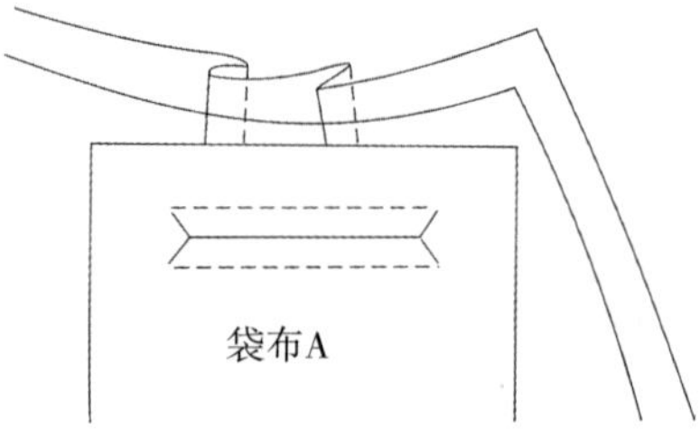

图4-142 剪开开口

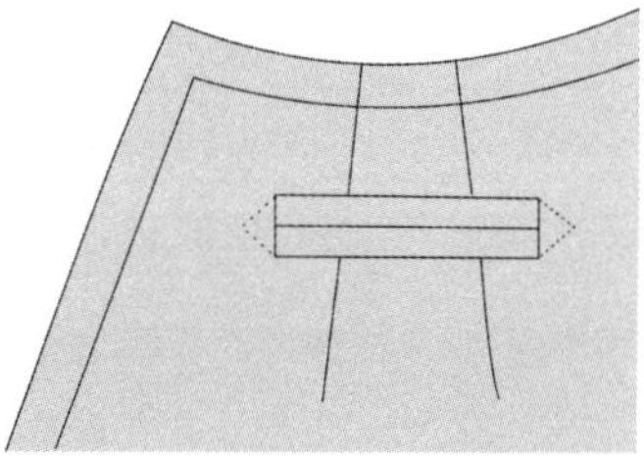

图4-143 理平上下嵌线条

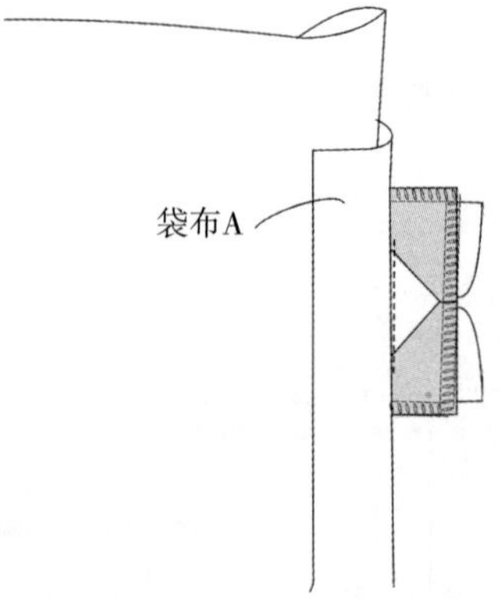

图4-144 缝三角

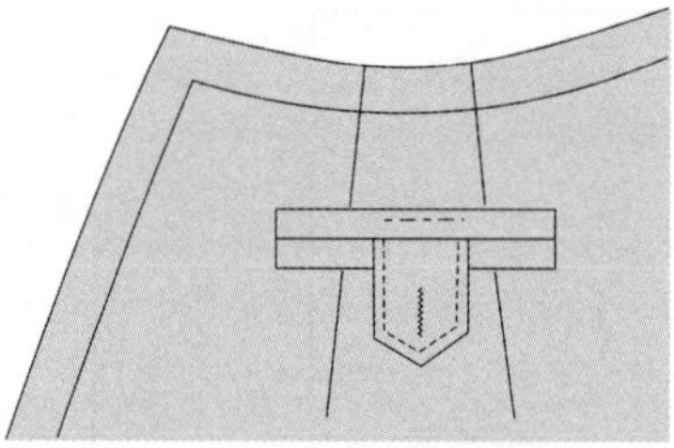

图4-145 固定扣襻

（7）如图4-146所示，将袋布B置于袋布A以下，掀开衣片和袋布A，如图缉线固定。

（8）如图4-147所示，将袋布A和B对齐摆平，将其缉缝到一起，然后包缝。

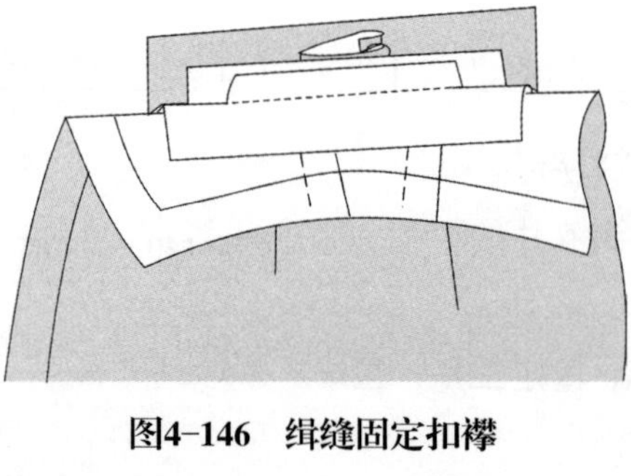

图4-146 缉缝固定扣襻

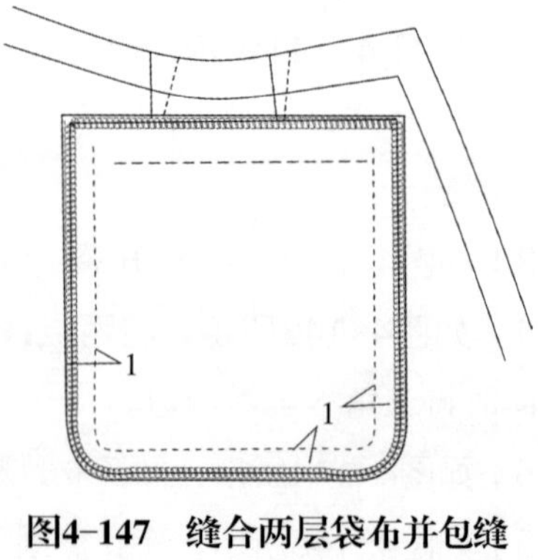

图4-147 缝合两层袋布并包缝

七、L型挖袋（图4-148）

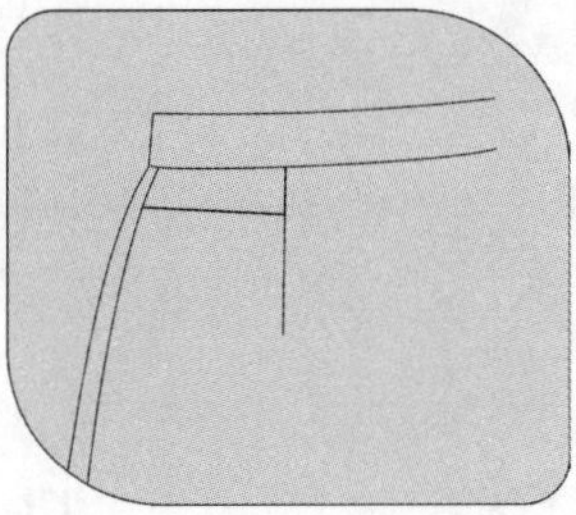

图4-148　L型挖袋

（一）缝制准备

如图4-149所示，袋口裁剪方法。

如图4-150所示，缝头加放。

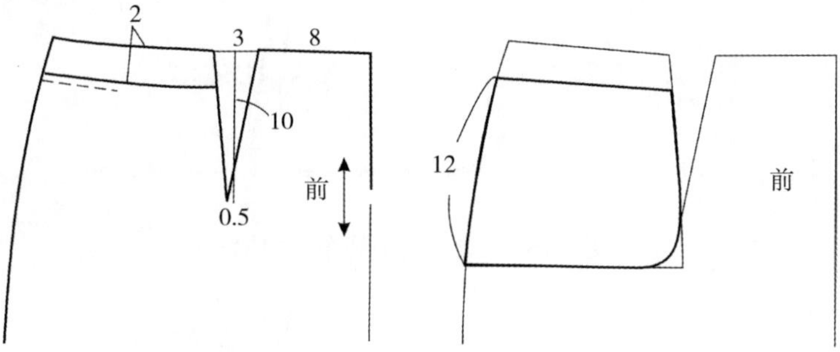

图4-149　袋口裁剪

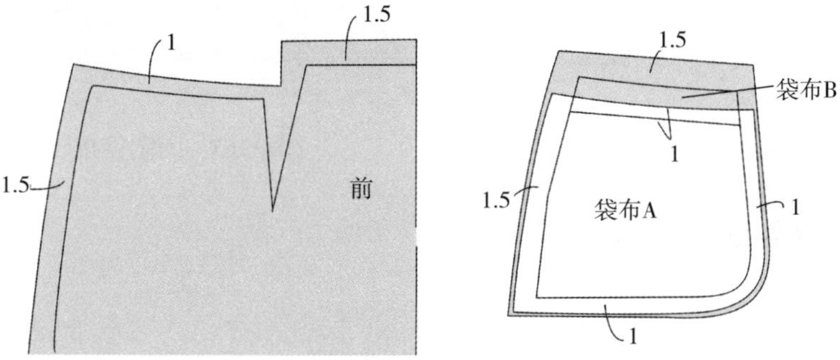

图4-150　缝头加放

（二）缝制步骤

（1）如图4-151所示，将袋布A包缝后，将其与裤片正面相对缉缝。

（2）如图4-152所示，将袋布A翻到裤片的反面，缉0.3cm的明线。

图4-151　袋布与裤片缝合

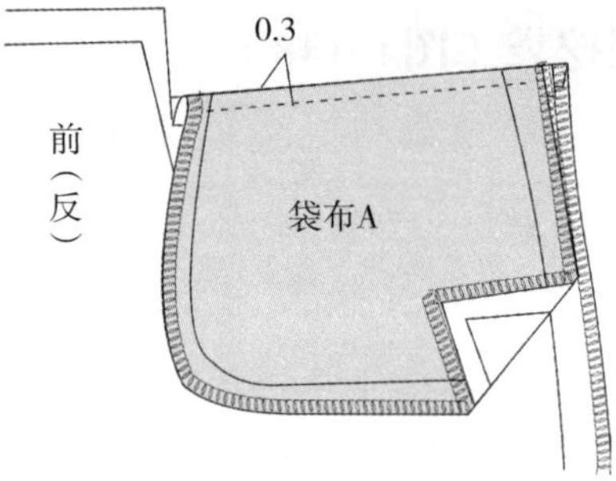

图4-152　袋口缉明线

（3）如图4-153所示，袋布B包缝后，与袋布A叠合，缉缝。

（4）如图4-154所示，将裤片袋布缉缝到一起。

（5）如图4-155所示，理顺袋口和袋布，将袋布A和B与侧缝固定。

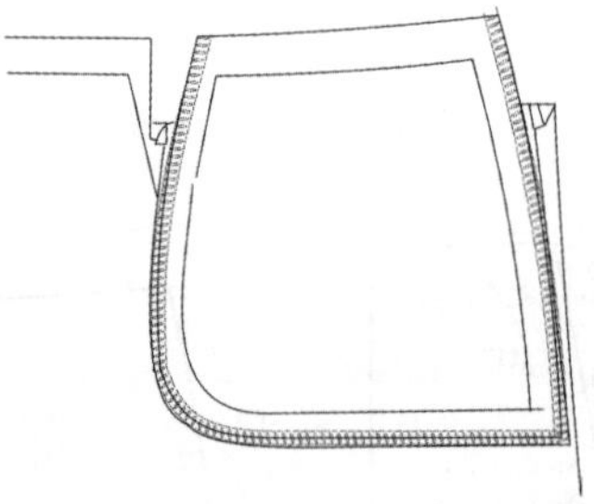

图4-153　缝合两层袋布并包缝

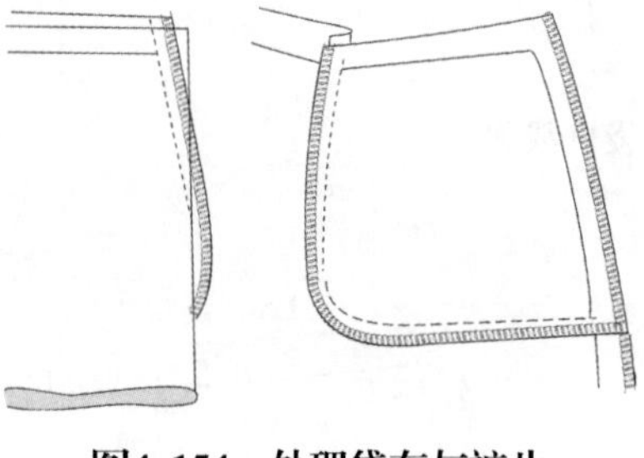

图4-154　处理袋布与裤片

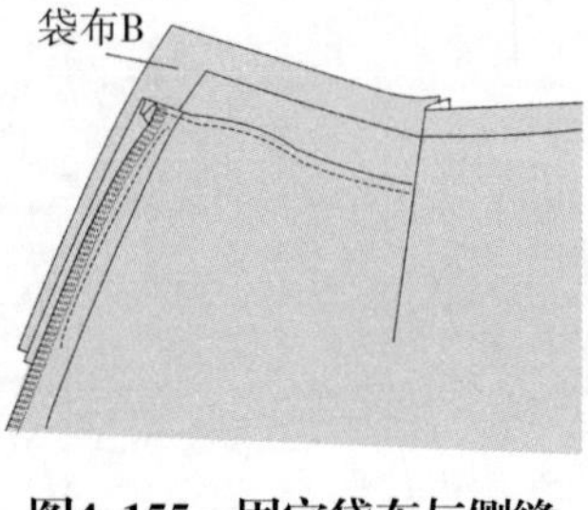

图4-155　固定袋布与侧缝

八、破缝加袋盖挖袋（图4-156）

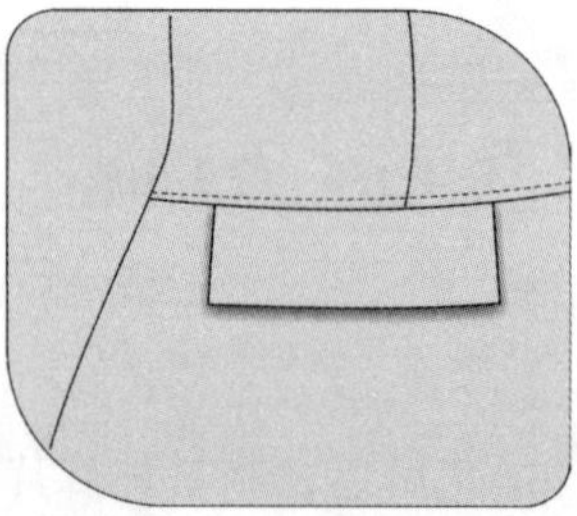

图4-156　破缝加袋盖挖袋

（一）缝制准备

袋布的裁剪方法如图4–157所示。

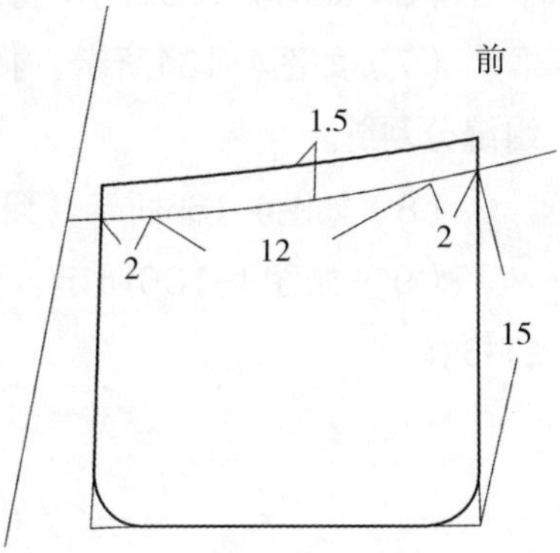

图4–157　袋布的裁剪

（二）缝制步骤

（1）如图4–158所示，袋盖贴上黏合衬后，将袋盖面与里正面相对，袋盖里置于袋盖面纸上，袋盖面净线外0.1cm与袋盖里净线内0.1cm相对，按照纸板的大小缉缝袋盖，袋盖角处袋盖里吃面，起始端回车。将缝头修剪为0.5cm，袋盖角处距离缝线为0.2~0.3cm将缝头斜向剪去。

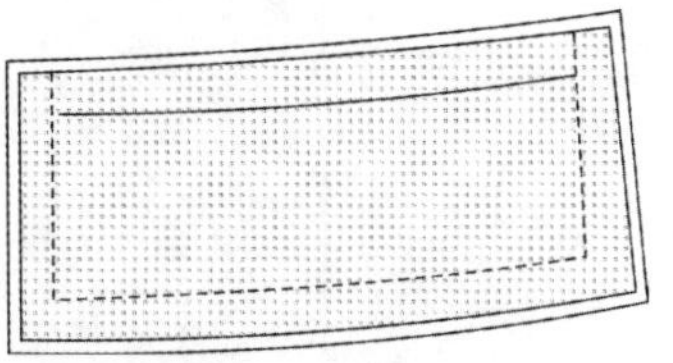

图4–158　缝合袋盖

（2）如图4–159所示，将袋盖翻转，熨烫，袋盖里退进，不反吐。

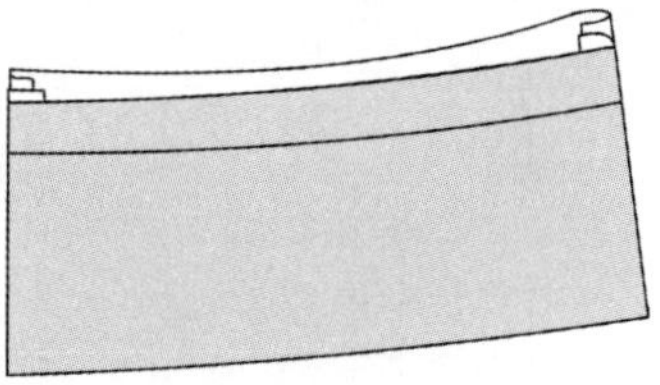

图4–159　整理袋盖

（3）如图4–160所示，将袋布A置于前下片之上，缉缝，按图示位置剪开。

（4）如图4–161所示，将袋布翻到前下片的反面，熨烫袋口，然后缉缝、锁眼。

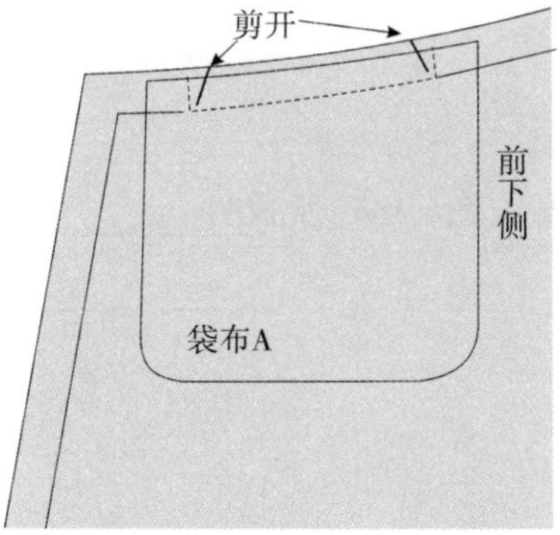

图4–160　袋布与衣片缝合

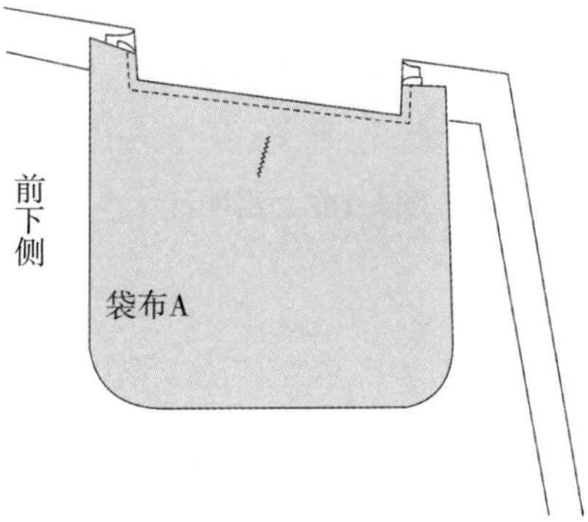

图4–161　缉袋口明线

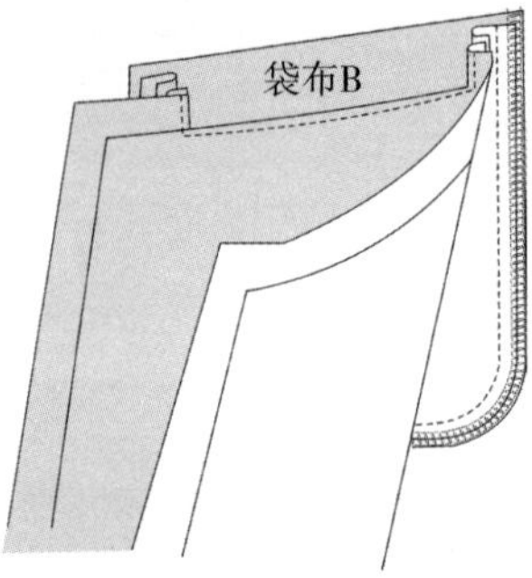

图4-162　缝合两层袋布

（5）如图4-162所示，将袋布B置于袋布A以下，将两片袋布缉缝到一起，然后再进行包缝。

（6）如图4-163所示，将袋盖置于袋口处，粗缝固定。

（7）如图4-164所示，将前上片与前下片正面相对，缉缝分割缝。

（8）如图4-165所示，翻至正面，缉明线。

（9）如图4-166所示，熨烫整理袋盖、袋口，最后钉扣。

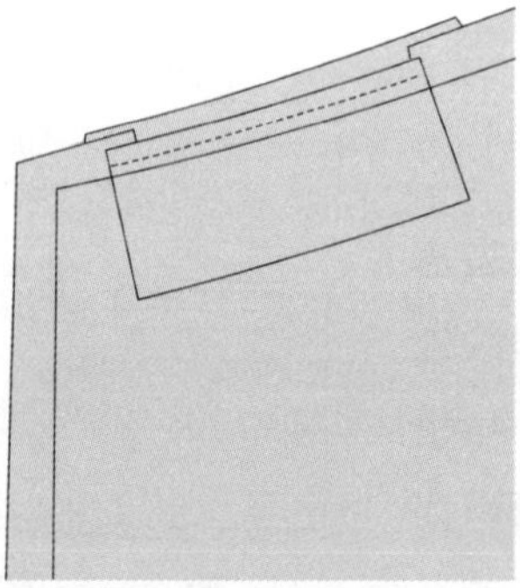

图4-163　袋盖粗缝固定到袋口

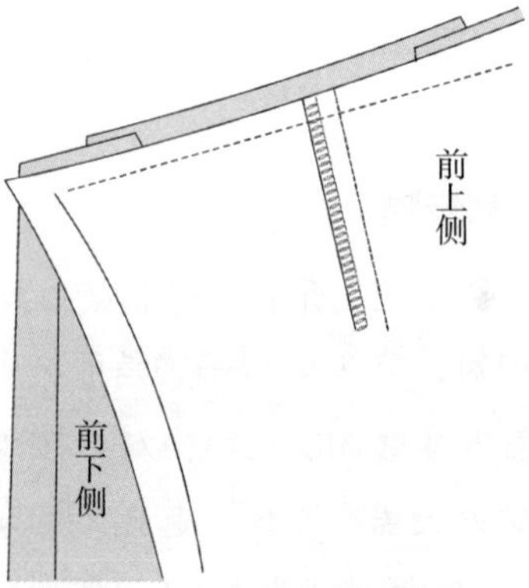

图4-164　缉缝分割线

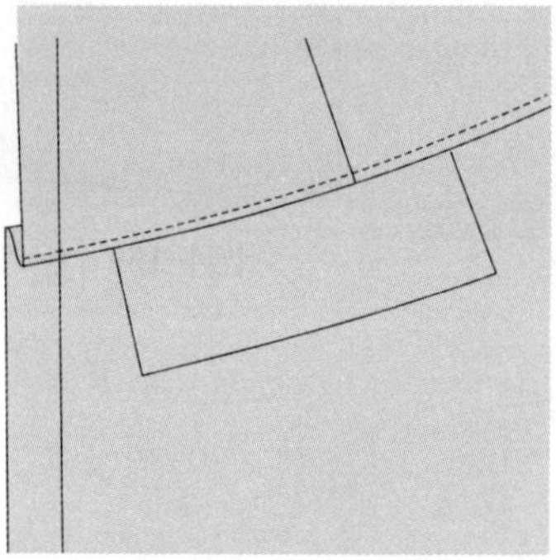

图4-165　缉明线

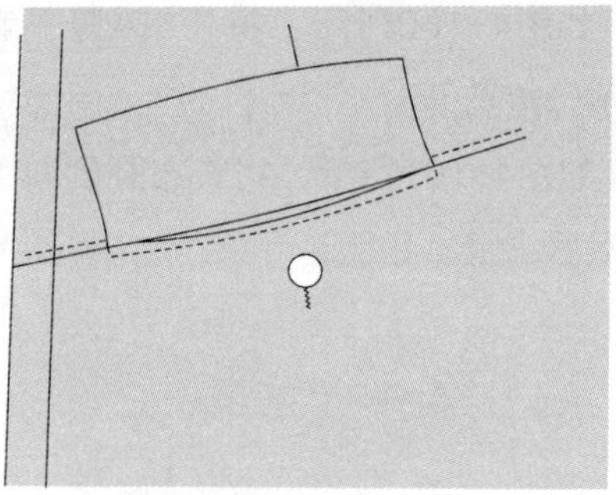

图4-166　完成图

第三节　插袋

一、侧缝袋一（图4–167）

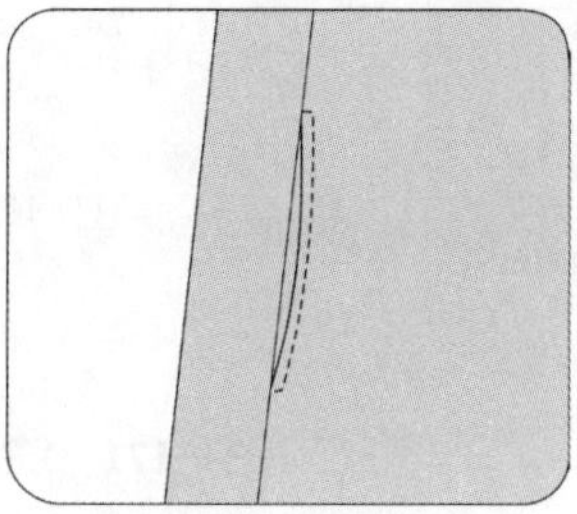

图4–167　侧缝袋一

（一）缝制准备

如图4–168所示，侧缝插袋的制图方法。

如图4–169所示，裁剪袋布A和B，在袋口做对位记号。

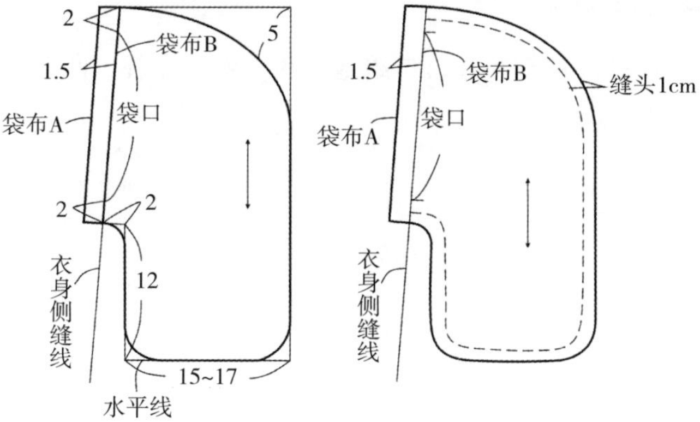

图4–168　侧缝插袋

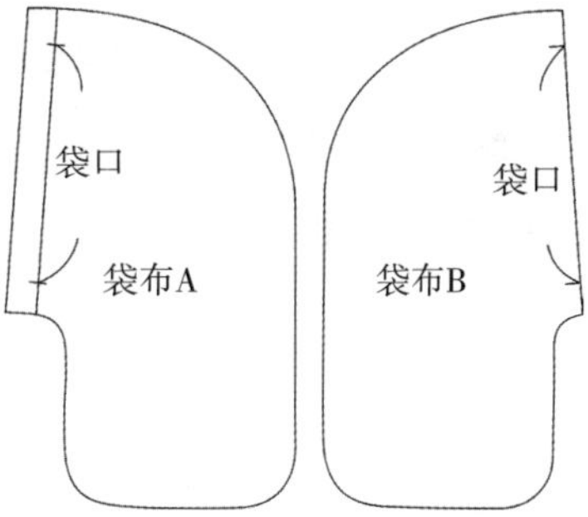

图4–169　袋口对位记号

（二）缝制步骤

（1）如图4–170所示，将袋布A与袋布B正面相对叠合，缉缝。然后将袋布B袋口折边扣烫。

（2）如图4–171所示，将前后侧缝正面相对叠合，留下袋口位不缝，注意在袋口位两端打回车。

（3）如图4–172所示，将袋布B按扣烫线距离侧缝净线0.7cm，将袋布B缉缝到前衣

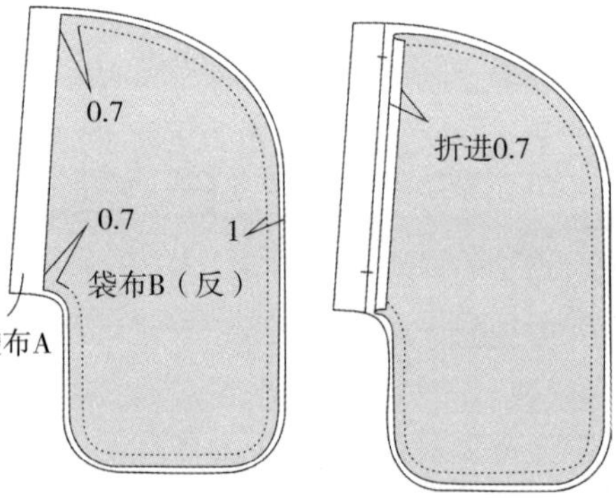

图4-170　缝合两层袋布

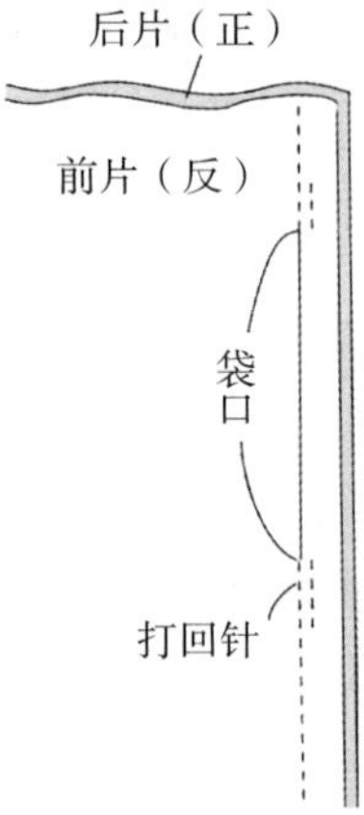

图4-171　缝合侧缝

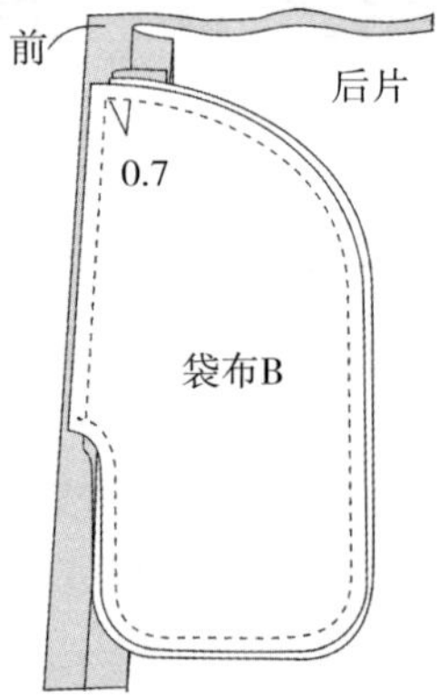

图4-172　袋布与衣片侧缝缝合

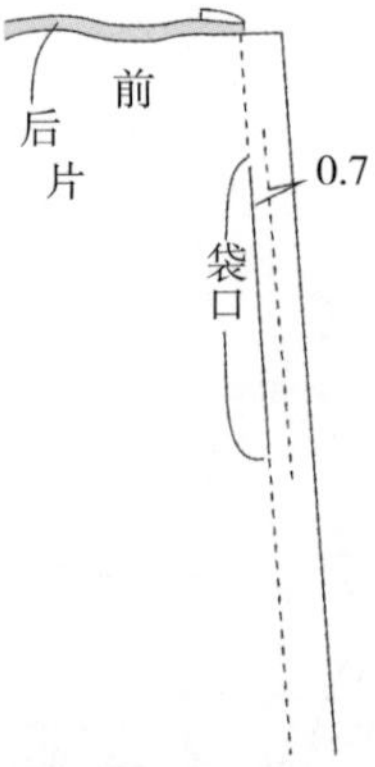

图4-173　缝制后反面

片的侧缝缝头上。

（4）缝制后的效果如图4-173所示。

（5）如图4-174所示，将袋布倒向前片，放平袋布，将袋布A缉缝到后片缝头上，缉缝线与侧缝净线重合。然后再缉缝0.3cm的线，固定袋布A的缝头。

（6）如图4-175所示，在袋口缉缝明线，然后在袋口两端打套结或者回针缉牢固定。

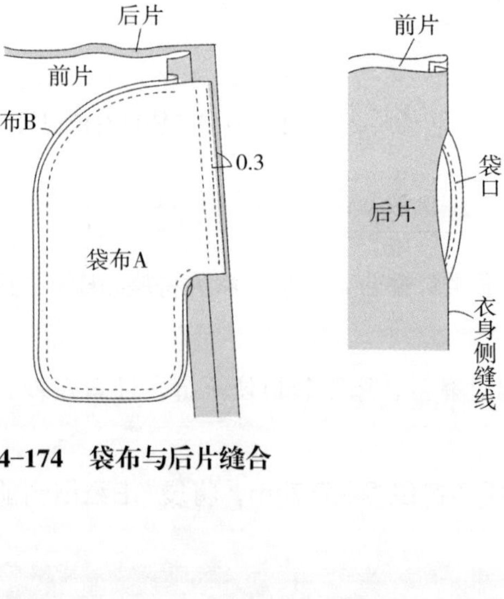

图4-174　袋布与后片缝合

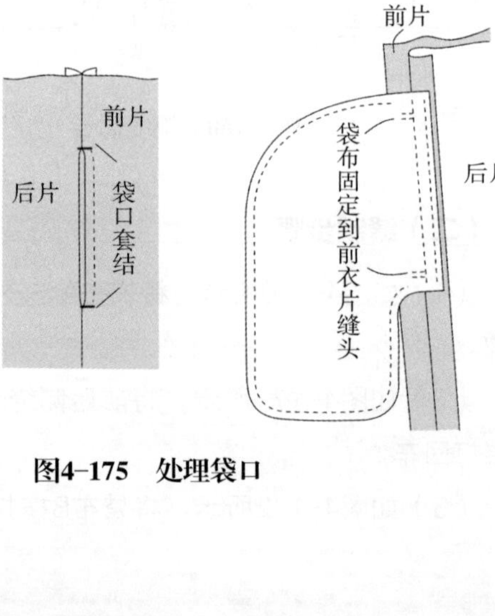

图4-175　处理袋口

二、侧缝袋二（图4–176）

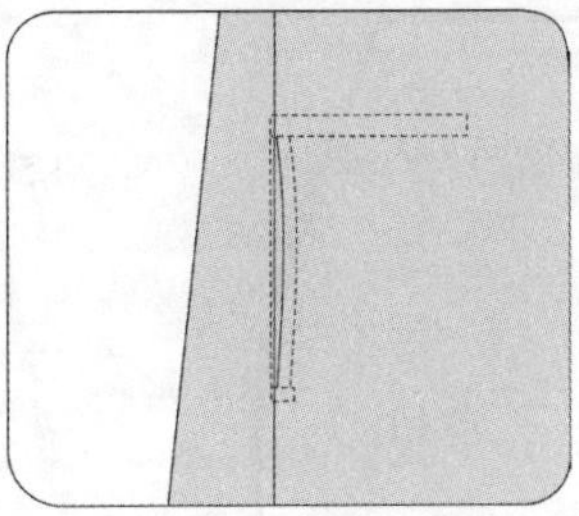

图4–176　侧缝袋二

（一）缝制准备

如图4–177所示，裁剪袋布和进行包缝。

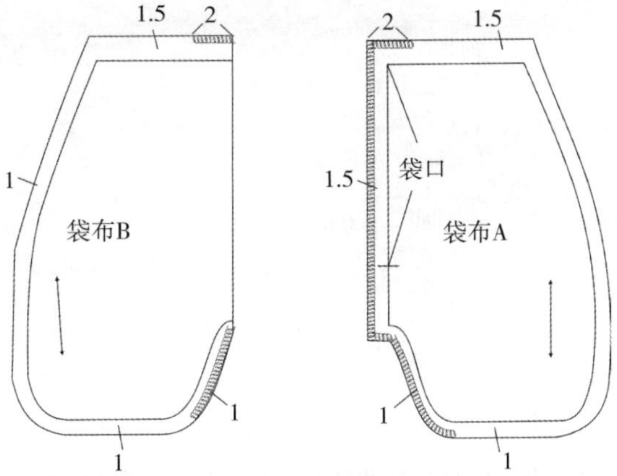

图4–177　袋布缝头加放

（二）缝制步骤

（1）如图4–178所示，将袋布A和B缉缝到一起，扣烫袋布B袋口折边，并将未包缝的部位两片布包缝到一起。

（2）如图4–179所示，缝合前后衣片侧缝，留下袋口位不缝合，注意在袋口位两端打回车。

（3）将袋布B按扣烫线距离侧缝净线0.7cm，将袋布B缉缝到前衣片的侧缝缝头上。

（4）如图4–180所示，将袋布倒向前片，放平袋布，将袋布A缉缝到后片缝头上，缉缝线与侧缝净线重合。然后再缉缝0.3cm的线，固定袋布A的缝头。

（5）在袋口缉缝明线。

（6）如图 4–181所示，将袋布推向前片放平，缉装饰线和封袋口。

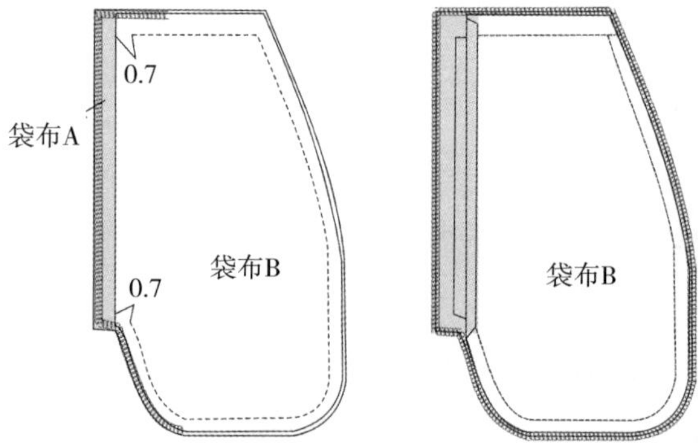

图4-178　缝合两层袋布

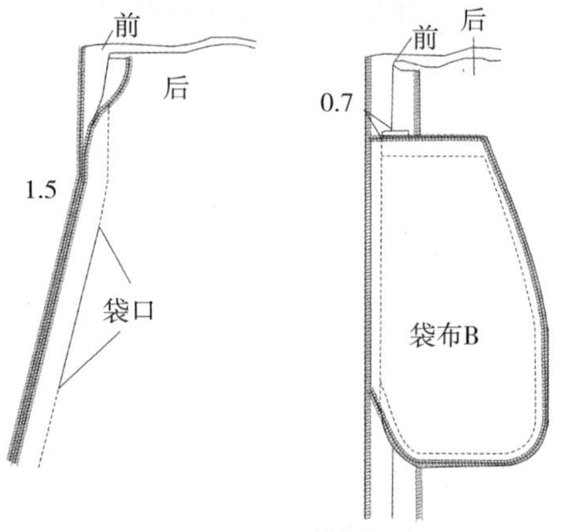

图4-179　缝合侧缝、袋布与前侧缝缝合

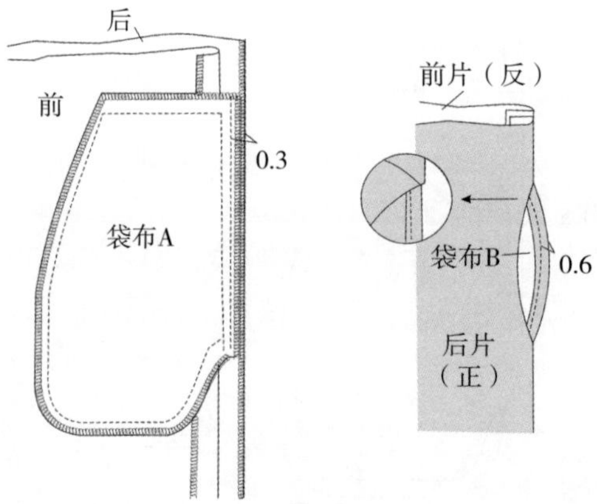

图4-180　袋布与后侧缝缝合、缉缝袋口明线

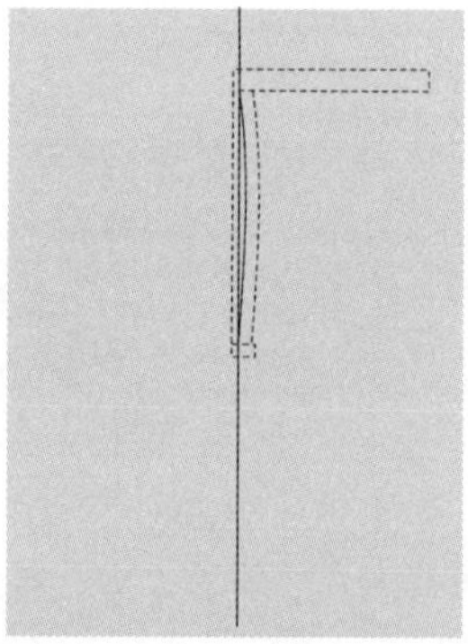

图4-181　缉装饰线和封袋口

三、裤子斜插袋一（图4-182）

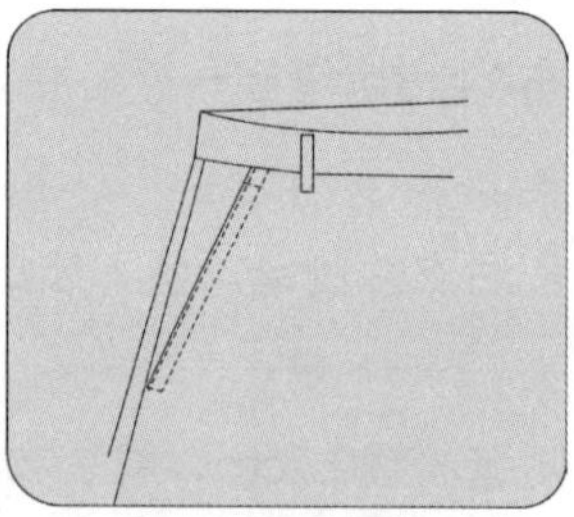

图4-182　裤子斜插袋一

（一）缝制准备

（1）如图4-183所示，裁剪袋布A和袋布B。

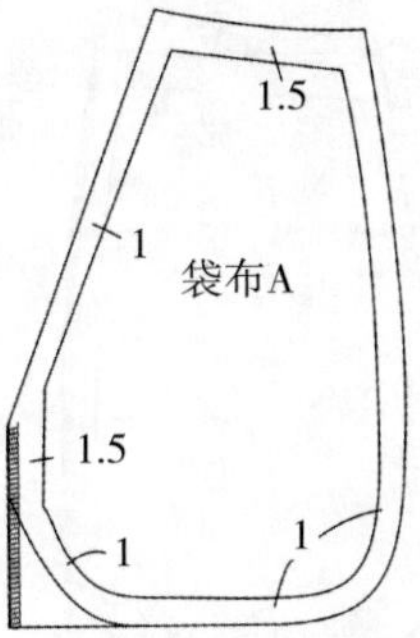

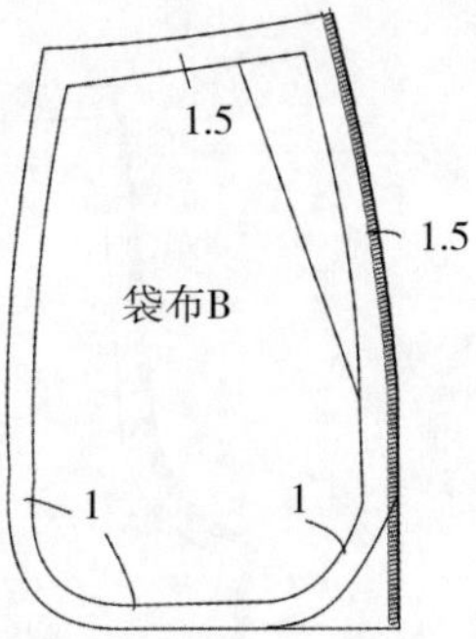

图4-183　袋布缝头加放

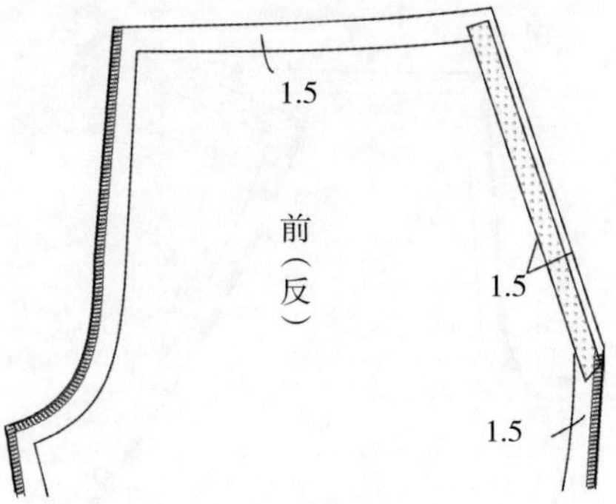

图4-184　袋口贴黏合衬

（2）如图4-184所示，在袋口处贴黏合衬。

（二）缝制步骤

（1）如图4-185所示，将袋布A缉缝到袋口净缝外0.1cm处。

（2）如图4-186所示，将袋布A翻转，熨烫袋口，袋布A退进0.1cm，然后缉明线。

（3）如图4-187所示，将袋布B与袋布A正面相叠合。

（4）如图4-188所示，距离净线0.6~0.7cm缉缝，剪去斜线部分。

（5）如图4-189所示，翻转袋布，然后缉0.5cm的明线。袋口两端打套结固定。

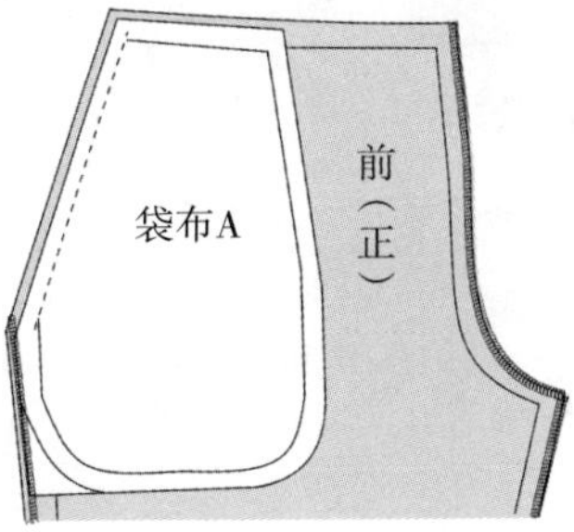

图4-185　袋布与裤片缝合

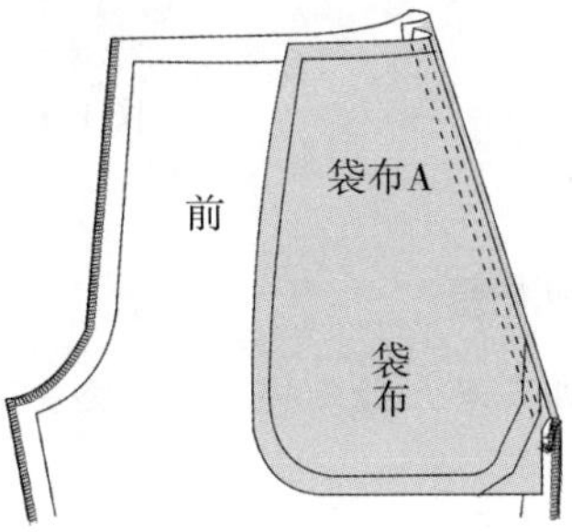

图4-186　缉缝袋口明线

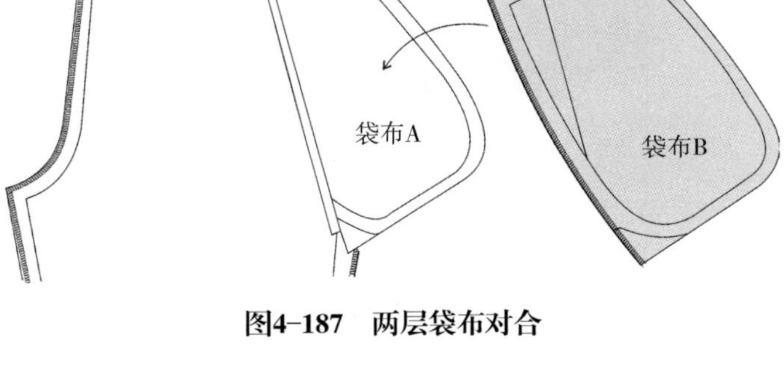

图4-187　两层袋布对合

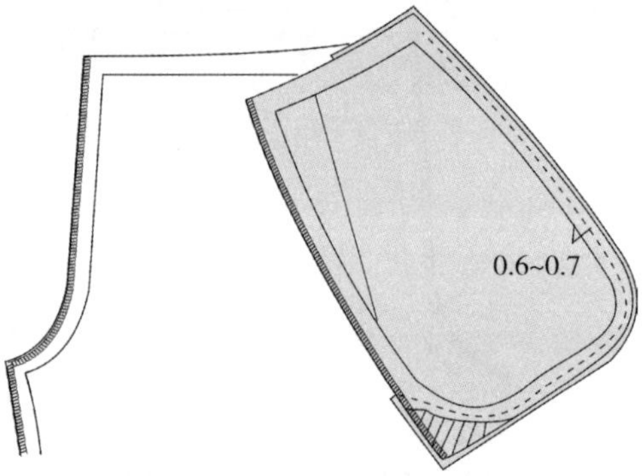

图4-188 缉缝两层袋布

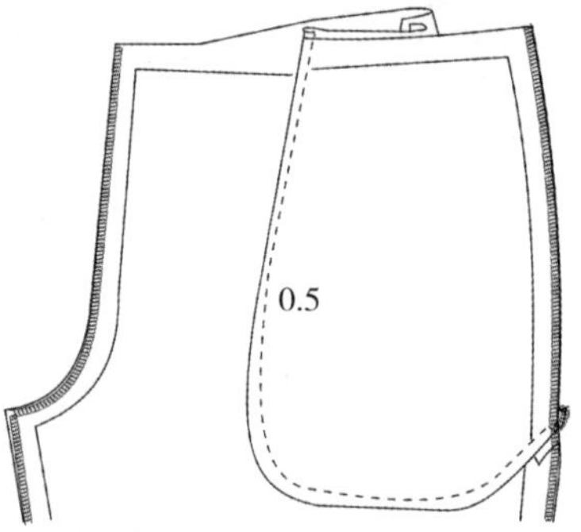

图4-189 缉袋布明线

四、裤子斜插袋二（图4-190）

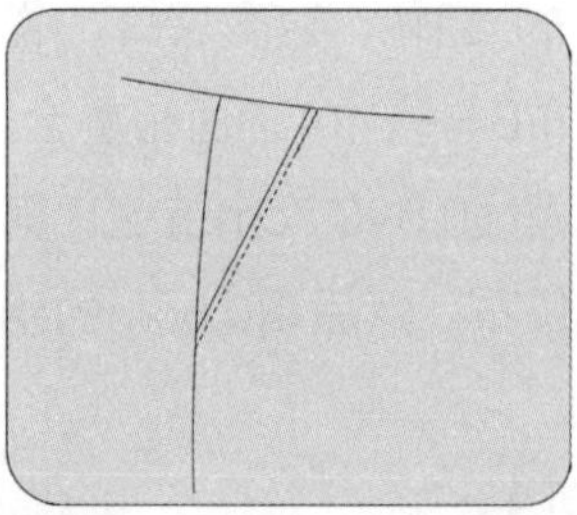
图4-190 裤子斜插袋二

（一）缝制准备

如图4-191所示，裁剪袋布A和袋布B，并包缝。

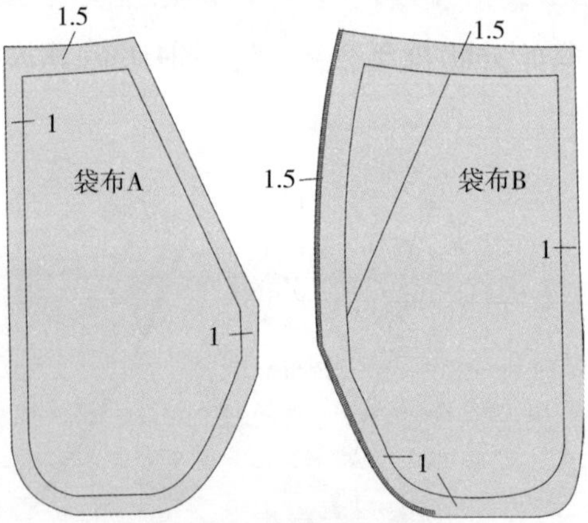

图4-191 袋布缝头加放

（二）缝制步骤

（1）如图4-192所示，将袋布A缉缝到袋口净缝外0.1cm处。

（2）如图4-193所示，将袋布A翻转，熨烫袋口，袋布A退进0.1cm，然后缉明线。

（3）如图4-194所示，将裤前片与袋布B对位，用大头针固定。

（4）如图4-195所示，将袋布B与袋布A相叠合缉缝，并包缝。

（5）如图4-196所示，将腰部缝头和侧缝缝头分别按制成装折转，然后固定。

（6）如图4-197所示，翻回到正面，由于布料的厚度，袋口会出现部分松量。

（7）如图4-198所示，缝合侧缝，分烫，然后将腰口贴边缉缝，并翻转到反面，距离腰口线3cm和侧缝线1cm处做加固缝，或者打套结。

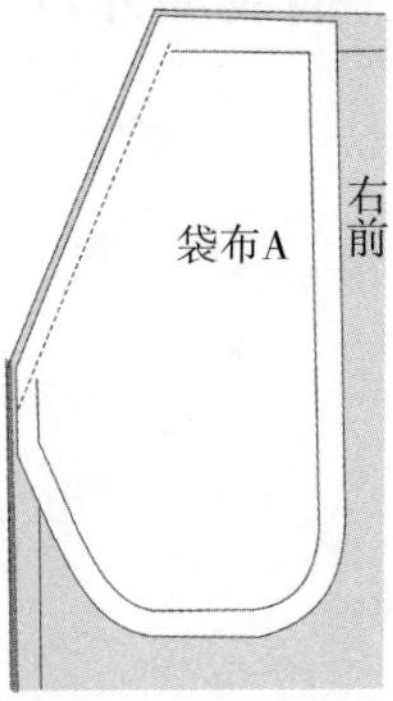

图4-192　袋布与裤片缝合

图4-193　缉缝袋口明线

图4-194　固定两层袋布

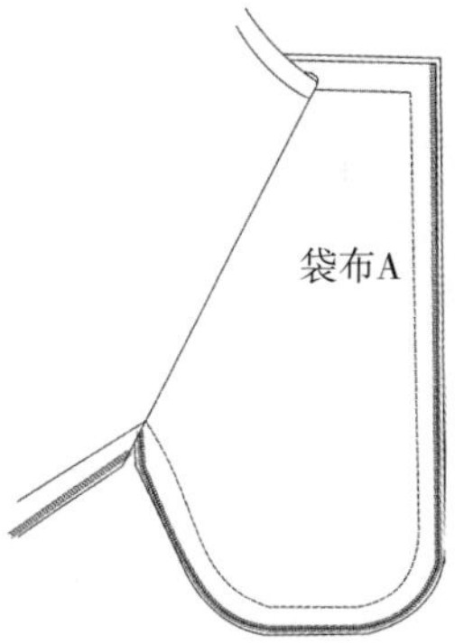

图4-195　缝合两层袋布

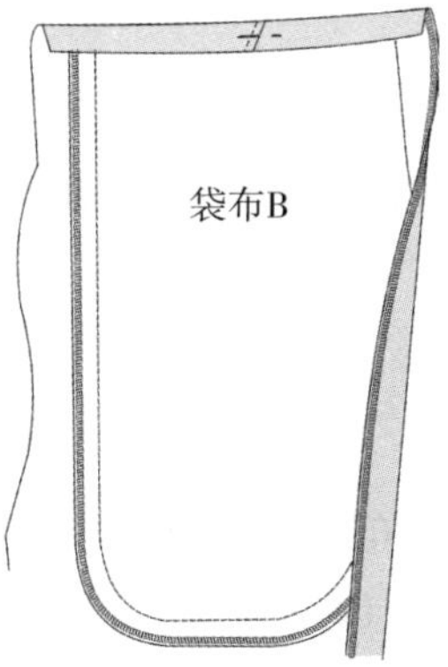

图4-196　折转腰部缝头和侧缝缝头

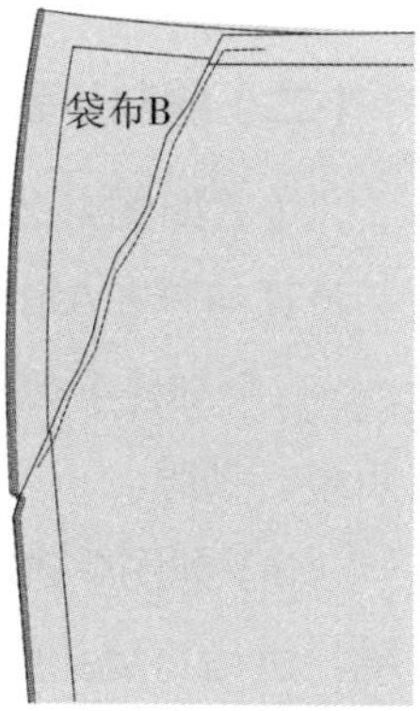

图4-197　正面效果

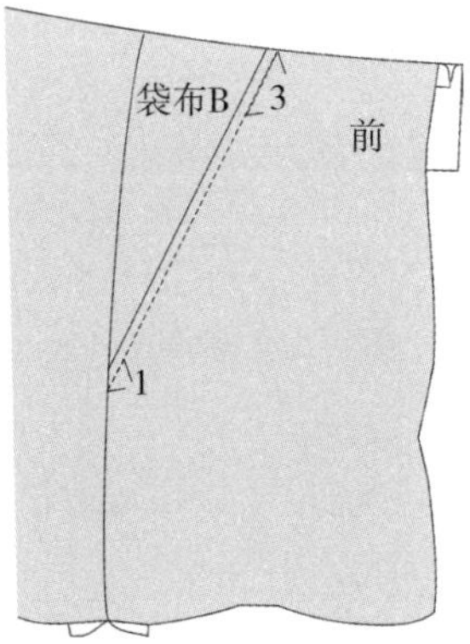

图4-198　加固袋口

五、插袋加开口（图4-199）

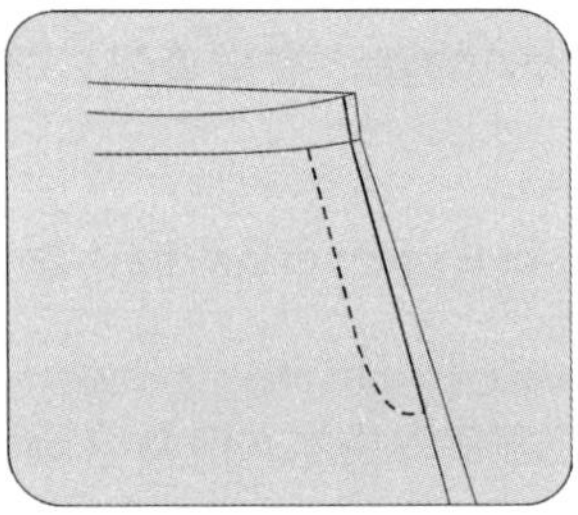

图4-199　插袋加开口

（一）缝制准备

（1）如图4-200所示，裁剪袋布A和袋布B。

（2）如图4-201所示，裁剪前门襟贴布和袋口贴布。

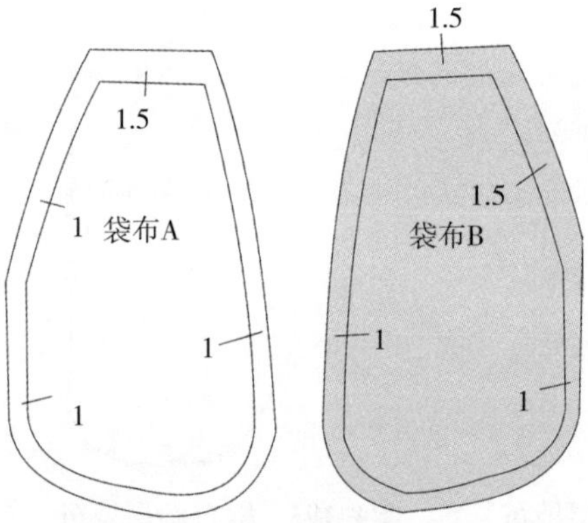

图4-200　袋布缝头加放

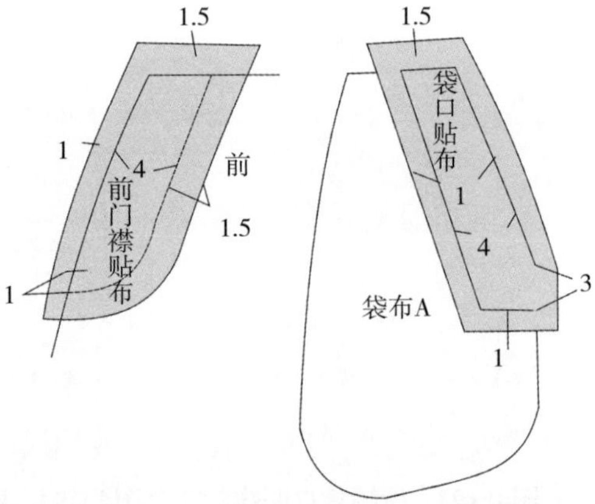

图4-201　门襟贴布和袋口贴布缝头加放

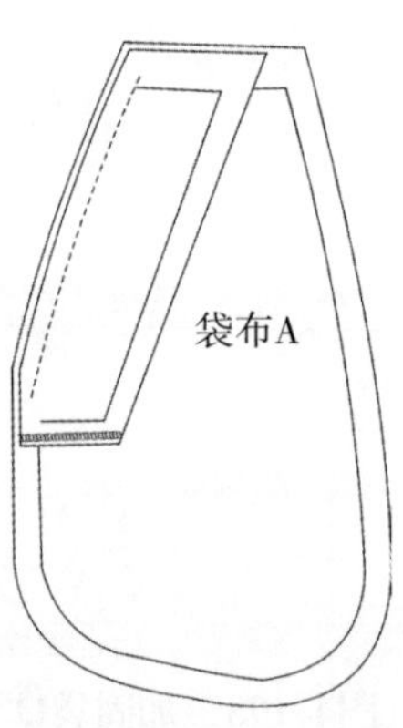

图4-202　袋口贴布与袋布A缉缝

（二）缝制步骤

（1）如图4-202所示，将袋口贴布的下边沿包缝后，将其与袋布A缉缝。

（2）如图4-203所示，将袋口贴布，翻转，扣烫，缉明线，锁眼。

（3）如图4-204所示，将袋布A和袋布B相对叠合，缉缝，然后将缝头修剪为0.5cm，翻转。

（4）如图4-205所示，缉0.5cm明线，其余部位进行包缝。

（5）如图4-206所示，将门襟贴布扣烫后，与前片侧缝缝合。

（6）如图4-207所示，然后将其翻转扣烫。

（7）如图4-208所示，将袋布B与后片侧缝缝合，缝制开口止点下1cm，然后分烫缝头。

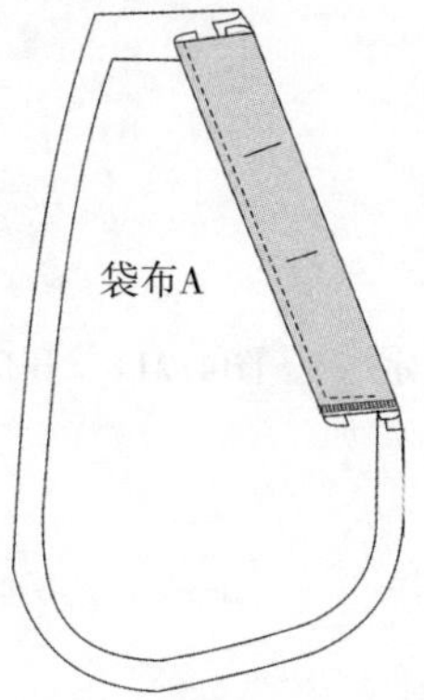

图4-203　缉缝袋口贴布、锁眼

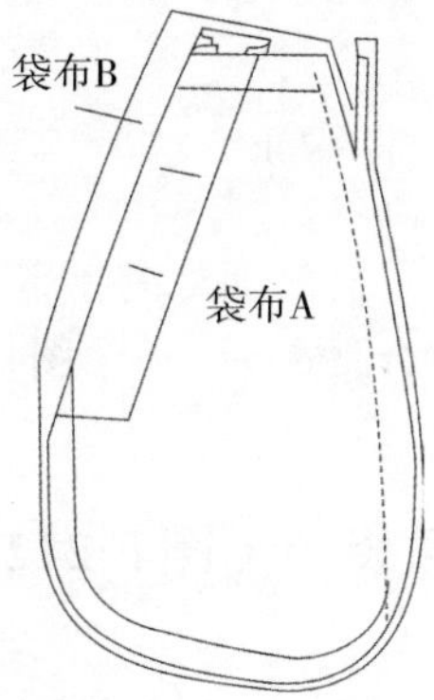

图4-204　缝合两层袋布

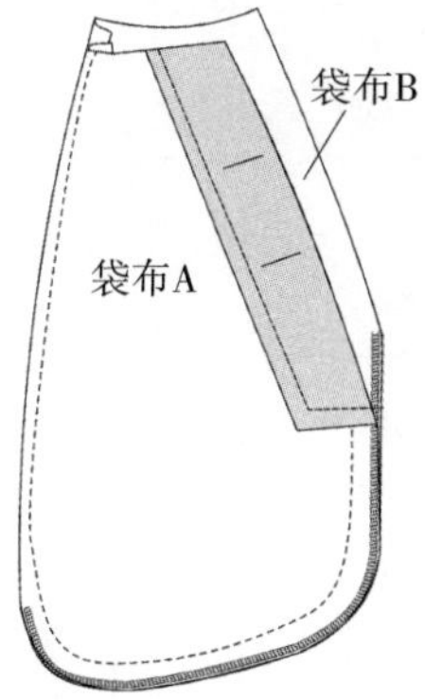

图4-205　处理袋布

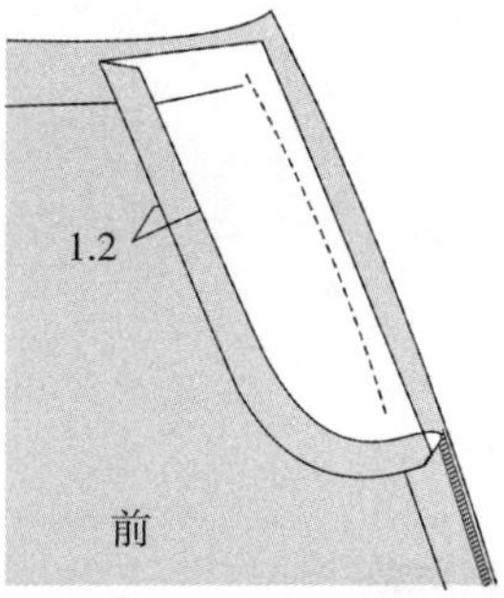

图4-206　门襟贴布与前片侧缝缝合

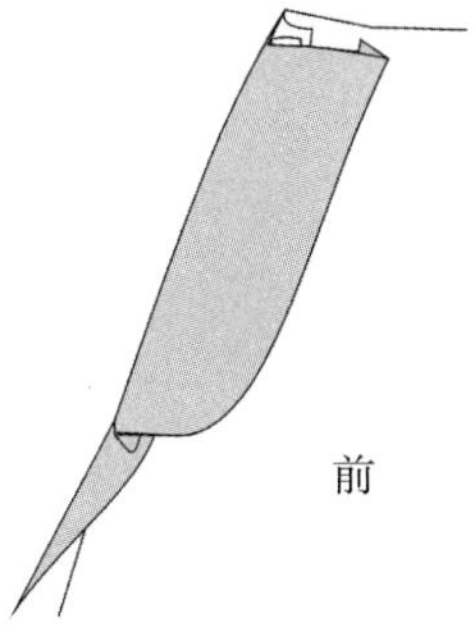

图4-207　翻转门襟贴布

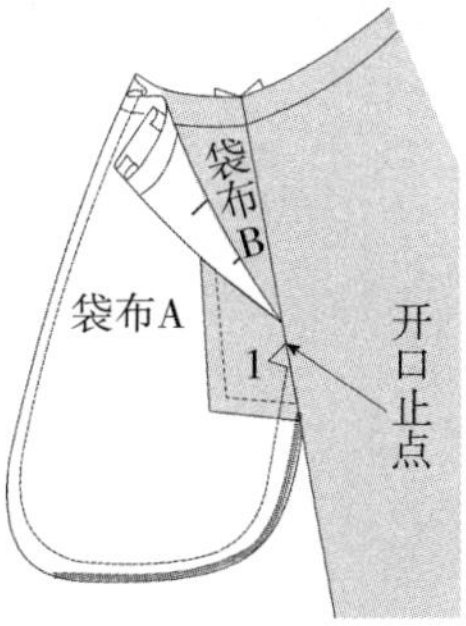

图4-208　袋布与侧缝缝合

（8）如图4-209所示，将前后片正面相对，缉缝侧缝，缉缝至开口止点。

（9）如图4-210所示，将门襟贴布缉缝固定到前片上。

（10）如图4-211所示，装腰头理顺开口，在开口止点处打套结，然后钉扣。

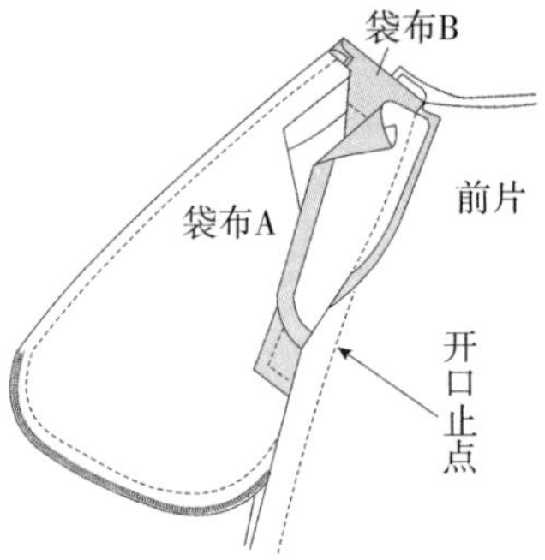

图4-209　缝合侧缝

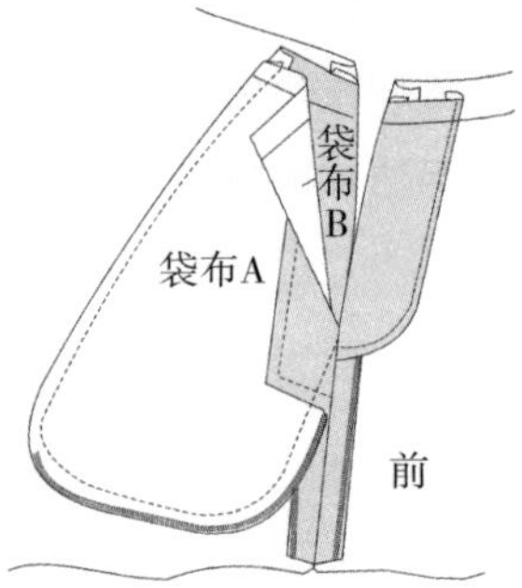

图4-210　门襟贴布与前片固定

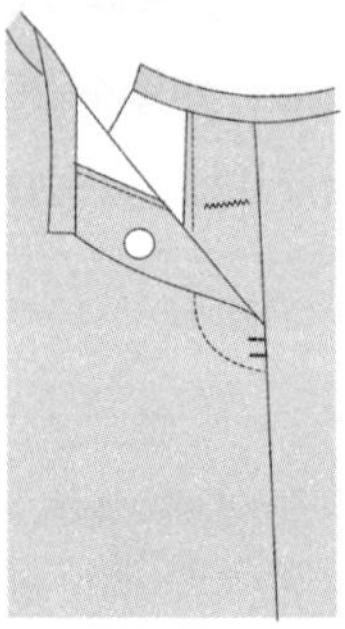

图4-211　开口止点处打套结

六、分割缝插袋一（图4-212）

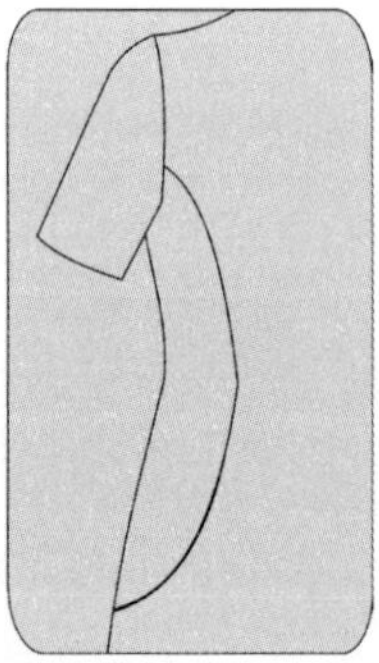

图4-212　分割缝插袋

（一）缝制准备

（1）如图4-213所示，衣片加放缝头。

（2）如图4-214所示，袋布与袋口贴布缝头加放。

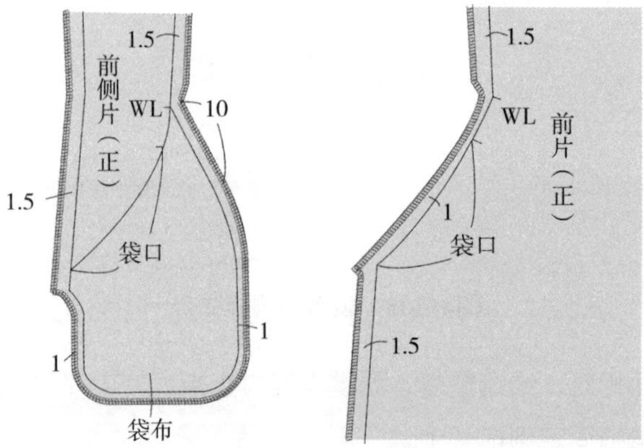

图4-213　衣片缝头加放

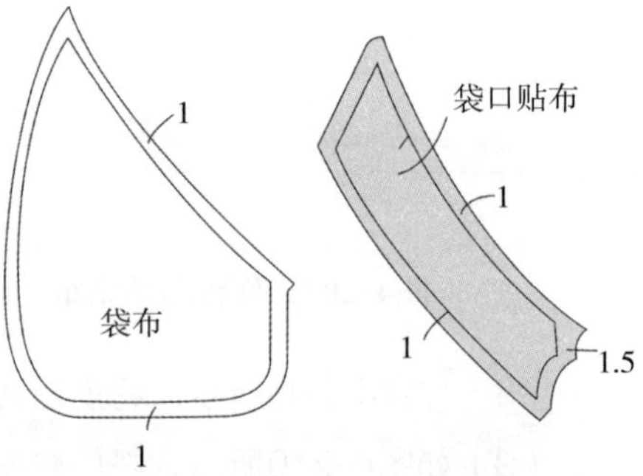

图4-214　袋布与袋口贴布缝头加放

（二）缝制步骤

（1）如图4-215所示，在袋口贴布反面贴上黏合衬，包缝侧边。然后将袋口贴布与袋布正面相对缉缝，将两个缝头一起进行包缝。

（2）如图4-216所示，将袋口贴布与前片袋口正面相对叠合，在净线外0.1cm处缉缝。

（3）将袋布翻转到前衣片的反面，熨烫袋口，将贴边退进0.1cm。

（4）如图4-217所示，在袋口贴布上连同缝头缉0.1cm明线。

（5）如图4-218所示，将衣身侧片与前中片正面相对叠合，缉缝至袋口上止点，注意要回针。

（6）如图4-219所示，将两片袋布缉缝到一起，然后在距离衣身侧片与前中片缝合的缝线9cm处起将两片口袋布包缝到一起。推开衣片，如图斜向45°固定袋口缝头，在正面不要露出线迹。

（7）如图4-220所示，分烫衣身侧片与前中片缝合缝。整理口袋，将口袋口的另一侧与衣身侧片固定。

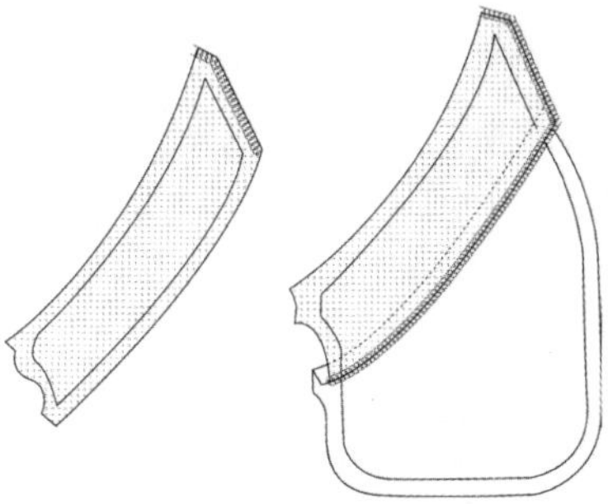

图4-215　缝合袋口贴布与袋布

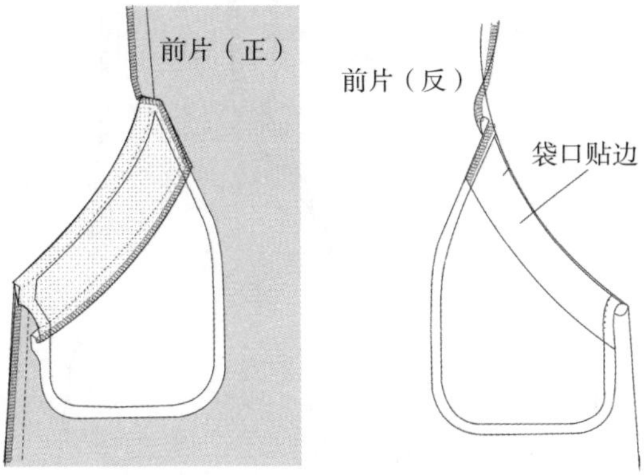

图4-216　袋布与衣身缝合

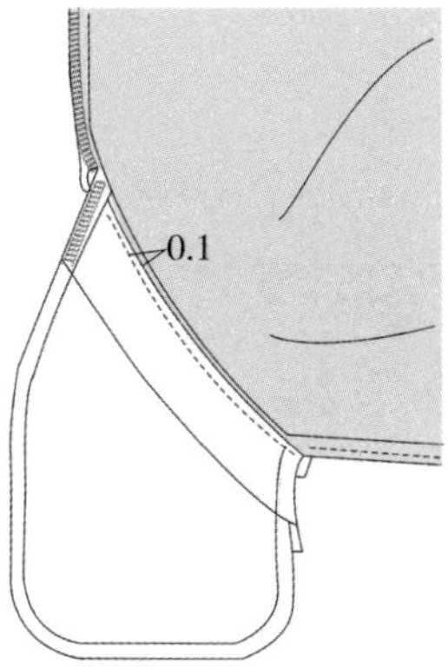

图4-217　缉明线

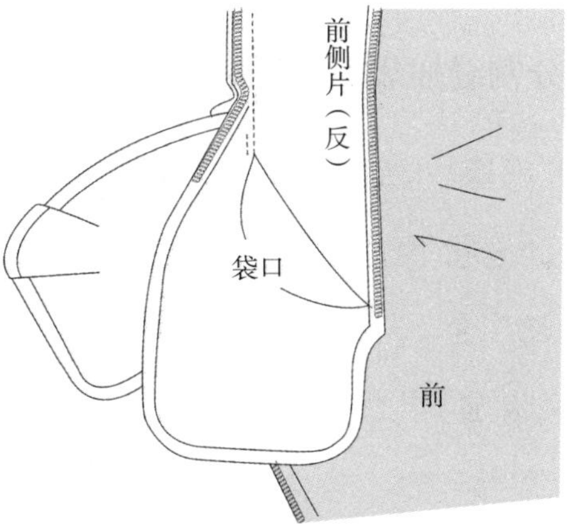

图4-218　缝合衣身侧片与前中片

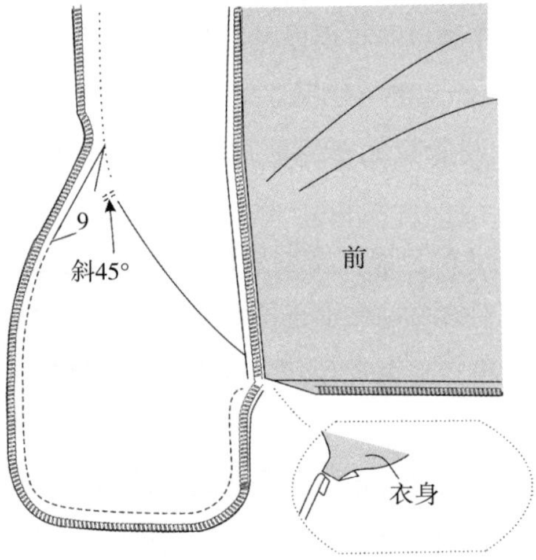

图4-219　处理袋布

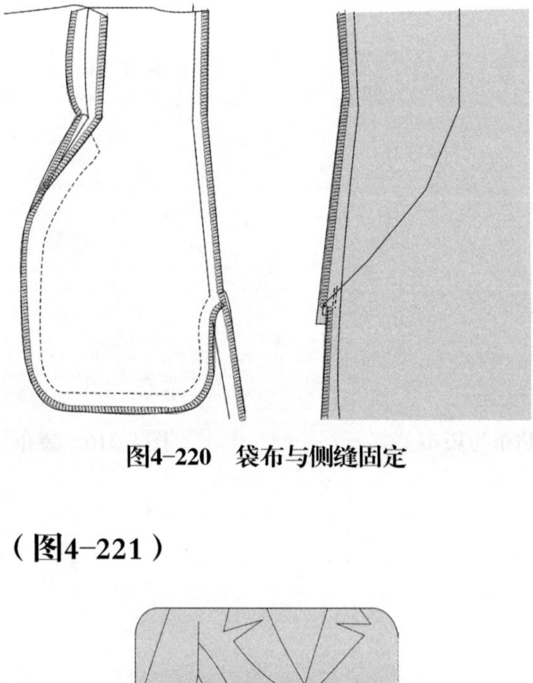

图4-220　袋布与侧缝固定

七、分割缝插袋二（图4-221）

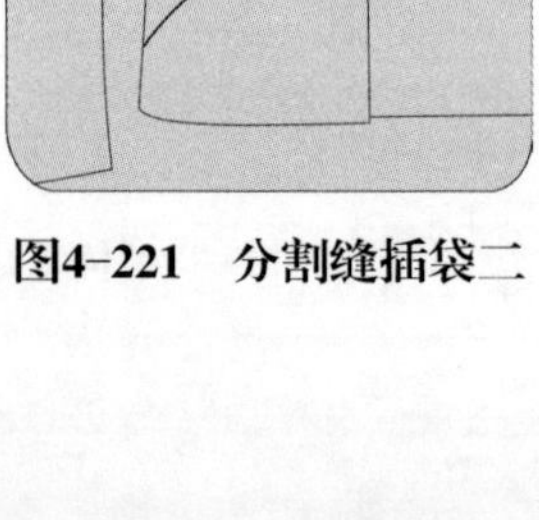

图4-221　分割缝插袋二

（一）缝制准备

如图4-222所示，裁剪袋布及加放缝头。

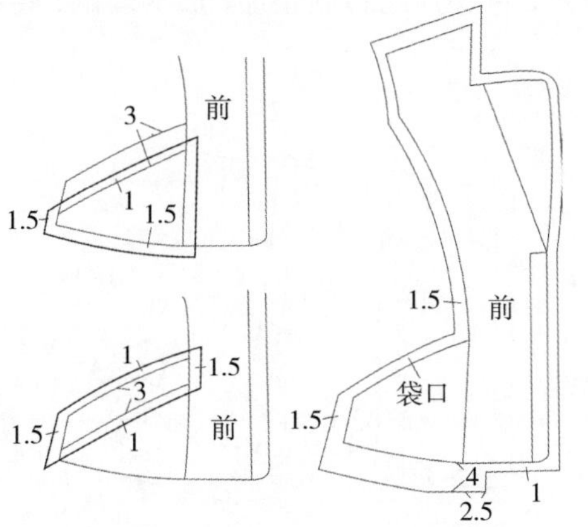

图4-222　袋布及衣片缝头加放

（二）缝制步骤

（1）如图4-223所示，将两个侧片正面相对叠合，缉缝后熨烫。

（2）如图4-224所示，在袋口贴布反面贴上黏合衬，然后将袋口贴布与袋布正面相对缉缝，然后将袋口贴布与前片袋口正面相对叠合缉缝。

（3）如图4-225所示，将衣身侧片与前中片正面相对叠合，缉缝至袋口上止点。注意要回针，在拐角处打剪口。

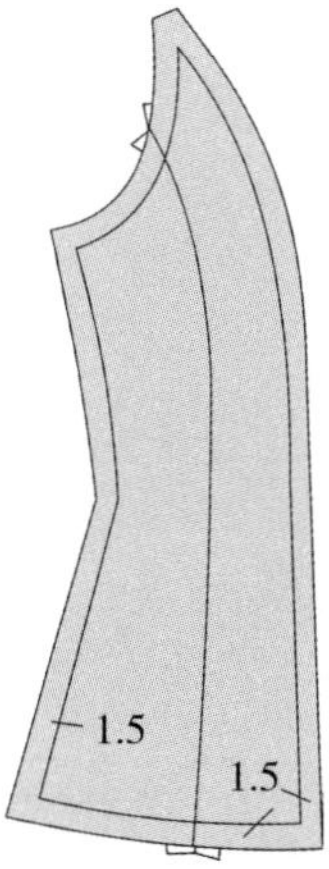

图4-223　缝合两侧片

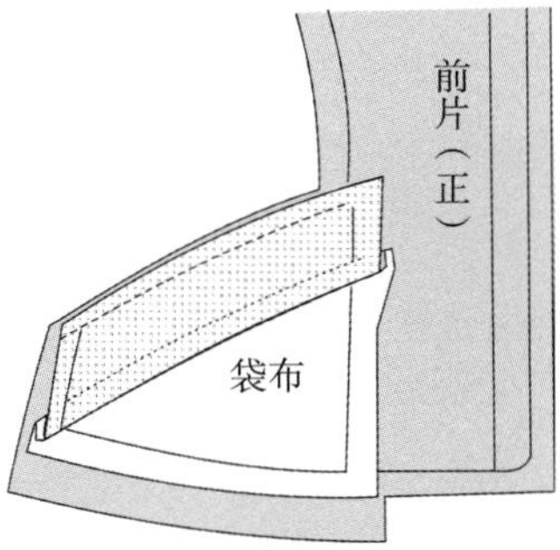

图4-224　袋布与衣片缝合

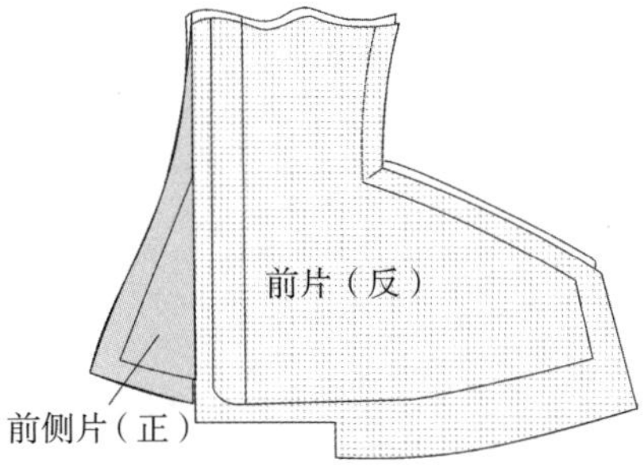

图4-225　侧片与前中片缝合

（4）如图4-226所示，将袋布翻转到前衣片的反面，熨烫袋口。将衣身侧片与前中片缝头用熨斗分开熨平，如图剪开缝头。

（5）如图4-227所示，将侧片翻转，整理袋子，进行缉缝。

（6）如图4-228所示，将衣片翻转到正面，放平理顺，将袋口的另一侧与衣身侧片固定。

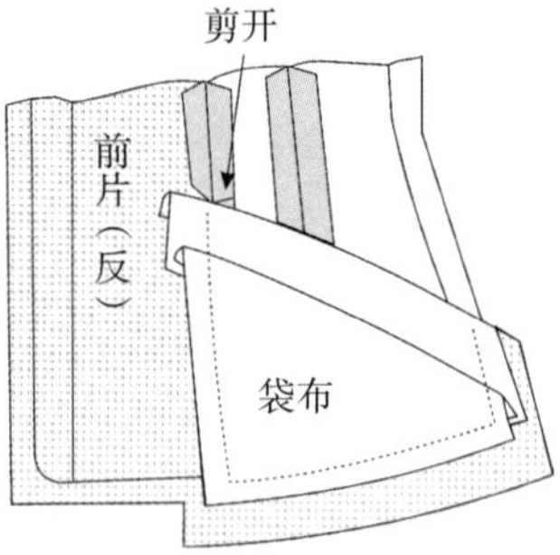

图4-226 处理缝头

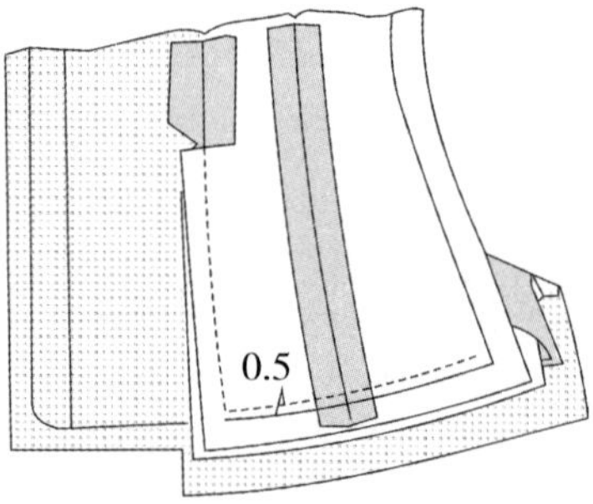

图4-227 缝合两层袋布

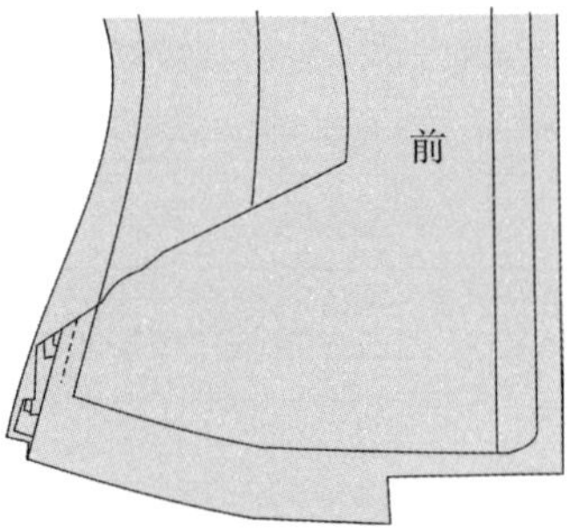

图4-228 袋口与衣片固定

第五章

开衩与门襟缝制工艺

第一节　开衩

一、袖开衩一（图5-1）

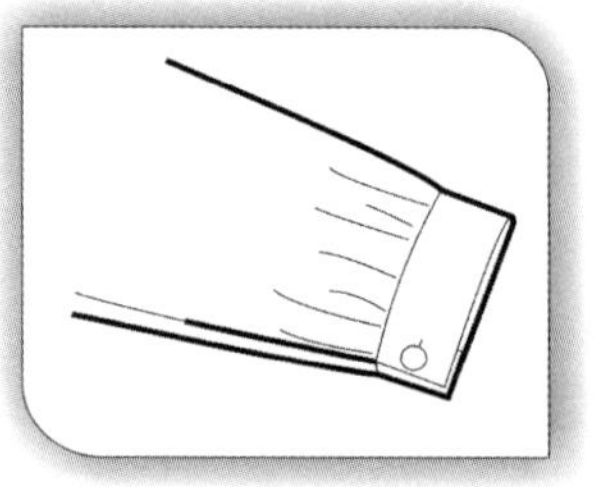

图5-1　袖开衩一

（一）缝制准备

如图5-2所示，裁袖克夫四周加放1cm缝头，贴上黏合衬。

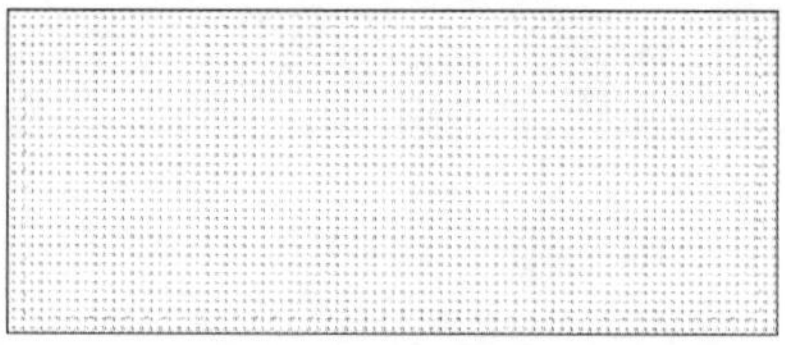

图5-2　袖克夫贴黏合衬

（二）缝制步骤

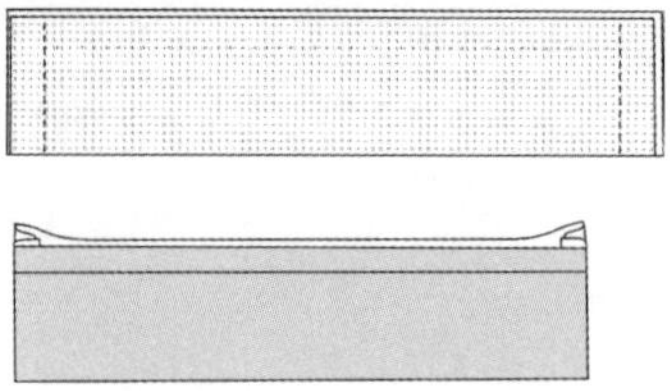

图5-3　缝制袖克夫

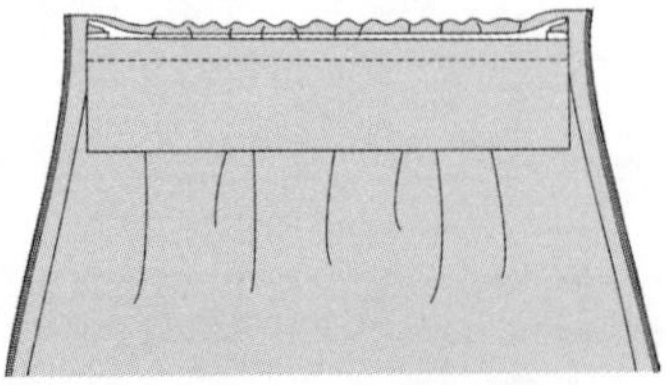

图5-4　装袖克夫

（1）如图5-3所示，在袖克夫反面贴上黏合衬，正面相对缉缝两端。

（2）将袖克夫翻转到正面，熨烫平整。

（3）如图5-4所示，袖底缝头用包缝机包缝。袖口用拱针平缝后抽碎褶以使碎褶平顺，袖克夫正面与袖片袖口正面相对叠合缉缝。

（4）如图5-5所示，将袖底缝缝头包住袖克夫两端，缉缝，然后将袖克夫和袖片一起包缝。

（5）如图5-6所示，翻转袖底缝缝头，熨烫平整。

（6）如图5-7所示，缝合袖底缝，分烫。

（7）将袖克夫展开，在开衩处缉缝明线固定袖底缝。

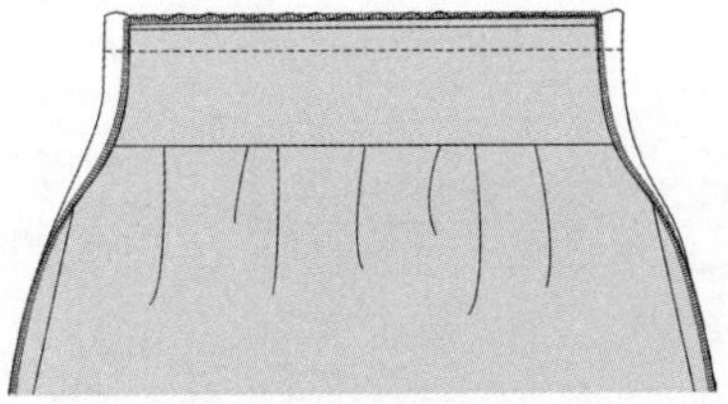

图5-5　袖底缝缝头包住袖克夫两端缉缝

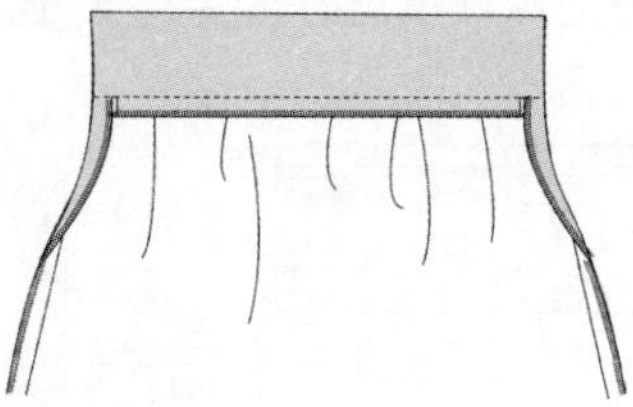

图5-6　整理袖克夫

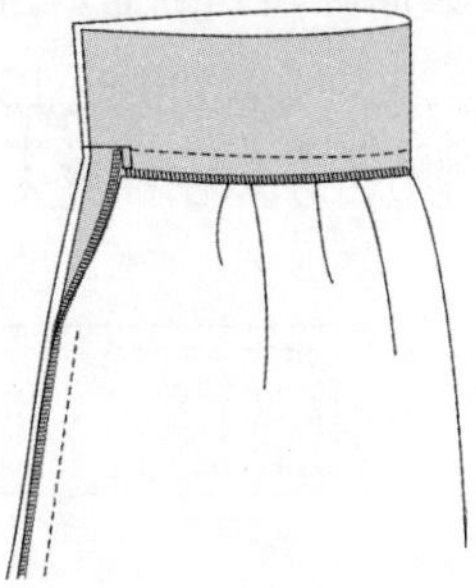

图5-7　缝合袖底缝

二、袖开衩二（图5-8）

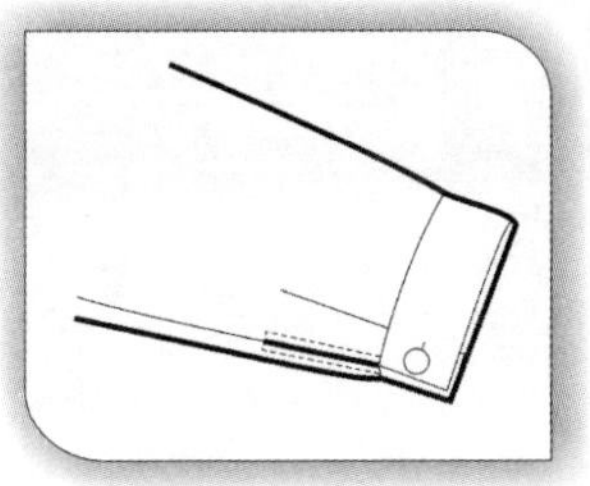

图5-8　袖开衩二

（一）缝制准备

如图5-9所示，裁袖克夫。袖克夫四周加放1cm缝头后，在反面贴上黏合衬。

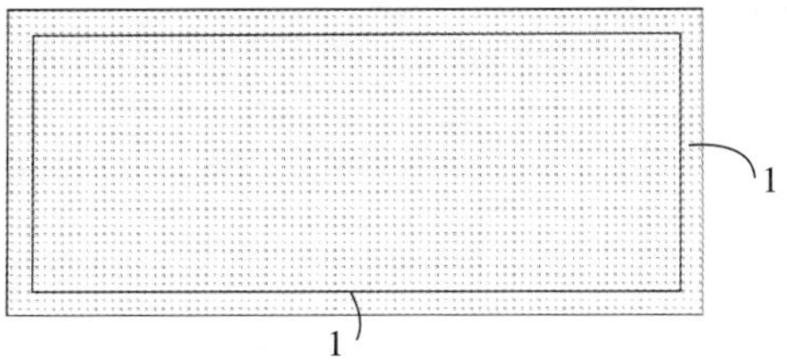

图5-9　裁袖克夫

（二）缝制步骤

（1）如图5-10所示，在距离净缝线0.2cm处，扣烫克夫里折边。

（2）将克夫面与里正面相对，克夫里置于下面，将克夫里两端各拉出克夫面0.2cm，缉缝克夫两端。

（3）如图5-11所示，将克夫面翻到正面，熨烫平整，克夫里两端边沿比面缩进0.1cm。

（4）如图5-12所示，将克夫面与袖面正面相对，缉缝，缝至里襟止点，然后将袖克夫面翻转到里面，按净线缉缝袖克夫里襟边沿。

（5）如图5-13所示，将克夫翻到反面，理顺缝头，克夫里的下边缘长出克夫面下边缘0.2cm。在袖克夫下边沿做漏落缝，固定克夫里。

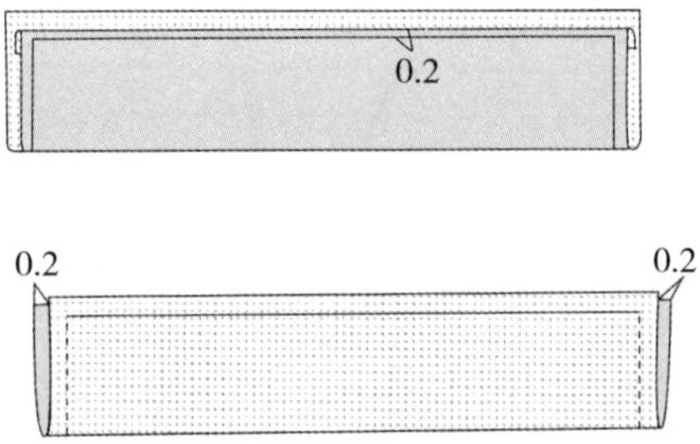

图5-10　缉缝袖克夫

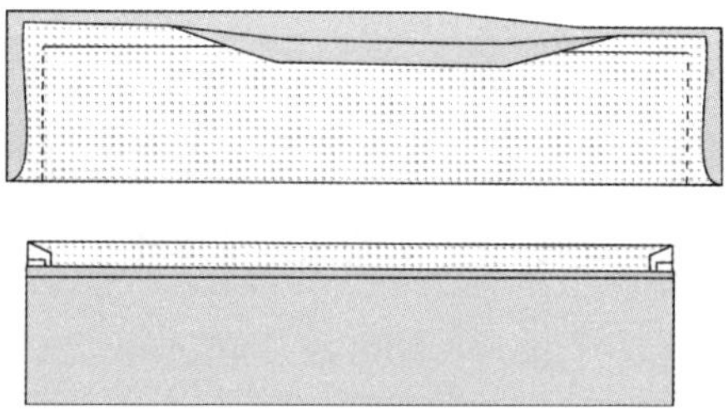

图5-11　熨烫袖克夫

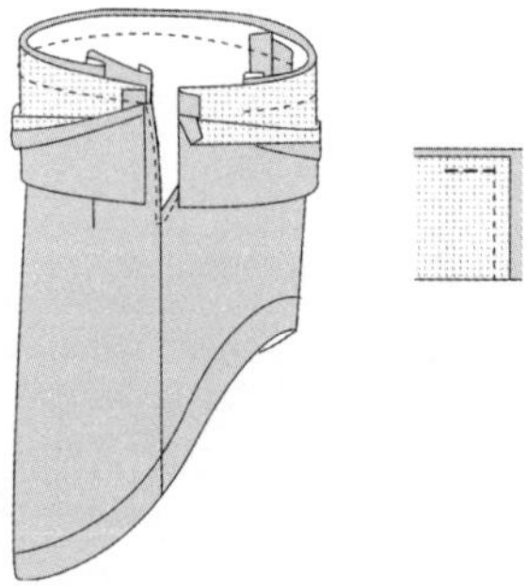

图5-12　绱袖克夫

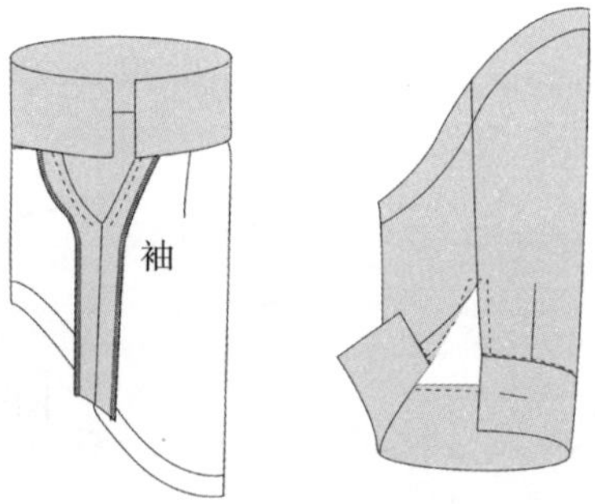

图5-13　整理克夫、固定克夫里

三、袖开衩三（图5-14）

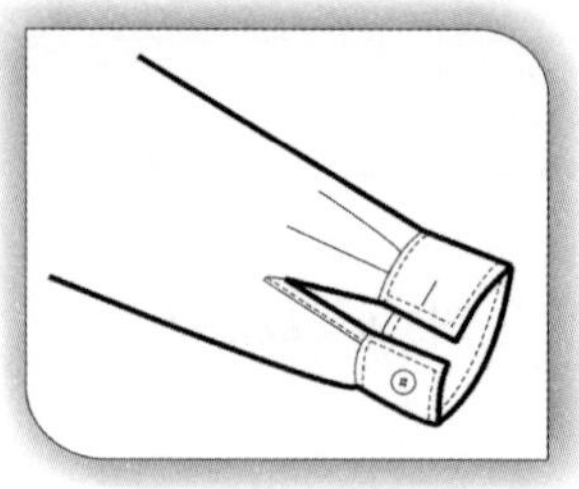

图5-14　袖开衩三

（一）缝制准备

如图5-15所示，剪开袖开衩位，裁袖口滚条，滚条长为开衩长×2+3cm，宽为2.6cm。

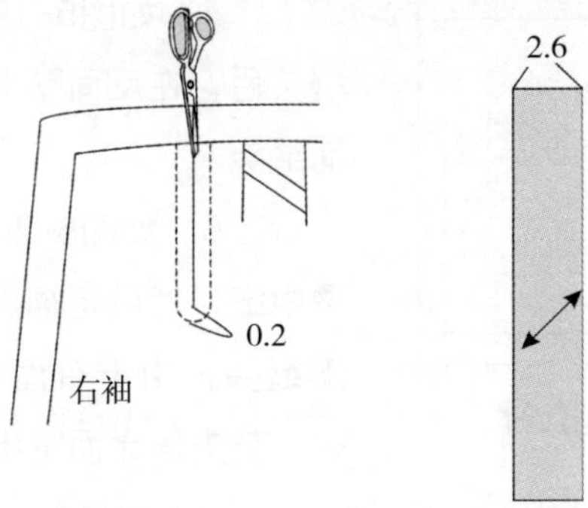

图5-15　剪开袖开衩位，裁袖口滚条

（二）缝制步骤

（1）如图5-16所示，将袖开衩滚条置于袖衩下，缉线至袖开衩止点，将机针插在袖开衩止点，抬起压脚，转动袖衩另一侧，使其与袖开衩滚条在同一直线上，缉缝。

（2）如图5-17所示，将滚条扣压缉明线，然后将滚条正面相对，袖口边对齐，如图缝一道斜线。

（3）如图5-18所示，将滚条倒向前袖底缝一侧，然后将其连同袖褶裥粗缝固定。缝合袖底缝备用。

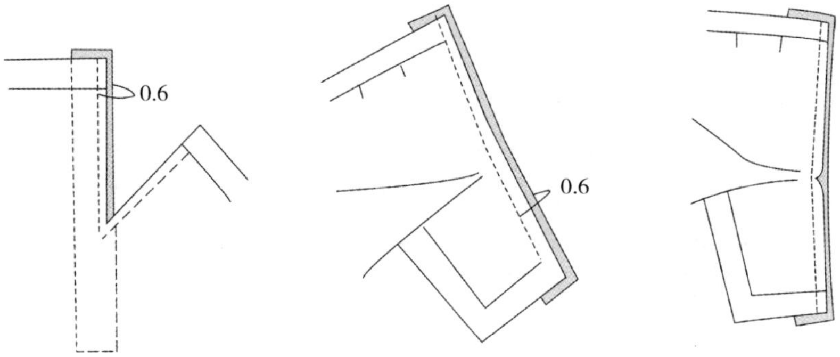

图5-16　袖衩滚条与袖子缝合

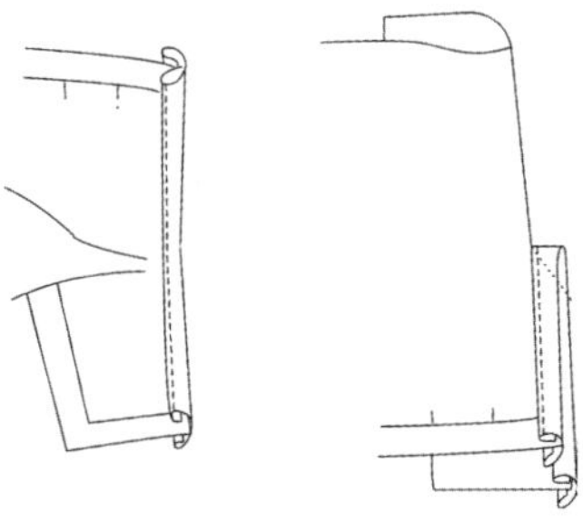

图5-17　缉明线、固定衩脚

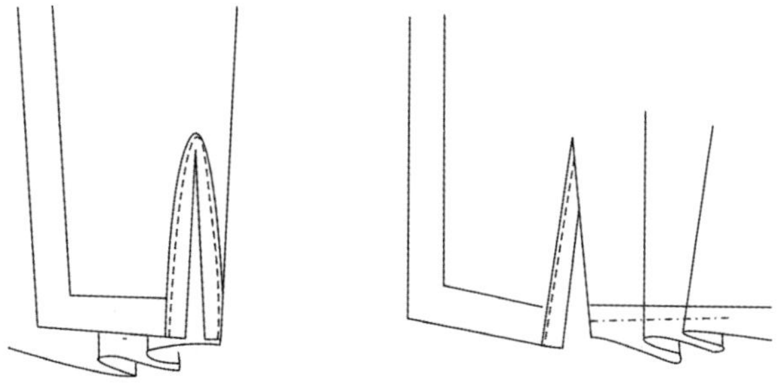

图5-18　固定袖衩滚条及袖褶裥

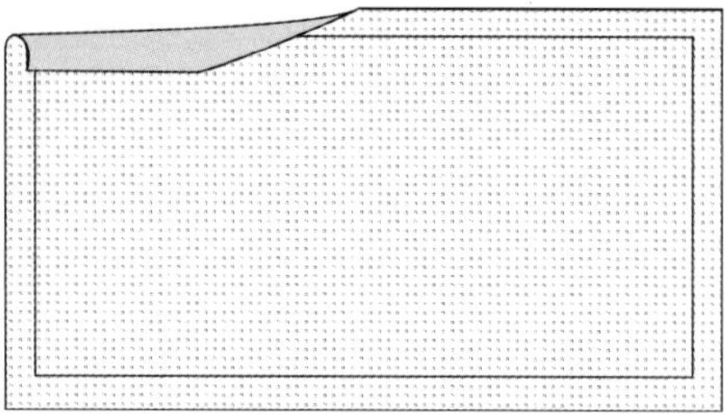

图5-19　裁剪袖克夫并贴黏合衬

（4）如图5-19所示，袖克夫四周加放1cm缝头后，在反面贴上黏合衬，按净缝线扣烫克夫面缝头。

（5）如图5-20所示，将克夫反面相对，扣烫中缝，然后将袖克夫里包住克夫面，扣烫克夫里缝头，由于有面料及黏合衬的厚度，这样扣烫，克夫里比面宽出0.1cm左右。

（6）如图5-21所示，将克夫面与里正面相对，克夫里置于下面，将克夫里两端各拉出克夫面0.1cm，缉缝克夫两端，如图5-21所示，上端在净线外0.1cm。

（7）如图5-22所示，将克夫面翻到正面，熨烫平整，克夫里两端边沿比面缩进。

（8）如图5-23所示，将克夫面与袖面正面相对，缉缝。

（9）将克夫翻到反面，理顺缝头，克夫里的下边缘长出克夫面下边缘0.1cm左右，在克夫面缉明线固定克夫里。

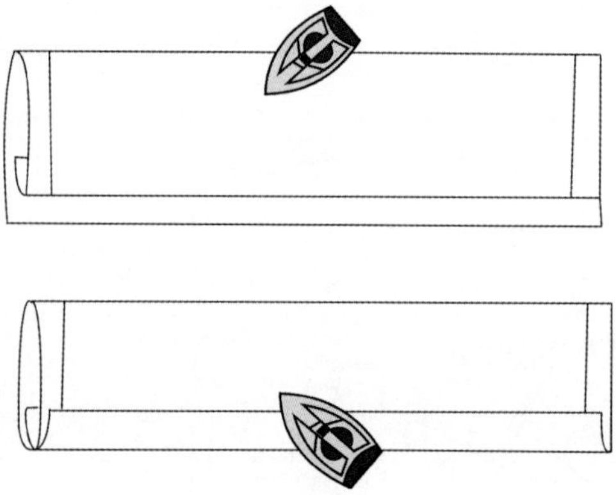

图5-20　扣烫克夫缝头

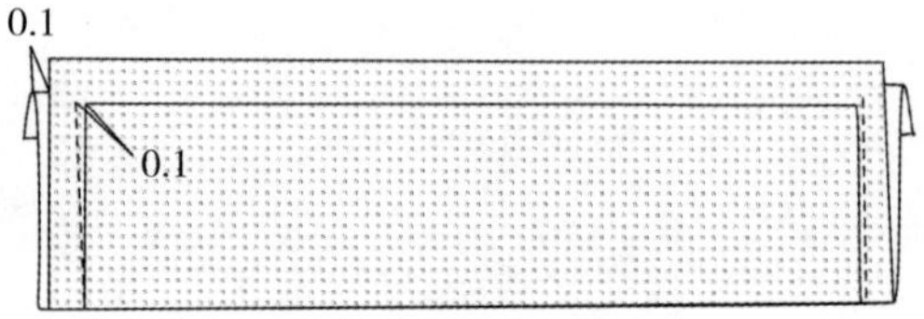

图5-21　缉缝袖克夫

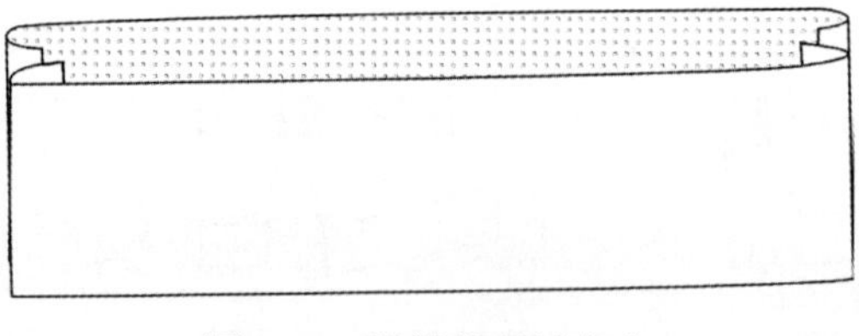

图5-22　熨烫整理袖克夫

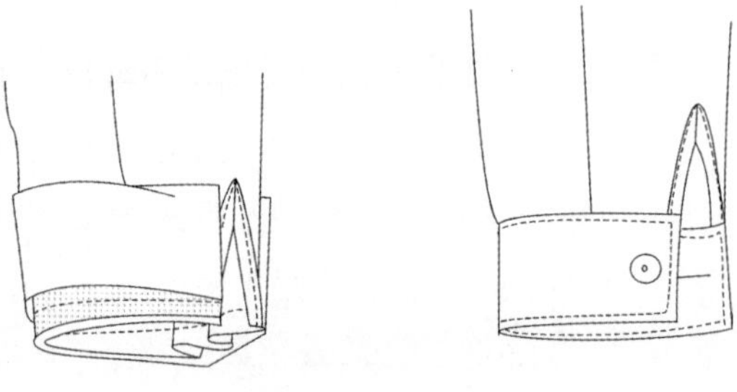

图5-23　绱袖克夫

四、袖开衩四（图5-24）

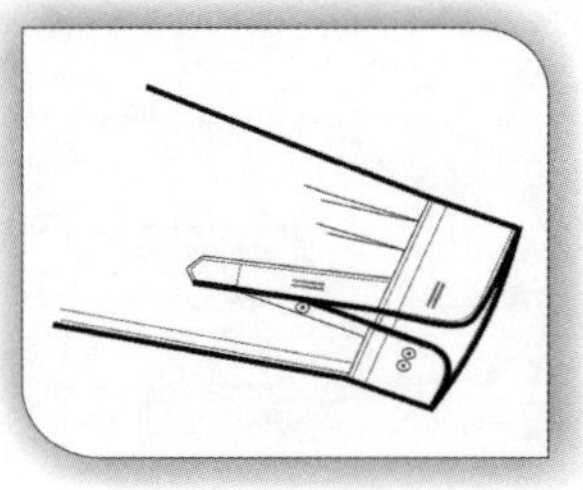

图5-24　袖开衩四

（一）缝制准备

如图5-25所示，裁剪小袖衩和大袖衩条，缝头为1cm。

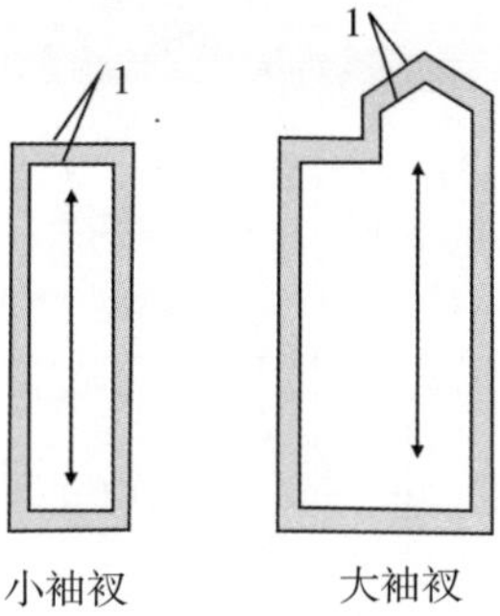

图5-25　裁剪小袖衩和大袖衩条

（二）缝制步骤

（1）扣烫袖衩条、固定缝头。按净样扣烫大、小袖衩条。要求衩里吐出0.1cm，便于车缝。如图5-26所示。

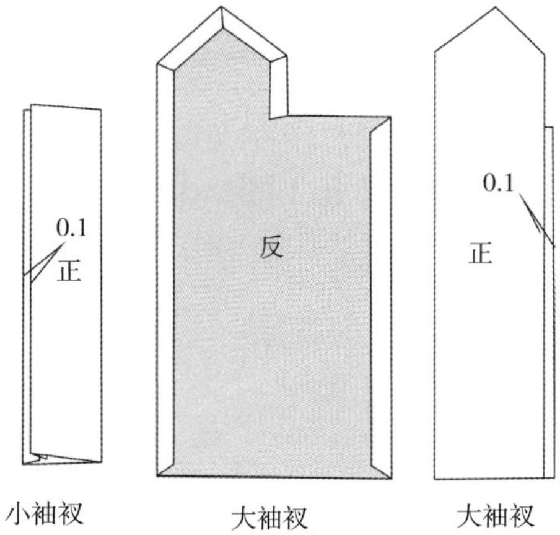

图5-26　扣烫袖衩条

（2）如图5-27所示，上大、小袖衩。将大小袖衩分别缝在开衩处，剪袖开衩，开衩口呈“Y”，注意不要离缝线太近，否则容易起毛。

（3）如图5-28所示，固定小袖衩。袖片正面在上，然后车缝0.1cm明线于小袖衩，再在袖片正面将小袖衩上口与袖开衩三角车缝封口。要求封口不少于3次，三角不毛出。

（4）如图5-29所示，装大袖衩。用同样的方法将宝剑头大袖衩用0.1cm闷缝装于袖开衩的另一侧，然后摆正袖片和大小袖衩，在开衩处封口。袖衩的正反面都不能有漏针、毛边、破洞、链形出现。

（5）如图5-29所示，固定袖裥。袖口有两个活裥。根据刀眼位，用0.8cm缝头车缝固定裥位，裥面倒向大袖衩。

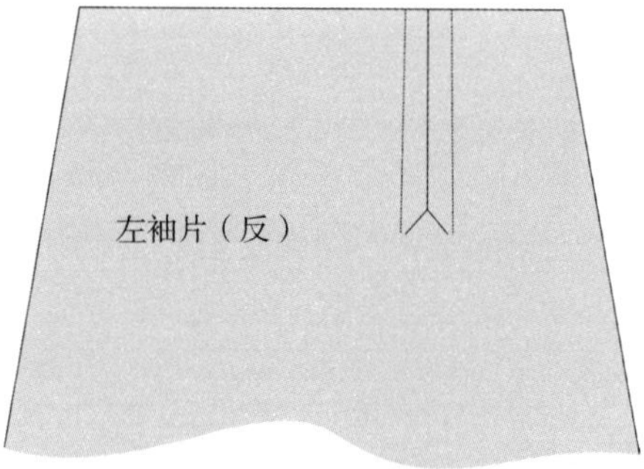

图5-27　剪袖开衩

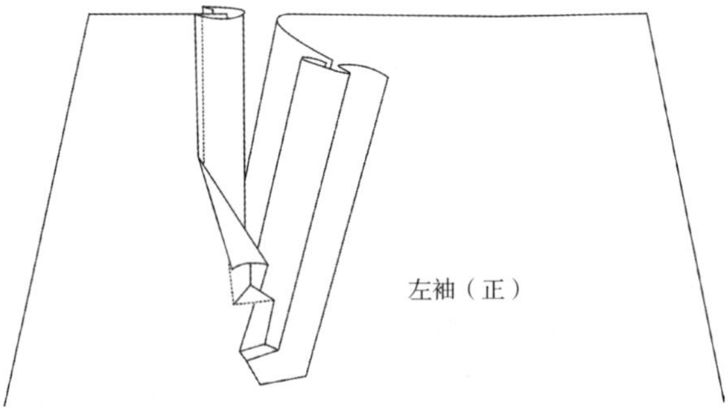

图5-28　固定小袖衩

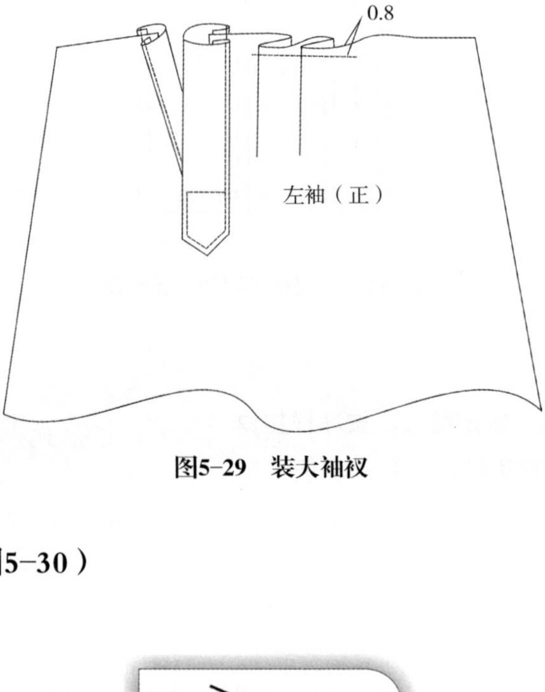

图5-29　装大袖衩

五、袖开衩五（图5-30）

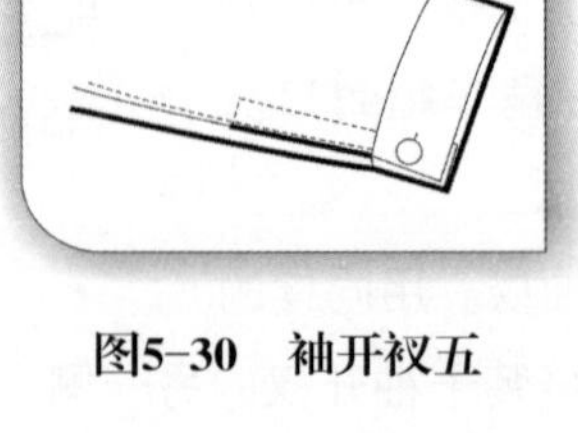

图5-30　袖开衩五

（一）缝制准备

如图5–31所示，因为前袖底的开衩缝头兼做里襟，所以多裁出来一些，标出袖开衩止点。

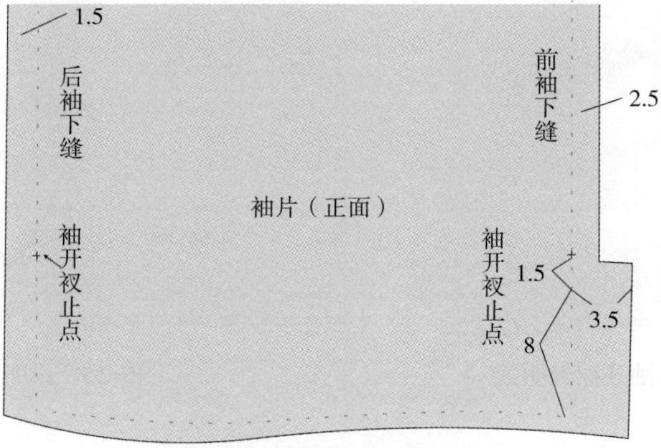

图5–31　袖开衩止点做记号

（二）缝制步骤

（1）如图5–32所示，包缝袖底缝缝头。将前袖底缝的开衩部位先折进0.5cm，然后再折叠1.5cm，缉缝固定。

（2）如图5–33所示，缝合袖底缝至袖开衩止点，打回针，然后将缝头倒向后袖一侧。

（3）如图5–34所示，先将前袖片袖开衩处推开，在后袖底缝的开衩部位的缝头上缉缝双明线，缉缝至袖开衩止点，如果袖底缝边缘不缉明线的话，将前袖片放平，连同里襟封口固定，打回针，注意回针在一条线上。

（4）如图5–35所示，将前袖片放平，袖底缝头的边缘缉0.1cm明线，在开衩止点处缉两道线，封口固定里襟。

图5–32　缉缝袖衩

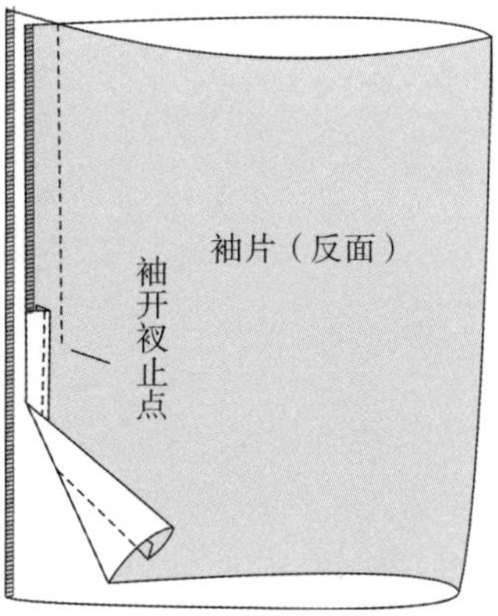

图5–33　缝合袖底缝

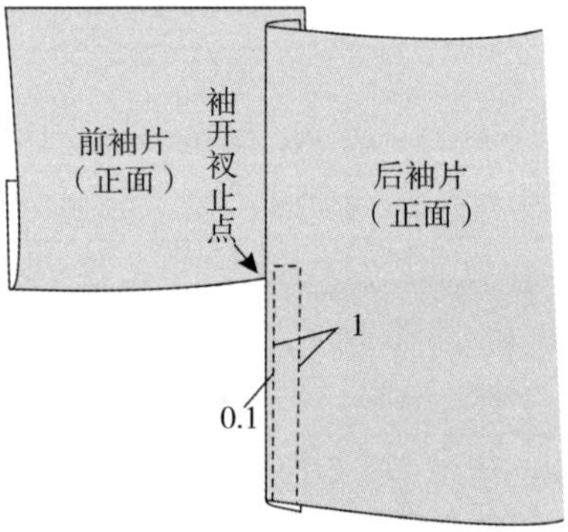

图5–34　缉袖开衩双明线

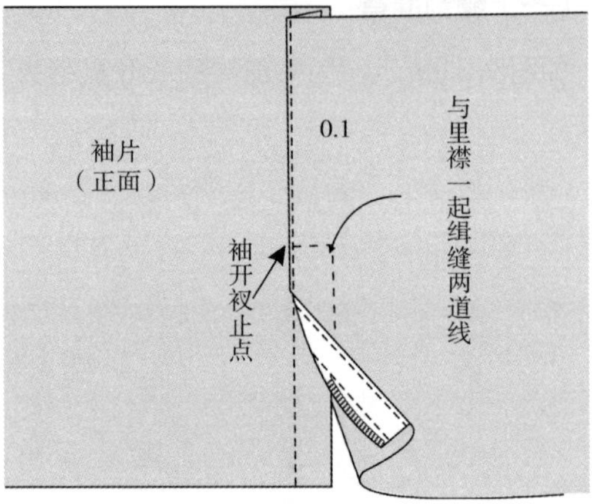

图5–35　缉明线

六、袖开衩六（图5–36）

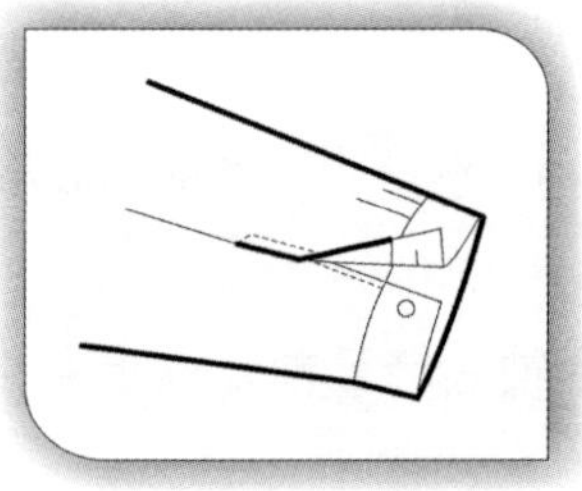

图5–36　袖开衩六

在叠褶的隐蔽部分打剪口，做开衩，所以可以隐藏开衩。

（一）缝制准备

如图5–37所示，在褶的中间剪T字形剪口。

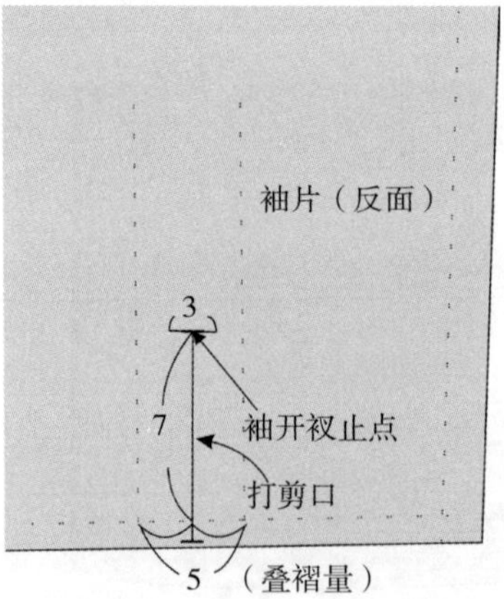

图5–37　剪T字形剪口

（二）缝制步骤

（1）如图5-38所示，剪口后侧的缝头卷边缉缝，前侧的缝头剪好备用。

（2）如图5-39所示，前侧的叠褶折出外侧折痕，从正面缉明线，并压住折边。

（3）如图5-40所示，折叠褶裥，与褶裥一起在开衩止点处缉两道线，并打回针缉缝固定。

（4）如图5-41所示，将袖片翻到反面，在反面进行缲缝，锁光开衩止点处的缝头，注意正面不要露出线迹。

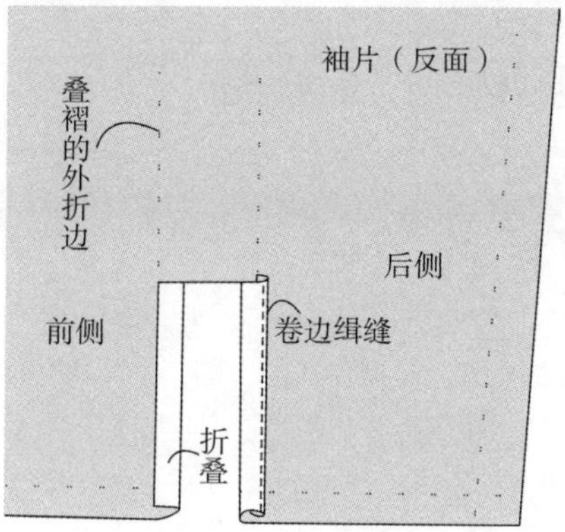

图5-38　缝头卷边缉缝

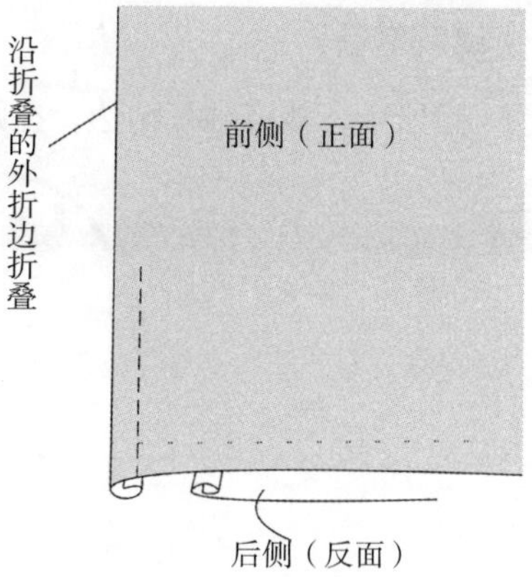

图5-39　开口缉明线

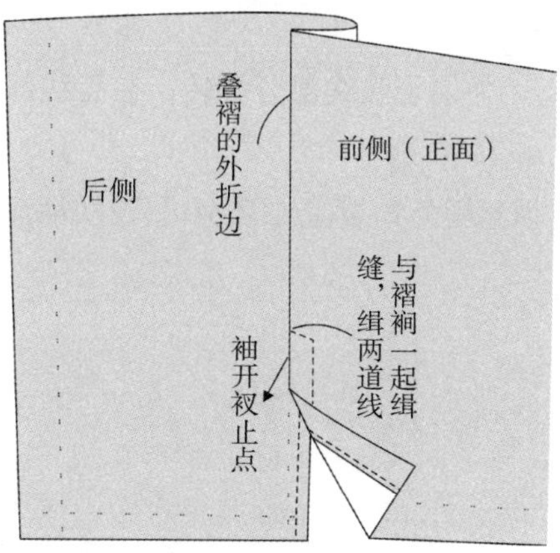

图5-40　折叠褶裥，缉明线

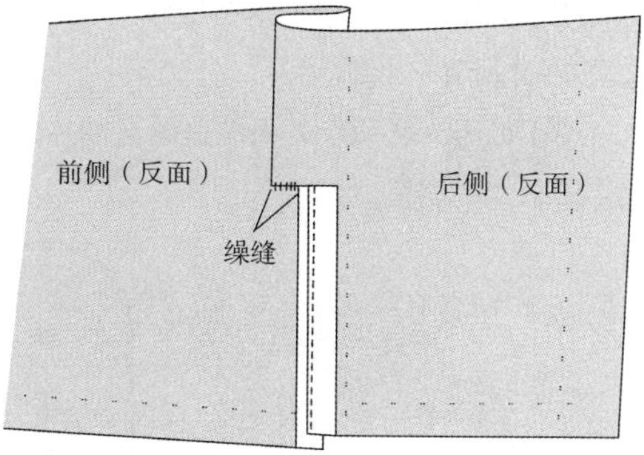

图5-41　缲缝固定开衩止点处的缝头

七、袖开衩七（图5-42）

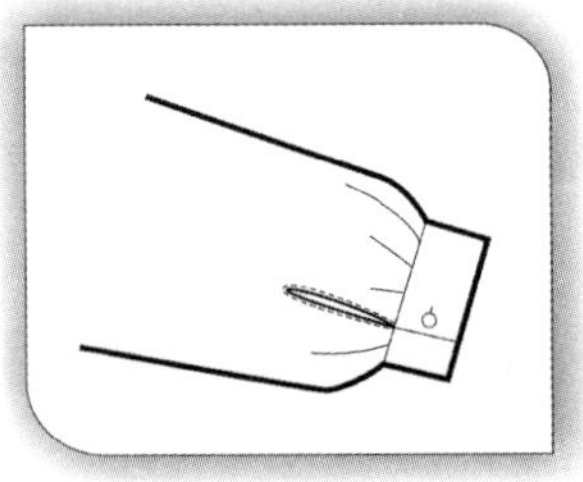

图5-42　袖开衩七

（一）缝制准备

如图5-43所示，裁剪袖衩贴边，在贴边的反面粘贴黏合衬，然后包缝。

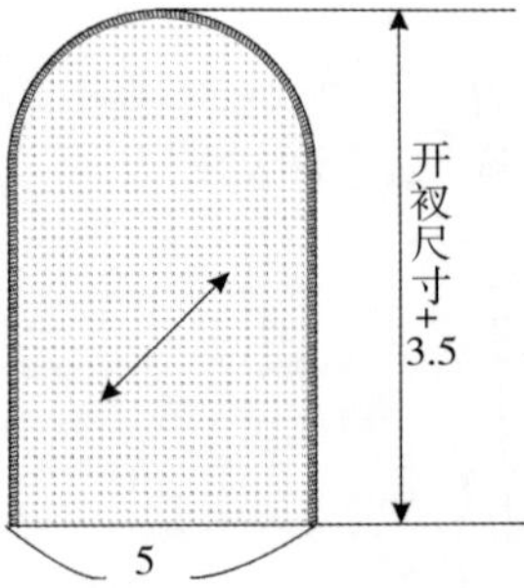

图5-43　袖衩贴边

（二）缝制步骤

（1）如图5-44所示，将袖片与贴边正面相对，然后进行缉缝，开衩的部位留出0.5cm的缝头。

（2）如图5-45所示，沿缉缝线迹的中央打剪口，为便于弧线部分翻转，在弧线部分向左和右分别剪一小口。

（3）如图5-46所示，将贴边翻至袖片的反面，调整里外匀量(止口不外吐)，从袖片的正面缉0.1cm的明线。

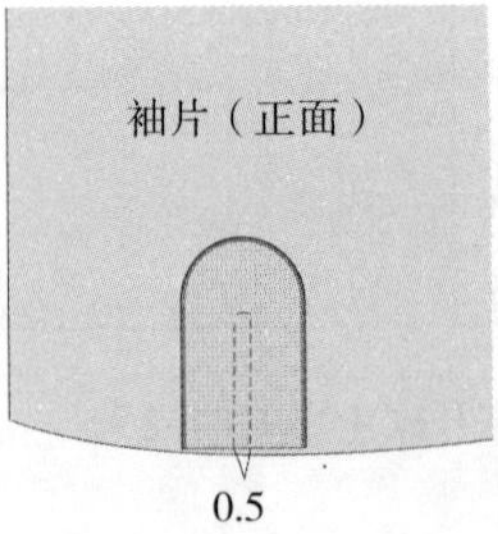

图5-44　袖片与贴边缝合

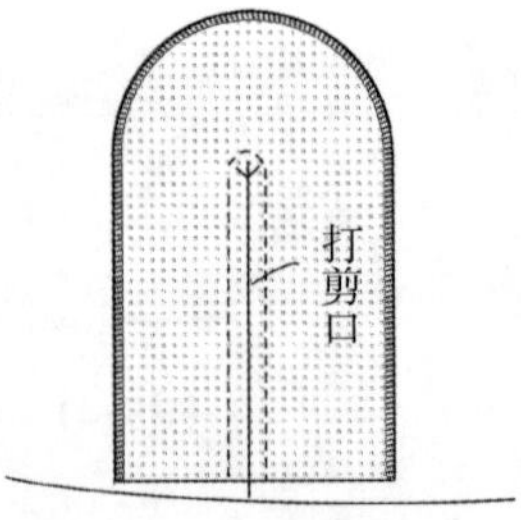

图5-45　剪开开衩位

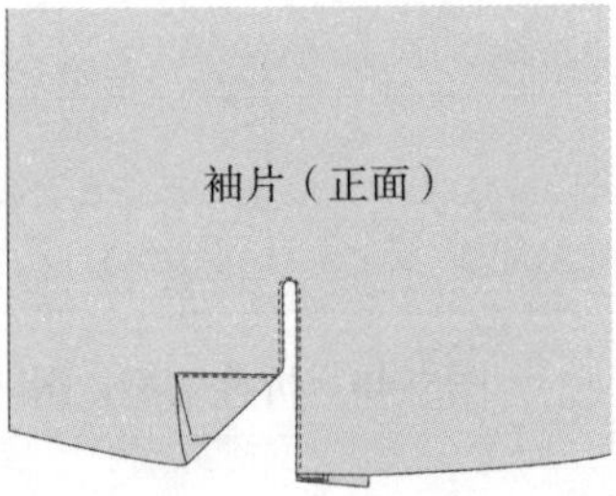

图5-46　缉明线

八、袖开衩八（图5-47）

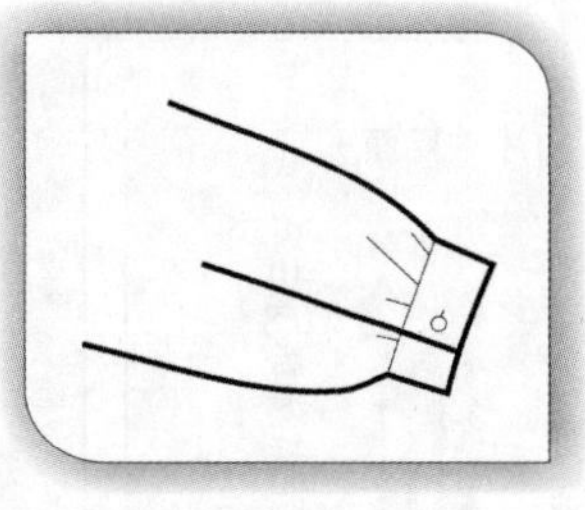

图5-47 袖开衩八

其做法是在叠褶的隐藏处打剪口，做切口开衩。

（一）缝制准备

如图5-48所示，裁剪袖衩贴边。

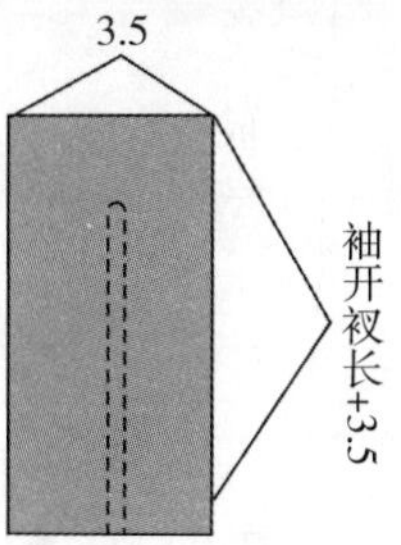

图5-48 袖衩贴边

（二）缝制步骤

（1）如图5-49所示，袖片与里料正面相对，在叠褶中央的开衩位置缉缝出间距0.5cm的线迹。

（2）如图5-50所示，在缉缝线迹的中央打剪口。容易脱丝的布料，为防止脱丝要在缝头处抹上薄糨糊，或者黏贴黏合衬。

（3）如图5-51所示，将里料翻至袖片的反面，卷边扣折出0.8cm将里料翻至袖片的反面，缲缝固定。

（4）如图5-52所示，沿开衩部位的周围，从正面缉明线。

（5）如图5-53所示，沿叠褶的前侧外折边折叠，将袖口处的缝头绷紧固定。

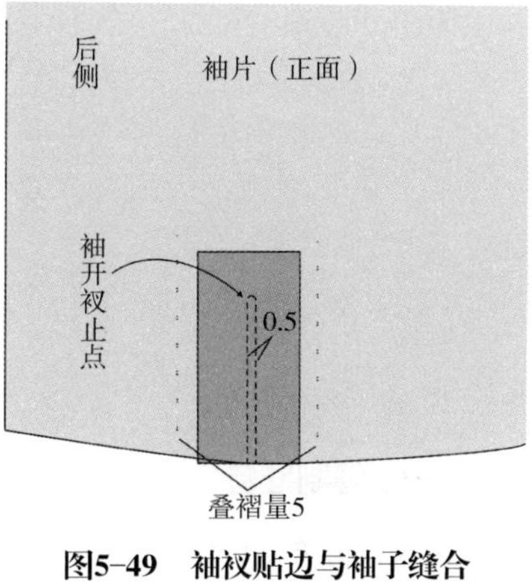

图5-49 袖衩贴边与袖子缝合

（6）如图5-54所示，缝合袖底缝，绱袖头。叠褶部位成为贴边和里襟。

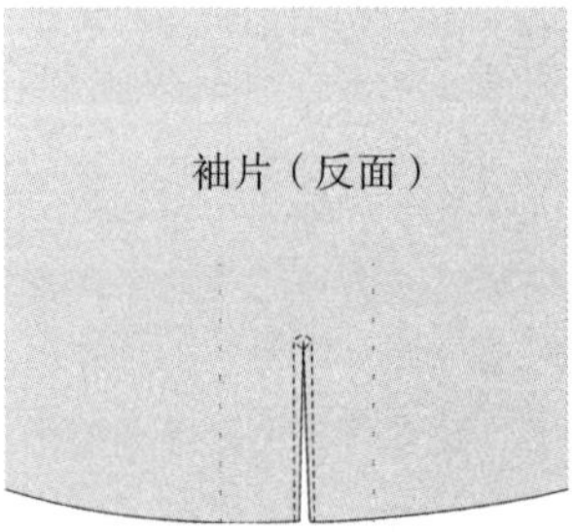

图5-50　剪开开口

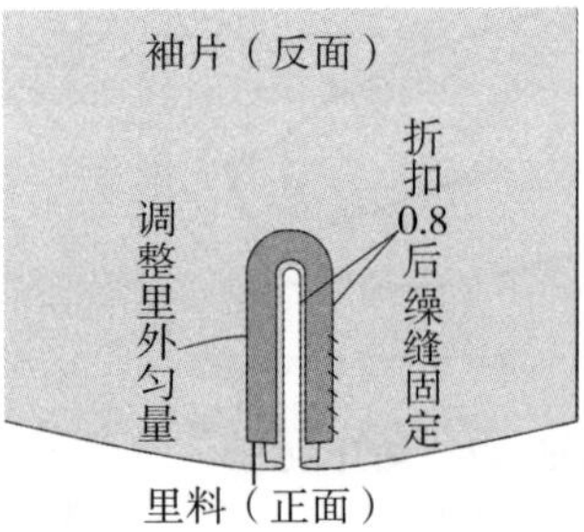

图5-51　缲缝固定贴边

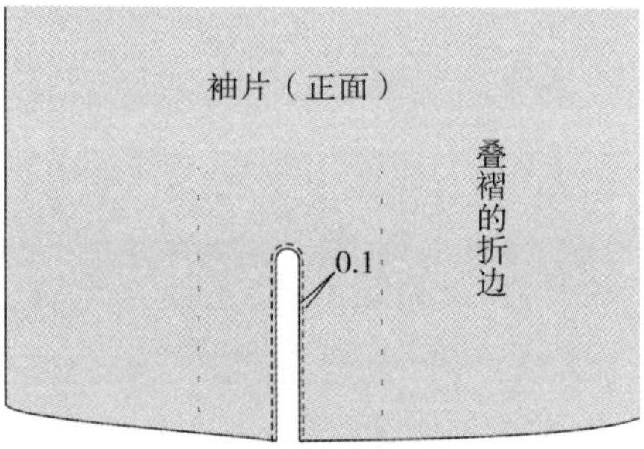

图5-52　缉明线

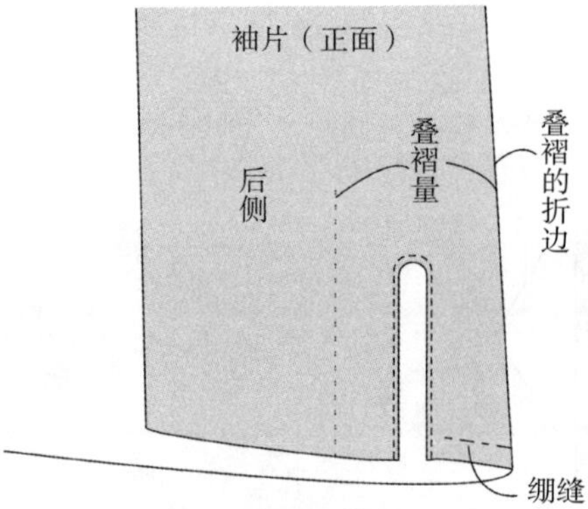

图5-53　固定袖口处的缝头

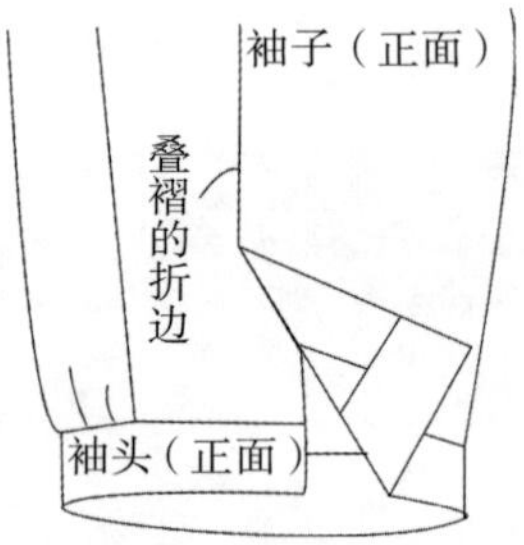

图5-54　缝合袖底缝，绱袖头

九、袖开衩九（图5-55）

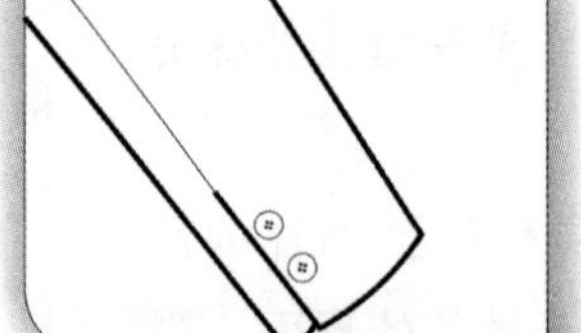

图5-55　袖开衩九

（一）缝制准备

袖衩裁剪方法如图5-56所示。

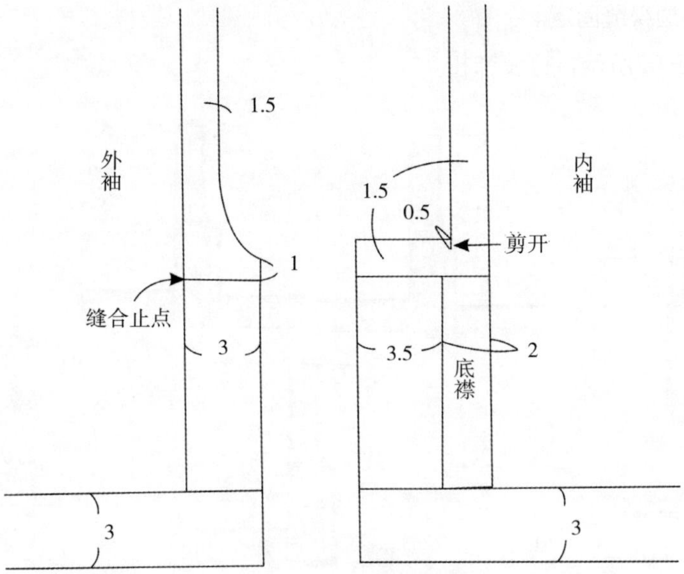

图5-56　袖衩裁剪方法

（二）缝制步骤

（1）如图5-57所示，袖口及袖衩部位粘上黏合衬并进行包缝。

（2）如图5-58所示，外袖和内袖面正面相对叠合，缝合外侧缝，在内袖开衩止点缝头上打剪口。

（3）如图5-59所示，将外袖的贴边按净线折倒，倒向外袖，然后分烫外侧袖缝，分开缝头。

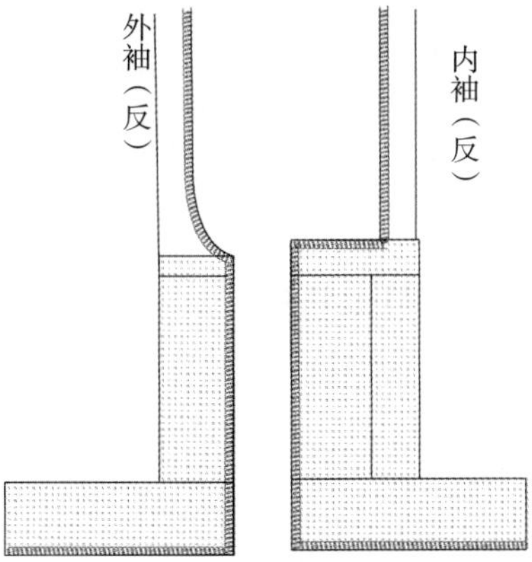

图5 57　袖口及袖衩部位贴黏合衬

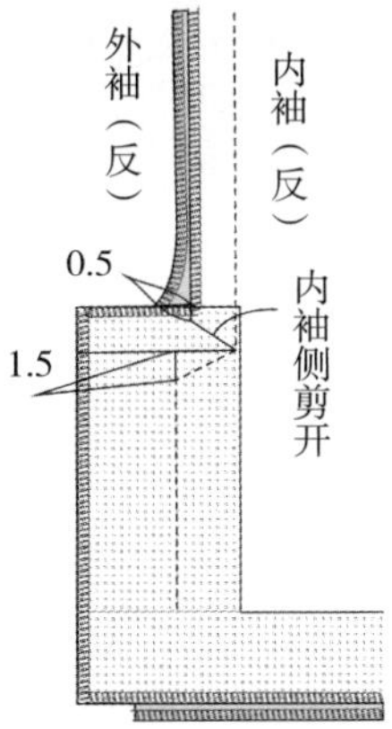

图5-58　缝合袖外侧缝

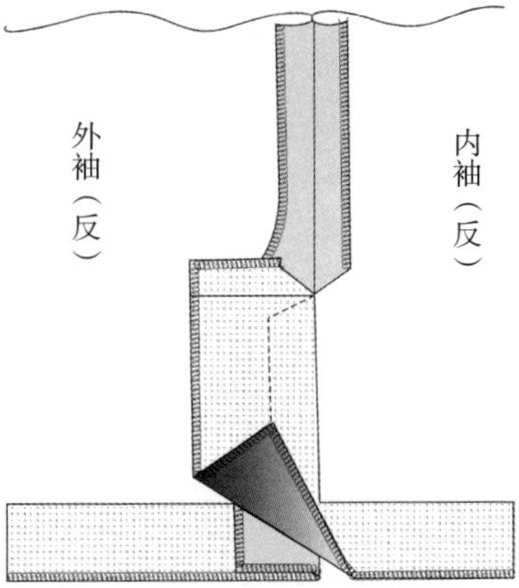

图5-59　烫外侧袖缝

（4）如图5-60所示，袖口贴边沿净线折进。

（5）如图5-61所示，先固定外袖贴边与内袖贴边上边沿，然后将内袖贴边与缝头固定，用手针将贴边缲缝固定。

（6）如图5-62所示，钉装饰扣。

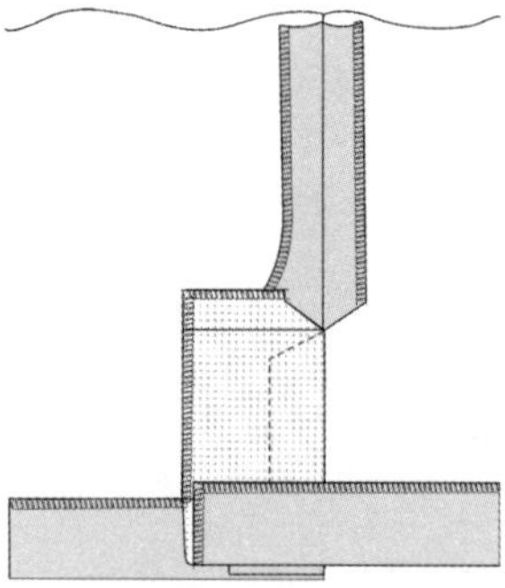

图5-60　扣烫袖口折边

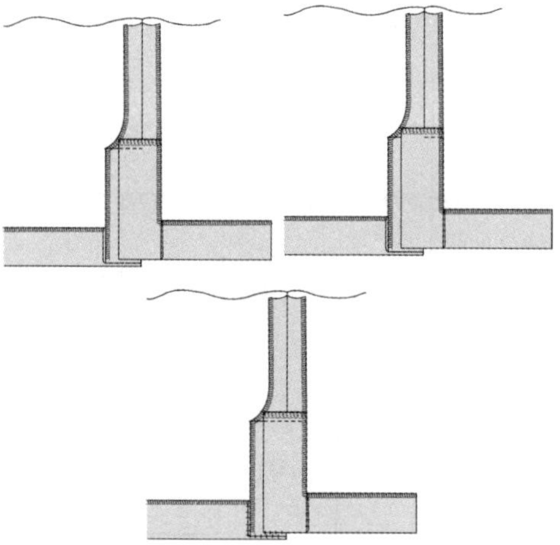

图5-61　处理袖衩贴边

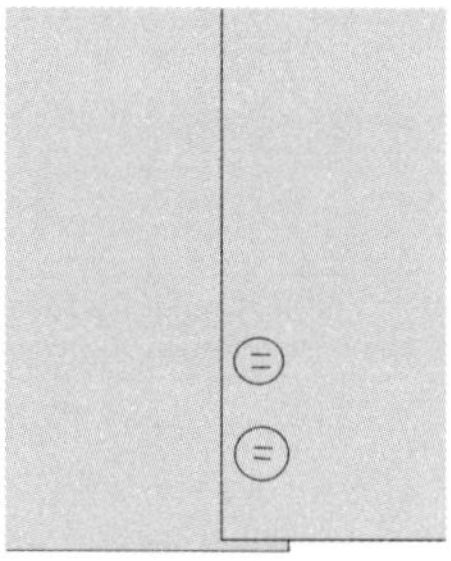

图5-62　钉装饰扣

附：袖口折边与开衩折边的另一种处理方法。

如图5-63所示，字母代表对位的点。

如图5-64所示，将A点与A’对齐，缉缝AB也就是（A’B），然后距离AB 1cm处剪去三角，分烫缝头。

如图5-65所示，然后翻转到正面，熨烫整理。

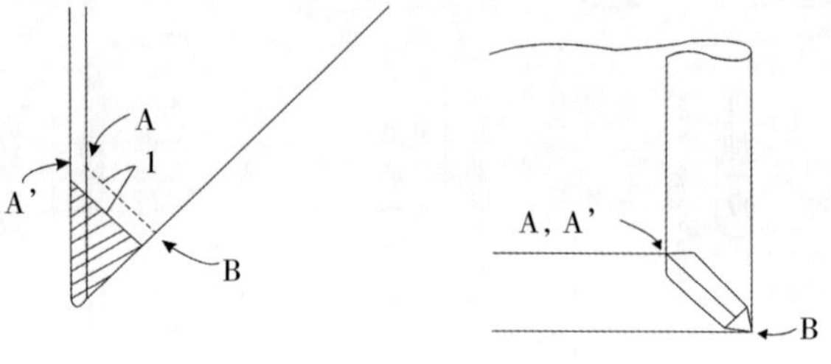

图5-64　缉缝AB并分烫

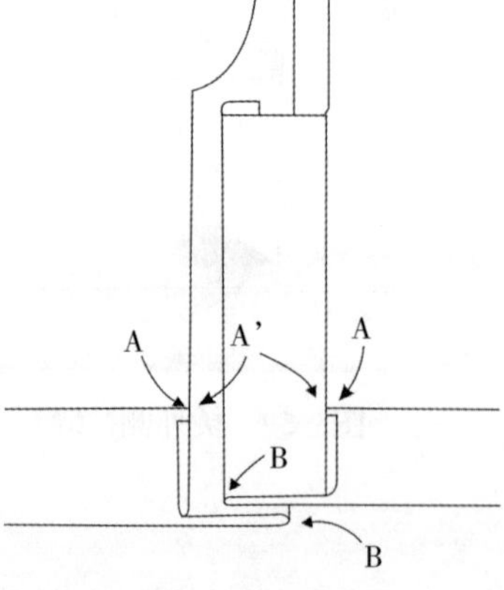

图5-63　对位点名称

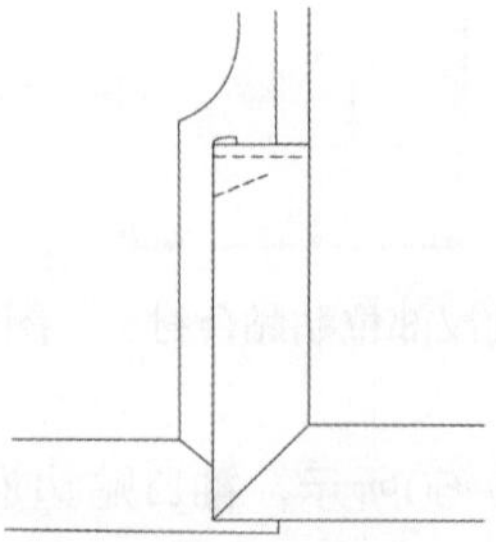

图5-65　熨烫整理

十、袖开衩十（图5-66）

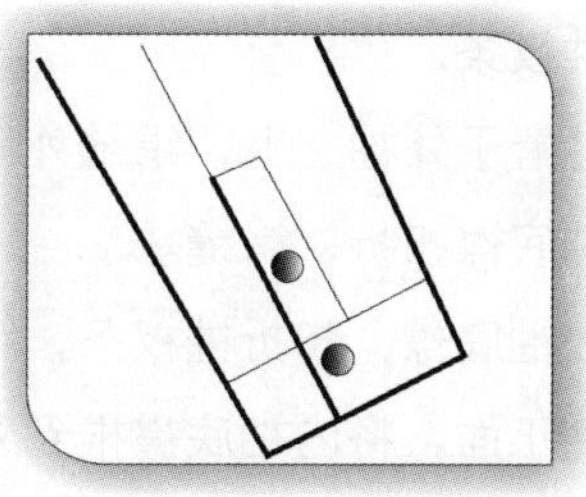

图5-66　袖开衩十

（一）缝制准备

袖口的裁剪方法如图5-67所示。

如图5-68所示为袖衩条的裁剪，四周缝头均为1cm。

袖克夫的裁剪方法如图5-69所示，四周缝头均为1cm。

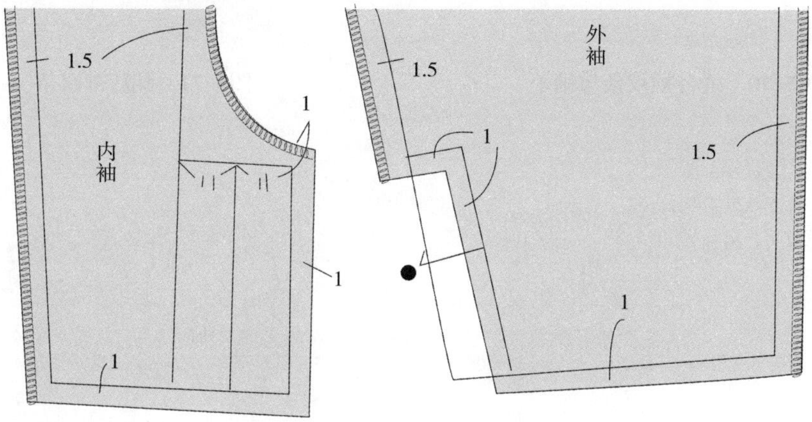

图5-67　袖口的裁剪方法

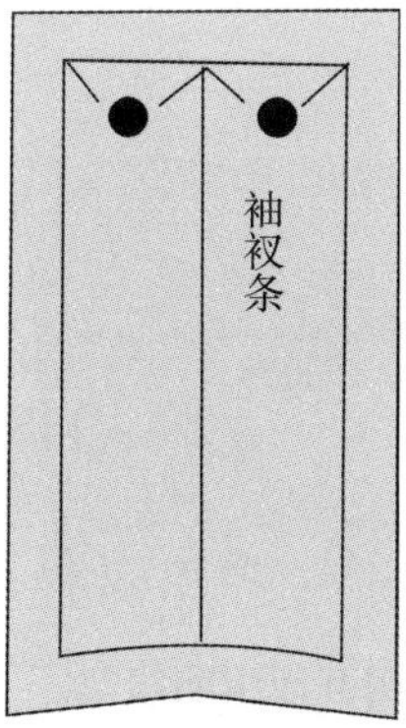

图5-68　袖衩条的裁剪方法

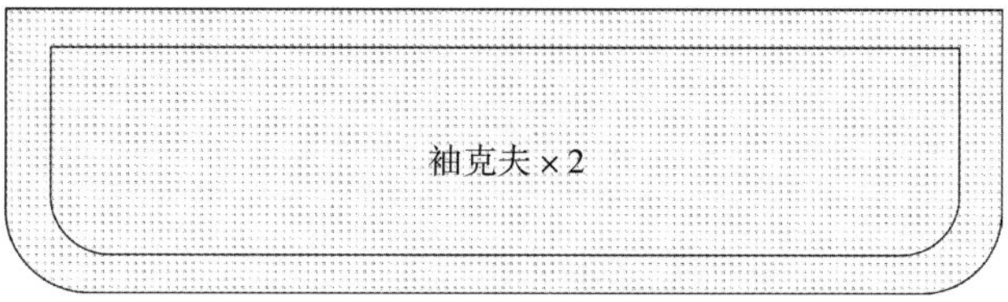

图5-69　袖克夫的裁剪方法

（二）缝制步骤

（1）如图5-70所示，扣烫袖衩条底边折边，将袖衩条正面与外袖正面相对缉缝。

（2）如图5-71所示，翻转袖衩条，放平。

（3）如图5-72所示，将内袖置于外袖之上，缉缝外侧缝，缝至开衩止点。

（4）如图5-73所示，将内袖底襟扣折，缉缝。

（5）如图5-74所示，推开内袖底襟，扣折袖衩条，缉明线。

（6）如图5-75所示，翻转到正面，将内袖底襟推到外袖一侧，缉明线。

（7）然后合袖内侧缝，做袖克夫，装袖克夫。

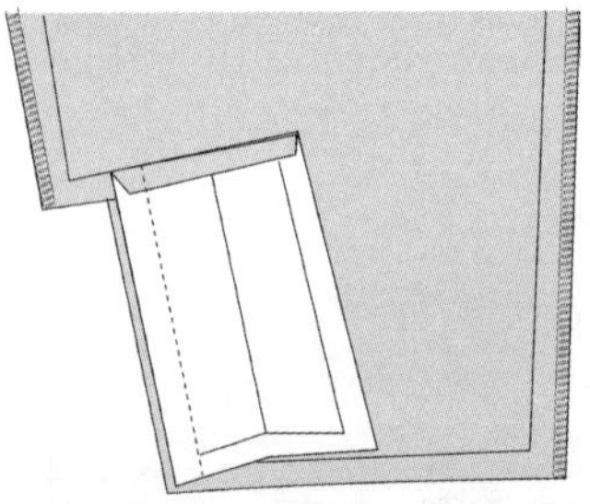

图5-70　缝合袖衩条与袖子

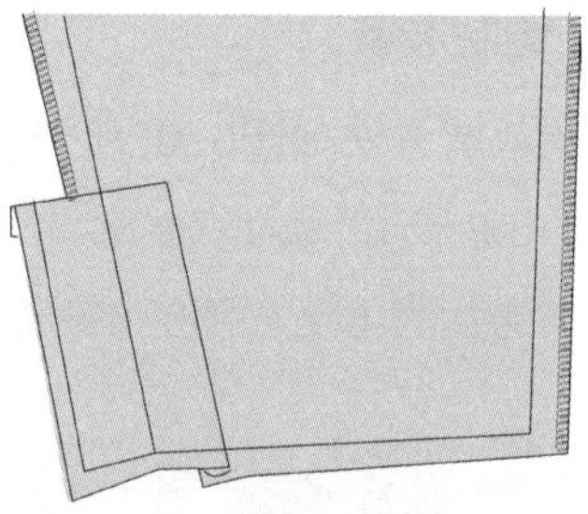

图5-71　翻转袖衩条

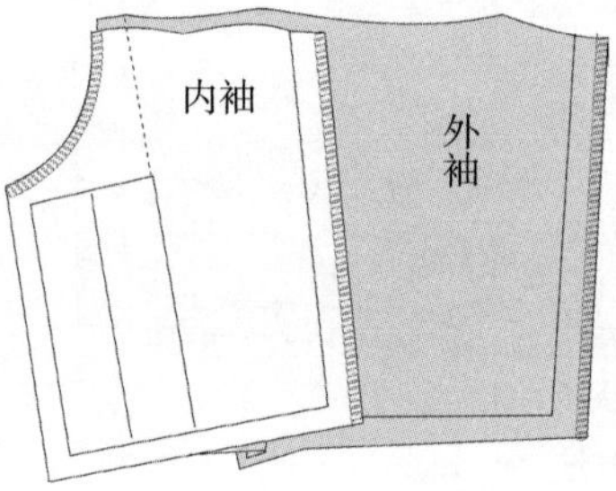

图5-72　缉缝外侧缝

图5-73　缉缝内袖底襟

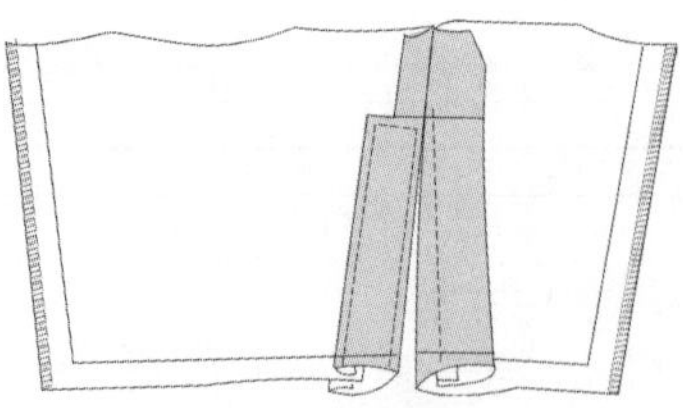

图5-74　袖衩条缉明线

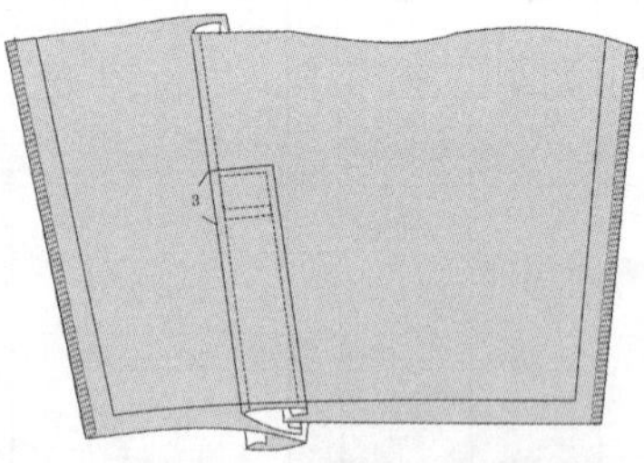

图5-75　缉开衩缉明线

十一、袖开衩十一（图5-76）

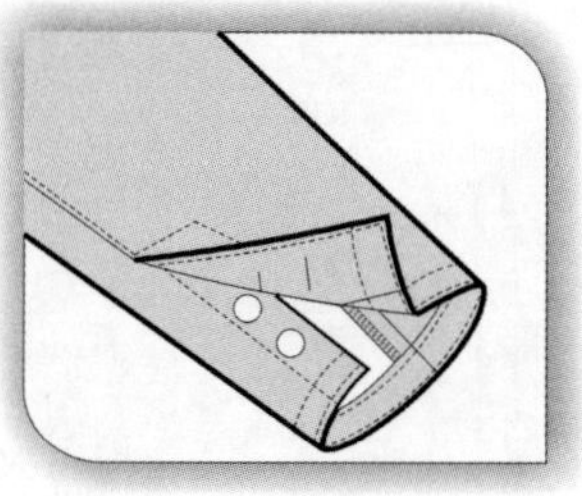

图5-76　袖开衩十一

（一）缝制准备

（1）袖口的裁剪方法如图5-77所示。

（2）袖口贴边的裁剪方法如图5-78所示。

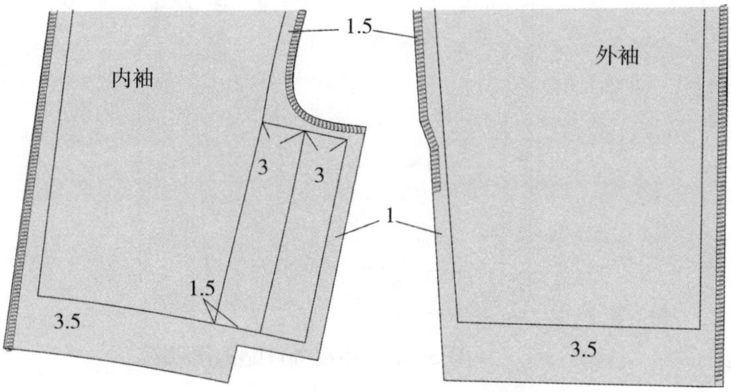

图5-77　袖口的裁剪方法

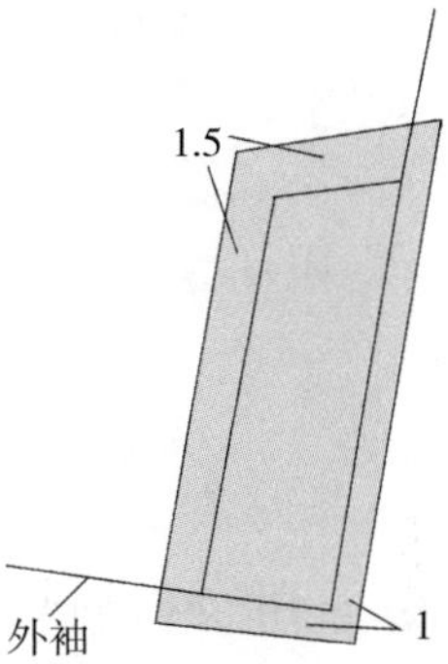

图5-78　袖口贴边的裁剪方法

（二）缝制步骤

（1）如图5-79所示，扣烫袖口贴边的底边和侧边，将袖口贴边正面与外袖正面相对缉缝，然后剪去部分外袖贴边。

（2）如图5-80所示，内袖置于外袖下面，缉缝外侧袖缝至袖开衩处。

（3）如图5-81所示，将内袖底襟正面相对，缉缝袖口。并将袖口贴边折进1cm。

（4）如图5-82所示，将内袖底襟翻转到正面，缉缝固定折边。

（5）如图5-83所示，推开内袖底襟，扣折外袖袖口贴边，缉明线，锁眼。

（6）如图5-84所示，翻转到正面，将内袖底襟推到外袖一侧，在外侧缉缝明线，袖口开衩止点再斜向缉线，固定内袖底襟。

（7）如图5-85所示，缝合袖内侧缝，卷边缝袖口，缉明线，钉扣。

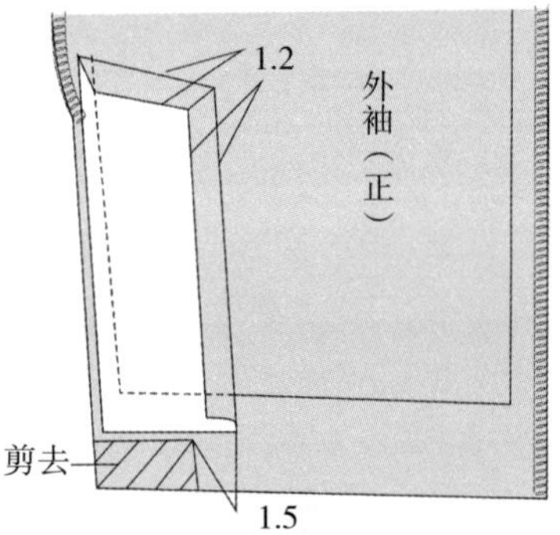

图5-79　袖口贴边与外袖缝合

图5-80　缝合内外袖外侧袖缝

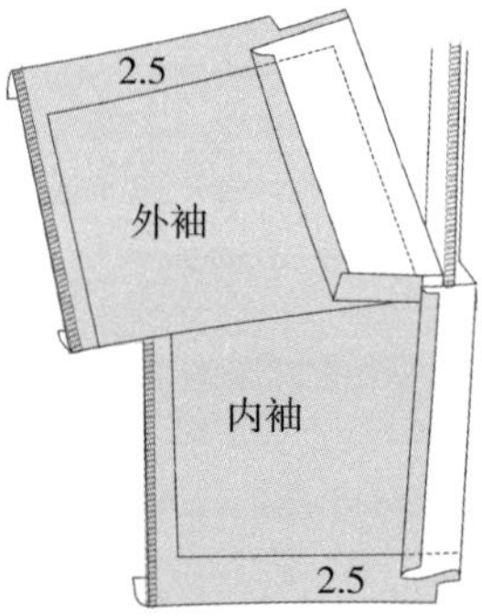

图5-81　缉缝内袖底襟袖口

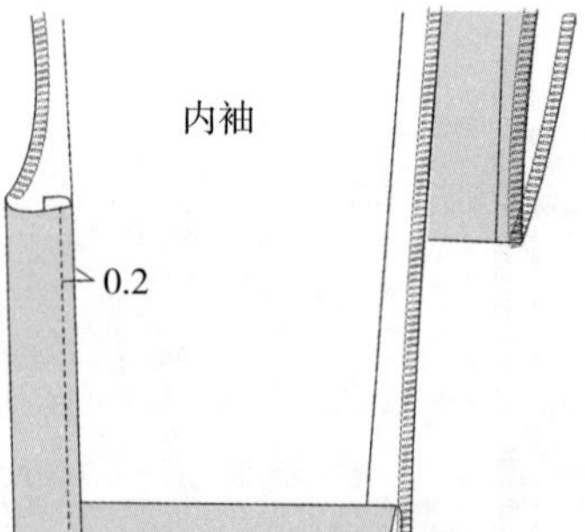

图5-82　固定底襟折边

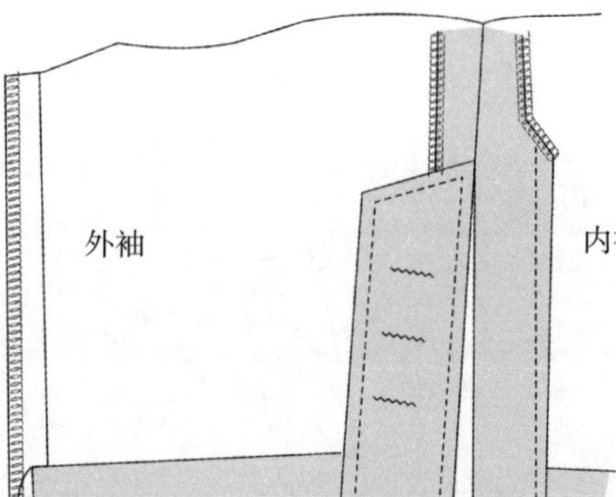

图5-83　外袖袖口贴边缉明线

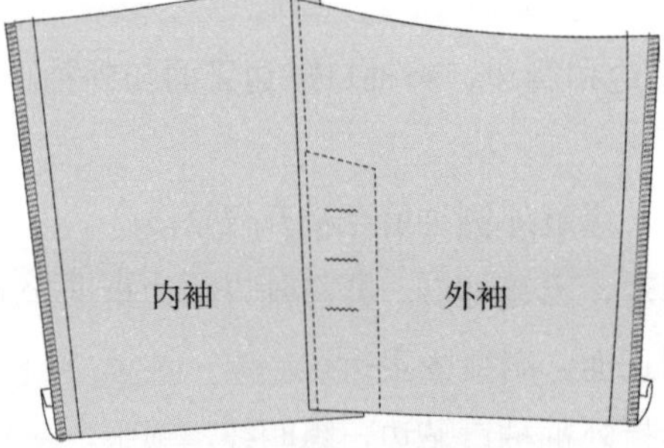

图5-84　固定内袖底襟

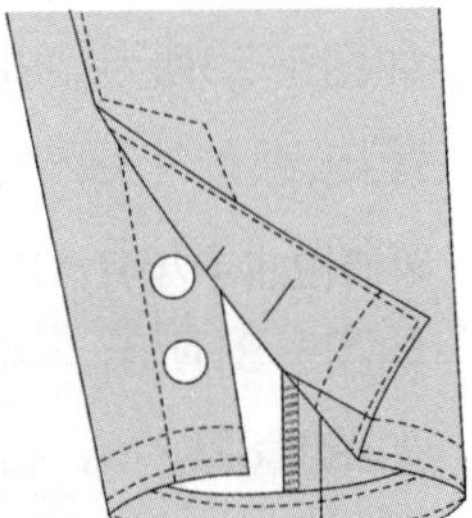
图5-85　缉袖口明线，钉扣

十二、带里子裙后开衩（图5-86）

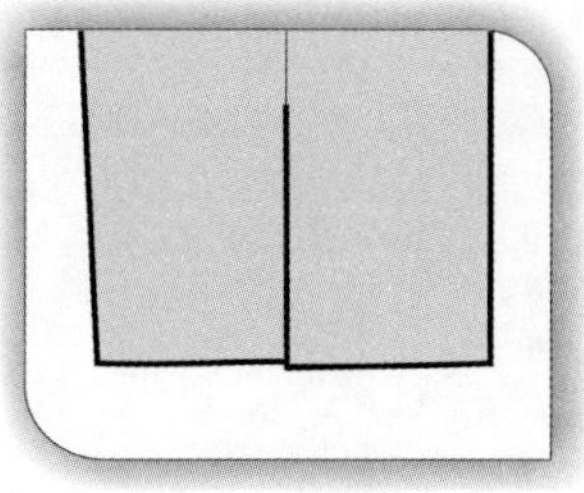

图5-86　裙后衩

（一）缝制准备

（1）如图5-87所示，面子的左右片裁剪方法相同。

（2）里子的左右片不同，如图5-88所示。

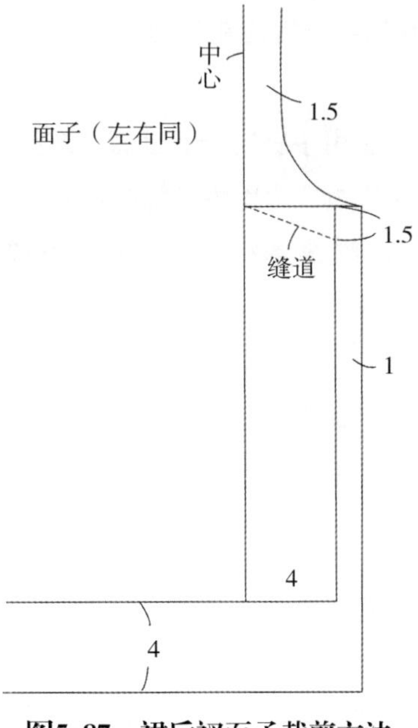

图5-87　裙后衩面子裁剪方法

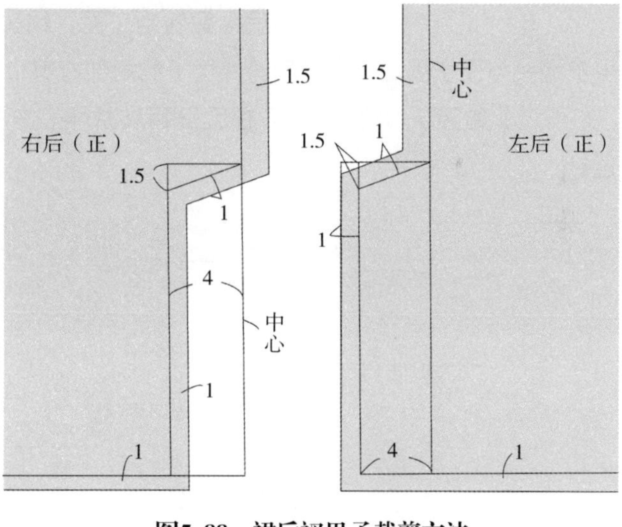

图5-88　裙后衩里子裁剪方法

（二）缝制步骤

（1）如图5-89所示，做面子。在面子的开衩里襟和贴边贴上黏合衬，后裙片正面相对叠合，留下拉链开口，缝至开衩止口，再继续斜着缝一道。

（2）如图5-90所示，在左后片裙片缝头斜向剪一刀，直到离开开衩止点0.3cm，然后，劈开开衩止点以上的缝头。

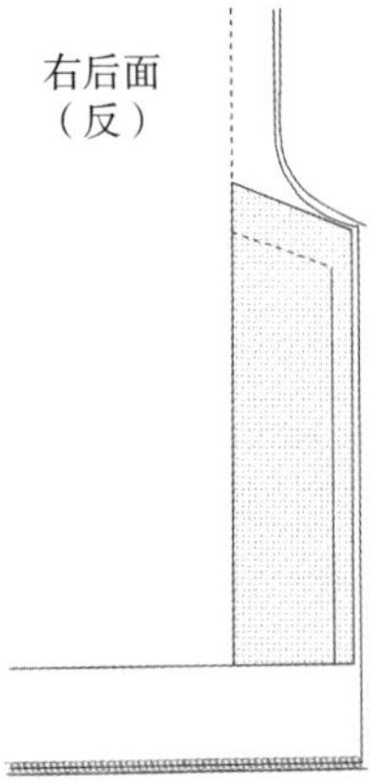

图5-89　缝合裙后中缝

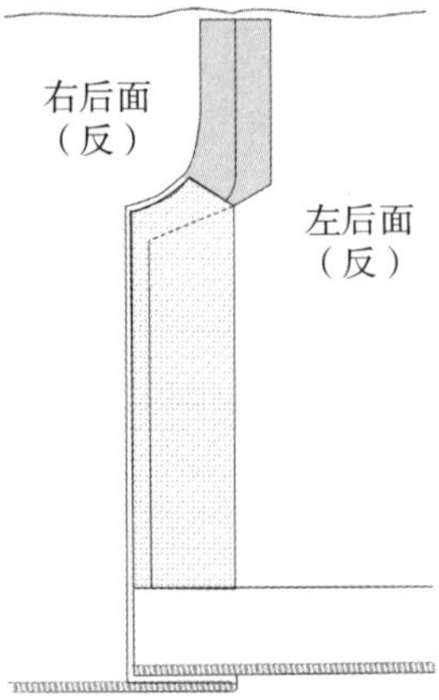

图5-90　分烫裙后中缝缝头

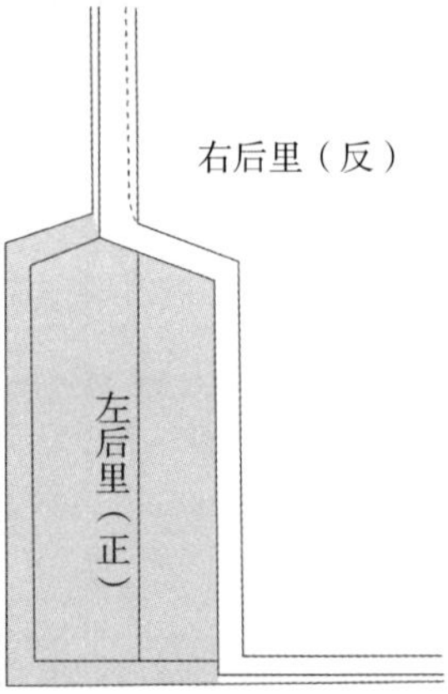

图5-91　缝合里子后中缝

（3）如图5-91所示，做里子。后里子裙片中缝正面叠合，作为余折缝头，在距离净线0.2cm外侧缉缝至开衩止点。

（4）如图5-92所示，后中心的缝头倒向右裙片方向，卷裙里子折边并缉缝。

（5）如图5-93所示，左后片的面与里缉缝到一起。

（6）如图5-94所示，将底襟翻转到正面，缉0.2cm明线。用手针将开衩止点上端的里子缝头与面子固定，在右后裙片里子的角部打剪口，右裙片底边折边用手针缲缝固定。

（7）如图5-95所示，将右后里翻转放平，按净线折倒，缲缝到裙面上，注意不要透针。

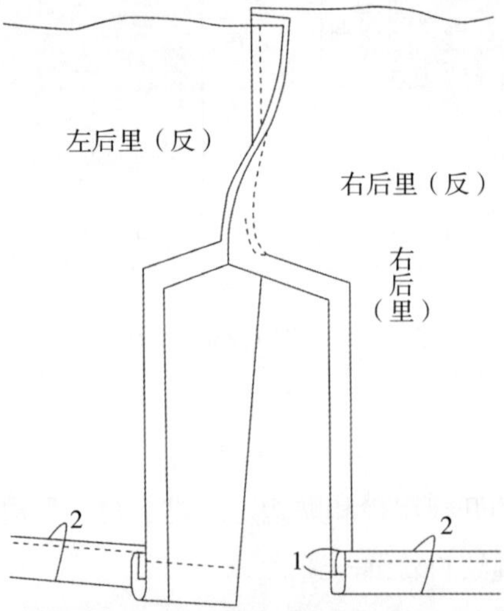

图5-92　折缝里子底边

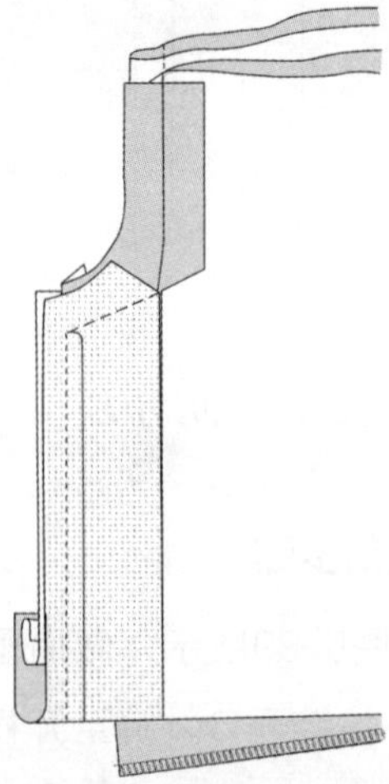

图5-93　缉缝左后片的面与里

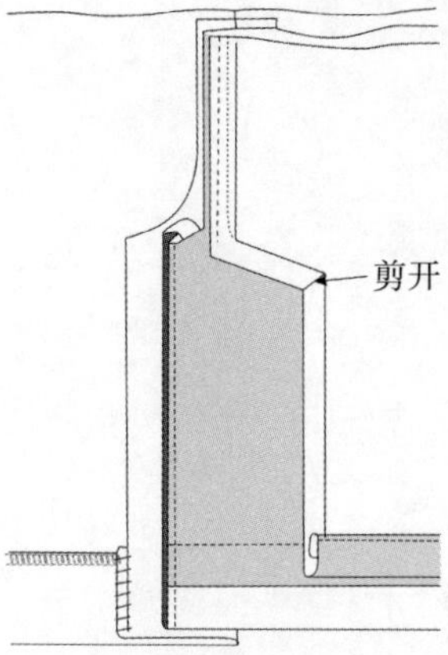

图5-94　缉明线

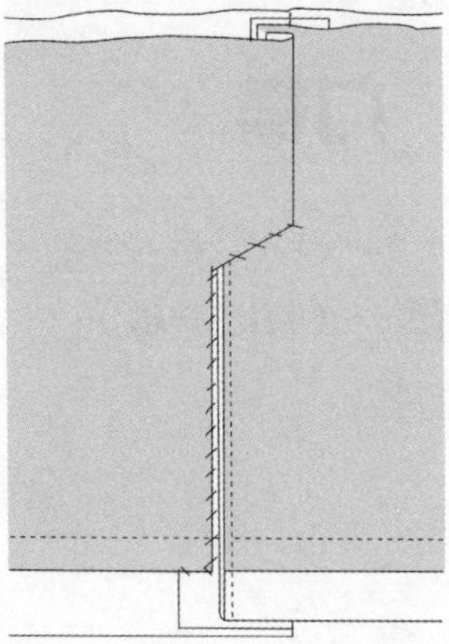

图5-95　右后里与裙面缲缝固定

第二节 门襟

一、上衣门襟一（图 5-96）

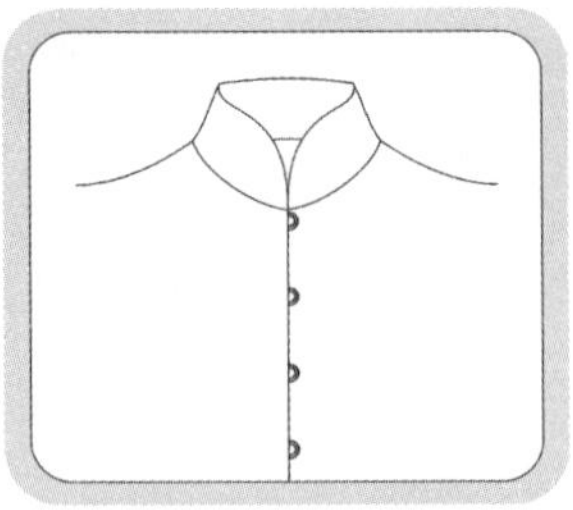

图5-96 上衣门襟一

（一）缝制准备

制作钮襻备用，制作方法参见第一章第八节布襻的缝制方法。

（二）缝制步骤

（1）如图5-97所示，将钮襻的缉缝线迹调至内侧，然后缉缝固定到相应的位置。

（2）如图5-98所示，在贴边的反面粘贴无纺衬，边缘包处理。将衣身与贴片正面相对，在距离止口0.3cm的缝头一侧缉缝，这样处理钉上钮扣时止口的闭合效果较好。

（3）如图5-99所示，为了防止贴片浮起，在贴边上缉缝0.1cm的明线。

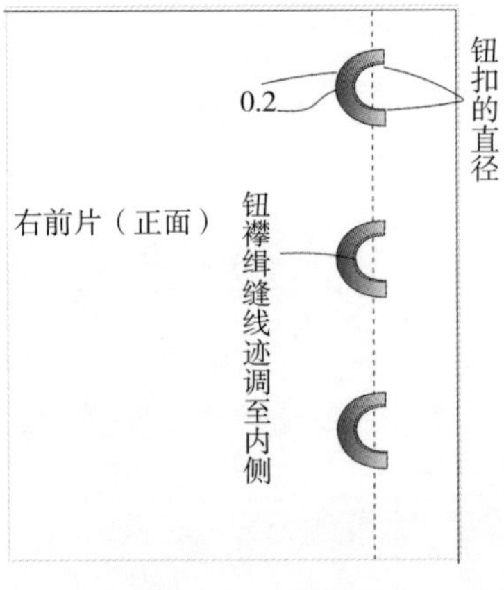

图5-97 固定钮襻

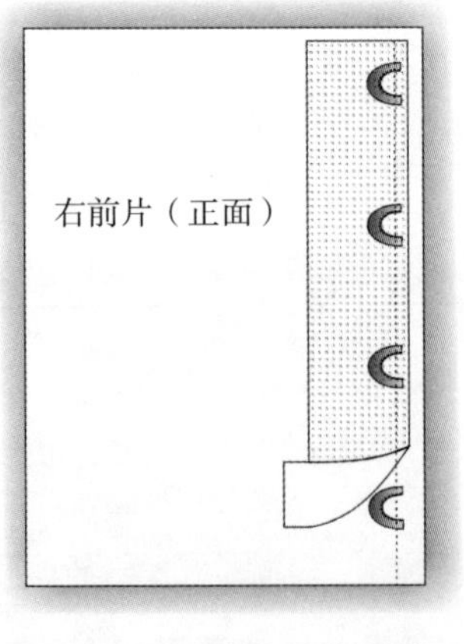

图5-98 缝合衣身与贴片

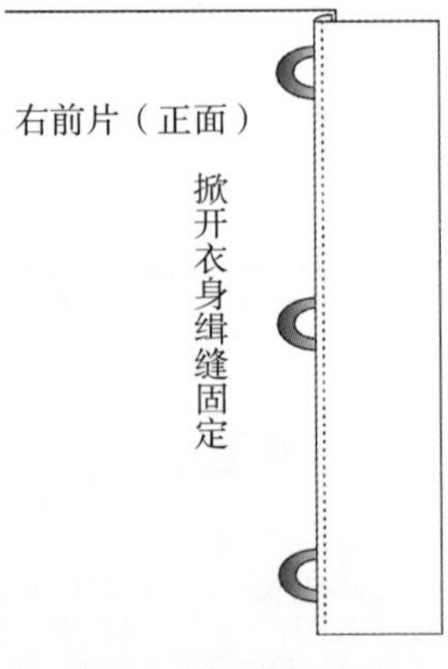

图5-99 缉缝明线

（4）如图5-100所示，在止口处折好贴边，用熨斗熨烫整理，里外匀量为0.3cm。

（5）如图5-101所示，在左前片确认钉钮扣的位置钉上钮扣。如果钮扣的间隔较大，在其间钉上按钮。

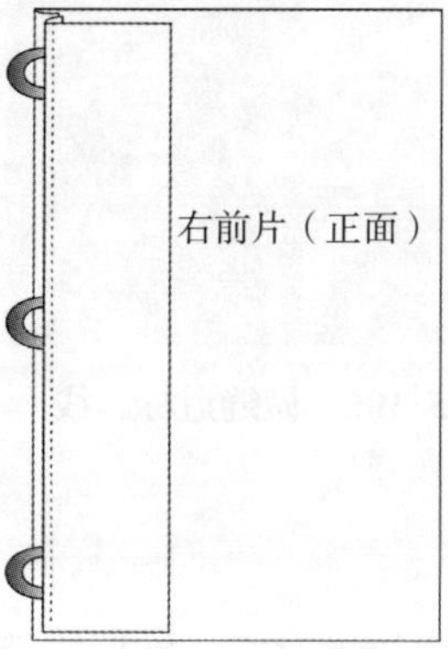

图5-100　熨烫整理

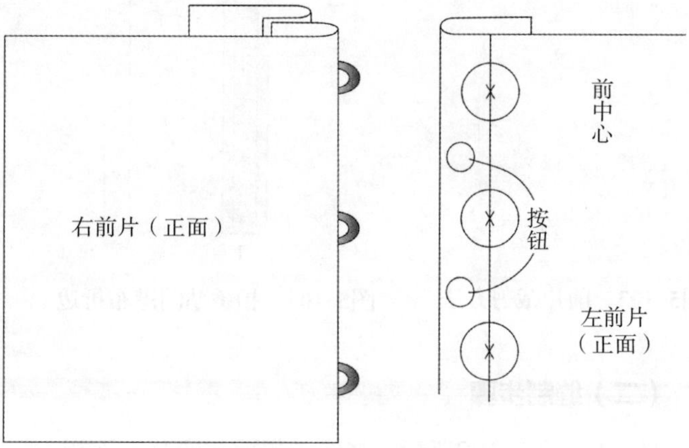

图5-101　钉扣

二、上衣门襟二（图5-102）

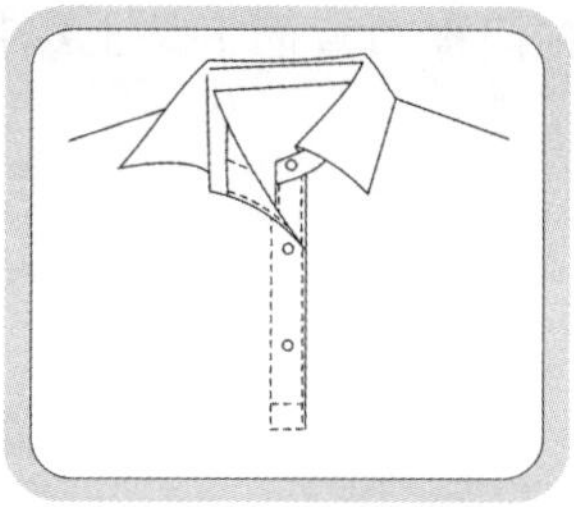

图5-102　上衣门襟二

（一）缝制准备

1. 如图5-103所示，前片裁剪时略倾斜，开口处留出缝头。

2. 如图5-104所示，准备织带，裁贴门襟布，并扣烫其折边。

3. 如图5-105所示，做缝道标志线，距离前中心线0.75cm画第一道缝道线，间距1cm再作第二道缝道线。

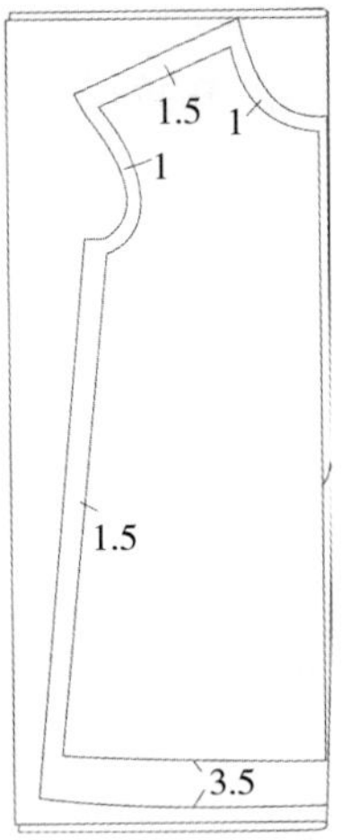

图5-103　前片裁剪方法

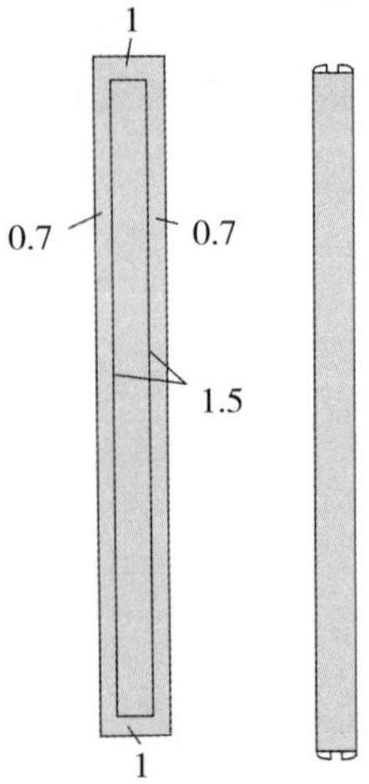

图5-104　扣烫贴门襟布折边

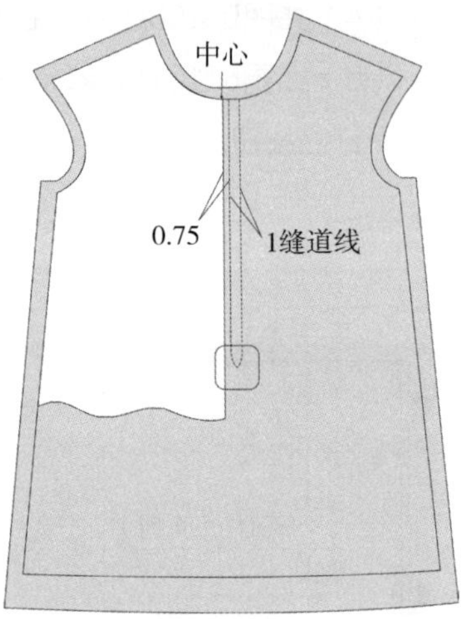

图5-105　做缝道标志线

（二）缝制步骤

（1）如图5-106所示，将织带正面与衣片正面相对，与第一道缝道对齐，然后缉缝至开口止点。

（2）如图5-107所示，织带推开，将贴门襟布正面与衣片正面相对，与第二道缝道对齐，然后缉缝至开口止点。

（3）如图 5-108所示，将两缝道的中线剪开，在圆角部位打斜向剪口。

（4）如图5-109所示，在开口止点用大头针固定，将织带推到反面，然后缉缝，将织带固定到衣片上。

（5）如图5-110所示，在贴门襟布背面下垫上织带，对齐，然后在贴门襟布上缉明线。

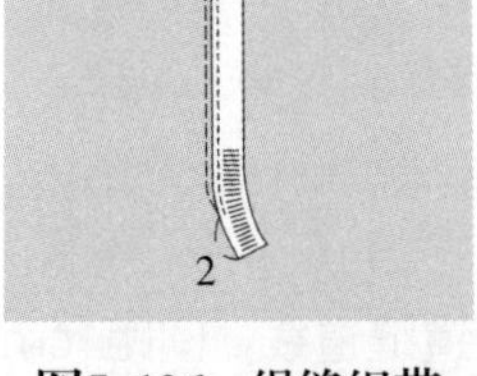

图5-106　缉缝织带

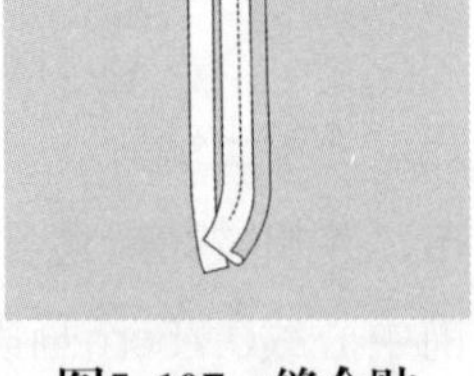

图5-107　缝合贴门襟布与衣片

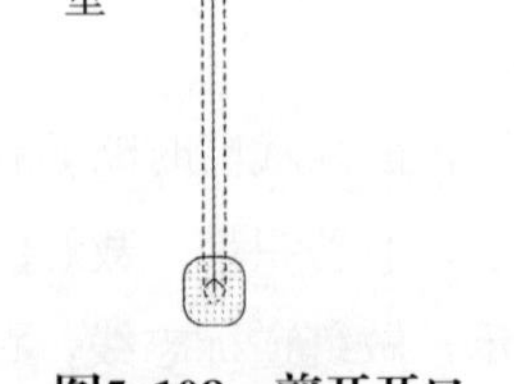

图5-108　剪开开口

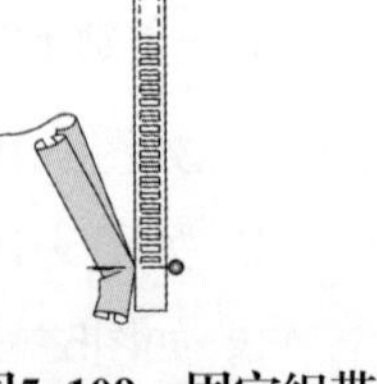

图5-109　固定织带

（6）如图5-111所示，修剪织带的长度。

（7）如图5-112所示，将贴门襟布背面下的织带折进。

（8）如图5-113所示，翻转到正面，缉明线。

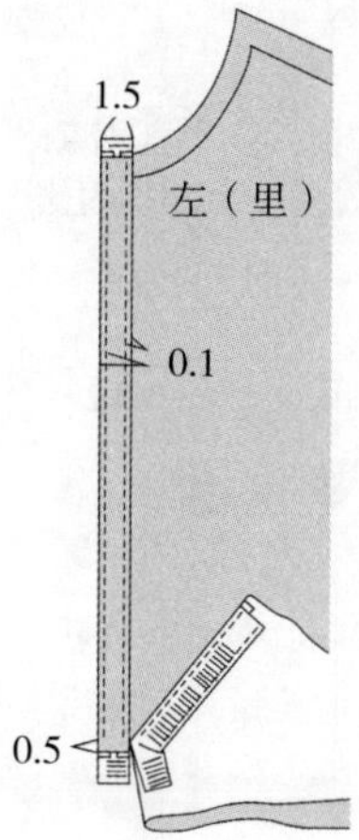

图5-110　贴门襟布上缉明线

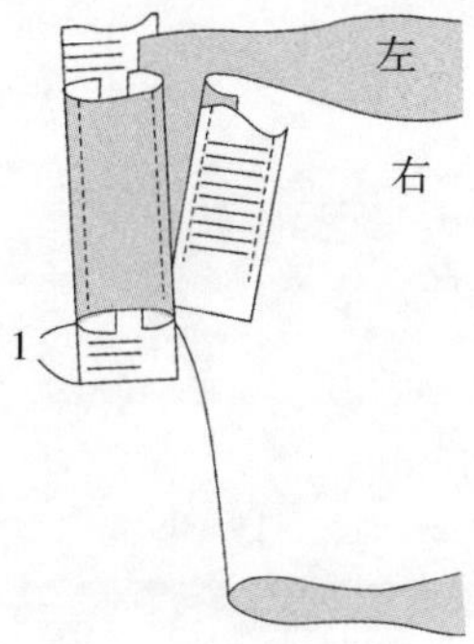

图5-111　修剪织带的长度

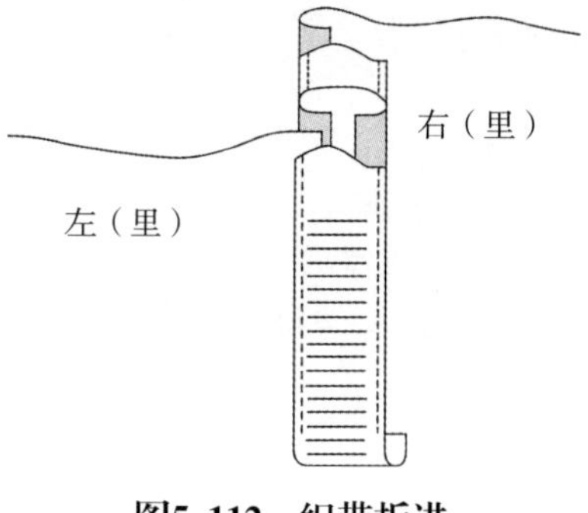

图5-112　织带折进

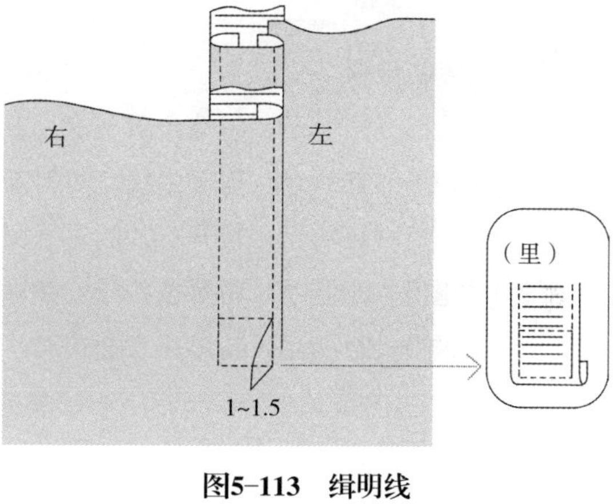

图5-113　缉明线

三、上衣门襟三（图5-114）

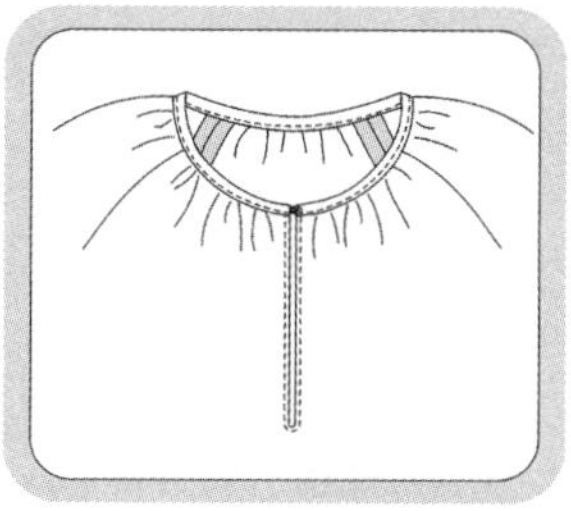

图5-114　上衣门襟三

（一）缝制准备

（1）如图5-115所示，裁45° 滚条。

（2）如图5-116所示，扣烫滚条，使内侧的宽度宽于外侧宽度0.2cm。

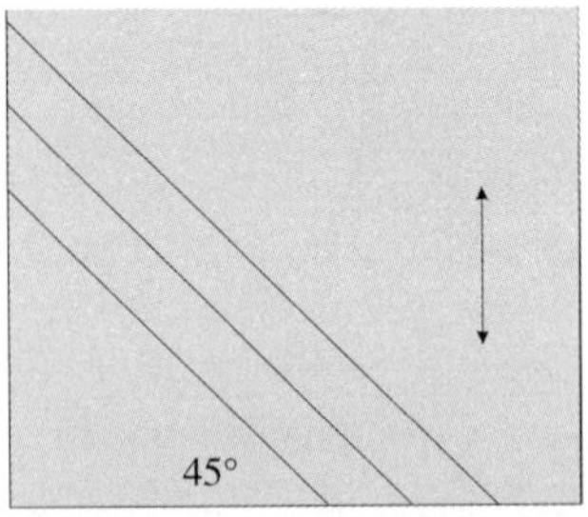

图5-115　裁剪滚条

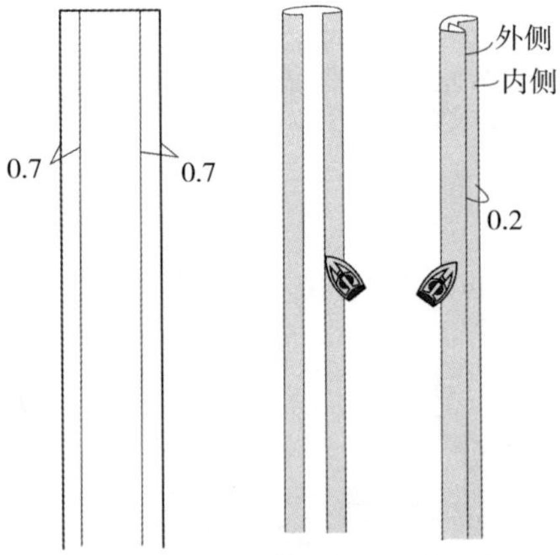

图5-116　扣烫滚条

（二）缝制步骤

（1）如图5-117所示，将滚条置于衣片上，缉线至开衩止点。

（2）如图5-118所示，剪开中线，角斜向打剪口。

（3）如图5-119所示，拉开衣片的另一侧，缉缝。

（4）如图5-120所示，将滚条扣压，然后缉明线。

（5）如图5-121所示，将滚条正面相对，袖口边对齐，如图缝一道斜线。

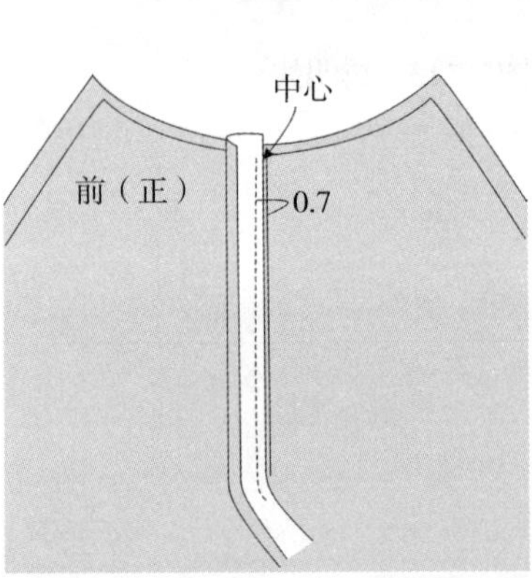

图5-117　滚条与衣片缝合

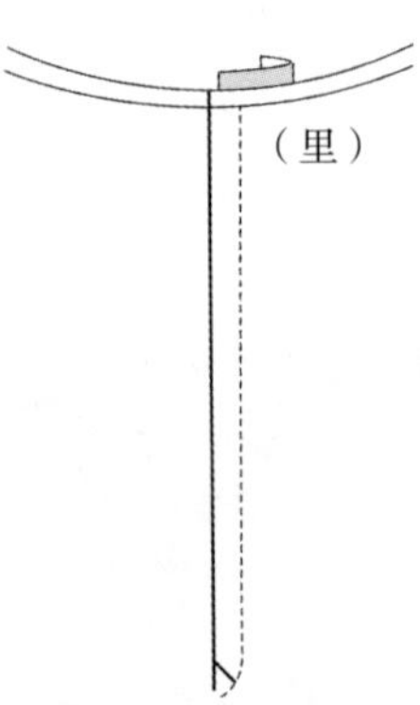

图5-118　剪开开口

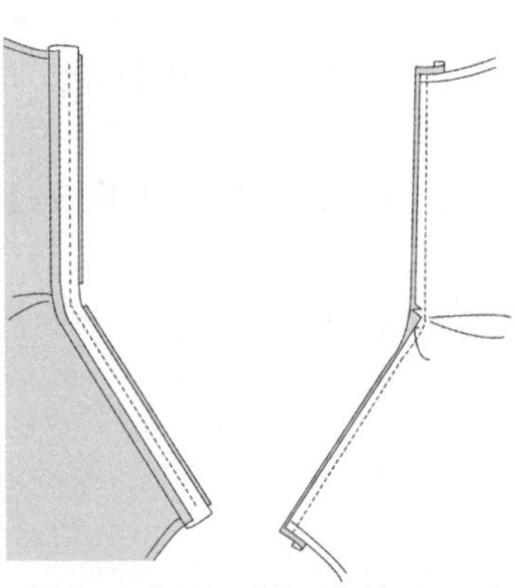

图5-119　缉缝开口另一侧

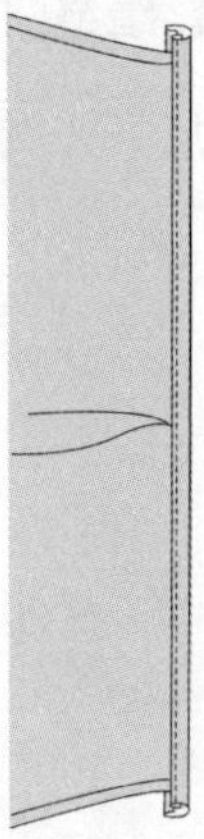

图5-120　缉明线

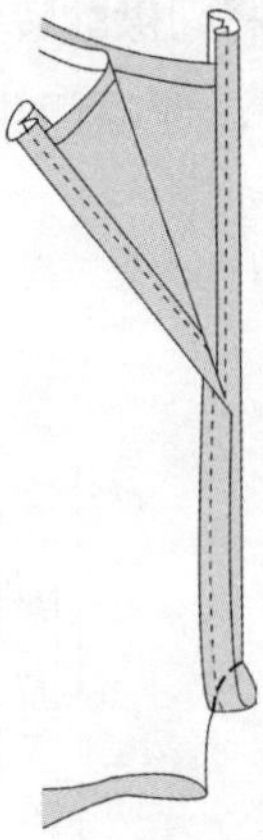

图5-121　固定下角

四、上衣门襟四（图 5-122）

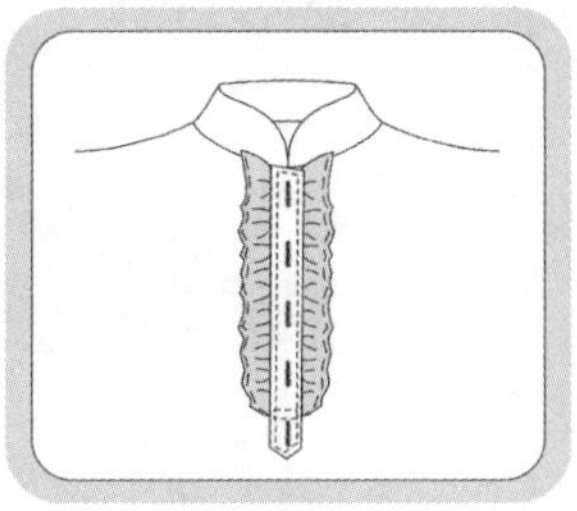

图5-122　上衣门襟四图

（一）缝制准备

根据抽褶量和需要的荷叶边的长度、宽度裁剪制作荷叶边的布料。

（二）缝制步骤

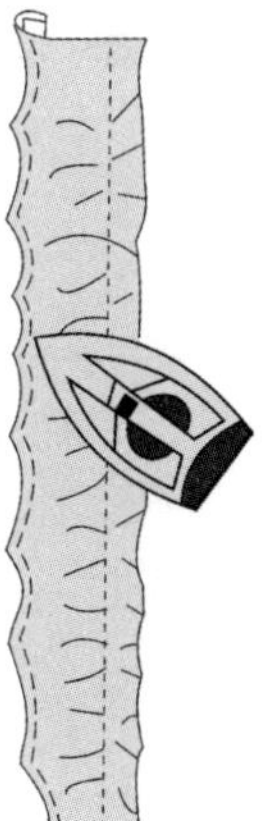

图5-123　熨烫细褶

（1）如图5-123所示，先将荷叶边卷边缉缝，在荷叶边的另一侧在净线外0.2cm和再往外0.3cm处用较大的针脚进行拱针。然后牵拉缝线，抽出细褶，整理缝头，熨烫细褶。

（2）如图5-124所示，将荷叶边固定到前门襟相应的位置。

（3）如图5-125所示，将门襟和里襟分别缉缝到衣片上相应的位置。

（4）如图5-126所示将里襟下角剪掉。

（5）如图5-127所示剪开中缝。

（6）如图5-128所示，将底襟翻转到正面，缉两道明线。

（7）如图5-129所示，缝合门襟底部，剪掉斜线部分。

（8）如图5-130所示，将门襟翻转到正面，推开里襟，缉缝门襟明线。

（9）如图5-131所示，理顺门里襟，熨烫平整，在下端缉明线，做领口线，锁眼钉扣。

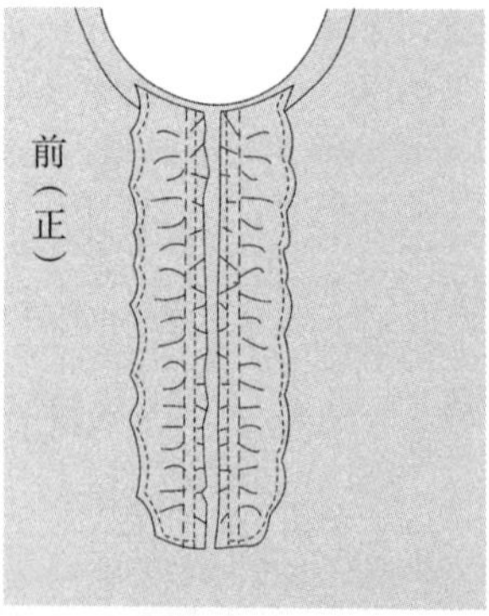

图5-124　荷叶边与前门襟固定

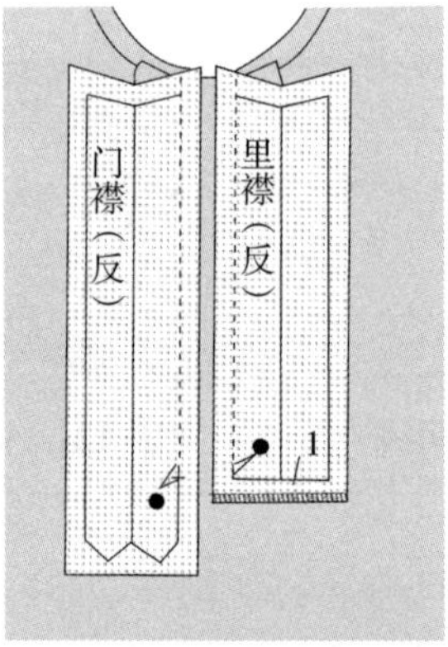

图5-125　缝合门里襟

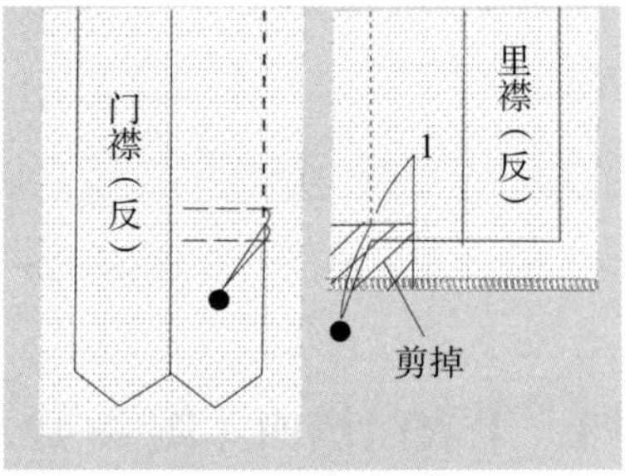

图5-126　修剪里襟

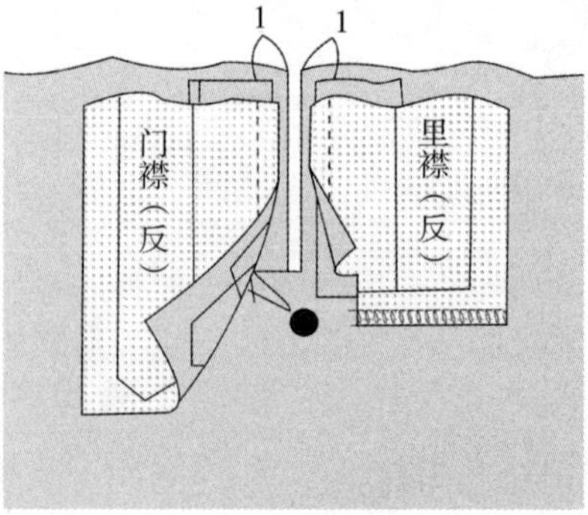

图5-127　剪开开口

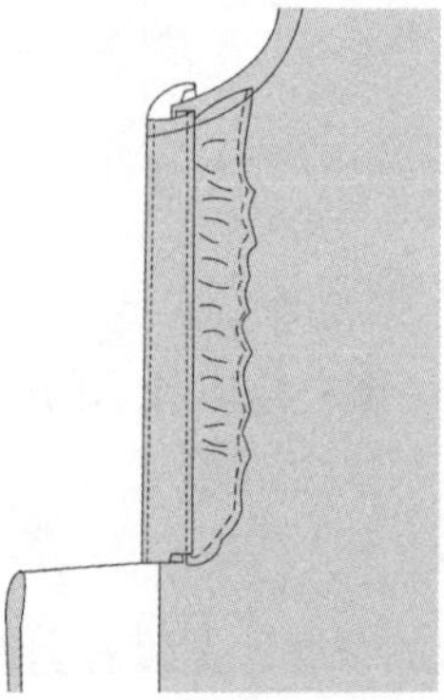

图5-128　里襟缉明线

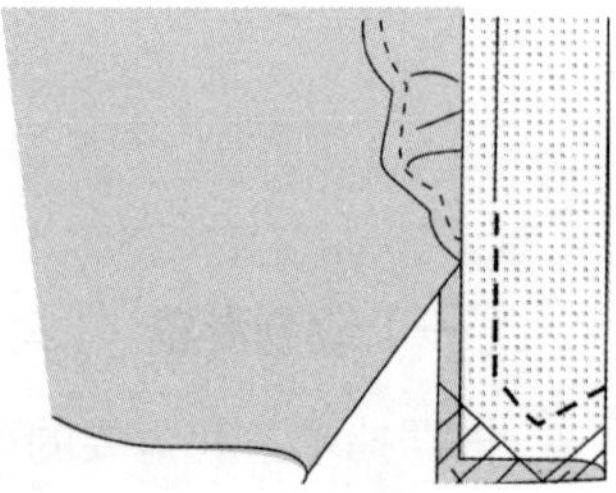

图5-129　缝合门襟底部

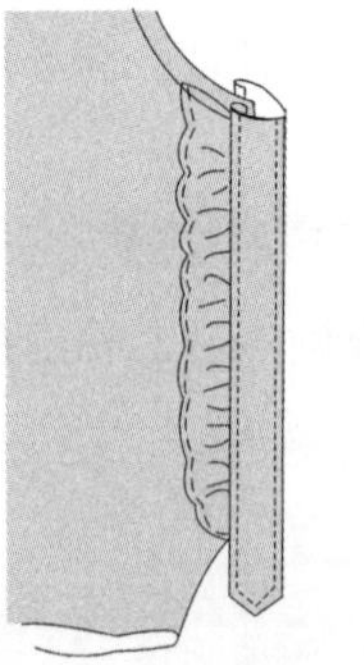

图5-130　缉缝门襟明线

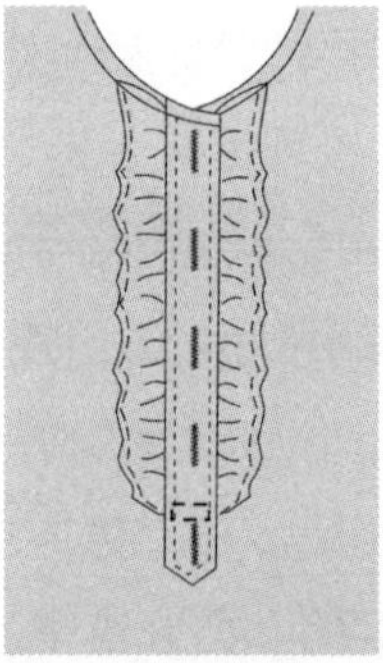

图5-131　锁眼钉扣

五、裤门襟（图5-132）

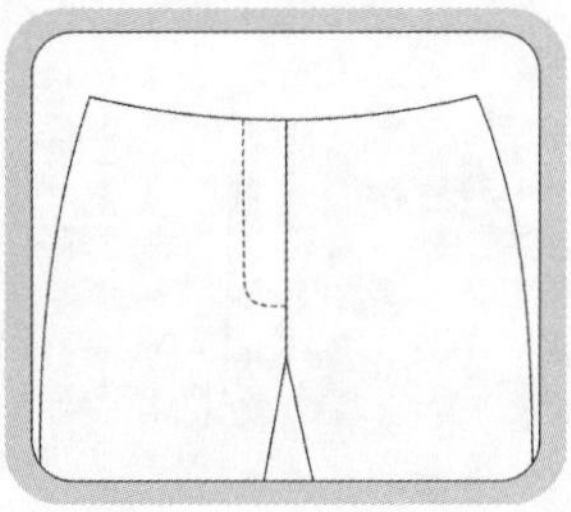

图5-132 裤门襟

（一）缝制准备

如图5-133所示，裁剪门襟贴边和底襟。

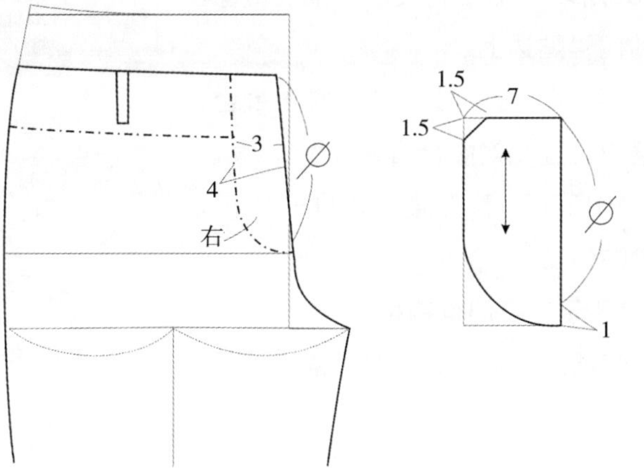

图5-133 裁剪门襟贴边和底襟

（二）缝制步骤

（1）如图5-134所示，将底襟加放缝头后裁剪，在反面贴上黏合衬，两片正面相对叠合，缉缝。

（2）将底襟翻转到正面，熨烫平整，然后包缝。

（3）如图5-135所示，在门襟贴边反面黏上黏合衬后，包缝。将其与右前裤片正面相对叠合，在净缝线外0.1cm处车缝，缝到开口止点。

（4）如图5-136所示，门襟贴边翻回正面，用熨斗熨烫退进0.1cm。折左前片，直到开口止点下1cm处止，由净线向外伸出0.5cm。把左裤片的折痕合在拉链牙的边上，下面放底襟，压缉缝至开口止点下1cm。

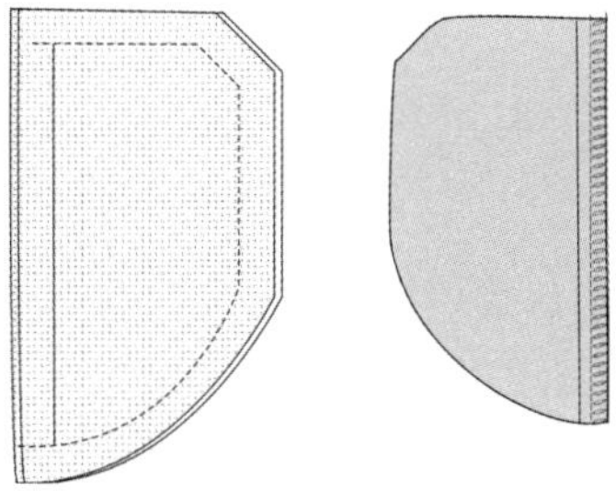

图5-134 缝制底襟

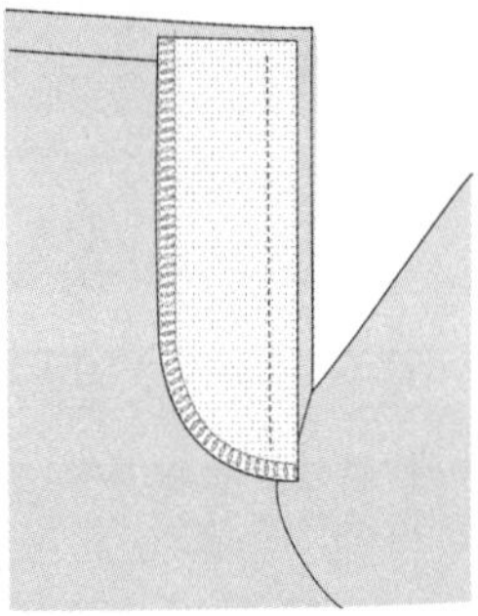

图5-135　门襟和裤片缝合

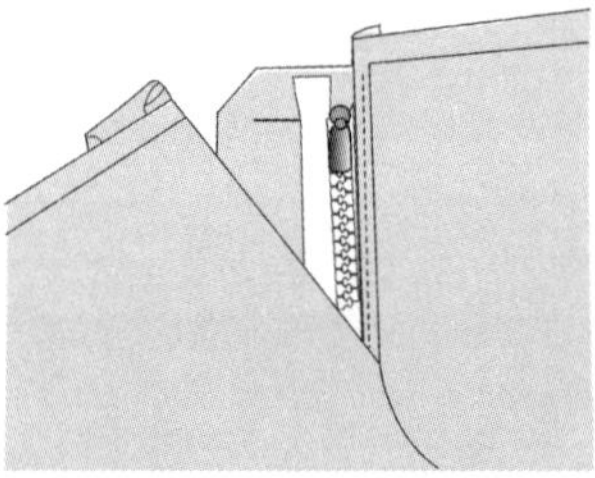

图5-136　装底襟和拉链

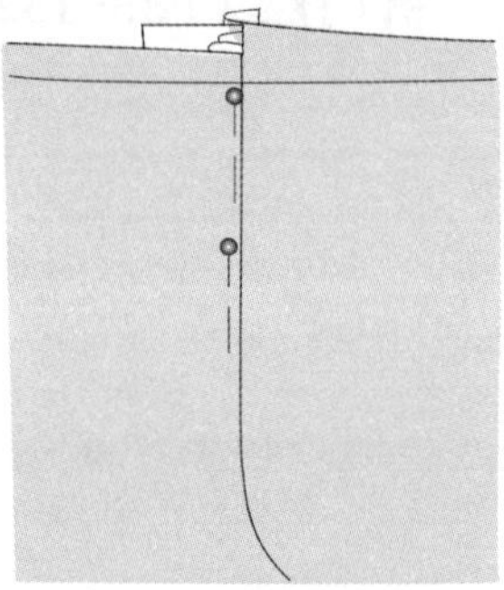

图5-137　固定门襟与里襟

（5）如图5-137所示，闭合拉链和左前裤片的净线重叠，用大头针固定。

（6）如图5-138所示，翻回到反面，推开里襟，将拉链缉缝到右前片门襟贴边上。

（7）如图5-139所示，将门襟贴边与腰里缝合，将腰里正面与裤片腰口正面相对叠合缉缝。

（8）如图5-140所示，整理腰里，推开里襟，3cm宽缉缝固定门襟贴边。

（9）如图5-141所示，钉门襟钩扣。

（10）如图5-142所示，用手针将腰里缲缝到里襟上，然后钉钩扣。

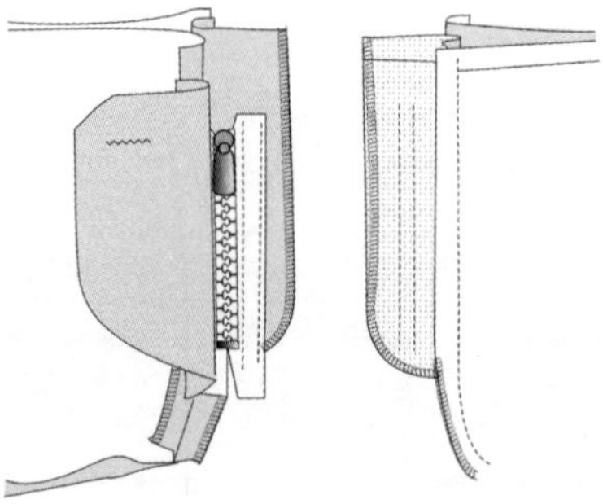

图5-138　拉链与门襟缝合

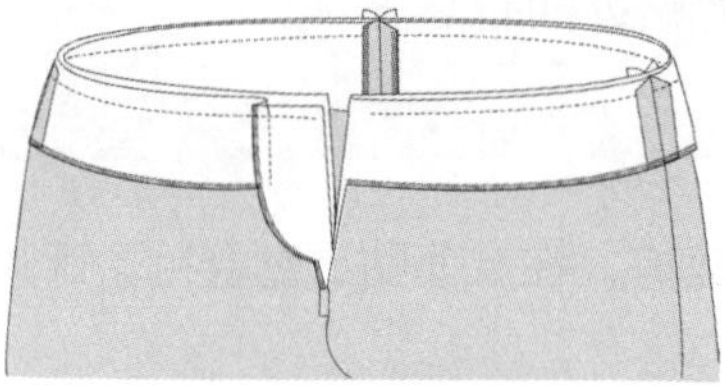

图5-139　绱腰

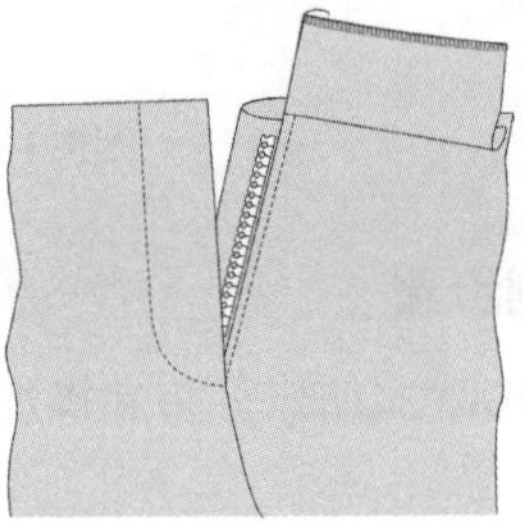

图5-140　整理腰里，缉缝门襟

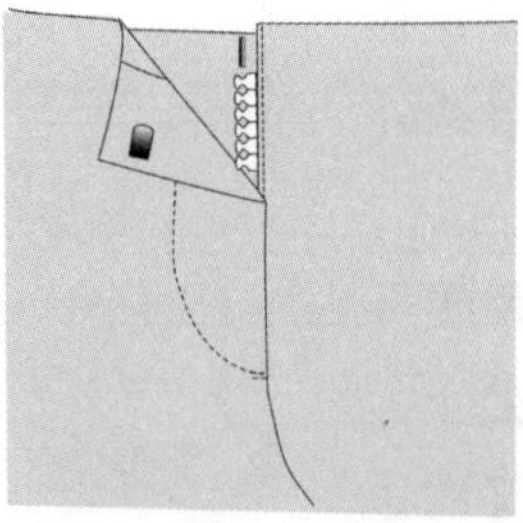

图5-141　钉门襟钩扣

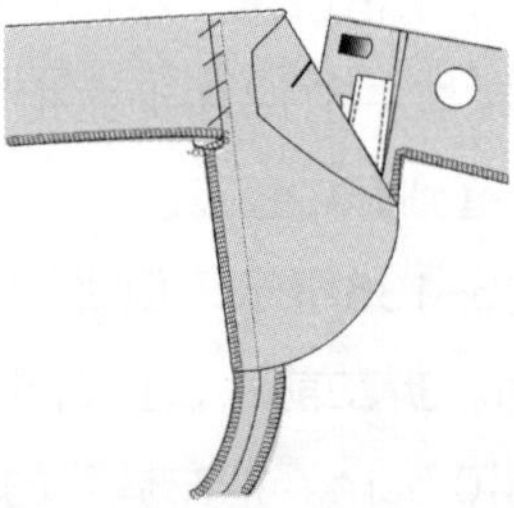

图5-142　腰里与里襟缲缝

六、裙门襟（图5-143）

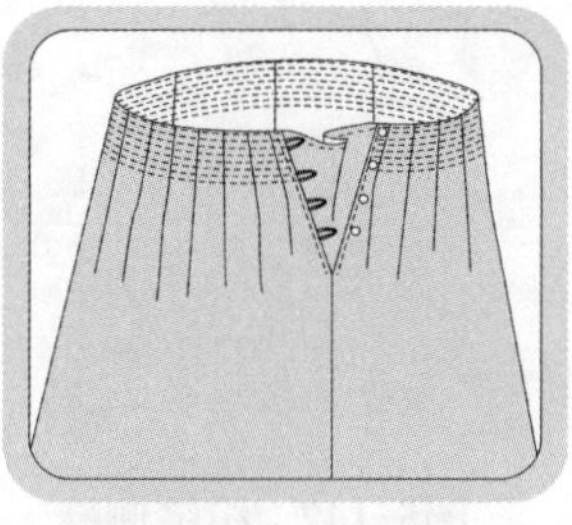

图5-143　裙门襟

（一）缝制准备

如图5-144所示，裁剪挡布，制作钮襻。钮襻的制作方法参见第一章第八节布襻的缝制方法。

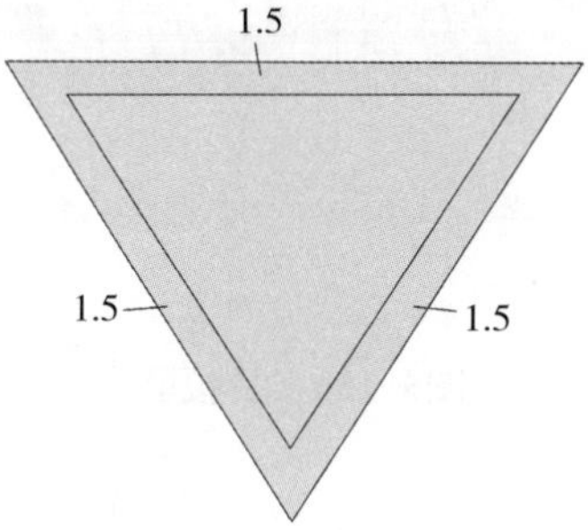

图5-144　裁剪挡布

（二）缝制步骤

（1）如图5-145所示，扣烫挡布上边折边并缉缝。

（2）如图5-146所示，将前后裙片反面缉缝裙褶，并熨烫平整，将钮襻固定在前裙片开口的相应位置。

（3）如图5-147所示，将前后裙片正面相对叠合，缉缝侧缝，缉缝至开口止点。

（4）如图5-148所示，将挡布与后片正面相对，缉缝至开口止点。

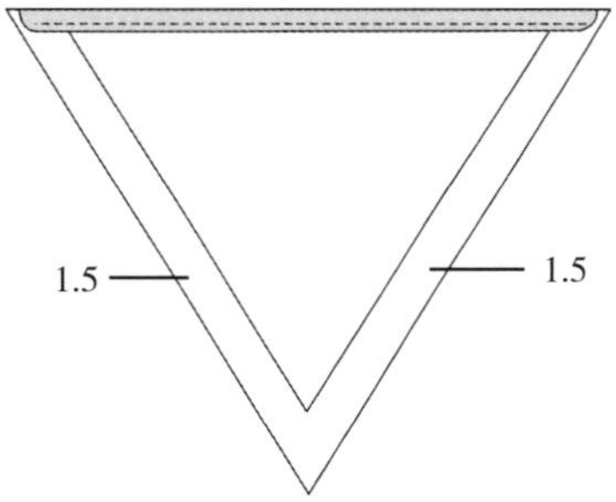

图5-145　缉缝挡布

（5）如图5-149所示，将前片与挡布缉缝到一起。

（6）如图5-150所示，裙里的正面与裙面的正面相对叠合，缉缝腰口线。

（7）如图5-151所示，将挡布和裙侧缝缉缝的缝头倒向裙侧，扣折裙里A’和B’段的缝头，然后用手针将A’和B’段分别缲缝到裙面的A和B段。

（8）如图5-152所示，将裙子翻到正面，开口处缉缝装饰线将里子固定，钉扣。

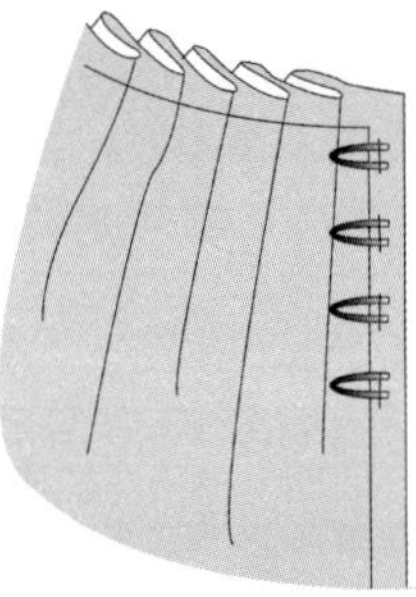

图5-146　缉缝裙褶、固定钮襻

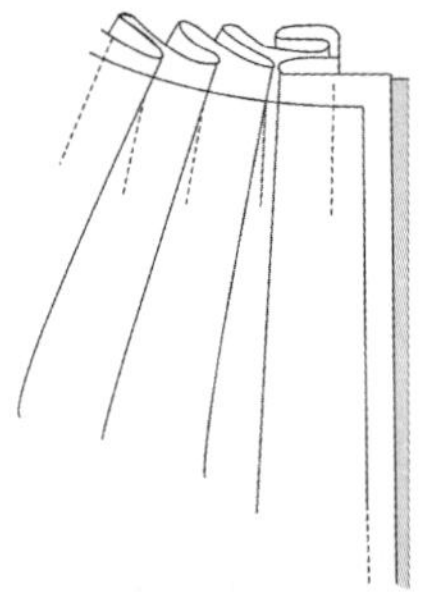

图5-147　缉缝侧缝

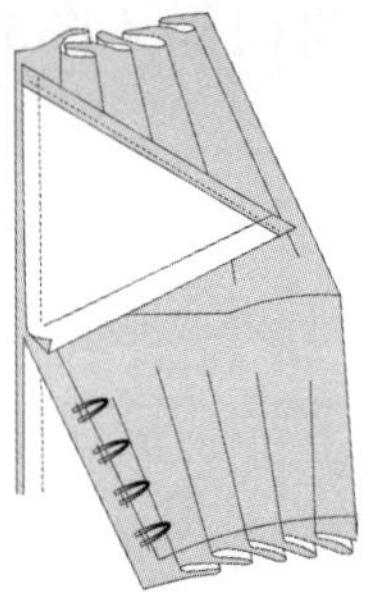

图5-148　挡布与后片缝合

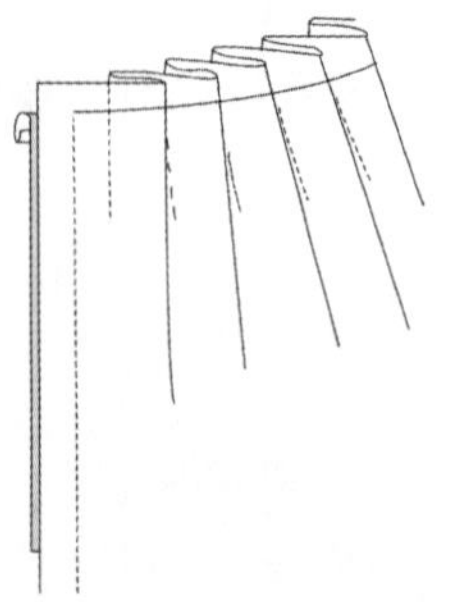

图5-149　挡布与前片缝合

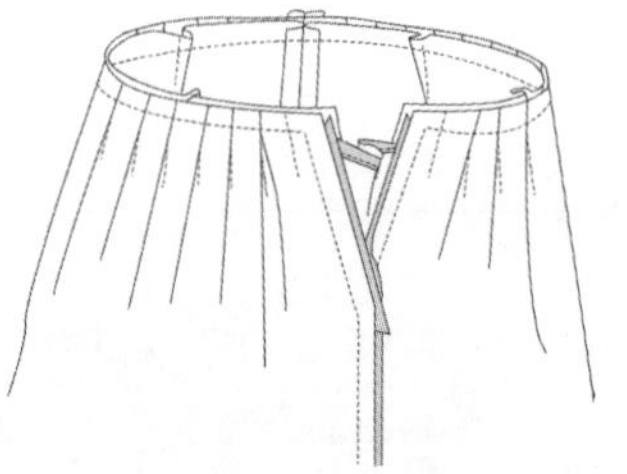

图5-150　装腰里

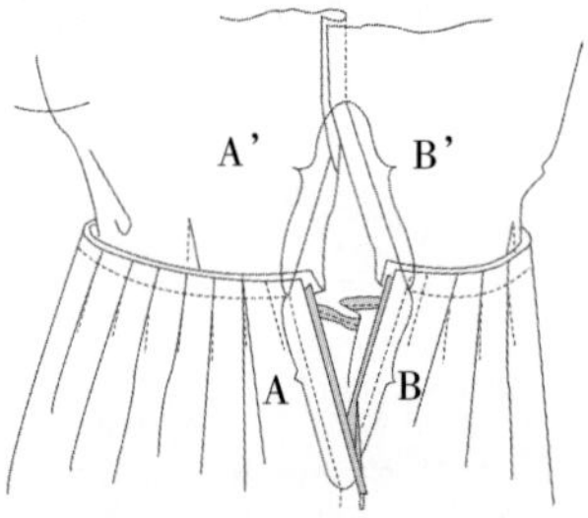

图5-151　扣折缝头

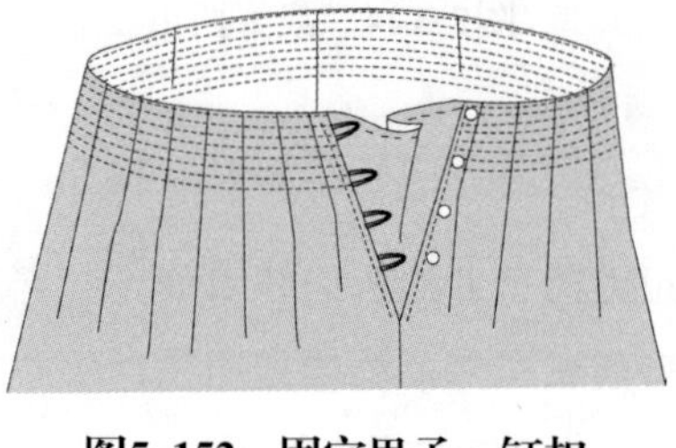

图5-152　固定里子、钉扣

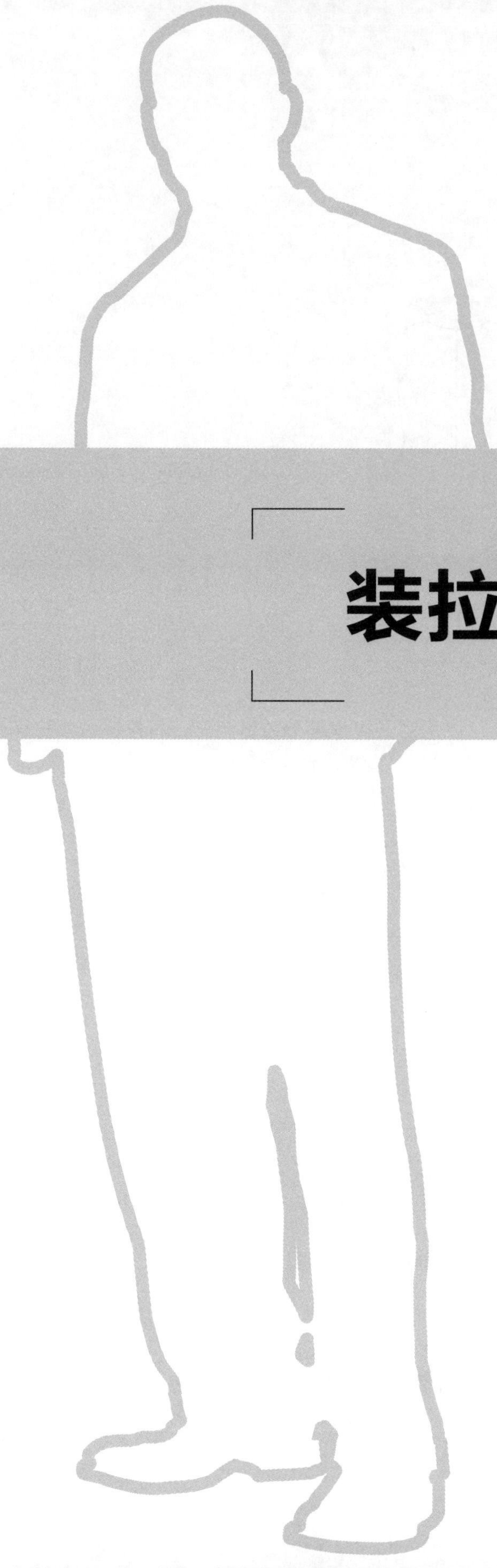

第六章

装拉链与装腰

第一节　装拉链

一、连衣裙后背拉链（图6-1）

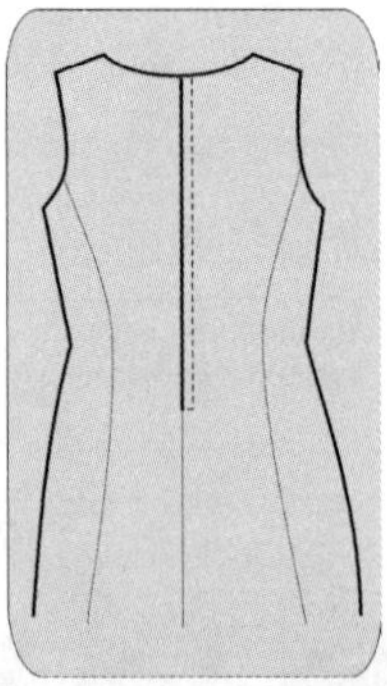

图6-1　连衣裙后背拉链

（一）缝制准备

拉链的长度如图6-2所示，如果太长可以用钳子拔掉部分拉链齿牙，将拉链金属扣移至开口止口处，用钳子固定。

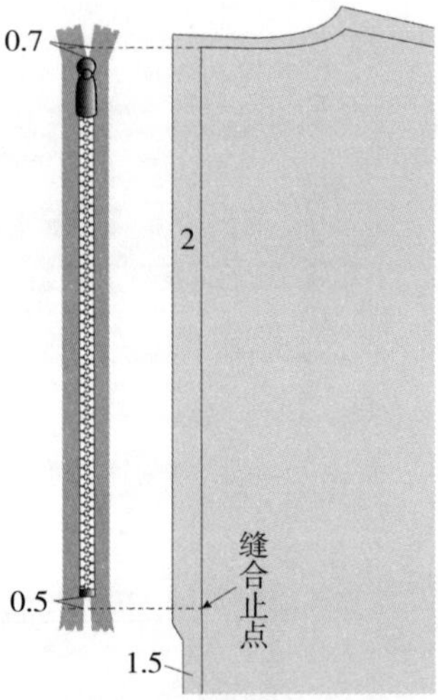

图6-2　确定拉链的长度

（二）缝制步骤

（1）如图6-3所示，将两后裙片正面相对叠合，缉缝后背缝到拉链开口止点并回车，装拉链部分粗缝。

（2）将缝头分开熨烫平整，左后裙片的缝头熨出0.2cm。

（3）如图6-4所示，将拉链置于左后裙片以下，缉缝。

（4）将左后裙片翻转放平整，将缝头与拉链用手针固定。

（5）缉缝明线至装拉链止点。

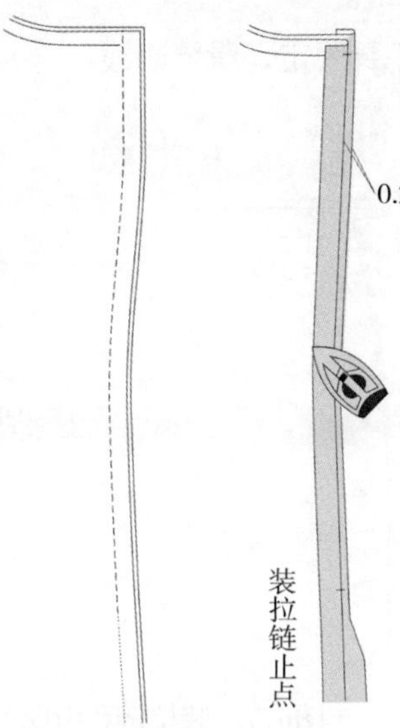

图6-3　缉缝和熨烫后背缝

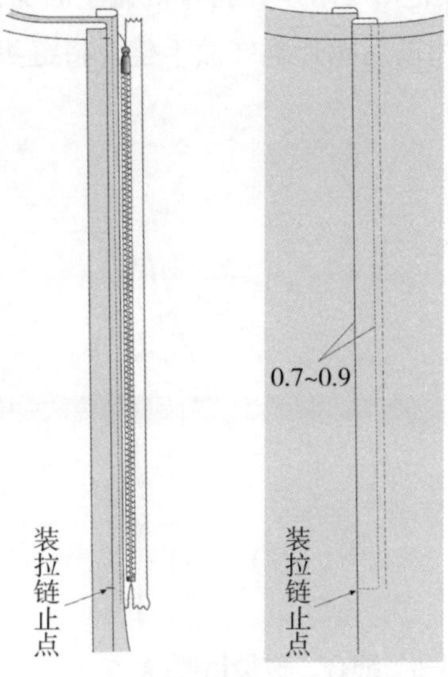

图6-4　装拉链、缉明线

二、裙子侧缝拉链（图6-5）

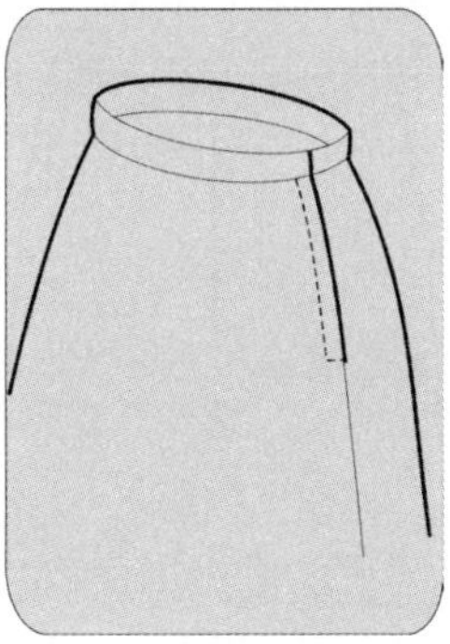

图6-5　裙子侧缝拉链

（一）缝制准备

准备方法与连衣裙后背拉链准备方法相同，不再重述。

（二）缝制步骤

裙子侧缝拉链装法与连衣裙后背拉链缝装法相似。

（1）如图6-6所示，前两裙片正面相对叠合，缉缝侧缝到拉链开口止点，装拉链部分粗缝。

（2）将缝头分开熨烫平整，后裙片的缝头熨出0.2cm。

（3）如图6-7所示，将拉链置于后裙片以下，缉缝。

（4）将前后裙片翻转放平整，将缝头与拉链用手针固定，缉缝明线。

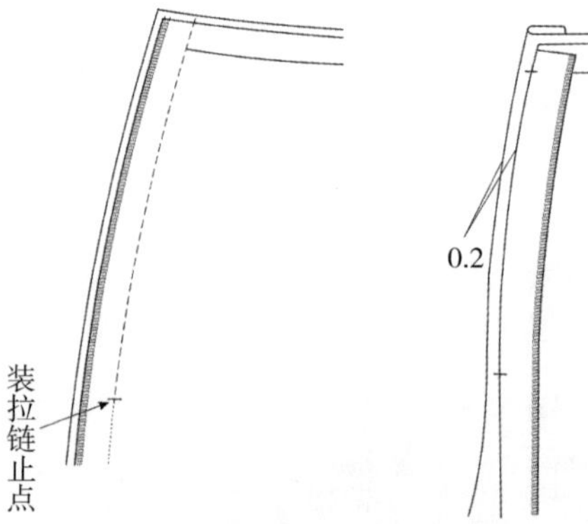

图6-6 缝合、熨烫裙侧缝

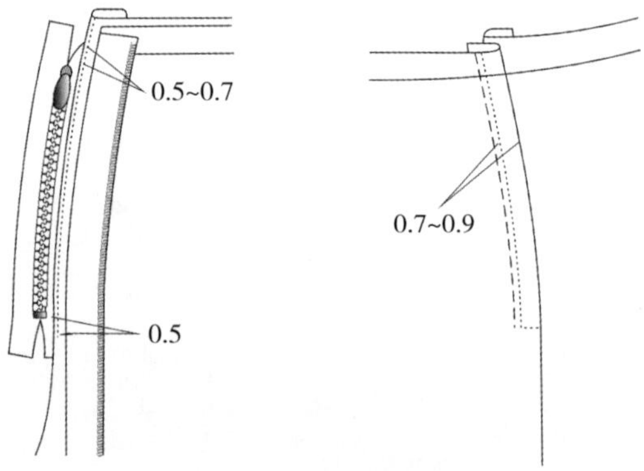

图6-7 装拉链和缉明线

三、裤子前门襟拉链（图6-8）

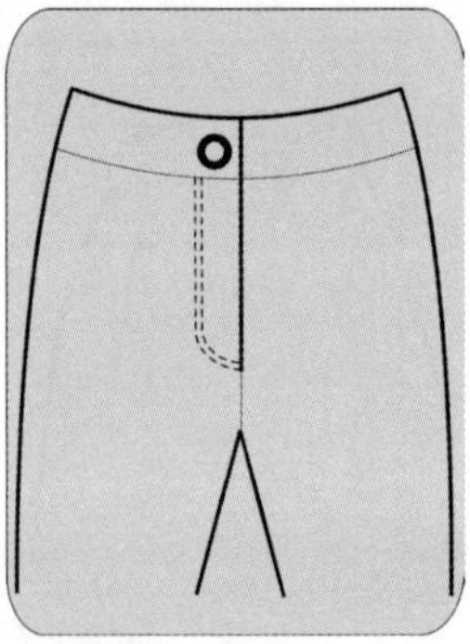

图6-8 裤子前门襟拉链

（一）缝制准备

如图6-9所示，准备一片门襟贴边和两片里襟。

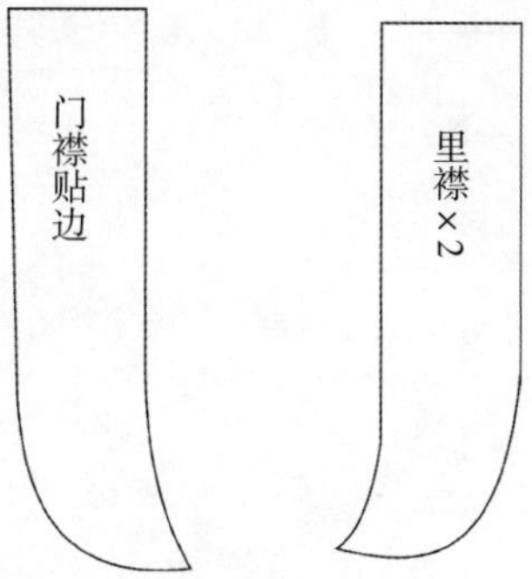

图6-9　门里襟

（二）缝制步骤

（1）如图6-10所示，做前开衩。将两片里襟正面相对，如图车缝，然后翻到正面，用熨斗进行熨烫。为使里襟里不反吐，在熨烫时将里襟里比面退进0.1cm，然后将两片包缝到一起。

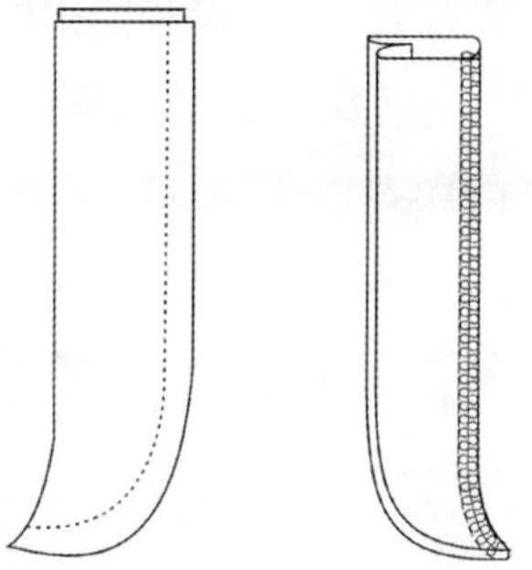

图6-10　缝合门里襟

（2）如图6-11所示，门襟贴边黏上黏合衬后进行包缝，右前片裤片和门襟贴边正面相对，在净缝外侧0.1cm处进行车缝，缝至门襟开口止点，打回车，回车线迹与缝线重合。

（3）如图6-12所示，将门襟贴边翻到正面，为防止门襟贴边反吐，将贴边退进0.1cm，也就是按裤片净边进行熨烫。然后折左前片缝头，在净线向外0.5折进，这样可以避免里襟露出。

（4）如图6-13所示，将左前片的折痕与拉链牙边沿相对，下面放里襟，然后进行压缉缝，缝制门襟开口止点下1cm左右，然后合上拉链，与左前片的净缝重叠，再用大头针固定。

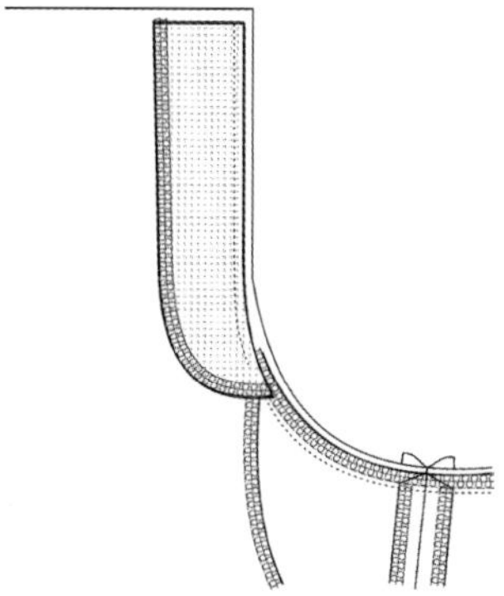

图6-11　缝合与裤片缝合

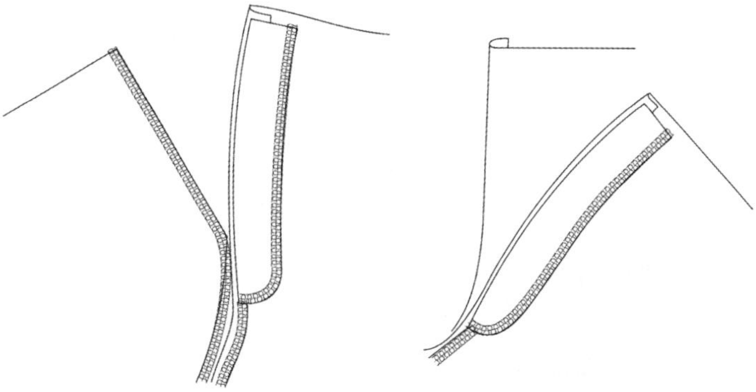

图6-12　熨烫门襟

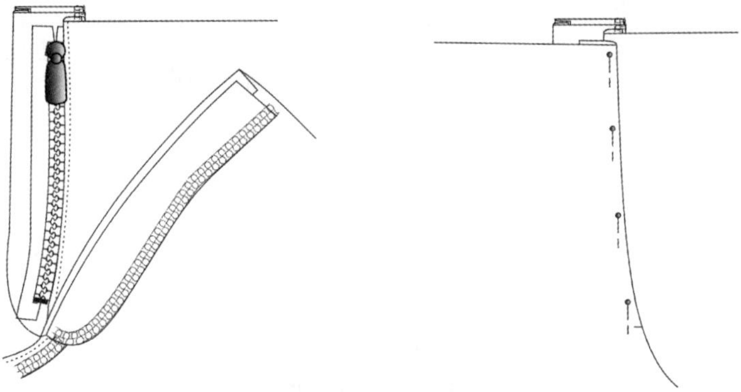

图6-13 拉链与里襟缝合

（5）如图6-14所示，翻回到反面，劈开里襟，拉链基布与门襟贴边缝合，然后推开里襟推开，将门襟和门襟贴边固定，在距离止口3cm处进行缉缝。最后将里襟推回，打套结。

（6）如图6-15所示，将门襟上拉链的基布绕缝到门襟贴边上，注意线迹不要露出门襟。

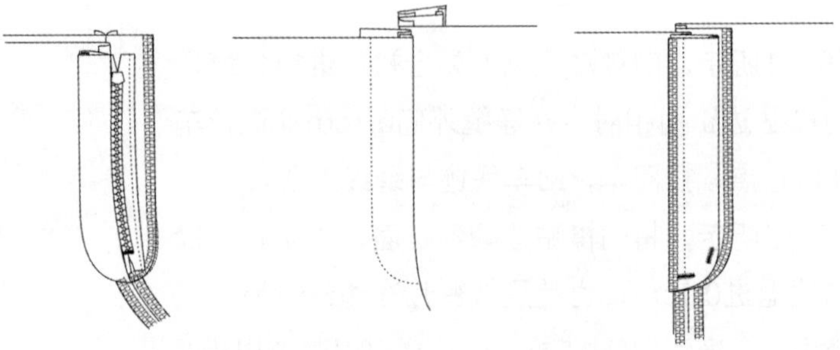

图6-14 拉链与门襟缝合、固定门襟

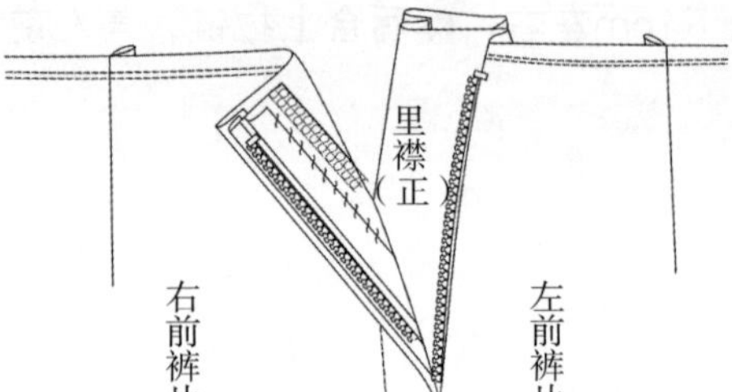

图6-15 拉链与门襟固定

四、隐形拉链

（一）缝制准备

隐形拉链的有效长度比开口长度长至少2cm。

（二）缝制步骤

（1）如图6-16所示，将隐形拉链放在开口部位的背面，拉链齿中心与侧缝净缝线相对。拉链上端与腰口线净线对齐，将缝头与拉链用大头针固定，检查左右对位情况，然后在拉链牙边上粗缝固定。

（2）如图6-17所示，将拉链的拉头拉至最下面。将拉链插进隐形拉链压脚的槽中，一边把拉链牙抬起，一边车缝，缝至开口止点。

（3）如图6-18所示，左右两边缝完后，从反面拉出拉链的拉头，然后闭合拉链，将拉链金属扣移至开口止口处，用钳子固定。

（4）如图6-19所示，拉链基布两侧缲缝或缉缝在裤片的缝头上，下端用三角针固定在缝头上或者用布将下端包住。

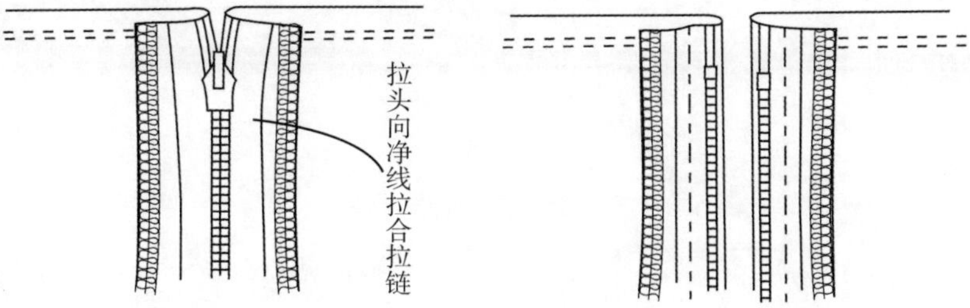

图6-16　拉链与衣片固定

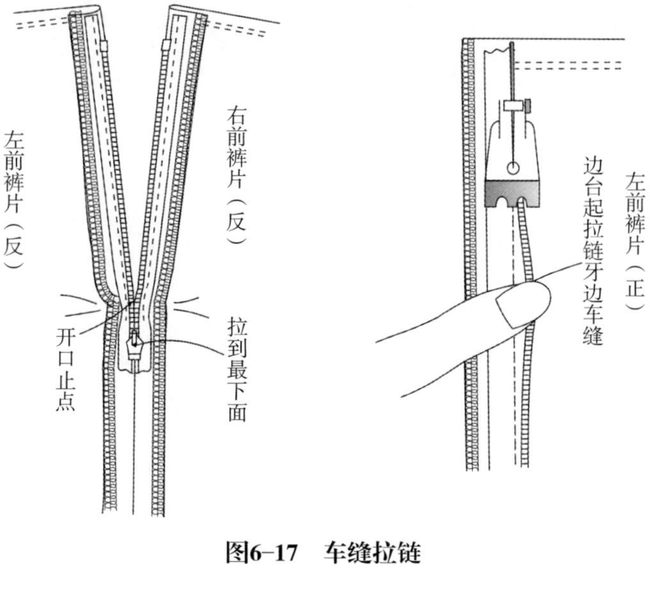

图6-17　车缝拉链

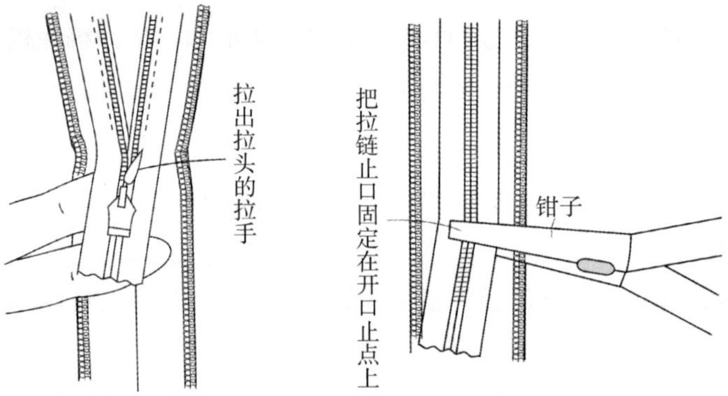

图6-18　修整拉链长度

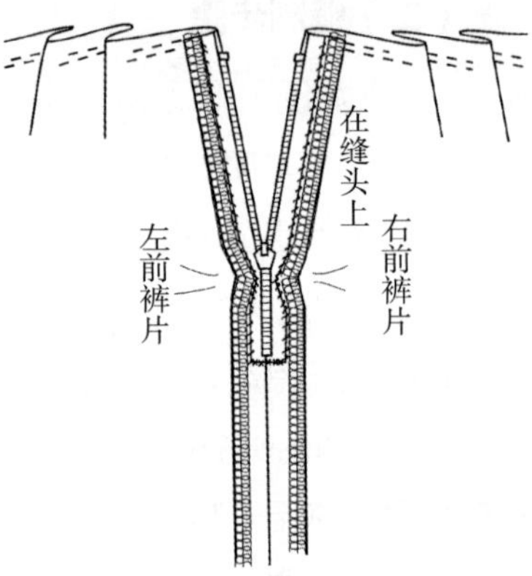

图6-19　固定拉链基布

第二节　装腰

一、松紧带腰一（图6-20）

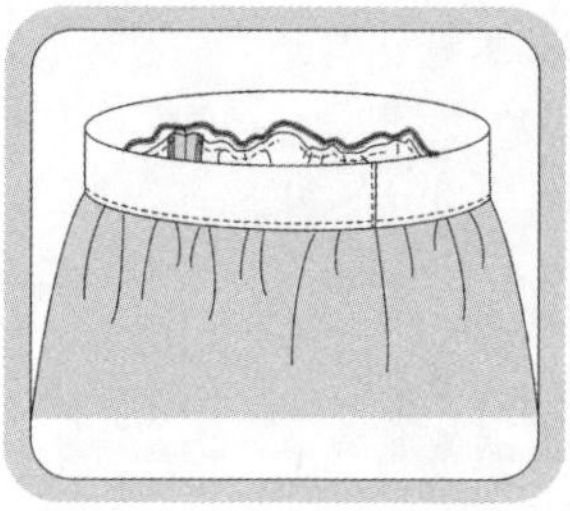

图6-20　松紧带腰一

（一）缝制准备

松紧带的长度根据腰围、臀围及松紧带的拉伸性能裁取，注意松紧带拉开的长度要大于臀围的大小。

（二）缝制步骤

（1）如图6-21所示，将松紧带缝合成环状。

（2）在左、右侧缝和前、后中心做对位记号，再将其间等分做记号。

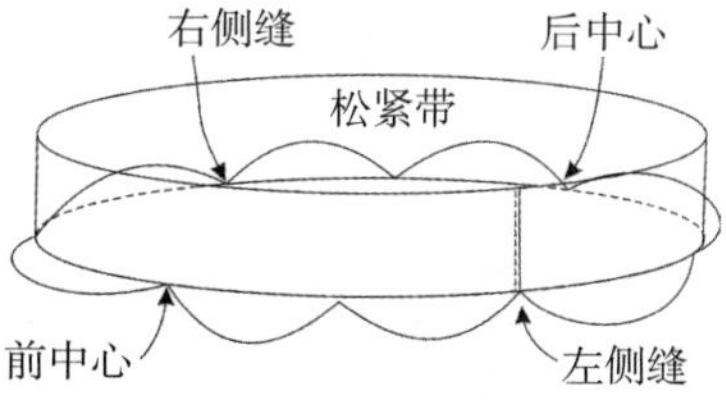

图6-21　对位记号

（3）如图6-22所示，缝合裙侧缝，并分烫。

（4）将腰口缝头进行锁边或者滚包缝。

（5）如图6-23所示，为便于抽线，在距离装腰净线0.2cm分段作细拱针，然后分段抽拉缝线，使其与腰头松紧带对应部位长度相等。

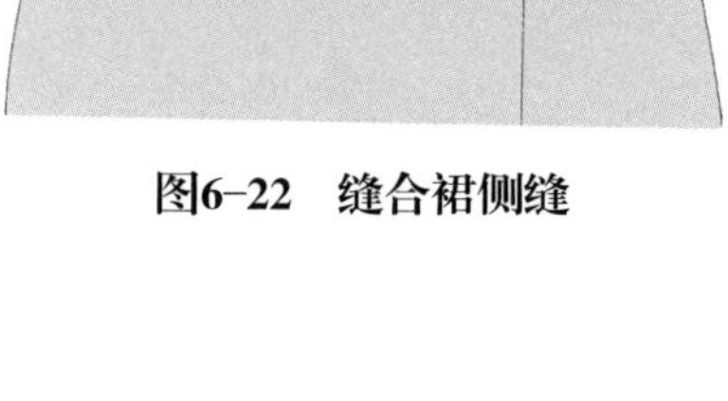

图6-22　缝合裙侧缝

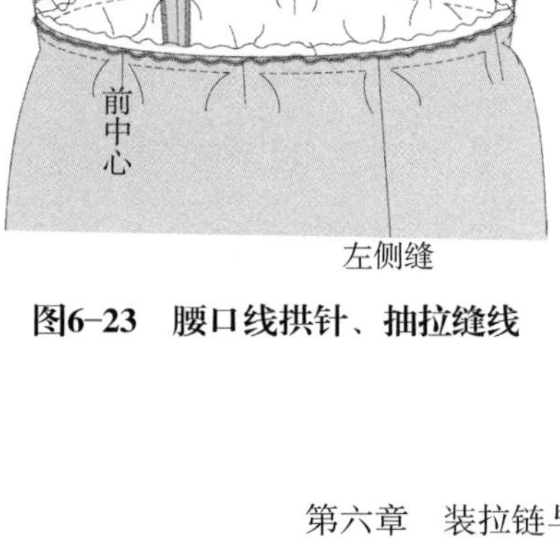

图6-23　腰口线拱针、抽拉缝线

（6）如图6–24所示，将松紧带的反面与裙子腰口正面相对，用大头针按照对位记号将松紧带腰头与腰口线相应位置对齐。

（7）如图6–25所示，将松紧带腰头与腰口线缉缝，注意缉缝时，用手将松紧带拉开，最好选用链式线迹缝纫机进行缉缝。

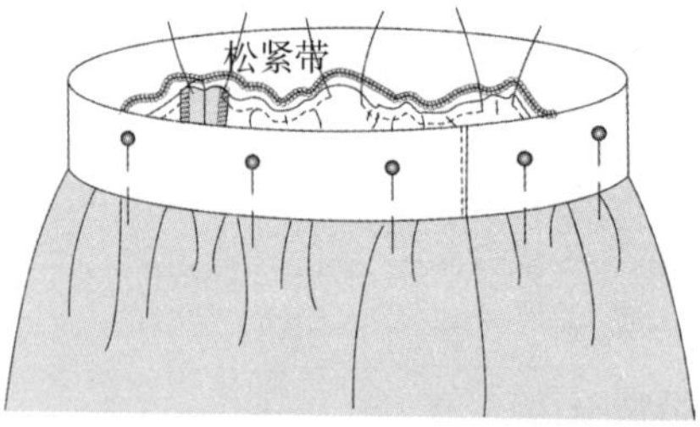

图6–24　松紧带与裙子腰口固定

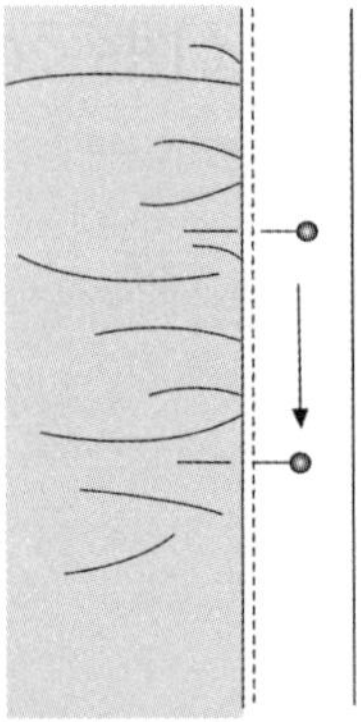

图6–25　松紧带腰头与腰口线缉缝

（三）缝制要求

缉线顺直，抽褶均匀。

二、松紧带腰二（图6–26）

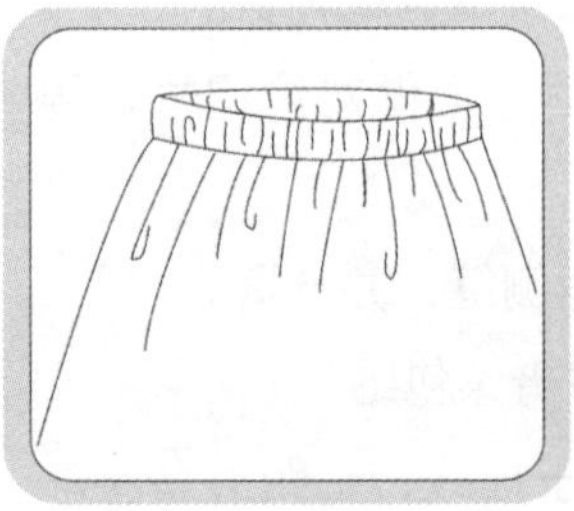

图6–26　松紧带腰二

（一）缝制准备

如图6–27所示，松紧带的长度根据腰围、臀围及松紧带的拉伸性能裁取，注意松紧带拉开的长度要使腰部舒适。腰的长度是裙片腰口长度加底襟3cm和缝头，宽度根据事先设定的宽度，注意腰的宽度要宽于松紧带的宽度，双折连裁。

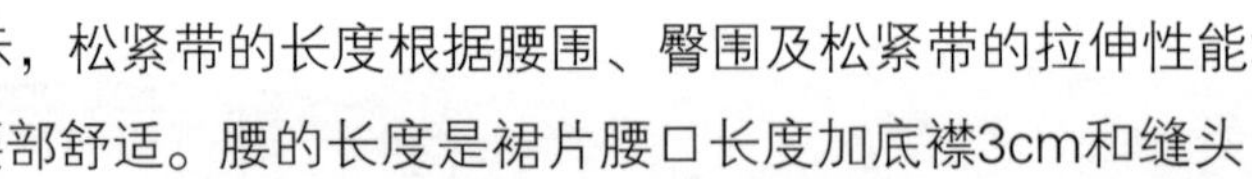

图6–27　裁剪裙腰

（二）缝制步骤

（1）如图6-28所示，将腰头两端缝合后，在前、后中心和左、右侧缝做对位记号。

（2）如图6-29所示，在松紧带的一头缉缝3cm的基布，再用手针将牵带缝到基布上，然后将松紧带与腰头固定。

（3）如图6-30所示，将腰头的腰面与裙子的正面相对叠合，缉缝。

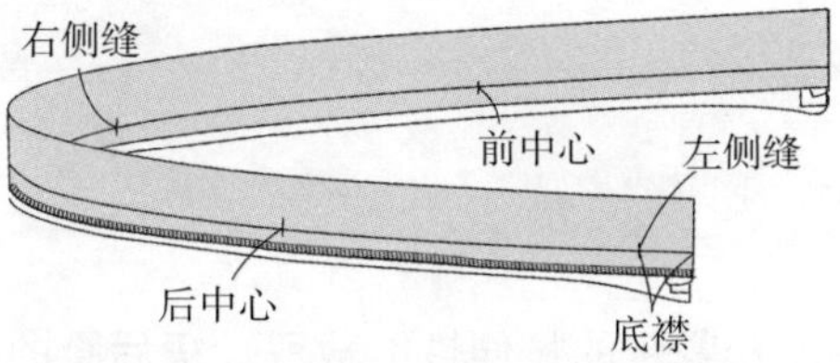

图6-28　缝合腰头两端并作对位记号

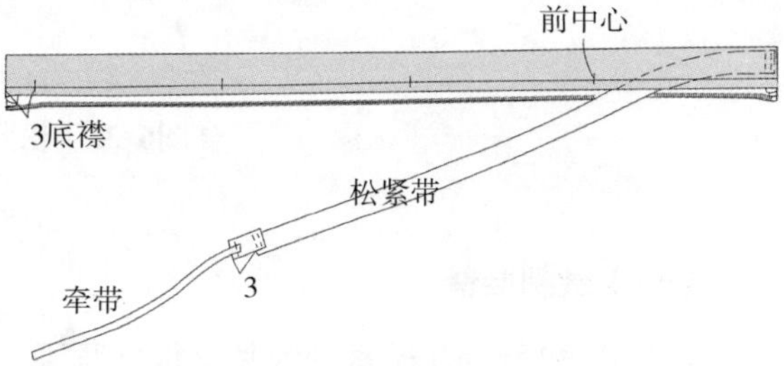

图6-29　松紧带与腰头固定

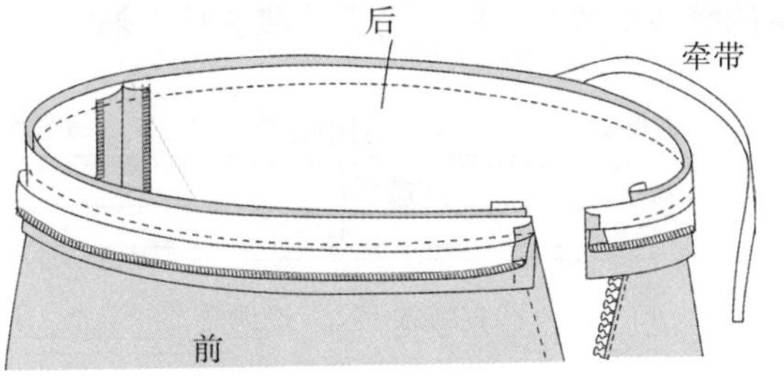

图6-30　缝合腰面与裙子

（4）如图6-31所示，将腰里翻转到反面，缉缝固定腰里。

（5）抽拉牵带，直至基布被拉出，拆掉牵带。

（6）如图6-32所示，将基布放回到腰面与腰里间，将基布与腰的底襟固定，将腰里的缝头折转，缉缝底襟部分。

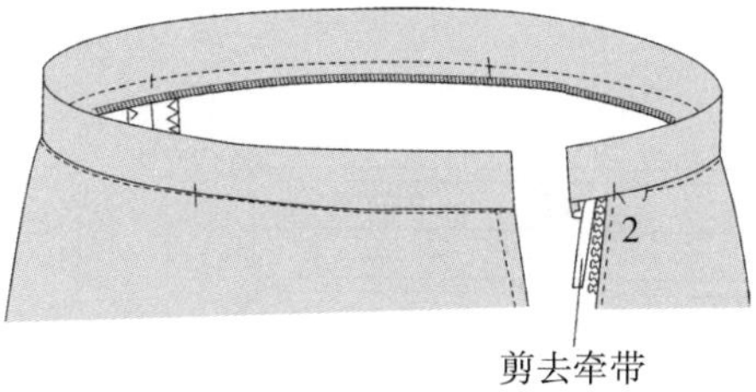

图6-31　固定腰里

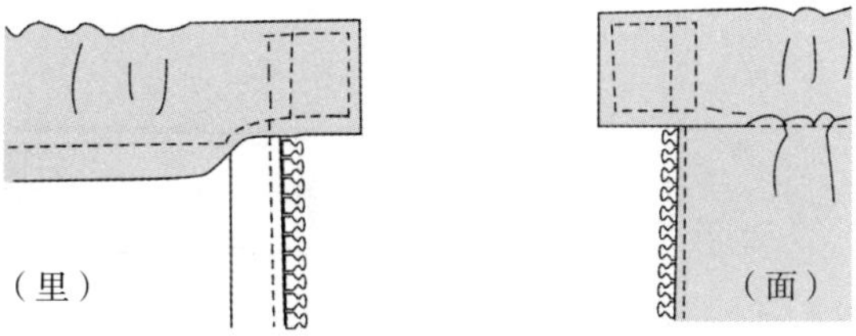

图6-32　固定基布、缉缝底襟

三、松紧带腰三（图6–33）

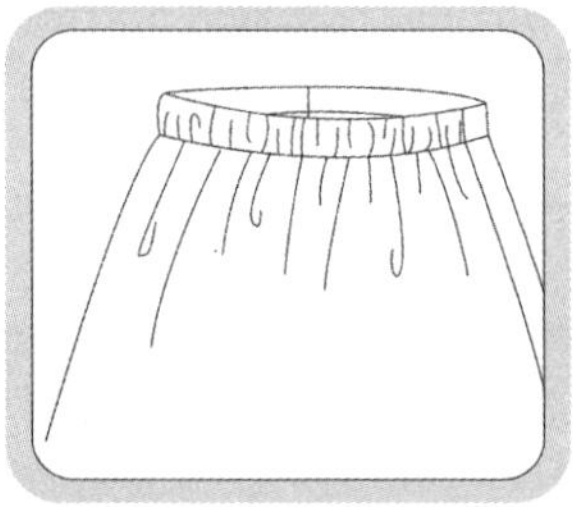

图6–33　松紧带腰三

（一）缝制准备

如图6–34所示，松紧带的长度根据腰围、臀围及松紧带的拉伸性能裁取。裙后腰的长度与裙片后腰口长度相等，宽度根据事先设定的宽度，注意腰的宽度要宽于松紧带的宽度，双折连裁。裙左前腰的长度与裙片左前腰口长度相等，右前腰的长度与裙片右前腰口长度加底襟3cm。腰头的缝头加放1cm后，将前片腰头贴上黏合衬。

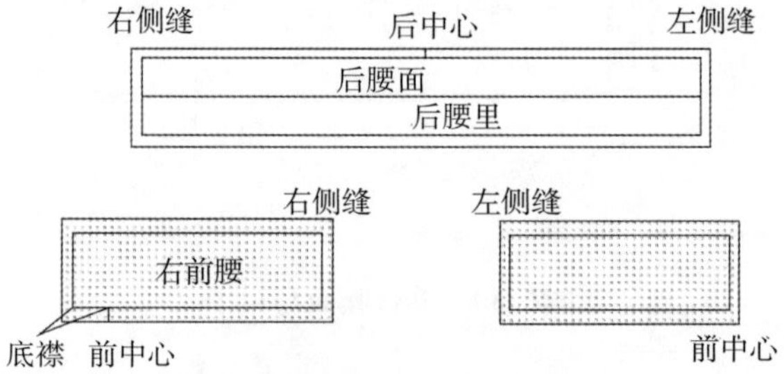

图6–34　裁剪腰头并贴黏合衬

（二）缝制步骤

（1）如图6–35所示，将前腰与后腰接缝到一起，在腰里接缝处留口（穿松紧带）。

（2）如图6–36所示，将腰头两端缉缝，翻转。

（3）如图6–37所示，将腰的正面与裤的腰口正面相对叠合，将裙腰缉缝到裤片上。

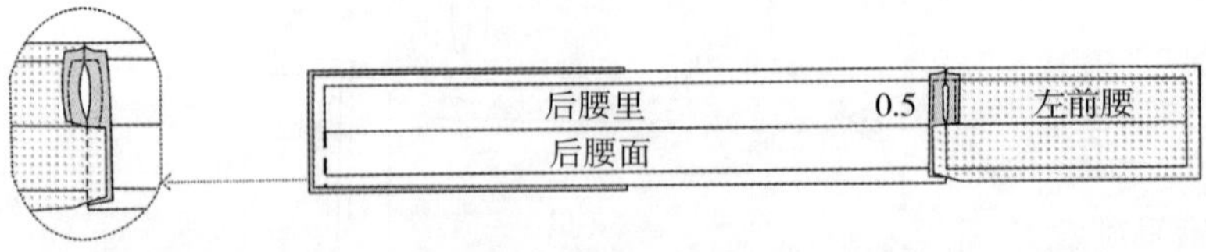

图6–35　缝合前后腰

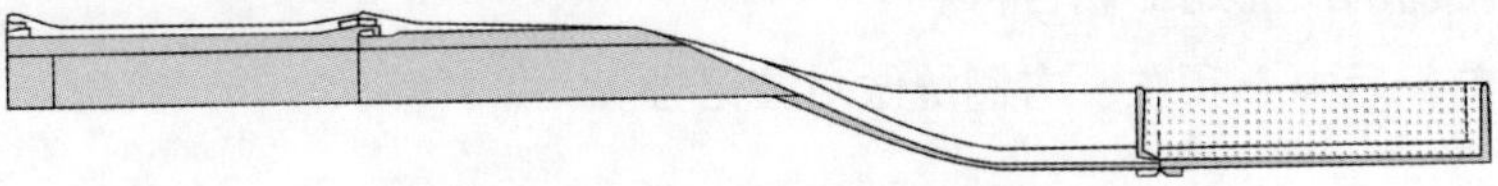

图6-36　缉缝腰头两端并翻转

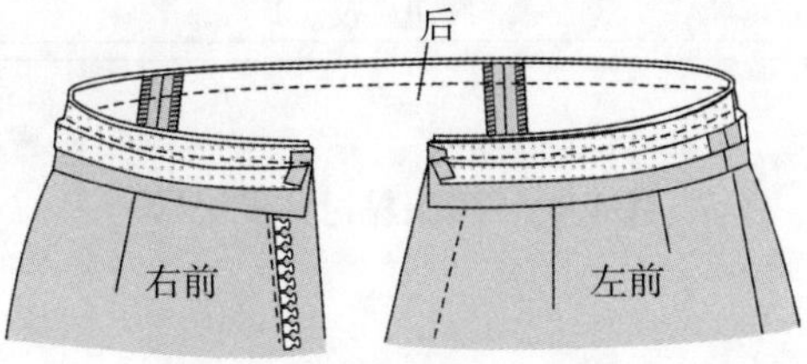

图6-37　缝合腰面与腰口

（4）如图6-38所示，将腰里翻转到背面，固定腰里，缉明线。

（5）将松紧带从右侧留口部位穿进，穿到左侧，将其拉出，用大头针固定。

（6）如图6-39所示，将右侧也用大头针固定。最后，将松紧带固定缉缝。

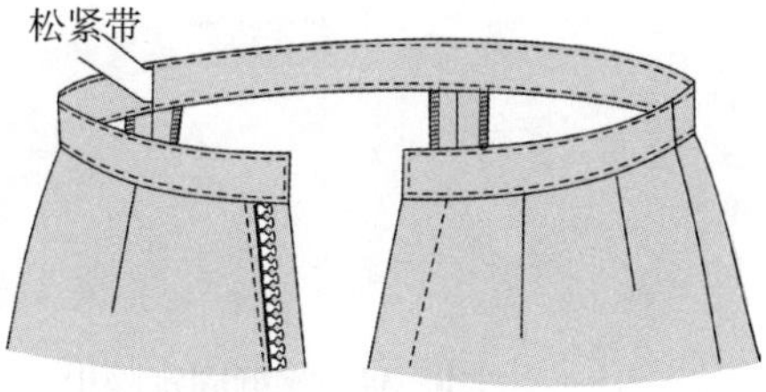

图6-38　固定腰里

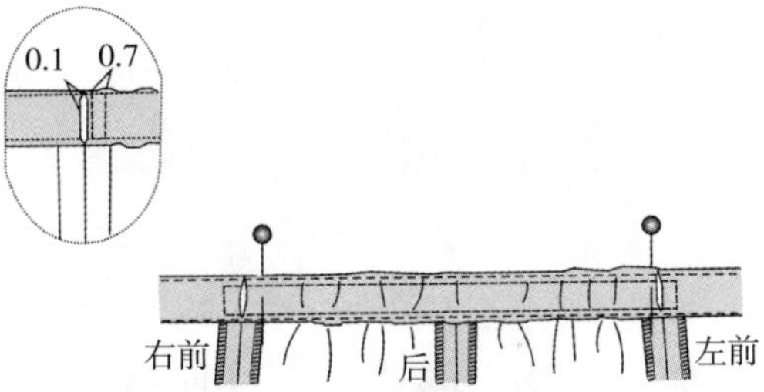

图6-39　固定松紧带

四、裙腰一（图6-40）

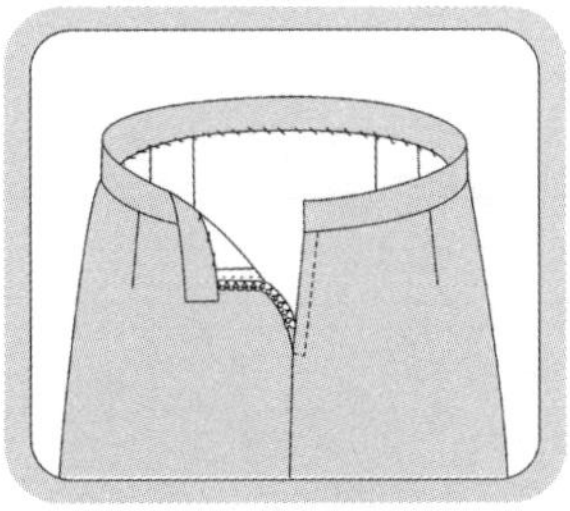

图6-40　裙腰一

（一）缝制准备

（1）如图6-41所示，裁剪腰头，四周分别加放1cm缝头。

（2）在腰面的反面贴上黏合衬。

（3）在前、后中心和左、右侧缝做对位记号。

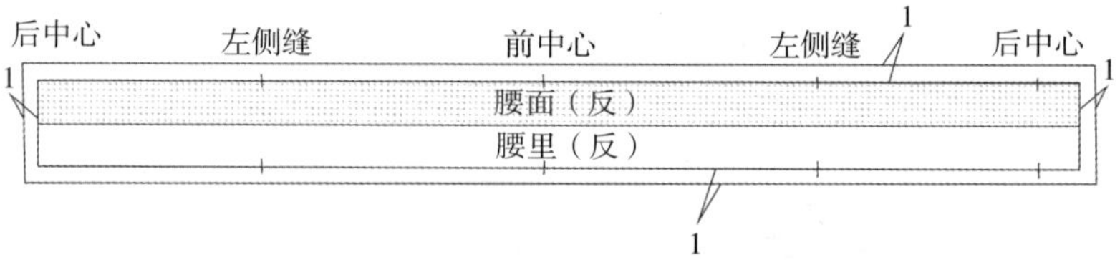

图6-41　腰头黏衬并做记号

（二）缝制步骤

缝法一

（1）如图6-42所示，将腰面的正面与裙面正面相对，缉缝。

（2）如图6-43所示，缝合腰头的两端。

（3）如图6-44所示，将腰头翻到正面，用手针将腰里的缝头缲缝固定。

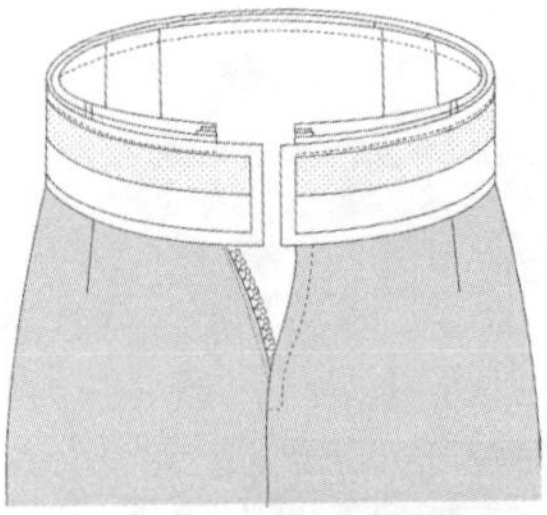

图6-42　缝合腰面与腰口

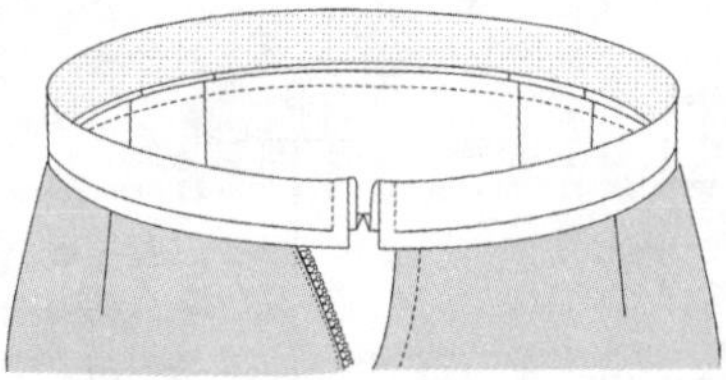

图6-43　缝合腰头的两端

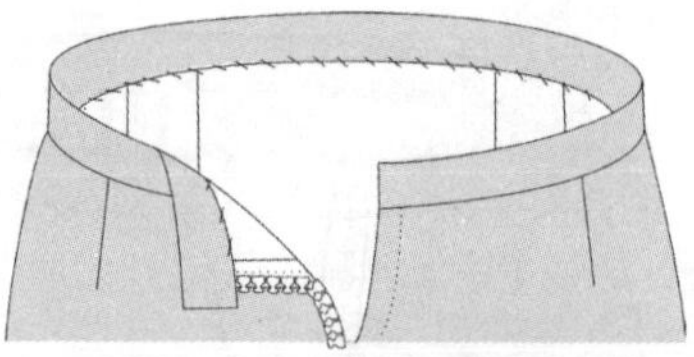

图6-44　缲缝固定腰里

缝法二、三

另外两种缝法，一种是漏落缝，腰里缝头为0.7~1cm。另一种是压明线，腰里缝头为0.3~0.5cm。如图6-45所示。

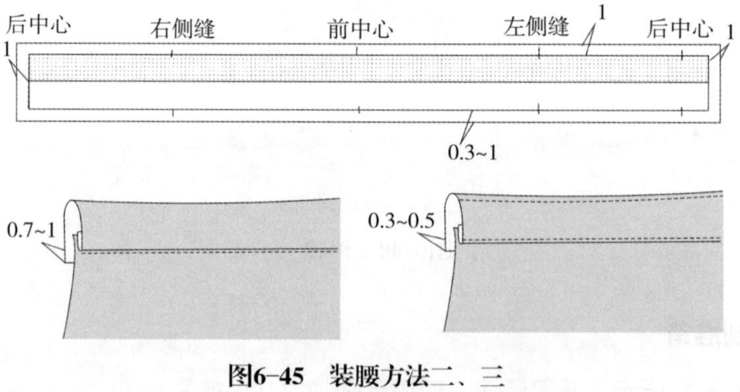

图6-45　装腰方法二、三

五、裙腰二（图6-46）

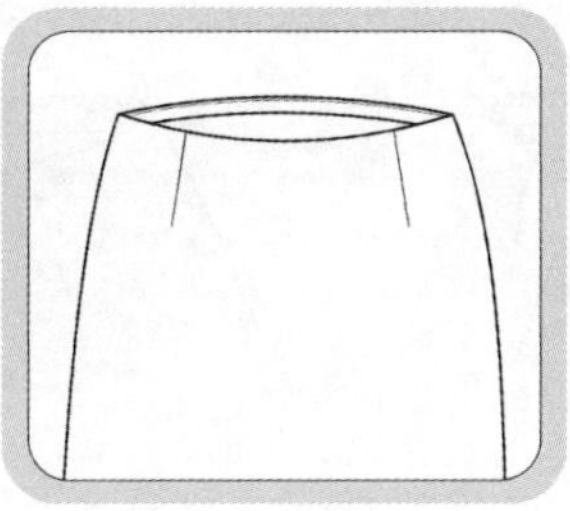

图6-46　裙腰二

（一）缝制准备

如图6-47所示，裁长为裙腰长、宽为5cm的直条。如果加底襟，腰长需要把底襟宽3cm加上。

图6-47　裁剪腰头

（二）缝制步骤

（1）如图6-48所示，将腰头正面相对对折，缝合腰头的两端。

（2）如图6-49所示，翻转到正面，熨烫平整。

（3）如图6-50所示，将腰面与裙身正面相对缉缝。

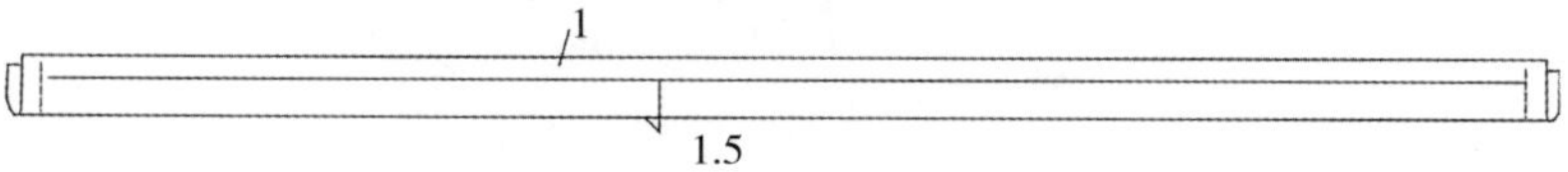

图6-48　扣烫腰头并缝合两端

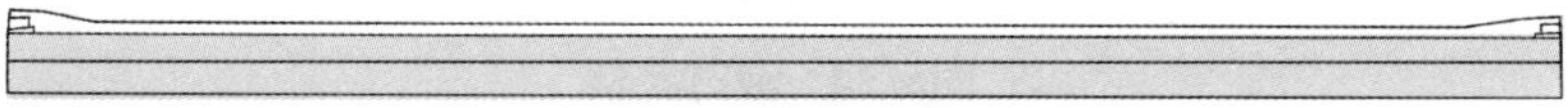

图6-49　熨烫腰头

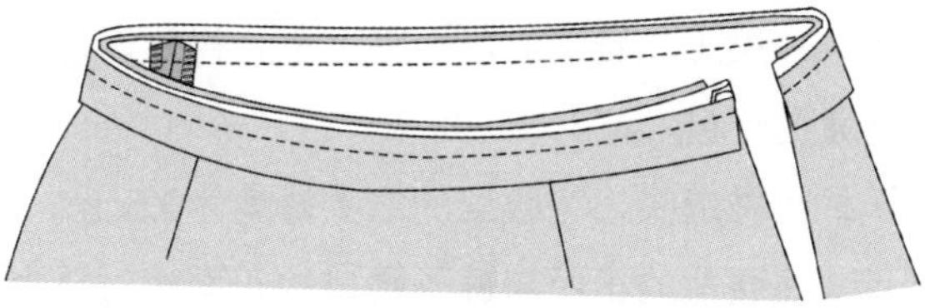

图6-50　绱腰头

（4）如图6-51所示，修剪缝头，然后将三个缝头包缝到一起。

（5）如图6-52所示，翻转腰里，将腰里固定在侧缝上，然后钉钩扣。

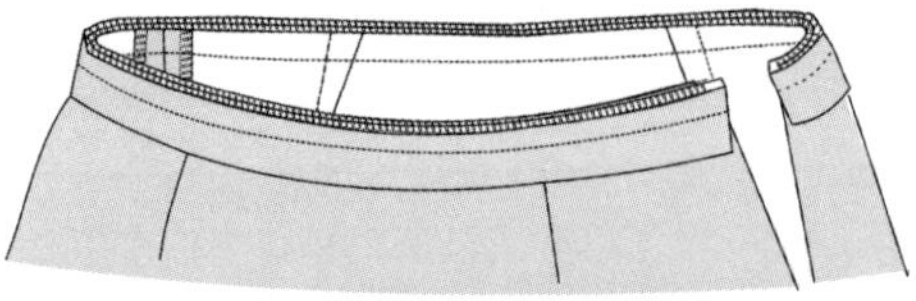

图6-51　包缝缝头

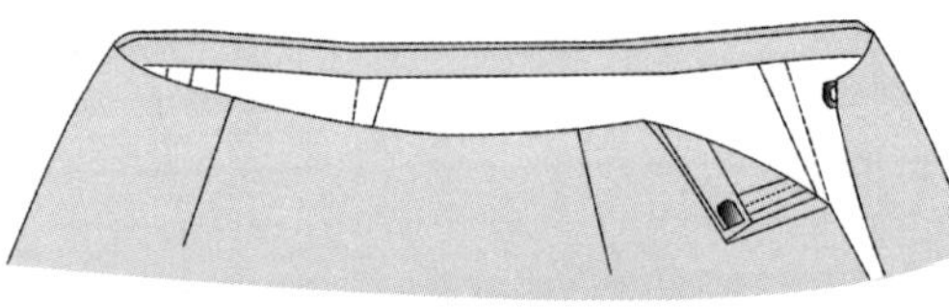

图6-52　固定腰里

六、裤腰一（图6-53）

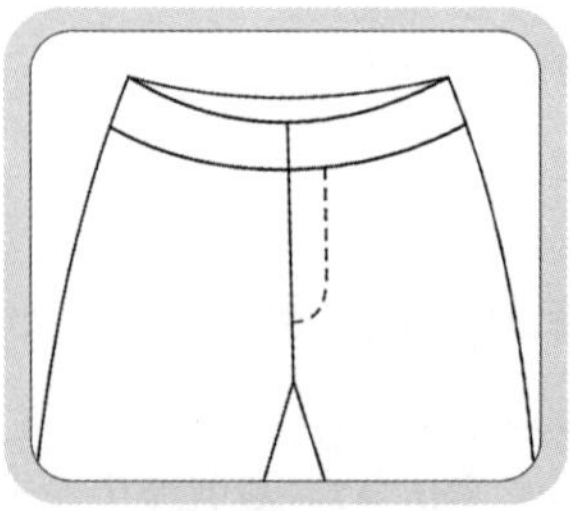

图6-53　裤腰一

（一）缝制准备

如图6-54所示，裁剪裤腰，后片与前片在侧缝处可以不分开，左右分别裁剪，右腰加上底襟的宽度3cm。四周各加缝头1cm。

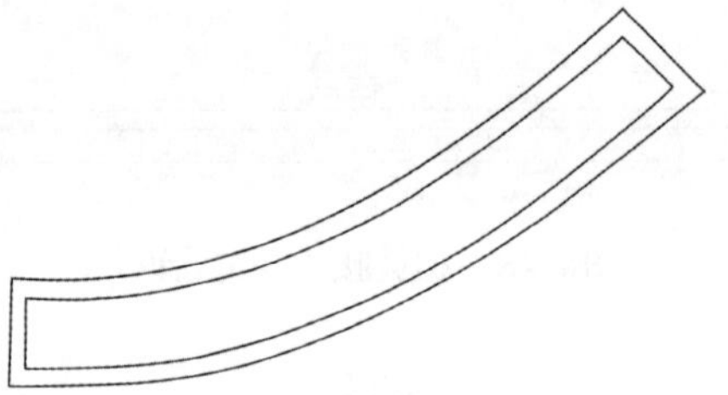

图6-54　裁剪裤腰

（二）缝制步骤

（1）如图6-55所示，在腰里和腰面的反面贴上黏合衬后，包缝腰里底边沿。

（2）将腰里腰面缉缝到一起。

（3）如图6-56所示，分烫缝头，将腰里的缝头修剪为0.5cm，将其翻转到正面。

（4）如图6-57所示，将腰面的正面与裤子腰口的正面相对叠合缉缝。

（5）如图6-58所示，将腰里翻转，漏落缝将腰里固定。

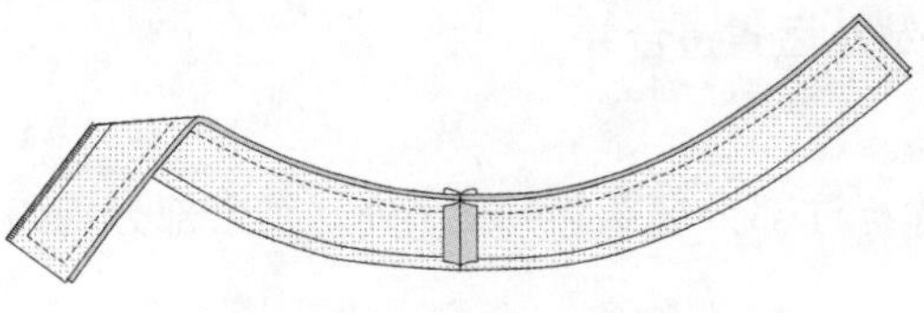

图6-55　缝合腰里腰面

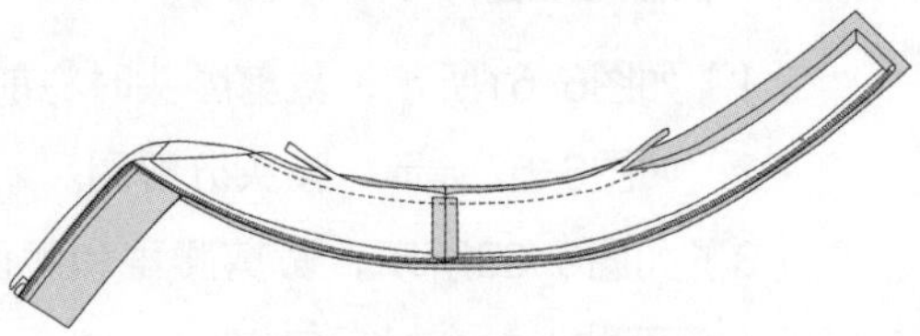

图6-56　分烫并修剪缝头

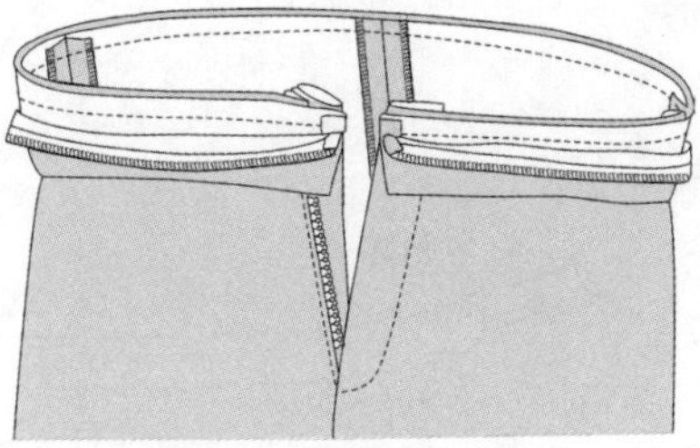

图6-57　缝合腰面与腰口

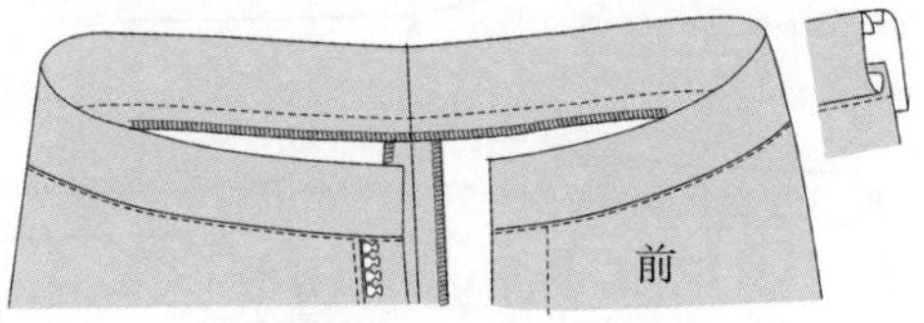

图6-58　固定腰里

七、裤腰二（图6-59）

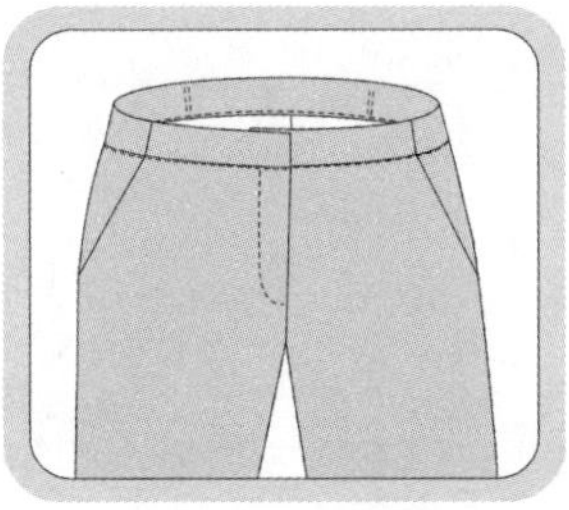

图6-59　裤腰二

如图6-60所示，腰部结构分解图。

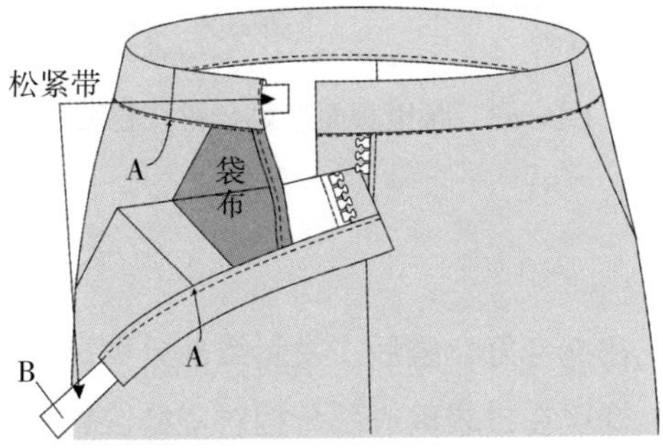

图6-60　腰部结构分解

（一）缝制准备

（1）如图6-61所示，裁剪腰头时将前后侧缝及后省道合并。

（2）如图6-62所示，腰头分解图。

（3）如图6-63所示，裁剪腰里和腰面，除标注部分缝头为1.5cm外，其余部分均为1cm。在反面贴上黏合衬后包缝。

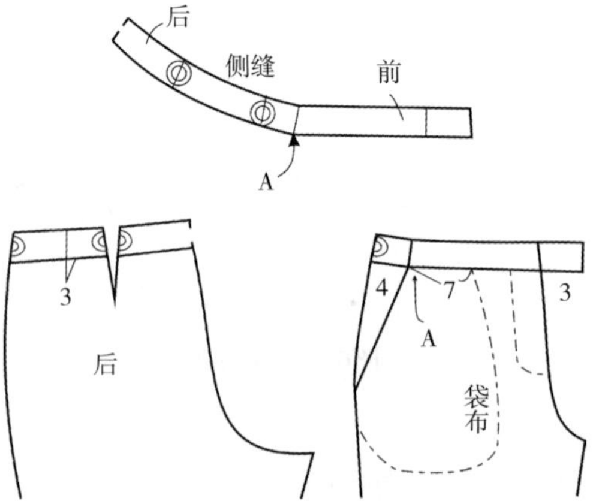

图6-61　裁剪腰头方法

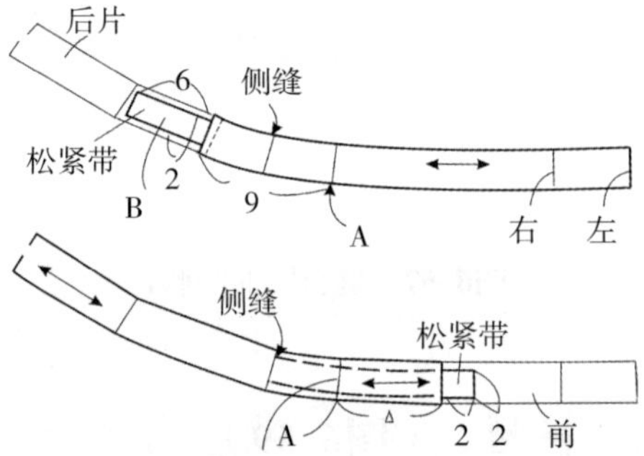

图6-62　腰头分解

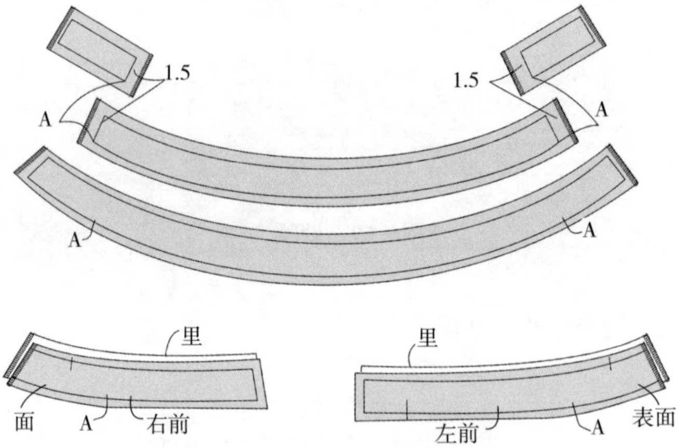

图6-63　腰里腰面贴黏合衬并包缝

（二）缝制步骤

（1）如图6-64所示，在缝合好口袋后，将斜线部分剪掉。

（2）如图6-65所示，裤里在口袋剪去部分相对应的位置也剪开5~6cm。

（3）如图6-66所示，将裤里布与口袋布及裤面对齐。

（4）如图6–67所示，将腰里和口袋剪开的部分对齐，用滚条将其滚包缝到一起。

（5）如图6–68所示，将右前腰面与里缉缝在一起。

（6）如图6–69所示，翻转右前腰，将松紧带夹于腰面与腰里间固定。

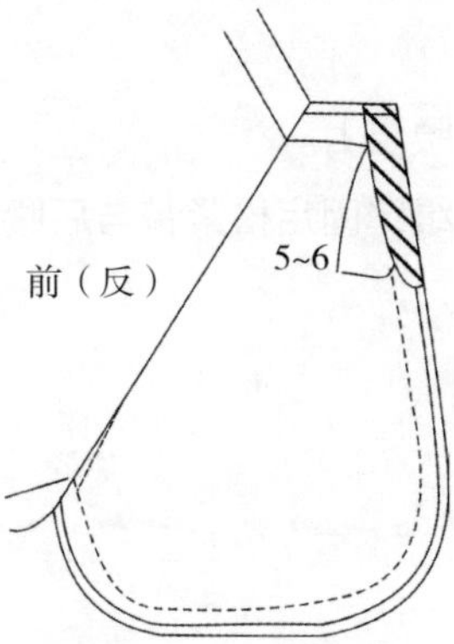

图6–64　修剪袋布

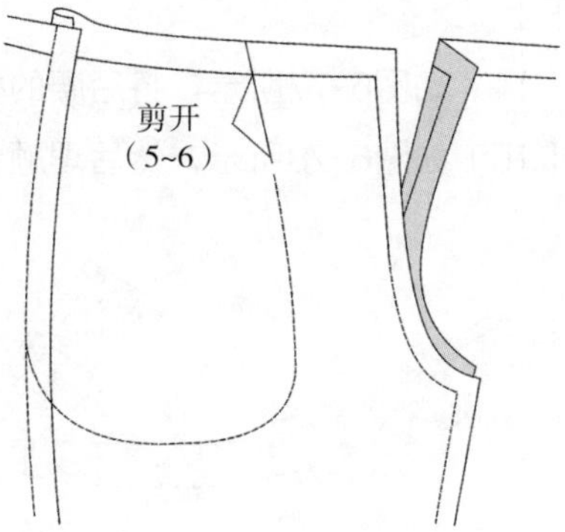

图6–65　剪开裤里

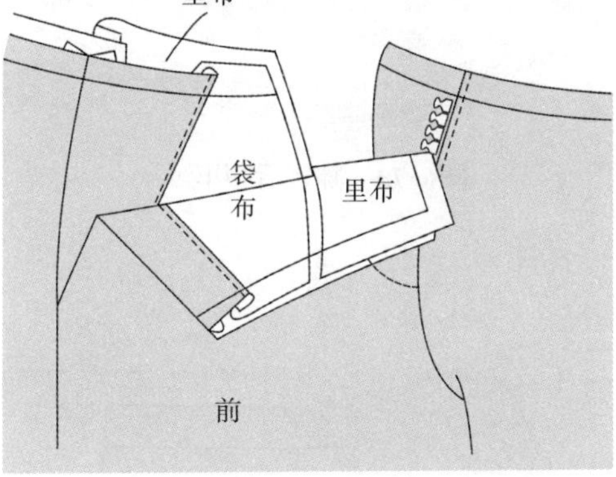

图6–66　对齐裤里布与口袋布及裤面

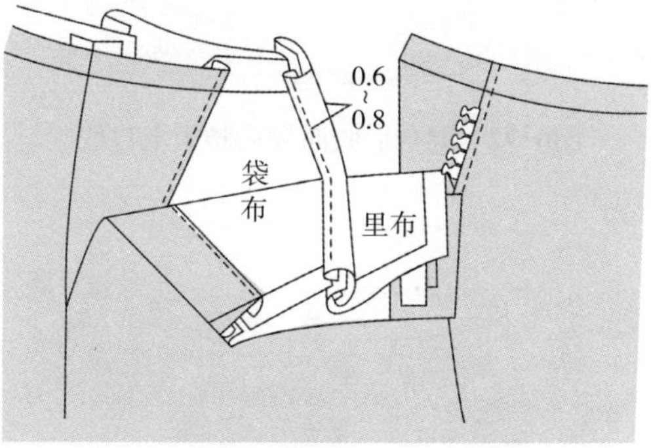

图6–67　滚包缝腰里和口袋被剪开部位

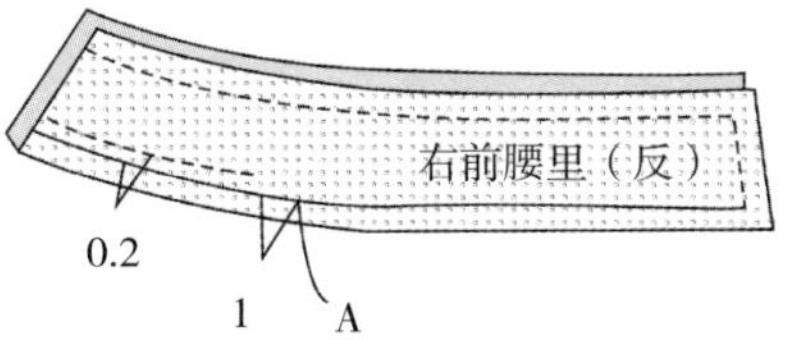

图6–68　缉缝右前腰面与里

图6–69　固定松紧带

（7）如图6–70所示，做后腰面，注意留空，两端缝头折进缉缝0.5cm。

（8）如图6–71所示，将松紧带在侧缝的位置固定在后腰里的反面。

（9）如图6–72所示，缝合后腰面和后腰里上口线。

（10）如图6-73所示，将后腰里翻转到正面，如果不平整可以在缝头上打剪口。

（11）如图6-74所示，将前腰绱到裤子腰口处，后腰腰面与裤子缉缝到一起。

（12）如图6-75所示，将前腰和后腰的A点对齐。

（13）如图6-76所示，将松紧带B连同前侧腰穿过后腰留下的口，将松紧带B固定到后腰里上。

（14）如图6-77所示，将后腰的松紧带用手针缝到前腰里上。

（15）如图6-78所示，然后理顺整个腰头，将后腰里缉缝固定松紧带与后腰里。

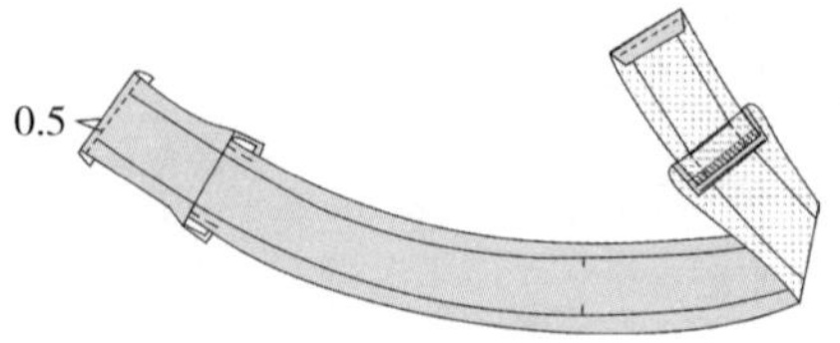

图6-70　缉缝腰头两端

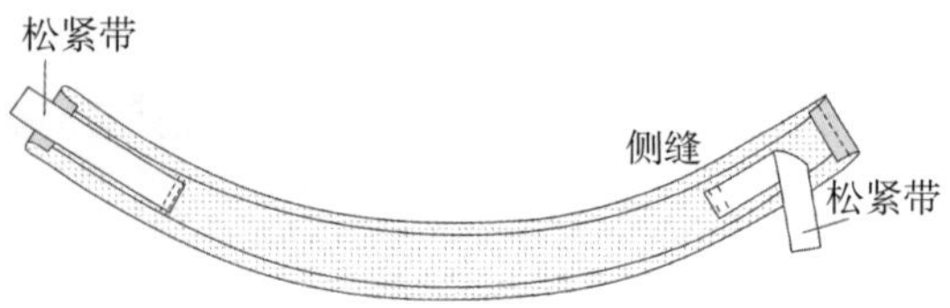

图6-71　固定松紧带

图6-72　缝合后腰面和后腰里上口线

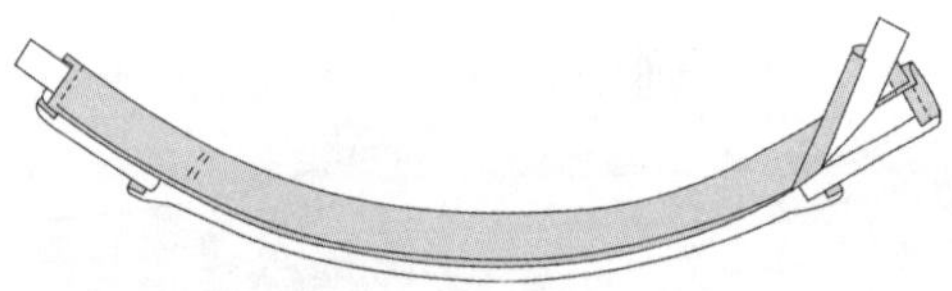

图6-73　翻转后腰里

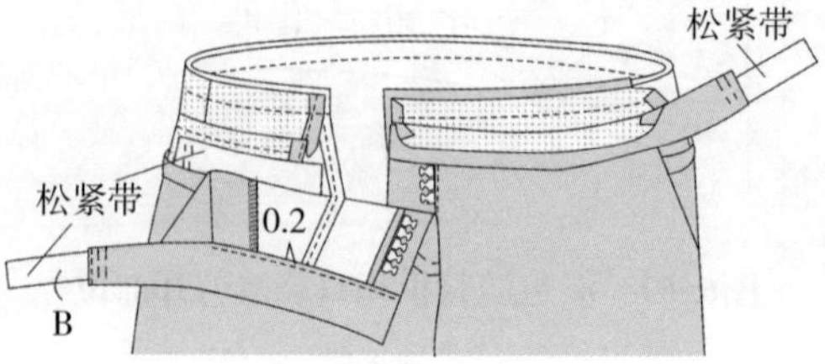

图6-74　绱裤腰

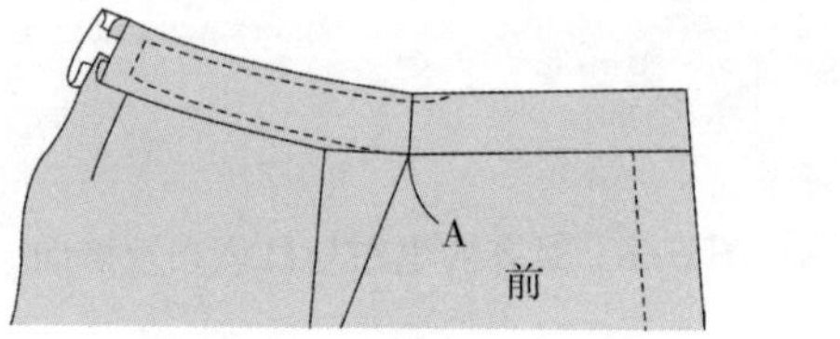

图6-75　对齐A点

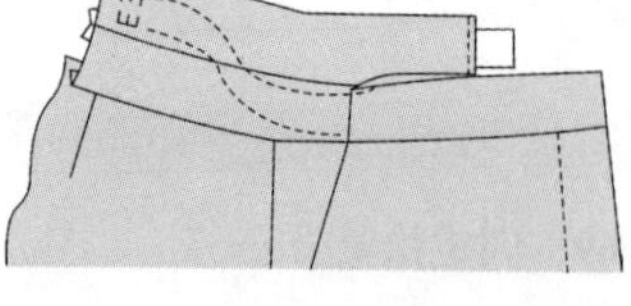

图6-76　固定松紧带与后腰里

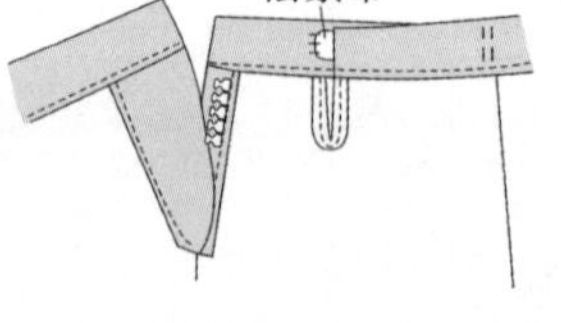

图6-77　固定松紧带与前腰里

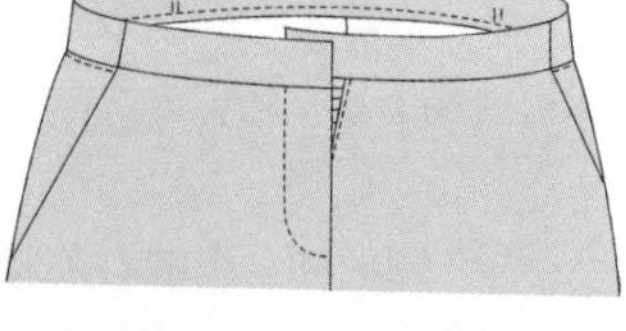

图6-78　固定后腰里

参考文献

[1] [日] 文化服装学院. 服饰造型讲座①，②，③，④，⑤ [M] . 张祖芳，译. 上海：东华大学出版社，2005

[2] [日] 登丽美服装学院. 日本登丽美时装造型・工艺设计（基础篇上、下）[M] . 祝煜明，译. 上海：东华大学出版社，2003

[3] [日] 登丽美服装学院. 日本登丽美时装造型・工艺设计（女衬衫、连衣裙）[M] . 祝煜明，译. 上海：东华大学出版社，2003

[4] [日] 登丽美服装学院. 日本登丽美时装造型・工艺设计（女大衣）[M] . 祝煜明，译. 上海：东华大学出版社，2003

[5] [日] 登丽美服装学院. 日本登丽美时装造型・工艺设计（套装）[M] . 祝煜明，译. 上海：东华大学出版社，2003

[6] [日] 中屋典子，三吉满智子. 服装造型学：技术篇（Ⅰ）[M] . 孙兆全，刘美华，译. 北京：中国纺织出版社，2004

[7] [日] 中屋典子，三吉满智子. 服装造型学：技术篇（Ⅱ）[M] . 刘美华，孙兆全，译. 北京：中国纺织出版社，2004

[8] [日] 三吉满智子. 服装造型学：理论篇 [M] . 郑嵘，译. 北京：中国纺织出版社，2006

[9] 服装针织纺织品标准汇编. 北京：中国标准出版社，1996

[10] 尼康・阿玛登・克兰福德. 图解服装缝制手册 [M] . 刘恒，译. 北京：中国纺织出版社，2003

[11] 张文斌. 成衣工艺学（成衣工艺分册）[M] . 北京：中国纺织出版社，1997

[12] 王秀芬. 服装缝制工艺大系 [M] . 沈阳：辽宁科学技术出版社，2003

[13] 鲍卫君，朱秀丽. 服装制作工艺：基础篇 [M] . 北京：中国纺织出版社，2002

[14] 孙兆全. 成衣纸样与服装缝制工艺 [M] . 北京：中国纺织出版社，2006

[15] 王秀彦. 服装制作工艺教程 [M] . 北京：中国纺织出版社，2003

[16] 吕学海，包含芳. 图解服装缝制工艺 [M] . 北京：中国纺织出版社，2001